»Wer seine rechte und linke Gehirnfestplatte mit dem Neuesten aus dem Marketing aufladen möchte, muss eigentlich nur *Marketing Genie* lesen. Das Buch enthält alles, was man sich wünschen kann: Konzepte, Tools und Fallbeispiele von Unternehmen und kreativen Fachleuten.«

Professor Philip Kotler, Kellog Graduate School of Management

»Ein fantastisches Buch voller wertvoller Lektionen. Der Massenmarkt ist tot. Der Kunde ist König. Fantasie, Intuition und Inspiration haben die Herrschaft übernommen. Jetzt schlägt die Stunde der Genies.«

Kevin Roberts, globaler CEO von Saatchi & Saatchi,
Autor von *Lovemarks*

»Ein überaus cleveres Buch! Zuerst verrät es Ihnen, was Sie denken, wissen und tun müssen, um an Ihren Kunden verdienen zu können, und dann nennt es Sie ein Genie, weil Sie es gelesen haben. Das ist genial!«

Harnish Pringle, Generaldirektor des Institute of Practitioners in Advertising
und Autor von *Celebrity Sells*

»Dieses Buch ist einfach großartig. Peter Fisk ist in der Tat so erfahren, weltgewandt und kreativ, wie man es sich von einem renommierten Marketingexperten erwarten kann. Seine Fallbeispiele regen zum Nachmachen an, sein Schreibstil reißt mit, und er kommt sehr schnell zur Sache. Dieses Buch hat sich einen ganz besonderen Platz in jeder Fachbibliothek verdient.«

Professor Malcolm McDonald, Cranfield School of Management
und Autor von *Marketing Plans*

»Jede Geschäftsstrategie und jedes Leistungsziel sollte sich heute um Kunde, Marke und Marketing drehen. *Marketing Genie* macht deutlich, weshalb dies wichtiger ist denn je und erklärt zudem, wie dieser Fokus für den geschäftlichen und privaten Erfolg geschaffen werden kann.«

Professor John Quelch, Harvard Business School
und Autor von *New Global Brands*

»Für nur ein Prozent Transpiration bietet *Marketing Genie* jedem Marketingexperten 99 Prozent Inspiration.«

Hugh Burkitt, CEO von The Marketing Society

200 Jahre Wiley – Wissen für Generationen

Jede Generation hat besondere Bedürfnisse und Ziele. Als Charles Wiley 1807 eine kleine Druckerei in Manhattan gründete, hatte seine Generation Aufbruchsmöglichkeiten wie keine zuvor. Wiley half, die neue amerikanische Literatur zu etablieren. Etwa ein halbes Jahrhundert später, während der »zweiten industriellen Revolution« in den Vereinigten Staaten, konzentrierte sich die nächste Generation auf den Aufbau dieser industriellen Zukunft. Wiley bot die notwendigen Fachinformationen für Techniker, Ingenieure und Wissenschaftler. Das ganze 20. Jahrhundert wurde durch die Internationalisierung vieler Beziehungen geprägt – auch Wiley verstärkte seine verlegerischen Aktivitäten und schuf ein internationales Netzwerk, um den Austausch von Ideen, Informationen und Wissen rund um den Globus zu unterstützen.

Wiley begleitete während der vergangenen 200 Jahre viele Generationen und fördert heute den weltweit vernetzten Informationsfluss, damit auch unsere global wirkende Generation ihre Ansprüche erfüllen kann und ihr Ziel erreicht. Immer rascher verändert sich unsere Welt, und es entstehen neue Technologien, die unser Leben und Lernen zum Teil tiefgreifend verändern. Beständig nimmt Wiley diese Herausforderungen an und stellt für Sie das notwendige Wissen bereit, das Sie neue Welten, neue Möglichkeiten und neue Gelegenheiten erschließen lässt.

Generationen kommen und gehen: Aber Sie können sich darauf verlassen, dass Wiley Sie als beständiger und zuverlässiger Partner mit dem notwendigen Wissen versorgt.

William J. Pesce
President and Chief Executive Officer

Peter Booth Wiley
Chairman of the Board

marketing genie

peter fisk

Deutsch von Birgit Schöbitz

BICENTENNIAL 1807 WILEY 2007

WILEY-VCH Verlag GmbH & Co. KGaA

1. Auflage 2007

Die englische Originalausgabe des Buches erschien 2006 unter dem Titel »marketing genius« bei Capstone Publishing Limited (a Wiley Company), The Atrium, Southern Gate, Chichester, West Sussex, PO 198SQ, England.

Bibliografische Information der Deutschen Nationalbibliothek
Die Deutsche Nationalbibliothek verzeichnet diese Publikation in der Deutschen Nationalbibliografie; detaillierte bibliografische Daten sind im Internet über http://dnb.d-nb.de abrufbar.

Printed in the Federal Republic of Germany

Gedruckt auf säurefreiem Papier.

Satz Kühn & Weyh Software GmbH, Freiburg i. Br.
Druck Strauss GmbH, Mörlenbach
Bindung Litges & Dopf GmbH, Heppenheim
Umschlaggestaltung init GmbH, Bielefeld

ISBN: 978-3-527-50274-5

Inhaltsverzeichnis

Über den Autor

Peter Fisk ist ein erfahrener Stratege und Marketingexperte, der mit einigen der weltweit erfolgreichsten Unternehmen wie Coca-Cola, Microsoft und Vodafone gearbeitet hat.

Nach einem frühen Abstecher in die Nuklearphysik kam er an Bord von British Airways, die zu dieser Zeit völlig zu Recht unter dem Slogan »The World's Favourite Airline« flog. Sein Aufgabengebiet umfasste Vertrieb und Marketing, einschließlich der Entwicklung neuer Vertriebskanäle, der Pflege langfristiger Kundenbeziehungen und dem Markenmanagement. Zudem gehörte er dem Strategieteam an, das sich mit den Herausforderungen der Globalisierung und dem Wettbewerb mit Billiganbietern befasste.

Für die PA Consulting Group leitete er das globale Marketingberatungsteam und erarbeitete mit Unternehmenskunden von Kalifornien bis Singapur kundenorientierte Geschäftskonzepte. Dazu gehörten Innovationen bei American Express, Strategien zur Marktdefinition für Shell, die Markenneupositionierung für Courage, die Entwicklung von Führungsstrategien für BT, die Ausrichtung am Kunden bei Philips und wertbasiertes Marketing für Microsoft.

Als CEO des Chartered Institute of Marketing, des weltweit größten Interessenverbands für Marketing, setzte sich Fisk für Branchenstandards und eine gute Reputation der Branche ein. Er half Unternehmensführern zu erkennen, dass Kunden und Marken die wichtigsten Garanten eines langfristig stabilen Shareholder Values sind. Unterstützt wurde dieses Vorhaben durch das Online-Schulungsprogramm Knowledge Hub, die neue Fachzeitschrift *The Marketer* und das Shape-the-Agenda-Programm »Thought Leadership«.

Heute ist Peter Fisk Partner von The Foundation, einer Firma, die sich der strategischen Innovation verschrieben hat und ihren Unternehmenskunden dabei hilft, von außen nach innen zu wachsen. Fisk verschafft Topmanagern eine neue Perspektive: die ihrer eigenen Kunden, und dieser neue Blickwinkel ermöglicht es ihnen, Erkenntnisse zu gewinnen und Strategien, Vertrauen und Fähigkeiten zu entwickeln, die das Außergewöhnliche möglich machen. Zu seinen Erfolgen gehören zum Beispiel die Neufokussierung des M&S-Angebots und die Umstrukturierung der Kundenprozesse bei Volkswagen.

Fisk ist ein weltweit anerkannter Marketingexperte, der mit seinen lebhaften Vorträgen über Kunden und Marken, Strategien und Innovationen jedes Fachpublikum begeistert. Sein Erfolgsrezept besteht aus der gelungenen Mischung aus rücksichtsvoller Aufmerksamkeit und unterhaltsamer Provokation. Er ist Co-Autor der Bücher *FT Handbook of Management* und *The Complete CEO*. Im Januar 2006 bezeichnete ihn die Zeitschrift *Business Strategy Review* als einen der wichtigsten Vordenker neuer Unternehmensstrategien.

In Fisks Persönlichkeit vereinen sich jugendliche Energie und Fantasie mit beträchtlicher Praxiserfahrung. Er ist im ländlichen Northumbria aufgewachsen und lebt heute mit seiner Frau und zwei kleinen Töchtern in einem Londoner Außenbezirk. In seiner Freizeit ist er ein begeisterter Langstreckenläufer, bekennender Fan von Newcastle United und nie weit von seinem BlackBerry und iPod entfernt.

Einschalten

In jedem Marketingexperten steckt das Potenzial zu einem »Genie«, denn jeder hat die Fähigkeit, Intelligenz und Fantasie strategisch, innovativ und effektiv zu nutzen. Ich hoffe, dass Sie dieses Buch dazu inspiriert, in neuen Bahnen zu denken und Dinge zu tun, die Sie nie für möglich gehalten haben. In diesem Sinne: Drücken wir auf »Abspielen«.

Teil 1 Genialität: Die Geburt eines Marketinggenies

Märkte sind unglaublich komplex und unsicher, heftig umkämpft und ändern sich schnell. Kunden und Aktionäre melden ständig höhere Ansprüche an, und konventionelle Marketingstrategien verlieren an Wirkungskraft. Wie soll man sich hier noch erfolgreich behaupten können?

1. Titel Komplexität

- Wie haben sich die Kräfte verschoben, und woraus bestehen die neuen Herausforderungen, die sich durch die Komplexität der Märkte und die zunehmende Geschwindigkeit ergeben?
- Nehmen Sie sich die Vision von Google und die Zielstrebigkeit von Apple, den Aufstieg von Starbucks und die eBay-Revolution als Vorbilder.

- Lernen Sie, aufkommende Märkte abzubilden, um ihren Rhythmus zu erkennen. Verschaffen Sie sich dadurch einen entscheidenden Vorsprung, und nutzen Sie den Einfluss der Kunden für sich.

2. Titel Erwartungen

- Lernen Sie die Forderungen der Kunden und Aktionäre verstehen, damit Sie beiden den besten wirtschaftlichen Wert anbieten können.
- Lernen Sie aus den Lektionen über Wertdisziplin bei Microsoft und Toyota und aus der strategischen Zielstrebigkeit von Coca-Cola.
- Erstellen Sie ein Stakeholder-Mapping, und analysieren Sie die Faktoren, die echten Wert für das Unternehmen und seine Aktionäre schaffen.

3. Titel Genialität

- Wodurch zeichnet sich Genialität aus, und wie lässt sie sich auf die Sphäre des Marketings übertragen?
- Lernen Sie aus den intelligenten Schachzügen eines Steve Jobs, aus der Vorstellungskraft eines Philippe Starck und aus den überwältigenden Ergebnissen eines Phil Knight.
- Legen Sie die Attribute fest, die ein Genie auszeichnen und erfahren Sie, wie sich diese auf alle Aspekte der Geschäftstätigkeit und des Marketings anwenden lassen.

Teil 2 Denken: Die Denkweise eines Marketinggenies

Lernen Sie, strategisch und innovativ zu denken, um die besten Chancen Ihres Marktes zu ergreifen. Kombinieren Sie strikte Analyse mit radikaler Kreativität. So kam Einstein zu seinen bahnbrechenden Erkenntnissen, und so hat Steve Jobs die Computerbranche revolutioniert.

4. Titel Strategie

- Konzentrieren Sie sich auf Marktstrategien, die darauf abzielen, langfristige Wettbewerbsvorteile zu sichern.
- Lernen Sie aus den Strategien zur Marktdefinition von Jet Blue und Sky TV und aus dem gewagten Alleinstellungsmerkmal des Autovermieters Rent-a-Car.
- Wenden Sie die Ideen auf Ihr Unternehmen an, indem Sie eine bessere Strategie und Marktdefinition, eine geeignetere Portfolioanalyse und eine wettbewerbsfähigere Positionierung ausarbeiten.

5. Titel Marken

- Wodurch zeichnet sich eine großartige Marke aus, wie lebt sie, wie entwickelt sie sich, und wie kann sie gestärkt werden?
- Lernen Sie aus dem Markenbewusstsein von Virgin, der ansteckenden Begeisterung von Pret-A-Manger und der unbeirrbaren Zielstrebigkeit von BMW.
- Entwickeln Sie Ihre eigene Markenstrategie. Erarbeiten Sie eine klare Markenarchitektur und erwecken Sie die Marke intern und extern zum Leben, um ihren langfristigen Wert zu sichern.

6. Titel Kunden

- Was ist den Kunden wirklich wichtig, und wie stellen Sie sicher, dass sich das gesamte Unternehmen am Kunden orientiert?
- Was können Sie aus den Erkenntnissen von Zara, den moralischen Werten von Café Direct und der Umorientierung von Procter & Gamble lernen?
- Richten Sie Ihre Aktivitäten an den Erkenntnissen über die Kunden aus, und stellen Sie die Weichen für die Zukunft. Übernehmen Sie gesellschaftliche und moralische Verantwortung.

7. Titel Innovation

- Fördern Sie disruptive, kreative Innovationen für Produkte, Geschäftsmodelle und alles, was dazwischen liegt.
- Lernen Sie aus den Innovationen bei BlackBerry und 3M und aus dem Erfolg von Cirque du Soleil und Ikea, die ihren Markt neu definierten.
- Machen Sie Innovation zu einem festen Bestandteil Ihrer Geschäftspolitik, indem Sie disruptive und kreative Weichensteller integrieren. Verfolgen Sie beim Innovationsmanagement einen ganzheitlichen Ansatz.

Teil 3 Wettbewerb: Die Handschrift eines Marketinggenies

Gestalten Sie Ihre Marketinginitiativen so persönlich und überzeugend, dass Pablo Picasso, einer der wenigen Künstler, die noch zu ihren Lebzeiten zur Legende wurden, und der französische Designer Philippe Starck stolz auf Sie sein könnten.

8. Titel Versprechen und Angebote

- Was schafft heute tatsächlich Wert für die Kunden, und wie unterbreiten Sie ein differenziertes und unwiderstehliches Angebot?
- Lernen Sie aus dem Markenversprechen von Tesco, von der Submarke Club World von British Airways und der Renaissance des Mini.
- Entwickeln Sie mithilfe von Drehbüchern und memetischen Botschaften außergewöhnliche Wertangebote für Ihre Kunden.

9. Titel Erfahrungen

- Woraus besteht eine herausragende Kundenerfahrung, die sowohl cooles Design, persönlichen Service und einen Schuss Dramatik in sich vereint?
- Lernen Sie aus der Verrücktheit eines Jones Soda, aus Funktion und Form eines Paul Smith und dem erotischen Kick von Agent Provocateur.
- Verschaffen Sie Ihren Kunden bessere Erfahrungen, indem Sie Kunden-Mapping anwenden, sich auf intelligentes Design konzentrieren und intuitive, aufregende Inszenierungen gestalten.

10. Titel Bindungen

- Weshalb sind integrierte Kommunikation, die Umkehrung der Kommunikationskanäle und neue Netzwerke unverzichtbar, um echte Beziehungen mit den Kunden aufzubauen?
- Lernen Sie das Direktvertriebsmodell von Dell kennen, lesen Sie, wie Amazon die digitale Revolution anführte, wie harmonisch sich die Kultmarke MTV präsentiert und weshalb Krispy Kreme so beliebt ist.
- Stärken Sie die Beziehungen zu Ihren Kunden, indem Sie Medien und Kanäle integrieren und Netzwerke für das Marketing nutzen.

11. Titel Beziehungspflege

- Wie können Sie in den heute durch »Treulosigkeit« charakterisierten Märkten langjährige Kundenbeziehungen und verlässliche Partnerschaften aufbauen?
- Wie erklärt sich die Loyalität der Kunden zu Panera Breads, und wie pflegen Centrica und Mercedes die Beziehungen zu ihren Kunden?
- Erfahren Sie, wie Sie mithilfe von Affinitäts-Marketing, Loyalitätsleitern und Partnerschaften bessere Kundenbeziehungen aufbauen.

Erkennen Sie den wahren Wert Ihrer Marke und Marketingaktivitäten. Erzielen Sie überwältigende Erfolge, indem Sie von Warren Buffett, dem weltbesten Finanzinvestor, und von dem legendären Nike-Gründer Phil Knight lernen, der mit Begeisterung Leistungsfähigkeit fördert und ständig wachsende Profite erzielt.

12. Titel Leistung

- Wie lassen sich Marketingkennzahlen, Optimierungsmaßnahmen sowie interne und externe Berichterstattung besser gestalten?
- Lernen Sie aus den wertbasierten Ansätzen von Cadbury Schweppes und Diageo sowie aus der Markenstrategie von Stella Artois.
- Verbessern Sie Ihre Leistung, indem Sie wertbasierte Balanced Scorecards, Kennzahlen und das »Kundenkapital« einführen.

13. Titel Marketingprofis

Weshalb sind Marketingprofis in jedem Unternehmen die Champions der Kunden, die Quellen der Innovation und die stärksten Wachstumsmotoren?

- Lernen Sie aus der Marktführerschaft von Nestlé, aus dem Orientierungssinn von British Airways und dem kontinuierlichen Wachstum von Disney.
- Beschreiten Sie neue Wege im Markt- und Markenmanagement, bei Innovationen und dem Wachstum Ihres Unternehmens.

14. Titel Führungsqualitäten

- Welche Führungsrollen nehmen Marketingexperten in ihrer Abteilung, aber auch abteilungsübergreifend, ein, und warum sind Marketingexperten die besseren CEOs?
- Lassen Sie sich von der Begeisterung eines Richard Branson, der Disziplin eines Jim Stengel und eines Terry Leahy und von den Führungsqualitäten einer Meg Whitman inspirieren.
- Lernen Sie, als Marketingleiter und Manager effektiver zu werden und das Unternehmen als Ganzes voranzutreiben.

15. Titel Zukunftsmusik

- Stellen Sie sich ein Zukunftsszenario vor, das sich durch intelligente Märkte, kluge Marken und mitreißende Marketingexperten auszeichnet.
- Lernen Sie aus der Vision von Nike, aus den Einsichten von Nokia, der Innovationsfreude von Dyson und der Unschuld von Innocent.
- Werfen Sie einen Blick auf Ihre zukünftigen Märkte und Aktivitäten, und betrachten Sie Weblogs, Branding und die »Fünf-Bälle-Übung« als nützliche Hilfsmittel.

Teil 5 Das Genie: Werden Sie ein Marketinggenie

Sie haben das Potenzial zu einem Marketinggenie. Letztendlich geht es nur darum, den Herausforderungen und Chancen der modernen Märkte mit Intelligenz und Fantasie zu begegnen. Doch womit fangen Sie an? Wie können Sie und Ihr Marketing überwältigende Erfolge erzielen?

Genielabor

Mit dieser einfachen Diagnosemöglichkeit erkennen Sie, wie Sie und Ihr Team »Geniales« vollbringen können:

Profil 1:	Geniales Marketing
Profil 2:	Das Marketinggenie
Diagnosewerkzeug 1:	Spitzenleistung mithilfe des Marketing-Profils
Diagnosewerkzeug 2:	Spitzenleistung mithilfe des Marketingexperten-Profils

Geniekatalysatoren

50 Herausforderungen, denen sich heute jeder Marketingexperte stellen muss, um Märkte zu verstehen und sich von der Masse abzuheben, um den Einfluss und das Image zu stärken und außergewöhnliche Geschäftserfolge zu erzielen.

Geniale Vorbilder

250 inspirierende Beispiele, die zu frischem Denken und mutigem Handeln anspornen. Eine Auswahl führender Marken und Marketinggenies, die wichtigsten Innovationen und Informationsquellen als Denkanstöße und als Anreiz, klug und kreativ zu handeln.

Liste 1:	50 geniale Marken
Liste 2:	50 Marketinggenies
Liste 3:	50 geniale Innovationen
Liste 4:	50 geniale Konzepte
Liste 5:	50 geniale Inspirationen

Abspielen

Sie möchten ein Genie werden?

Geniales Marketing hängt vor allem von der Fähigkeit ab, die unterschiedlichsten Faktoren und Kräfte miteinander in Verbindung zu bringen: Äußeres und Inneres, Märkte und Geschäftstätigkeit, Kunden und Interessengruppen, Kreativität und Analyse, Versprechen und Realität. Geniale Marketingexperten verfügen sowohl über die notwendige Intelligenz als auch über die kreative Vorstellungskraft, die besten Chancen zu ergreifen und außergewöhnliche Erfolge zu erzielen.

Marketing Genie ist für alle Marketingfachleute gedacht, die wirklich etwas bewegen wollen.

Der unaufhaltsame Vormarsch globaler Marken und der Einfluss der Werbung auf unser aller Leben hat viele Marketinggegner auf den Plan gerufen, Fürsprecher gibt es dagegen nur wenige. Kaum jemand hat sich damit beschäftigt, weshalb gutes Marketing wichtiger ist als jemals zuvor, welchen Beitrag es zur Sicherung des wirtschaftlichen Wohlstands leistet, und weshalb es heute zu den aufregendsten Arbeitsbereichen überhaupt gezählt werden kann. Allerdings verändern sich Märkte und mit ihnen das Marketing, weshalb sich auch Marketingexperten weiterentwickeln müssen, um erfolgreich werben zu können.

Marketing Genie beschreitet radikal neue Marketingwege.

Aufgrund der Unbeständigkeit der heiß umkämpften Märkte ist es alles andere als offensichtlich, welche kurz- oder langfristigen Investitionen getätigt werden sollen, und wie für Kunden und Interessengruppen echter Wert geschaffen und nachhaltig angeboten werden kann. Die

Geschäftswelt ist mehr denn je auf Marketing und Marketingexperten angewiesen. In diesem Buch finden Sie Vorschläge, Erkenntnisse und Anregungen, um wahrhaft außergewöhnliche Marken zu schaffen, um innovative Lösungen zu entwickeln und Kunden fester an sich zu binden.

Marketing Genie wendet sich an alle Geschäftsleute.

Sie sind Kommunikationsexperte oder Marktforscher? Markenmanager oder Produktentwickler? Marketingleiter oder gar CEO? Dann ist dieses Buch genau das Richtige für Sie. Strategen und Finanzexperten, Vertriebsmitarbeiter und Kundenbetreuer werden es ebenfalls nützlich finden. Die enthaltenen Informationen sind nicht nur für große Konzerne, sondern auch für kleine Firmen und Agenturen ein Gewinn.

Warum habe ich dieses Buch geschrieben?

Ich möchte Sie dazu anregen, in neuen Bahnen zu denken und großartiges Marketing zu leisten.

In den vergangenen Jahren sind mir einige fantastische Werbekampagnen aufgefallen, die Mehrzahl war jedoch mittelmäßig. Ich habe viele kreative und ehrgeizige Kollegen kennen gelernt, aber auch viele, denen es an Selbstvertrauen fehlte, ausgefahrene Gleise zu verlassen, um mutige Ideen zu verwirklichen und Chancen zu ergreifen, um ihre Unternehmen zu größerem Erfolg zu führen.

Ich wünsche mir, dass Marketing erfolgreich ist, dass es zu einer treibenden Kraft der Geschäftstätigkeit wird und als Berufssparte den Einfluss und Respekt erhält, den es verdient.

Marketing schafft für die Geschäftswelt mehr ökonomischen Wert als jede andere Disziplin, wird aber allzu häufig als Nebensache betrachtet, die als taktischer Kostenfaktor rein unterstützende Funktionen übernimmt. Die Grundlagen des Marketings – Marktverständnis, direkter Kundenkontakt, Innovationsmotor, Markenbildung, Wachstum – verfügen jedoch über immenses Potenzial, das jedes Unternehmen kraftvoll in Schwung bringen kann.

Marketing verlangt daher nach mehr Strategie und Konkurrenzfähigkeit, nach mehr Innovation und Engagement. Marketingexperten müssen sowohl strikt analytisch vorgehen, um ihre Passion mit Profitabilität zu krönen, gleichzeitig aber dürfen sie den kreativen Funken nicht erlöschen lassen, um sich ihren erfinderischen Pioniergeist zu bewahren. Viele Unternehmen, und mit ihnen die Marketingabteilungen, haben sich zu willenlosen Sklaven von Prozessen und Kennzahlen machen lassen, die zunehmend zu einer Massenware verkommen, um die sich Fremdfirmen kümmern.

In unserer unglaublich komplizierten modernen Welt sieht sich jedes Unternehmen mit umwälzenden Veränderungen, enormer Unsicherheit, aber auch enormen Chancen konfrontiert. Wer die besten Ideen hat, wird sich erfolgreich behaupten. Heute mangelt es weniger an Kapital als an Kunden, und Konzepte werden zukünftig wichtiger werden als Wissensmanagement.

Meiner Ansicht nach sind Marketingfachleute am besten geeignet, die folgenden und viele ähnliche Herausforderungen zu bewältigen:

- Die Unterschiede zwischen den Menschen werden immer größer. Kinder sind beispielsweise in der Lage, 5,4 Dinge gleichzeitig zu tun, während Erwachsene mit Mühe und Not gerade einmal 1,7 Dinge gleichzeitig schaffen (Männer noch weniger).
- Viele traditionelle Werbemethoden sind stark unter Beschuss geraten. 54 Prozent der US-amerikanischen Verbraucher lehnen Telemarketing rigoros ab.
- Kaufentscheidungen werden innerhalb weniger Sekunden getroffen. Im Durchschnitt fällt die Entscheidung für oder gegen eine Marke in 2,6 Sekunden.
- Der Konkurrenzkampf hat sich extrem verschärft. In den vergangenen zehn Jahren hat sich die Konkurrenz im Durchschnitt verdreifacht.
- Produkte werden schnell kopiert und geraten ebenso schnell außer Mode. Im Durchschnitt hat sich der Produktlebenszyklus um 70 Prozent verkürzt.
- Kunden werden von einer gewaltigen Informationsflut überrollt. Im Durchschnitt empfängt jeder Mensch ungefähr 300 Botschaften pro Tag.

- Das Kaufverhalten wird hauptsächlich von der Technologie gesteuert. Vor dem Kauf eines Neuwagens informieren sich 42 Prozent der Kunden im Internet.
- Gleichzeitig gewinnt das zwischenmenschliche Vertrauen an Bedeutung. 75 Prozent der Verbraucher geben an, dass sie sich vorwiegend auf persönliche Empfehlungen verlassen.
- Der Beweis, was Marketing wert ist, ließ Messwerte und Kennzahlen in den Vordergrund der Aufmerksamkeit rücken. 60 Prozent der Markeninvestitionen zielen jedoch auf zukünftige anstatt auf aktuelle Profite ab.
- Noch immer sind Geschäftsoptionen unglaublich kurzlebig. Große Investoren kalkulieren trotzdem mit Gewinnpotenzialen, die über vier Jahre hinausgehen.
- Der Großteil des Unternehmenswerts besteht heutzutage aus immateriellen Werten, die 78 Prozent des Marktwerts der *Fortune 500*-Unternehmen ausmachen.
- Marketingtalent ist eine wichtige Voraussetzung, um ein Unternehmen erfolgreich zu leiten. 21 Prozent der FTSE-CEOs haben ihre Wurzeln im Marketing und erwirtschaften einen um 5,9 Prozent höheren Total Shareholder Return (TSR) als andere Unternehmen.

Mit ihren vielfältigen Begabungen sind Marketingexperten in der glücklichen Lage, den klugen und anspruchsvollen Kunden der Gegenwart zufrieden zu stellen, ihrem Unternehmen eine klare Richtung zu weisen und zukünftige Profitabilität zu sichern, damit der Unternehmenserfolg langfristig gewahrt werden kann.

Was weiß ich über Marketing?

Ich habe in den Marketingabteilungen einiger der faszinierendsten Unternehmen der Welt gearbeitet.

Von meinen beruflichen Anfängen bei British Airways, wo wir uns mit dem kniffligen Problem befassten, ohne wirtschaftlichen Verlust ein Bett in der Business Class unterzubringen, bis hin zu meiner Arbeit für Coca-Cola, bei der es um Lösungen für die logistischen und markenspezifischen Herausforderungen bei der Marktausdehnung nach Osteuropa ging, waren immer radikalere Lösungsansätze erforderlich.

Bei American Express erkannten wir, dass die Marke mehr als ein kleiner Plastikgehilfe sein musste, die schwierigste Aufgabe war dabei aber, die Topmanager davon zu überzeugen, riskantes Neuland zu betreten. Und bei Microsoft, dem ultimativen Technologieriesen, waren erhebliche kulturelle Probleme zu überwinden, damit sich eine stärkere Kundenorientierung etablieren konnte.

Die wichtigsten Lektionen habe ich jedoch oft in kleineren Unternehmen gelernt. Von Behörden und Ämtern über holländische Kleinbäckereien bis hin zum Bürodienstleister Regus, der nach einem kometenhaften Aufstieg schmerzhaft abstürzte, bleibt kleineren Unternehmen nichts anderes übrig als in neuen Bahnen zu denken. Sie müssen das Beste aus ihren Stärken machen und mit weniger mehr erreichen, wenn sie stärkere Rivalen ausstechen wollen.

Als CEO des Chartered Institute of Marketing, des weltweit größten Interessenverbands für Marketing, dem 60.000 Mitglieder aus 131 Ländern angehören, hatte ich die große Ehre, herausragende Kollegen aus allen Teilen der Welt kennen zu lernen. Mit unermüdlicher Energie und brillanten Ideen, die das Herz jedes Marketingexperten höher schlagen lassen, mit ihrer immensen Begeisterung für Marken und Kunden, mit der sie ihrem Unternehmen und zugleich ihrer Profession zu mehr Erfolg verhelfen möchten, haben sie mich unglaublich motiviert.

Was hat mich inspiriert?

Es waren nicht nur berufliche Erfahrungen und Erlebnisse, die mich inspiriert haben, und ich hoffe, dies trifft auch auf Sie zu. Wie wir empfinden und was wir erreichen wollen, wie wir denken und woraus wir den Mut schöpfen, Neues auszuprobieren, wird vielmehr von Erlebnissen außerhalb des Berufslebens bestimmt. Ich lasse mich von allen möglichen persönlichen Erlebnissen – ob bedeutend oder unbedeutend – inspirieren.

Meine ersten prägenden Erfahrungen mit einem Markt machte ich in meinem Heimatstädtchen Rothbury. Jeden Mittwoch beobachtete ich, wie aus allen Richtungen die Bauern mit ihren

Produkten, Kühen und Schafen eintrafen, um Handel zu treiben und am Abend wieder zu verschwinden.

Meine Eltern haben mich schon immer dazu ermutigt, Neues auszuprobieren, und so entwickelten sich meine Vorlieben. Selbst als ich mich gegen Musikunterricht sperrte, weil ich lieber in unserem Sportverein Wettrennen laufen wollte, unterstützte mich meine Mutter, und mein Vater brachte mich jede Woche zu den Veranstaltungen. Ohne die Unterstützung und Ermutigung meiner Eltern hätte ich vieles sicher nie versucht.

Wenn ich etwas tue, will ich auch gewinnen, denn hat man einmal vom Erfolg gekostet, will man immer mehr davon. Ich werde nie vergessen, wie ich als Elfjähriger das erste Mal den 1.500-Meter-Lauf beim Schulwettbewerb gewonnen habe. Von diesem Tag an hatte ich nie wieder Angst, mich für ein Rennen aufstellen zu lassen, um noch schneller und noch besser zu werden, und um diesen Moment des Glücks immer wieder zu erleben, vor allen anderen durch das Ziel zu sprinten.

Als Student packte mich die wissenschaftliche Neugier, und ich studierte Physik. Besonders spannend fand ich die Supraleitfähigkeit atomarer Teilchen bei einer Temperatur von –200° Celsius. So sehr mich die Vielzahl der noch unerforschten Geheimnisse unserer Welt faszinierten, langweilte es mich aber ziemlich schnell, dass zum Studium immer wieder die Lösung ellenlanger algebraischer Gleichungen gehörte.

Den zukünftigen Lebenspartner zu treffen, ist ein ganz besonderes Erlebnis, und ich werde nie vergessen, wie aufregend es war, meine Frau Alison kennen zu lernen. Sie ist meine beste Freundin, meine Muse, die mich dazu inspiriert, das scheinbar Unmögliche zu wagen, und sie holt mich, falls nötig, auch wieder auf den Boden der Tatsachen zurück.

Natürlich hatte ich Sportidole wie jeder andere auch. Es war faszinierend zu sehen, wie Sebastian Coe sich Verletzung und Krankheit widersetzte und seine zweite olympische Goldmedaille gewann, wie Steve Cram jede Woche den Weltrekord brach und wie Jonathan Edwards beim Dreisprung Längen zurücklegte, die einfach unglaublich sind. Ich kann mich noch genau an die Daten, Zeiten und Längen erinnern.

Im Berufsleben war es die Möglichkeit zu Innovationen, die mich angespornt hat. Speziell die Arbeit mit Kollegen und Agenturen bei British Airways, bei der wir alle festgefahrenen Überzeugungen und traditionellen Schranken hinter uns ließen, um bahnbrechende Ideen zu ersinnen, die irgendwann die Reisebranche revolutionieren würden, hat meine Einstellung und meine persönlichen Ziele geformt.

Manchmal ist es auch wichtig, einfach nur präsent zu sein, um zu beobachten und die Stimmung in sich aufzunehmen. Ich hatte das Glück, in den späten 1990ern im Silicon Valley zu arbeiten, als die Luft förmlich vor Energie und Ehrgeiz der Firmengründer und Investoren knisterte, die sich auch ein Stück vom großen IT-Kuchen ergattern wollten.

Bei meinen Überlegungen zum Thema Genialität war für mich die vielleicht wichtigste Erfahrung, einige der berühmten Menschen kennen zu lernen, die hinter so mancher weltbekannten Marke stecken. Aus der Entfernung waren es nur Namen, vor denen ich mich ehrfürchtig verbeugte. Aus der Nähe betrachtet waren es ganz normale Menschen, die auch nur versuchten, von anderen zu lernen und sich ständig zu verbessern.

Was mich garantiert immer wieder auf den Boden der Tatsachen zurückholt, sind meine zwei kleinen Töchter. Für sie ist die größte Freude zu spielen, zu singen, zu tanzen und zu lachen, als ob es auf der ganzen Welt nichts Wichtigeres gäbe.

Nun wissen Sie über einige der kleinen Dinge Bescheid, die mich vorantreiben. Auch Sie erinnern sich bestimmt an Erfahrungen und Erlebnisse, die Ihre Überzeugungen und Ansichten, Ihr Urteilsvermögen und Ihre Lebenspläne entscheidend geformt haben.

Meine Erlebnisse haben beeinflusst, wie ich Marken und die Art, wie für sie geworben wird, sehe, wie ich die vielen Marketingbücher lese und wie ich von Firmen und Menschen um mich herum lerne. Bücher vertreten natürlich immer nur einen Standpunkt von vielen, und eine Best Practice ist immer nur eine Möglichkeit, Resultate zu erzielen. Die eigentliche Herausforderung besteht darin, die besten Ideen und Erkenntnisse herauszufiltern und auf geeignete Weise auf das eigene Unternehmen anzuwenden.

Was werden Sie lernen?

Stellen Sie sich vor, Sie könnten aufkeimende Chancen in Ihrem Markt ebenso gut erkennen wie Steve Jobs von Apple, Sie könnten sie ergreifen, weil Sie wie Jeff Bezos von Amazon ein begnadeter Visionär sind, Sie hätten außerdem die Führungsstärke von Meg Whitman von eBay und könnten wirtschaftlich dieselben Erfolge erzielen wie Nike-Gründer Phil Knight.

Stellen Sie sich vor, Sie könnten Ihre Branche revolutionieren, weil Sie dieselbe Zielstrebigkeit wie Michael Dell, dieselbe Innovationsfreude wie James Dyson und dieselbe Hartnäckigkeit wie Michael O'Leary, Chef der größten Billig-Airline, besitzen. Stellen Sie sich vor, Sie könnten großartige Marken ins Leben rufen, wie Scott Bedbury es für Starbucks und Nike geschafft hat, hätten wie Jones Soda-Gründer Peter van Stolk die nötige Portion Respektlosigkeit und die Kreativität eines Trevor Beattie, dem *Enfant terrible* der Werbebranche.

Stellen Sie sich vor, Sie könnten Erfahrungswerte in dieselbe ästhetische Schönheit verpacken wie iPod-Designer Jonathon Ive, Sie wären ebenso leidenschaftlich wie der Sandwich-Liebhaber Julian Metcalfe und so effektiv wie P&G-Topmanager Jim Stengel.

In *Marketing Genie* können Sie Folgendes lernen:

- Wie Sie die komplexen und sich ständig verändernden Märkte verstehen und so genannte Hot Spots, White Spaces und Black Holes unterscheiden.
- Wie Sie zu einer treibenden Kraft der Unternehmensstrategie werden und neue Wettbewerbsvorteile erkennen.
- Wie Sie Ihr Unternehmen um eine von außen nach innen gerichtete Perspektive bereichern, um die Erwartungen von Kunden und Interessengruppen miteinander zu vereinbaren.
- Wie Sie mithilfe neuer Erkenntnisse darüber, was Kunden wirklich wichtig ist, den Widerspruch auflösen, heutige Erwartungen erfüllen und gleichzeitig die Zukunft gestalten zu müssen.

- Wie Sie starke Marken entwickeln, die emotional ansprechend und inspirierend sind, die sich gleichzeitig aber auch ihrer moralischen und gesellschaftlichen Verantwortung bewusst sind.
- Wie Sie radikale Innovationen für Produkte, Märkte und Geschäftsmodelle realisieren, indem Sie Technologie und Design auf kreativere und ungewohnte Weise nutzen.
- Wie Sie Kunden Angebote unterbreiten, die unwiderstehlich und einzigartig sind, und wie Sie sicherstellen, dass Ihre Kommunikation ins Schwarze trifft, damit sie nicht so schnell vergessen wird.
- Wie Sie Ihren Kunden auf deren Ebene begegnen, auf eine Art und Weise, an dem Ort und zu der Zeit, wie es den Kunden gefällt. So knüpfen Sie eine Verbindung, die von gegenseitigem Verständnis zeugt.
- Wie Sie einen persönlichen, verständnisvollen und menschlichen Dienst am Kunden leisten, der Erfahrungen vermittelt, auf die er nicht mehr verzichten will.
- Wie Sie Ihre Marketingerfolge mit genauen und praktikablen Kennzahlen messen und somit Budgets und Ressourcen optimieren.
- Wie Sie den wirtschaftlichen Wert Ihres Marketings erfahren und Ihr eigenes Potenzial als Marketingexperte erkennen.

In jedem Marketingexperten steckt das Potenzial zu einem »Genie«, denn jeder hat die Fähigkeit, seine Intelligenz und Vorstellungskraft auf strategische, innovative und effektive Weise zu bündeln, um zu erreichen, was er sonst nie für möglich gehalten hätte.

Was haben Sie davon?

Ich hoffe, dass Sie durch die Lektüre von *Marketing Genie* die Portion Sicherheit gewinnen, um Marketing strategischer, innovativer und kommerzieller zu betreiben.

Obwohl ich Ihnen viele Konzepte vorstelle, über Fallstudien berichte und Werkzeuge beschreibe, ist dieses Buch weder als ausführliche Marketinganleitung noch als Ersatz für die vielen ausgezeichneten theoretischen Fachbücher gedacht.

Mir ist vielmehr daran gelegen, Sie zu einer neuen Denkweise anzuregen, Verbindungen aufzudecken, Zwickmühlen zu beschreiben, Alternativen vorzuschlagen und Sie zu überlegtem, aber gleichzeitig radikalem Handeln zu verleiten, das Ihnen bessere Geschäftsergebnisse bescheren wird.

Ich hoffe, dass dieses Buch Sie dazu anregen wird, Ihren Markt und Ihr Unternehmen holistischer zu sehen, innere und äußere Konventionen in Frage zu stellen und die Angst vor Geschäftspartnern abzubauen, die Ihnen vielleicht nicht so vertraut sind.

Mit der Zeit, und vor allem bei meinen Recherchen für dieses Buch, bin ich zu folgenden Überzeugungen gelangt:

- Trotz ihrer Komplexität, Unbeständigkeit, Grenzenlosigkeit und des heftigen Wettbewerbs bieten Märkte heutzutage die besten Geschäftschancen. Sie sollten jedem Unternehmen als Anreiz und Antriebsmotor für Ziel, Richtung, Prioritäten und Ausrichtung dienen.
- Marketing ist die wichtigste und spannendste Geschäftsaktivität. Es erfordert und bietet eine ganz spezielle Denkweise, von der jeder, insbesondere aber Unternehmensleiter, profitieren können. Marketing ist die treibende Kraft für Strategien und Marken, für Erfahrungen und Beziehungen, für Innovation und Wachstum.
- Marketingexperten sind für ihre Unternehmen wichtiger denn je. Sie sorgen für neue Perspektiven, indem sie den Blick von außen nach innen wenden. Sie sind sowohl kreativ als auch analytisch begabt, denken strategisch und praktisch, kreativ und profitorientiert.

Wenn es uns gelingt, dies alles durch Taten und Ergebnisse zu beweisen, wird Marketing zu einer Berufssparte, auf die wir alle stolz sein können. Dann wird Marketing von Kollegen geachtet, von der Gesellschaft geschätzt, zu einem begehrten Betätigungsfeld für junge Nachwuchstalente und zur Wiege angehender CEOs.

Marketing ist der Schlüssel zu überragendem Erfolg.

Sie haben die Begabung und die Gelegenheit, den Intellekt eines Einsteins und die Vorstellungskraft eines Picassos ins Feld zu führen, um Märkte zu begreifen und sich von der Masse abzuheben, um Ergebnisse zu erzielen, auf die selbst Warren Buffett stolz wäre.

Wenn Sie es nur wollen, können Sie ein Marketinggenie sein.

Als ich am Anfang meiner Marketingkarriere stand, hat mich ein Zitat inspiriert, das ich niemals vergessen werde: »Was immer Du tun kannst oder wovon Du träumst – fange es an. In der Kühnheit liegt Genie, Macht und Magie.«

Wagen Sie das Neue, wagen Sie das Andere. Lassen Sie sich inspirieren.

Genialität: Die Geburt eines Marketinggenies

Teil 1

Genialität: Die Geburt eines Marketinggenies

- Wie behauptet man sich erfolgreich auf den Märkten, die unglaublich komplex und unsicher, heftig umkämpft und wechselhaft sind, in denen Kunden und Aktionäre ständig höhere Ansprüche anmelden und konventionelle Marketingstrategien nicht mehr wie gewohnt funktionieren?
- Wie kann man die heutigen Märkte begreifen? Wie erkennt man die besten Wachstumschancen? Wie geht man mit der Intensität des Wettbewerbs und der steigenden Macht der Kunden um?
- Wie entspricht man den hohen Erwartungen der Kunden, Mitarbeiter und Interessengruppen? Und nicht zu vergessen: der Gesellschaft? Wie lassen sich diese unterschiedlichen Bedürfnisse erfüllen? Wie lässt sich für alle Beteiligten tatsächlich »Wert« schaffen?
- Was bedeutet es, ein Genie zu sein? Inwiefern unterscheidet sich ein Genie von einem Normalsterblichen? Wie verknüpft ein Genie Intellekt und Fantasie? Was bedeutet es, ein Marketinggenie zu sein, und wie gelangt ein Marketinggenie zu besseren Ergebnissen?

»Außergewöhnliche Menschen stellen sich nicht das Mögliche oder Wahrscheinliche vor, sondern das Unmögliche. Und indem sie das Unmögliche denken, rückt es in den Bereich des Möglichen.«

Cheri Carter-Scott

»Denken Sie immer daran, dass Sie keine Kontrolle über Ihre Zukunft haben. Ihr Schicksal liegt nicht in Ihren Händen, sondern in denen des irrationalen Verbrauchers und der Gesellschaft. Die Veränderung ihrer Bedürfnisse, Wünsche und Forderungen weist Ihnen den Weg, den Sie einschlagen müssen. ... Das heißt, dass Manager selbst den Puls der Zeit spüren müssen, täglich und immer wieder. ... Dazu sind unbändige Neugier, Beobachtungsgabe und Trendanalysen erforderlich, die Fähigkeit, Veränderungen schon in ihren Ansätzen zu erkennen und sofort in Chancen zu übersetzen.«

Michael Kami

1. Titel Komplexität

Unsichere Märkte begreifen

Komplexe Märkte, heftiger Wettbewerb, erwartungsvolle Kunden und anspruchsvolle Interessengruppen verlangen nach einem intelligenteren Marketing. Ein neuer und vor allem völlig andersartiger Ansatz ist erforderlich, um zu erkennen, welcher Art entstehende Märkte sind und wie sie sich formen lassen, um als erster Chancen zu entdecken und die Konkurrenz mit klügeren Mitteln als Preissenkungen zu schlagen, um mit radikaleren Neuerungen zu überraschen und unübertreffliche Marken zu entwickeln, um sich auf Kunden einzulassen, in einer Art, die sie nie für möglich hielten und um Interessengruppen Erträge zu bescheren, die jeden Analysten zu Begeisterungsstürmen veranlassen.

> »Wer nicht bereit ist, etwas Wertvolles aufzugeben, wird sich nie wirklich ändern können, da er für immer von dem beherrscht wird, von dem er sich nicht trennen kann.«
>
> Andy Law

> »Sie spielen ein Spiel. Sie spielen das Spiel, so zu tun, als spielten sie nicht. Wenn ich sie merken lasse, dass ich sie durchschaut habe, verletze ich die Regeln und werde bestraft. Also muss ich das Spiel spielen, so zu tun, als durchschaute ich sie nicht.«
>
> Kevin Kelly

Von innen nach außen	Von außen nach innen
Intensität. Die Konkurrenz schlägt von allen Seiten zu und kommt sowohl aus angrenzenden wie auch aus entfernten Marktsektoren. Produktimitationen folgen sofort, alles erscheint gleich oder sehr ähnlich.	**Komplexität**. Märkte sind unglaublich komplex, konturlos und zersplittert, grenzenlos und unvorhersehbar.
Chancen. Die Chancenvielfalt ist größer denn je. Jedes Unternehmen kann überall und mit beliebigen Angeboten in den Wettbewerb eintreten.	**Tempo**. Märkte verändern sich ständig und immer schneller. Neue Herausforderungen entstehen ebenso schnell wie neue Chancen.
Orientierung. Unternehmen funktionieren weiterhin von innen nach außen und tragen finanzielle Scheuklappen. Sie versuchen das, was sie schon immer getan haben, zu verbessern.	**Macht**. Kunden haben die Macht übernommen und verlangen nach einer Geschäftstätigkeit von außen nach innen, die sich bezüglich Produkt, Ort, Zeitpunkt und Art nach ihren Bedürfnissen richtet.

Wer sich in extrem wechselhaften Märkten, deren Grenzen und Regeln aufgehoben sind, dem Wettbewerb stellen muss, kann leicht die Orientierung verlieren, zum Beispiel im großen Universum der modernen Kommunikation. Für manche Unternehmen besteht es aus der Telekommunikation, für andere umfasst es mehrere Kommunikationsmärkte, für wieder andere ist es auf die IT-Branche oder Netzwerke beschränkt. Die Konkurrenz, die Lösungsangebote, die Kunden und das Erfolgspotenzial werden einzig durch den Blickwinkel bestimmt.

Hat sich tatsächlich so viel geändert? Die Telekommunikationsunternehmen mit ihrem relativ kleinen Absatzmarkt mögen sich fragen, wo eigentlich die Kunden abgeblieben sind, während die Mobilfunkanbieter sich mächtig ins Zeug legen, ganz individuellen Telefonieansprüchen gerecht zu werden. In der IT-Branche richtet sich die Preisgestaltung vielleicht nach sehr speziellen bracheninternen Anforderungen, was für eine Marktnische vergleichsweise hohe Preise zur Folge hat. Trifft die IT-Branche jedoch mit dem Angebot bei ihrer Zielgruppe ins Schwarze, kann sie ihre Gewinne locker vervierfachen. Ja, es hat sich tatsächlich viel geändert.

Komplexität lässt sich nur mit Intelligenz auflösen. In seinem Buch *Simplicity* versucht Bill Jenson, unsere moderne Welt in verständlichen Dimensionen zu beschreiben. Doch schon in der Quantenphysik heißt es, dass komplexe Probleme nach komplexen Lösungen verlangen. Und auch wenn das Ergebnis bewundernswert erscheint, ist die Ableitung alles andere als einfach. Nichts ist mehr sicher, nichts ist mehr eindeutig. Und alles hängt irgendwie mit allem zusammen.

Wir sollten uns besser mit dem Gedanken anfreunden, dass heutzutage alles relativ und ungewiss ist. Traditionelle Wege führen in Sackgassen, doch mit der richtigen Einstellung erkennt man auch viele neue Chancen, die sich aus dem komplexen Geflecht unserer Welt ergeben. Der Firmenchef aber, der bei Lagebesprechungen nur über die gute alte Zeit lamentiert, in der alles viel einfacher war, wird ebenso den Anschluss verpassen wie der Marketingmitarbeiter, der komplexe Herausforderungen mit einfachen, konventionellen Maßnahmen überwinden will.

Werfen wir einen Blick auf die Kunden. Früher gab es sie in verschiedenen Sorten, doch die Ausführungen innerhalb einer Sorte waren sich ziemlich ähnlich. Wir nannten sie Segmente. Es war vorhersehbar, dass sich Menschen ähnlicher soziodemografischer Gruppen ähnlich verhielten und ähnliche Bedürfnisse hatten. Damit ist heute Schluss. Die Menschen sind heute nicht nur verschiedenartiger, wodurch sich die Anzahl der Segmente beträchtlich erhöht, die zudem in sich stärker aufgesplittert sind, sondern sie entziehen sich auch jeglicher zuverlässigen Vorhersage. Ihr Verhalten verändert sich willkürlich zu verschiedenen Zeiten, weshalb sie je nach Umständen und Launen vielen unterschiedlichen Segmenten angehören.

Wer angesichts dieser Komplexität erfolgreiches Marketing betreiben will, muss logischer und kreativer denken.

Auch Marken müssen sich umorientieren, um innerhalb der neuen Marktdynamik wettbewerbsfähig zu bleiben. Als erster Schritt ist zu klären, wo und wie der Wettbewerb auf dieser neuen Bühne ausgetragen werden soll. Nur so können Sie entscheiden, welche Richtung Ihr Unternehmen einschlagen muss, welche Zielgruppe Sie ansprechen und welches Wertangebot Sie unterbreiten möchten. Nur so haben Sie eine Chance, die Zukunft in Ihrem Sinn zu gestalten und sich in ihr nicht nur einen Platz, sondern eine Führungsrolle zu sichern.

Die fließenden Grenzen zwischen Märkten sowie zwischen virtueller und realer Welt und die Verschmelzung ehemals strikt getrennter Branchen sind nicht nur eine bedrohliche Herausforderung, sondern auch eine großartige Gelegenheit. Für kreative Menschen bietet unsere vernetzte und verknüpfte Welt unendlich viele Möglichkeiten. Fast jede Marke kann in Märkten, die früher rein gar nichts miteinander zu tun hatten, mit jeder beliebigen anderen Marke gemeinsame Sache machen – oder gegen sie arbeiten. So leben unter Time Warner Zeitschriften, Spielfilme und Netzwerke einträchtig miteinander, und die Einzelmarke Virgin etablierte sich erfolgreich in vielen Dienstleistungssparten, die keinen Zusammenhang erkennen lassen. Visionären mit Köpfchen, Zuversicht und Hartnäckigkeit steht ein immenses Potenzial zur Verfügung, das nur darauf wartet, ausgeschöpft zu werden.

Inspiration 1.1 Google

Ein »Googol« ist die mathematische Bezeichnung einer 1 mit 100 Nullen und passt hervorragend zu Google, bedenkt man seine hoch gesteckten Ambitionen und seinen zunehmenden Einfluss auf die Kräfte, die in Märkten und im Marketing wirken.

1995 entwickelten Larry Page und Sergey Brin im Studentenwohnheim der Stanford University eine Online-Suchhilfe, die innerhalb von fünf Jahren täglich 100 Millionen Internetnutzern als Suchmaschine dienen sollte und beide in weniger als zehn Jahren zu Multimilliardären machte.

Die Vision hinter Google ist simpel: Es soll die »perfekte Suchmaschine« sein, oder wie Page es ausdrückt, »eine, die genau versteht, was gesucht wird und exakt das Gewünschte liefert.« Heute durchsucht Google für über 80 Millionen Benutzer acht Milliarden Internetseiten und hat sich weltweit als führende Suchmaschine etabliert.

Tatsache ist, dass am Anfang der meisten Marketingaktionen heute »gegoogelt« wird. Lehrbücher verschweigen es zwar in den Lektionen über Kommunikationsfluss, und die meisten Werbeagenturen würden es vehement abstreiten, doch Google ist Ausdruck der Machtübernahme des Kunden, der vom Kunden initiierten Transaktion, der Herrschaft des Kunden in unserer komplexen Welt.

Für Markenbewusstsein sorgt Google durch Mundpropaganda und den ansteckenden Effekt vieler Links von vielen Seiten. Als Unternehmen erzielt Google Umsätze, indem den Nutzern die Möglichkeit gegeben wird, messbare und kosteneffektive Online-Anzeigen zu schalten.

Dies macht nach Ansicht von Google die Anzeigen sowohl für den Kunden als auch für den Inserenten, der sie schaltet, nützlich. Google vertritt die Meinung, dass der Kunde wissen sollte, wenn jemand dafür gezahlt hat, dass ihm eine Werbebotschaft angezeigt wird und deshalb wird immer zwischen Anzeigen und Suchergebnissen oder anderem Content auf einer Seite unterschieden. Google verkauft keine Platzierungen in den Suchergebnissen selbst, und Kunden können auch nicht für eine höhere Platzierung bezahlen.

Tausende von Inserenten nutzen das Google AdWords-Programm, das umfangreichste Programm dieser Art, um mit zielgerichteten Anzeigen im Internet für ihre Produkte und Dienstleistungen zu werben. Darüber hinaus nutzen Tausende von Website-Verwaltern das Google AdSense-Programm, um Anzeigen zu schalten, die für den Content auf ihren Websites relevant sind, wodurch höhere Umsätze erzielt und die Erfahrungen der Nutzer verbessert werden können.

Das Bewertungssystem der angezeigten Seiten ist ein Musterbeispiel angewandter Kundendemokratie. Die beliebtesten Seiten erhalten zusammen mit den Seiten, die einen offenen Netzwerkbetrieb unterstützen und aufeinander verweisen, die besten Bewertungen.

Google kann sich in der komplexen Welt hervorragend behaupten, weil es sich strikt an seine Philosophie hält, die aus »zehn Dingen« besteht. Mit seinem ausgeprägten Selbstbewusstsein hat Google schon viele konventionelle Grenzen überschritten. Nicht nur, weil es die Märkte aufrüttelt, sondern auch, weil es 2004 bei dem Gang an die Nasdaq-Börse darauf bestand, die Investoren dürften es nicht als »gewöhnliches« Unternehmen behandeln. Bei Google herrscht maximale Handlungsfreiheit mit gerade so viel Anleitung wie erforderlich, und genau dies macht es flexibel und hält es gleichzeitig auf dem richtigen Kurs.

Google

Zehn Dinge (Die Google-Philosophie)

1. **Der Nutzer steht an erster Stelle, und alles Weitere ergibt sich von selbst.** Viele Unternehmen behaupten von sich, dass sie den Kunden an die erste Stelle setzen, aber nur wenigen gelingt es, der Versuchung zu widerstehen, kleine Opfer zu bringen, um den Shareholder Value zu erhöhen ...

2. **Es ist das Beste, eine Sache wirklich, wirklich gut zu machen.** Google führt Suchanfragen aus. Google erstellt keine Horoskope, bietet keine Finanzberatung und keine Chat-Rooms. Wir verfügen über eine der größten Forschungsabteilungen weltweit, die sich ausschließlich darauf konzentriert, Probleme im Zusammenhang mit Suchanfragen zu lösen.

3. **Schnell ist besser als langsam.** Wir bei Google glauben an den unverzüglichen Nutzen. Sie möchten Antworten und Sie möchten sie jetzt. Wie könnten wir Ihnen das absprechen?

4. **Die Demokratie im Internet funktioniert.** Das Konzept von Google funktioniert, da es auf Millionen von Einzelpersonen zurückgreift, die Websites ins Internet stellen, um herauszufinden, welche anderen Websites wertvollen Content bieten.

5. **Nicht immer, wenn Sie eine Antwort brauchen, befinden Sie sich unbedingt gerade an Ihrem Schreibtisch.** Die Mobilität auf der Welt erhöht sich und kann nicht auf einen bestimmten Standort beschränkt werden. Die Menschen möchten Informationen erhalten, sei es über ihre PDAs, ihre Handys oder sogar im Auto.

6. **Sie können Umsätze erzielen, ohne jemandem damit zu schaden.** Google ist ein Wirtschaftsunternehmen. Der Umsatz, den das Unternehmen erzielt, stammt aus dem Anbieten von Suchtechnologie für andere Unternehmen und dem Verkauf von Anzeigen ...

7. **Es gibt immer noch mehr Informationen.** Sobald der Google-Index mehr HTML-Seiten im Internet umfasste als jeder andere Suchdienst, haben unsere Techniker ihre Aufmerksamkeit auf die Informationen gelenkt, die nicht so einfach zur Verfügung standen, wie Bilder oder PDF-Dateien ...

8. **Das Bedürfnis nach Informationen überschreitet alle Grenzen.** Auch wenn der Hauptsitz von Google in Kalifornien liegt, haben wir Niederlassungen auf der ganzen Welt, und es ist unsere Mission, den weltweiten Zugang zu Informationen zu ermöglichen. ... kann die Oberfläche in etwa 100 Sprachen angepasst werden.

9. **Sie können seriös sein, ohne einen Anzug zu tragen.** Die Gründer von Google haben oft gesagt, dass das Unternehmen nichts außer Suchvorgängen ernst nimmt. Sie haben das Unternehmen nach dem Grundsatz geschaffen, dass die Arbeit eine Herausforderung sein und diese Spaß machen sollte.

10. **Toll ist einfach nicht gut genug.** Immer die Erwartungen übertreffen. Über Innovation und Erforschung nimmt Google etwas, das gut funktioniert, und verbessert es in unerwarteter Weise.

Quelle: www.google.de/intl/de/corporate/tenthings.html (in Auszügen)

Konzept 1.1 Marktplatz

Kodak hatte früher nie Identitätsprobleme. In der Fotobranche war es einfach die führende Marke. Märkte, Mitbewerber, Kunden und Produkte verhielten sich ziemlich vorhersehbar, und auch als es immer mehr verschieden große und verschieden empfindliche Kamerafilme gab, war jedem klar, dass Kodak die beste Marke war. Besser als Fujifilm oder Agfa.

Zehn Jahre später ist Kodaks Marktposition schon nicht mehr so eindeutig. In welchem Markt tritt es eigentlich auf, wer sind die Mitbewerber, was wollen die Kunden, und auf welche Produkte sollte man sich konzentrieren? Digitalkameras haben den Markt erobert, und die vormals getrennt voneinander agierenden Märkte der Hardware, Software, Datenverarbeitung, Bildbearbeitung und Drucker sind miteinander verschmolzen.

Digitalkameras sind meist von Dell oder Sony, die Bilder lädt sich jeder auf die Festplatte und verschickt sie per E-Mail. Wer unbedingt einen Ausdruck haben will, bearbeitet die Datei mit Snapfish oder Jessops und druckt sie auf einem HP oder Epson aus. Kodak kämpft an allen Fronten. Es gibt Kameras, Online-Wallets, Drucker und den Online-Bilderservice von Kodak. Kodak behauptet von sich, den Einfluss und den Eindruck von Bildern in unserem Alltag auszuweiten, doch weder die Ausrichtung noch die Zukunft des Unternehmens ist klar zu erkennen.

Die Verschmelzung von Märkten und Technologien, die schwindende Bedeutung physikalischer Grenzen, die veränderten Bedürfnisse des Verbrauchers und Einzelhandels und die heute von allen Seiten eindringende Konkurrenz haben jeden Marktsektor zu einem höchst komplexen Gebilde gemacht.

Es ist schwierig geworden, das eigene Unternehmen einer klar umrissenen Branche zuzuordnen, den Freund vom Feind zu unterscheiden (denn beides kann gleichzeitig zutreffen) und zu erkennen, auf welches Pferd man setzen soll. Hart genug, dass sich der Markt geändert hat, härter noch, dass er sich immer weiter verändert.

Was sind die Triebfedern der Veränderung?

Technologischer Fortschritt, natürlich, aber auch soziologische und ökonomische Faktoren. Zu den Triebfedern gehören:

- Immer größere Rechenleistung der PCs, Interaktivität und virtuelle Netzwerke.
- Verdichtung von Raum und Zeit und das hohe Tempo, mit dem sich der Wandel vollzieht.
- Schwindende Bedeutung von geografischen Standorten, Grenzen und Hierarchien.
- Reibungsloses ökonomisches Nebeneinander und betriebliche Transparenz.
- Schnelle Produktimitationen und verkürzte Lebenszyklen.
- Kulturelle Globalisierung in Verbindung mit religiöser Glaubensvielfalt.

Das Mooresche Gesetz stammt aus der Zeit des Internetbooms, und anders als viele Firmen, die es ursprünglich anwendeten, ist es noch nicht wieder von der Bildfläche verschwunden. Der Intel-Gründer Gordon Moore machte die Beobachtung, dass sich die Rechenleistung – bei gleichbleibenden Kosten – ungefähr alle 18 Monate verdoppelt (anders ausgedrückt, die elektronischen Komponenten auf dem Chip werden um die Hälfte kleiner). Diese immer weiter verbesserte Integrationsdichte ist zu einem großen Teil für die kurzen Lebenszyklen und schnellen Alterungsprozesse vieler moderner Produkte verantwortlich.

Die Machtsphäre des Internets geht jedoch weit über die Geräte zu seiner Nutzung hinaus. Wichtiger als das Mooresche Gesetzt ist das mit ihm verwandte Metcalfesche Gesetz, das beschreibt, welche Leistung Netzwerke erbringen, inwiefern sie immer neue Formen der Interaktivität hervorbringen und innerhalb kürzester Zeit einflussreiche Communities beträchtlicher Größe und Reichweite entstehen lassen. Der 3Com-Gründer Robert Metcalfe stellte die Faustregel auf, dass der Nutzen eines Kommunikationssystems mit dem Quadrat der Anzahl der Teilnehmer wächst. Das heißt, jeder neue Teilnehmer wirkt sich unverhältnismäßig stark aus. Man denke dabei nur an eBay, dessen Wertangebot allein aus dem Benutzernetzwerk und der schier unendlichen Vielfalt der angebotenen Produkte entsteht.

Techno-logische Durchschlag-kraft	=	**Leistung** **Mooresches Gesetz:** die Rechen-leistung ver-doppelt sich alle 18 Monate. x 1.3 pa	x	**Bandbreite** **Gildersches Gesetz:** die Netzwerk-Bandbreite verdreifacht sich alle 12 Monate. x 3 pa	x	**Netzwerk** **Metcalfesches Gesetz:** der Nutzen eines Kommunikations-systems wächst mit dem Quadrat der Anzahl der Teilnehmer. x n x n	x	**Vielfalt** **Kaosches Gesetz:** die Kreativität nimmt exponentiell zur Vielfalt zu. x exp(d)

Parallel zum Umfeld verändern sich auch Vorgehensweisen, Gegebenheiten und gesetzliche Bestimmungen, was Unternehmen und Marketingabteilungen vor neue Herausforderungen stellt. Immer aggressiveres Telemarketing, wie beispielsweise die zu allen möglichen und unmöglichen Zeiten störenden Anrufe, bei denen man von Band darüber informiert wird, einen tollen Preis gewonnen zu haben, haben viele US-amerikanische Haushalte dazu veranlasst, sich auf der Website donotcall.com vor lästigen Anrufe zu schützen.

Einige weniger spezifische Beispiele sind:

- Forderungen, die Privatsphäre der Kunden zu achten und persönliche Informationen nicht ohne Erlaubnis weiterzugeben.
- Heftige Gegenwehr der Kunden als Reaktion auf viel zu viele und viel zu unverschämte Direktmarketingmaßnahmen.
- Zunahme sozialer und moralischer Problembereiche wie Umweltschutz und Transparenz.
- Vertrauensverlust seitens der Verbraucher und zunehmende Undurchschaubarkeit des Wettbewerbs.

- Globalisierung der Marken, die einen kulturellen und gesellschaftlichen Einheitsbrei entstehen lässt.
- Bedeutungsgewinn des geistigen Eigentums und des Werts immaterieller Güter.

Kunden sind klüger geworden und unterscheiden sich stärker. Sie erwarten mehr und sind einflussreicher denn je. In seinem Buch *Marken-Kids* weist Martin Lindstrom nach, dass Kinder wesentlich besser mit Komplexität umgehen können als Erwachsene. Kinder können problemlos 5,4 Dinge gleichzeitig tun – fernsehen, spielen, reden, schreiben, essen –, während Erwachsene gerade einmal zu 1,7 Dingen gleichzeitig in der Lage sind (Männer noch weniger).

Allgemein lässt sich sagen:

- Menschen in den westlichen Industrienationen haben mehr Geld, aber weniger Zeit, es auszugeben.
- Ältere Menschen sind finanziell besser gestellt, haben Zeit und reisen gerne.
- Kinder wachsen schnell heran und fahren bald nicht mehr auf Spielzeug, sondern auf Designerklamotten ab.
- Es entstehen immer mehr Online-Communities, Käufergruppen und politische Seilschaften.
- Man macht sich mehr Gedanken über Gesundheit, Körpergewicht und sinkende sportliche Ansprüche.
- Viele Menschen haben alles, was sie brauchen, wollen aber trotzdem immer noch mehr.

Die Veränderungen in Strukturen und Verhaltensweisen formen die Märkte von Grund auf um. Einst gewinnträchtige Branchen werden zunehmend unrentabler, und neue Annsätze sind vonnöten, um in noch boomenden Bereichen auch zukünftig Erfolge zu erzielen. Gleichzeitig eröffnen sich aber auch völlig neue Wettbewerbsfelder. Es ist daher sinnvoll, die Ausdehnung der »Marktplätze« – aktuelle und angrenzende Märkte – grafisch darzustellen, wobei sich »angrenzend« sowohl auf das Geschäftspotenzial wie auch auf die kundenrelevanten Anwendungen bezieht.

In dieser ausgedehnten Marktsphäre können Sie darstellen, wo jetzt und in Zukunft die wahrscheinlich besten Chancen für Sie liegen, und wo sich jetzt und in Zukunft die Konkurrenz befindet. Anschließend lassen sich folgende Bereiche identifizieren:

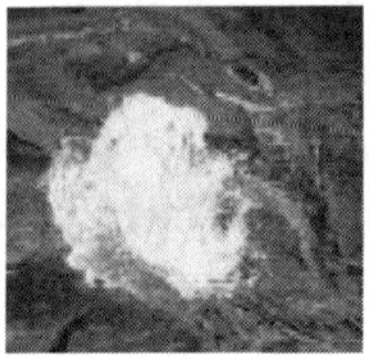

Hot Spots,
Brennpunkte des Wettbewerbs.

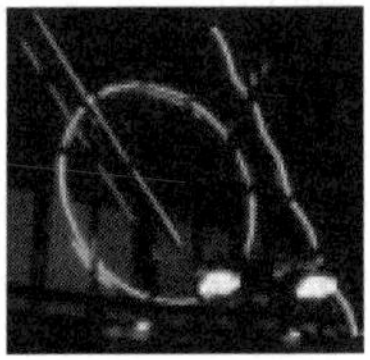

Cool Places,
richtungsweisende Bereiche, in denen die neuesten Trends entstehen.

White Spaces,
Bereiche, in die sich noch niemand vorgewagt hat.

Black Holes,
Schwarze Löcher, in denen alte Marken auf Nimmerwiedersehen verschwinden.

- *Hot Spots*, in denen sich die Nachfrage ballt und alle Marken mitspielen möchten. Dazu gehören Multimedia-Mobiltelefone, integrierte Computer und TV-Geräte.
- *Cool Places*, in denen sich der trendbewusste Verbraucher nach Neuem und Andersartigem umsieht. Hier entstehen Nischenmärkte oder die nächste Revolution. Beispiele sind die koreanische Küche und der Smart.
- *White Spaces*, in denen neue Gelegenheiten auftauchen, oft durch Konvergenz. Diese sind noch nie genutzt worden, zum Beispiel die Abwicklung von Geschäften über iTV oder bargeldlose Geldbörsen.
- *Black Holes*, in denen traditionelle Märkte verschwinden. Oft werden Marktführer kalt überrascht und ins Abseits gedrängt. Zu den gefährdeten Spezies gehören die Musikindustrie und die Automobilbranche.

Diese Vorgehensweise mag weit jenseits der momentan üblichen Praktiken Ihrer Branche liegen und Ihnen höchst unpraktisch erscheinen, beschreibt aber tatsächlich die heute formgebenden

Kräfte jedes Markts. Märkte sind mehr denn je miteinander verknüpft und jede Veränderung, die außerhalb stattfindet, wirkt auch auf sie ein. Dies gilt für die Schafzucht ebenso wie für einen Tante-Emma-Laden, für industrielle Fertigungsbetriebe ebenso wie für Restaurants.

Market Maps sind umfangreiche Studien, die einen Produktmarkt für ein oder mehrere Länder beschreiben, analysieren und die zukünftige Entwicklung prognostizieren. Mit diesem strategischen Werkzeug können Sie die Veränderungen der Märkte besser verstehen und schnell auf neue Herausforderungen und Chancen regieren.

Über den Siegeszug der Mobiltelefone mit Kamerafunktion zum Beispiel sollten sich nicht nur die Hersteller Sorgen machen, deren Telefone keine Kamerafunktion besitzen, sondern auch die Kamerahersteller. Viele Mobilfunknutzer rüsten ihre Geräte jährlich auf, weshalb neue Produkte unglaublich schnell eingeführt werden, aber auch unglaublich schnell veraltet sein können.

Ein allgemein gültiges Rezept für das Market Mapping gibt es für keinen Markt, da nirgends gesicherte Daten über zukünftige Entwicklungen vorliegen. Eine Market Map ist daher immer eine individuelle Vorhersage, die wiedergibt, wie Sie Ihren Markt und seine Zukunft einschätzen. Die Ausgangspunkte und Perspektiven von Market Maps unterscheiden sich somit von Unternehmen zu Unternehmen. Ihr zukünftiger Wettbewerbsvorteil ergibt sich zum Teil auch daraus, wie realistisch Sie in Ihrer Market Map die Stellung Ihres Unternehmens in Relation zur Konkurrenz einschätzen.

Als Ausgangsbasis für eine Market Map dienen beliebige Attribute, die paarweise kombiniert werden. Zum Beispiel: Leistungsfähigkeit und Anwendung, Produkt und Standort, Produktakzeptanz und Kundentyp. Das Ausmaß des Wandels hängt aber auch vom jeweiligen Markt und weiteren Faktoren ab.

Ein etwas differenzierteres Market Mapping nutzt zusätzliche Methoden wie einen Marktradar, der die wahrscheinliche Entwicklung von Märkten unter Berücksichtigung ökonomischer, wettbewerbsrelevanter, kundenrelevanter, technologischer, sozialer und politischer Veränderungen prognostiziert – jede Analyse, die entweder gewiss oder wahrscheinlich und möglich ist.

Auch Szenario-Techniken eignen sich gut, um verschiedene Möglichkeiten durchzuspielen, sodass Sie mehrere Zukunftsszenarien für Ihre Märkte skizzieren können. Durch die Auswertung aller Vorteile und Nachteile lässt sich anschließend die Wahrscheinlichkeit genereller Tendenzen ermitteln. Weisen viele Szenarien wiederholt dieselben Tendenzen auf, treten diese mit zunehmender Wahrscheinlichkeit ein.

Das Ergebnis, ob intuitiv oder mit technologischer Unterstützung gewonnen, ist in jedem Fall ein besseres Verständnis Ihres Marktes zum heutigen Zeitpunkt, mit all seinen Schwierigkeiten und Chancen, die aus dem üblichen Blickwinkel gesehen wahrscheinlich nicht erkennbar waren. Die besten Chancen können nun im Hinblick auf Risiko und Nutzen ausgewertet werden, was Thema des nächsten Kapitels ist.

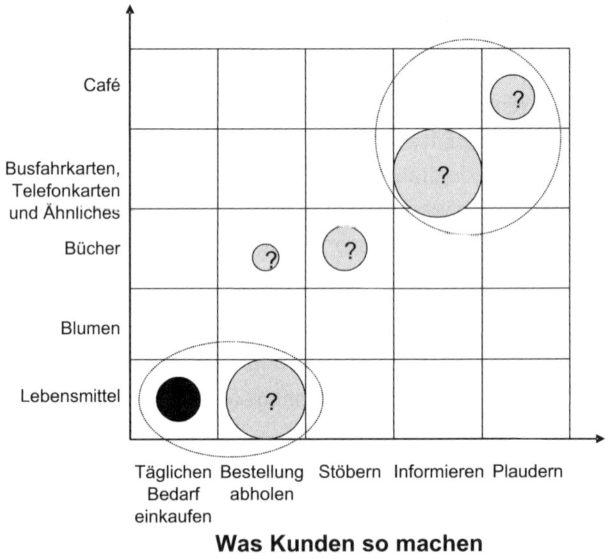

Erstellen wir zur Verdeutlichung eine Market Map für einen Lebensmittelladen, dessen Zukunft darin liegen mag, ein moderner »Convenience Shop« zu werden. Entlang der vertikalen Achse stehen die Produkte, die der Laden im Sortiment führt, auf der horizontalen Achse die Gründe, weshalb Kunden in diesem Laden einkaufen.

Momentan verkauft der Laden lediglich Lebensmittel, wobei aber überhaupt nichts dagegen spräche, auch Blumen und Zeitschriften, Bücher und CDs oder sogar Busfahrkarten, Telefonkarten und Ähnliches mit in das Sortiment aufzunehmen. Neben dem Einkauf des Tagesbedarfs hätte der Kunde die Möglichkeit, Geschenke einzukaufen, mit der gesamten Familie herumzustöbern, besondere Angebote zu nutzen oder sich über neue Serviceangebote zu informieren.

Auf dem Raster kann eingezeichnet werden, wofür eine lohnende Nachfrage besteht, welche Art Kunden sich dafür interessiert, gegen wen man konkurriert und wie ein solches Angebot pfiffig unterbreitet werden kann.

Inspiration 1.2 Apple

Apple ist schon lange für seine Andersartigkeit bekannt. Apple wurde 1979, in der heißen Pionierphase des Personalcomputers, gegründet, und der Macintosh war der legendäre Rebell der Branche. Seine Spitzentechnologie machte ihn zum Liebling aller Grafiker, seine Unabhängigkeit gegenüber dem großen Gegenspieler Microsoft Windows stand für seinen rebellischen Charakter.

In diesen frühen Tagen der technologischen Revolution gab Apple mitunter freimütig zu, das Ziel etwas aus den Augen verloren zu haben. Das Unternehmen hatte sich mehr auf die Produktinnovation und weniger auf die Marktumgestaltung konzentriert, was den Mac zwar technologisch unübertroffen, gleichzeitig aber zu einem Nischenprodukt machte.

Jahre später feierte Apple mit dem iMac ein gelungenes Comeback und bewies, dass PCs nicht unbedingt langweilig und grau aussehen müssen. Der ästhetische iMac war aber nicht nur etwas für das Auge, sondern hatte zudem hervorragende Funktionalität zu bieten. Kein Wunder, dass er – mittlerweile mit Windows kompatibel – höchst erfolgreich einschlug, doch noch immer nur bei seiner treuen Fangemeinde und nicht bei der profitablen Masse.

Apple ist eine der führenden Marken, die Kevin Roberts in seinem Buch *Lovemarks* vorstellt. »Lovemarks« sind starke Marken mit großer emotionaler Aufladung. Auf der gleichnamigen Homepage des Buches werden Besucher dazu aufgefordert, ihre Lieblingsmarken zu bewerten und über sie zu berichten. Apple gehört auf der Website zu den absoluten Favoriten, und Einträge wie dieser finden sich zuhauf:

»Mein Apple Computer ist das erste Gerät, das ich am Morgen einschalte und das letzte, das ich am Abend ausschalte. Apple Computer bereichern mein Leben, und kein anderer Computer hat mir jemals auch nur annähernd so gute Dienste geleistet. Die Geschichte von Apple, die Legenden und Geheimnisse, die sich um Apple ranken, sind einzigartig und nicht zu übertreffen. Ich bin absolut fasziniert.«

Nach den bonbonfarbigen iMacs kam der revolutionäre iPod.

Symbol der Erkenntnis, dass das neue Jahrtausend neuen Regeln folgt.

Digitale Musikformate kämpften um ihre Unabhängigkeit von CDs und dem Einzelhandel. Napster, die Website für illegalen Musikdownload, geriet schnell in Konflikt mit dem Gesetz. Es war ganz offensichtlich, dass sich hier etwas ganz gravierend veränderte, doch die zukünftige Entwicklung lag noch im Dunkeln. Sollten Plattenfirmen künftig gänzlich auf Tonträger verzichten? Sollten Musiker sich von ihren Plattenfirmen trennen? Würden Netzwerkbetreiber oder Telekommunikationsunternehmen ihren Platz einnehmen?

Apple erkannte und nutzte die Chance. Der iPod mauserte sich rapide zu einem kulturellen Phänomen, und die zugehörige Downloadseite iTunes ist mittlerweile weltweit die führende Adresse, um Musik aus dem Netz zu laden. Schon im ersten Jahr wurden über iTunes mehr als 70 Millionen Musikstücke verkauft, und die alte Tonträgerwelt hat zum ersten Mal ein echtes Problem.

Die Verlagerung von Apple lässt sich sehr einfach anhand einer Market Map darstellen, die den rapiden technologischen Fortschritt vom verkabelten Personalcomputer bis hin zum drahtlosen Handheld-Computer zeigt. Gleichzeitig mit dem Fortschritt stieg die Akzeptanz der Verbraucher für die Geräte, die längst auch die Sphäre der Freizeitbeschäftigungen erobert haben. Apple unterwandert konstant die Konventionen seines Marktes und übertrifft die Erwartungen der Kunden. So war es zum Beispiel ein cleverer Schachzug, den günstigen iPod Shuffle mit begrenzter Funktionalität auf den Markt zu bringen, um den unvermeidlichen Billigkopien vorzubeugen.

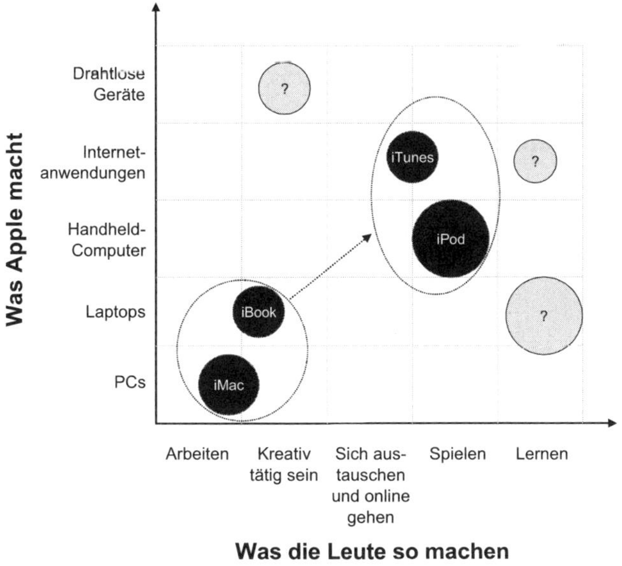

Noch gibt es keine Gerüchte, an welchem nächsten großen Coup Steve Jobs gerade tüftelt, doch wenn wir uns verlängerte Achsen der Market Map oder neue Dimensionen vorstellen, ist eigentlich klar, dass das noch nicht alles war.

Anwendung 1.1 Market Mapping

Wie begreift man komplexe Märkte, deren Grenzen verschwimmen und bei denen immer undeutlicher zu erkennen ist, in welchem Markt man eigentlich agiert? Wo sind die Hot Spots und Cool Places für eine Ausdehnung der Marke? Und wo lauern die gefährlichen Schwarzen Löcher?

1. Definieren Sie Ihre Kundenbasis.

Definieren Sie Ihre bestehenden und Ihre potenziellen Kunden, beschreiben Sie deren aktuelle und »angrenzende« Bedürfnisse und Wünsche.

2. Definieren Sie Ihre Leistungsbasis.

Definieren Sie Ihre aktuelle und potenzielle Leistungsfähigkeit, den momentanen und angrenzenden Anwendungsbereich.

3. Definieren Sie neue Marktdimensionen.

Wählen Sie die geeignetsten Dimensionen (Achsen) aus, anhand derer Sie Ihren Markt abbilden können (siehe Apple-Beispiel).

4. Erstellen Sie Market Maps Ihrer aktuellen Märkte.

Tragen Sie die aktuellen Marktkategorien zusammen mit den Hauptakteuren entlang dieser Dimensionen ein.

5. Erkunden Sie Neuland.

Untersuchen Sie potenzielle neue Geschäftsoptionen einschließlich Hot Spots und White Spaces, in die Sie eindringen könnten.

6. Werten Sie die Marktoptionen aus.

Untersuchen Sie die lohnendsten Optionen auf Entwicklungspotenzial und strategische Positionierungsmöglichkeit.

Konzept 1.2 Marktgeschwindigkeit

»Vollzieht sich der Wandel außerhalb eines Unternehmens in einem schnelleren Takt als der Wandel innerhalb des Unternehmens, ist sein Ende in Sicht.« Der Ansicht ist jedenfalls Jack Welch.

Die heutigen Märkte können sich unglaublich rasant entfalten. Neue Ideen und Strukturen, Standards und Erwartungen verbreiten sich in einer Art und Weise, die früher der kapriziösen Modebranche vorbehalten war. Verantwortlich für das Schwindel erregende Tempo sind zum einen die umfassende und durch technologischen Fortschritt geförderte Vernetzungsdichte, die wachsende Anzahl nicht ortsgebundener Communities und das unersättliche Verlangen der Verbraucher nach dem jeweils Neuesten, Besten, Coolsten, Kleinsten und Schnellsten, dem allerletzten Schrei.

Egal ob multifunktionsfähiges Handy, trendiger Puma-Sportschuh oder interaktives Videospiel, sobald ein neues Produkt auf einem Markt eingeführt wird, breitet es sich auf alle Märkte aus. Früher dauerte es bis zu einem halben Jahr, bis neue US-amerikanische Kassenschlager auch in europäischen Kinos gezeigt wurden. Heute gibt schon kurz nach der Spielfilmpremiere in Los Angeles Raubkopien aus Bangkok oder eine Version zum Herunterladen aus dem Internet.

Mit Produkten verhält es sich ähnlich. Der Markt der Speichermedien hat sich wiederholt von Grund auf ändern müssen. Die großen Floppy Disks wurden in schneller Folge von den kleineren Disketten, dann den CD-ROMs und danach den USB-Geräten abgelöst. Jedes neue Produkt bot enorme Vorteile gegenüber seinem Vorgänger: es war deutlich praktischer zu handhaben, bot ein Vielfaches der Speicherkapazität bei gleichzeitig verringerter Größe und kostete weniger. Sobald das neue Produkt auf den Markt kam, wollte es jeder sofort haben, und nach nur wenigen Mausklicks im Internet wird es innerhalb einiger Tage geliefert.

Der Effekt von Netzwerken und dem Internet ist enorm, bedenkt man die unzähligen Kommunikationsströme, über die sich neue Ideen wie ein Buschfeuer verbreiten. Der kostenlose E-Mail-Dienst Hotmail von Microsoft wurde innerhalb weniger Tage nach seiner Einführung zum absoluten Renner. Und das ganz ohne traditionelle Werbemethoden. Am Ende jeder über Hotmail versendeten E-Mail wird der Empfänger einfach dazu aufgefordert, sich einen eigenen kostenlosen Account einzurichten. Klar mussten erst einmal ein paar Nutzer den Anfang machen, doch schon nach wenigen Tagen war der Ball unaufhaltsam ins Rollen gekommen: 100 Millionen Menschen entschieden sich für Hotmail.

Derselbe Effekt kann auch auf jedem anderen Markt beobachtet werden. Als zusätzliche Beschleuniger wirken die Neugier auf das Neue und die Ablehnungshaltung gegenüber Altem. Angestachelt wird dies durch den heftigen Wettbewerb und die Fähigkeit, immer neue Produkte in noch nie da gewesener Geschwindigkeit auf den Markt zu bringen. Die Automobilindustrie bringt heutzutage jährlich neue Modelle, Sondermodelle manchmal sogar vierteljährlich auf den Markt, während es zu Zeiten Henry Fords auch locker einmal zehn Jahre dauern konnte.

Die Modebranche bringt jeweils zum Frühling, Sommer, Herbst und Winter neue Kollektionen heraus. Allerdings hat sich dies schon als üblicher Standard etabliert, und wer in der Mode Akzente setzen will, wechselt die Kollektion inzwischen alle paar Wochen. Wer sich in einer Zara-Boutique nicht zwischen dem einen und anderen guten Stück entscheiden kann, sollte sich mit der Entscheidung nicht allzu lange Zeit lassen, denn einige Wochen später wird das Angebot gewechselt haben. Um die Nase vorne zu behalten, warten die Modedesigner von Zara gar nicht erst auf die Laufstegpräsentationen der neuesten Mode, sondern informieren sich direkt in den Textilfabriken in Mailand über die neuesten Trends. Und sofort nachdem die neue Kollektion entworfen ist, werden in den großen Einkaufsstraßen der Welt zum Verwechseln ähnliche Imitationen angeboten.

Produkte leben schneller und kürzer. Lebenszyklen sind kaum noch vorhersehbar, spielen aber eine extrem wichtige Rolle. Unaufhörlich entsteht etwas Neues. Wann ist die beste Zeit, sich einen neuen Laptop zu kaufen? Denken Sie gar nicht erst darüber nach! Sobald Sie sich einen gekauft haben, gibt es innerhalb kurzer Zeit ein neues, noch besseres Modell. Selbst wenn Sie gar kein besseres Modell brauchen, werden Sie sich ärgern, weil Ihr Laptop jetzt viel billiger zu haben wäre, da sich andere Käufer nicht mehr dafür interessieren. Parallel zu dem Markt der Neuprodukte entsteht der Markt der »Schnäppchen«, und Discount-Läden wie TK Maxx, in denen nur wenige Monate alte und somit zu alte Designermode zu absoluten Schnäppchenpreisen zu haben ist, setzen der No-Name-Bekleidungsindustrie ziemlich zu.

Die Marktgeschwindigkeit macht sich bisweilen als »Wirbel« bemerkbar, vergleichbar mit den Hochdruck- und Tiefdruckgebieten, die unsere Wetterlage bestimmen. Der Unterschied ist, dass diese Wirbel von Menschenhand oder durch die Reaktion von Mitbewerbern und Verbrauchern auf bestimmte und beabsichtigte Aktionen geschaffen werden. Mit dem Entstehen einer neuen Idee gewinnt der Wirbel an Kraft, und Wettbewerber und Märkte, die sich in seiner Reichweite befinden, können sich der zunehmenden Fliehkraft nicht entziehen.

Ein marktführendes Unternehmen, das seine Märkte zu seinen Gunsten formen will, hat oft keine andere Wahl, als derartige Wirbel auszulösen, muss sich aber auch über die Konsequenzen dieses Handelns bewusst sein. Zu Beginn ist damit zu rechnen, ziemlich alleine auf weiter Flur zu stehen und sich ganz neue Chancen schaffen zu können. Es wird jedoch nicht lange dauern, bis andere in den Wirbel mit eingesogen werden und die Konkurrenz reagiert. Dann darf sich das Unternehmen nicht damit zufrieden geben, die Spielregeln zu ändern, sondern muss alles daran setzen, das Spiel unter den neuen Regeln auch zu gewinnen. Es werden sich völlig neue Marktbedingungen entwickeln, auf die das Unternehmen aktiv einwirken sollte, während es langsam aber sicher den normalen Geschäftsbetrieb wieder aufnimmt.

Wie soll man bei diesem Tempo mithalten können? Wie eilt man dem Sturm voraus, anstatt sich von ihm mitreißen lassen zu müssen?

Wie ein erfahrener Sportler muss ein Unternehmen lernen, seine Kräfte gut einzuteilen. Wie lässt sich die Geschwindigkeit kontrollieren? Wann gibt man sie selbst vor, wann schaltet man einen Gang herunter, und wann lässt man sich einfach einmal mitziehen? Vor allem kommt es darauf an, den Rhythmus des Unternehmens mit dem Puls des Marktes abzugleichen. Jedes Unternehmen hat einen eigenen Rhythmus, der sich normalerweise nach der internen Planung der Zyklen richtet – meist wird einmal im Jahr auf die nächsten drei bis fünf Jahre geplant. Die Zyklen der Produktentwicklung hängen davon ab, wie häufig Marktforschungen durchgeführt werden, wie komplex sich die Produktentwicklung gestaltet und wie die Markteinführungsprozesse organisiert sind. Der Puls des Marktes kann von allen möglichen Branchenereignissen beeinflusst werden: der IATA-Konferenz zur Festlegung neuer Flugpläne, der Vorstellung der neuesten Designerkollektionen oder der GSM-Weltkonferenz zum Thema Mobilfunk.

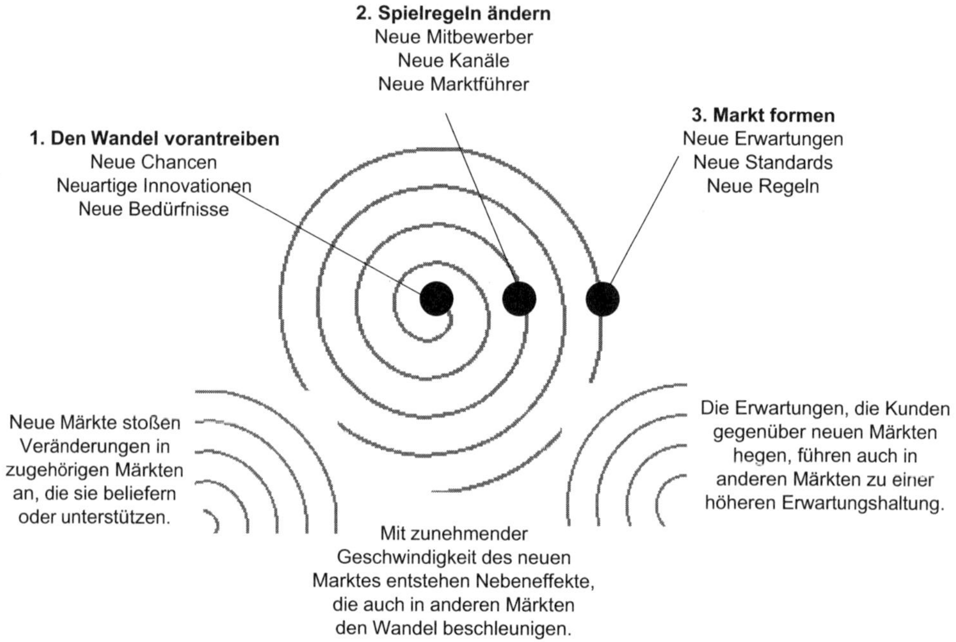

Es ist durchaus möglich, einen Rhythmus zu unterbrechen und nach einem neuen zu leben. Zum Beispiel, indem Zyklen nicht jährlich, sondern vierteljährlich geplant werden, indem die Markteinführungszeit mithilfe schnellerer Produktentwicklungsprozesse radikal verkürzt wird, und indem Unternehmensstrukturen mithilfe modularer Business-Design-Techniken so flexibel gestaltet werden, dass neues Potenzial und neue Chancen ausgeschöpft werden können.

Wie erfahrenen Sportlern gelingt es den besten Unternehmen, das Tempo zu ihrem eigenen Vorteil vorzugeben. Ob hohes oder gemächliches Tempo, sie sind in der Lage, das Verhalten der anderen zu beeinflussen. So übt Armani beträchtlichen Einfluss auf Agenturen aus, die Modeschauen veranstalten, und nach Nokias Pfeife tanzen ganze Lieferketten. Marktführer, die für die gesamte Nationalökonomie Bedeutung haben, üben Einfluss auf Regulierungsbehörden aus, und kaum ein Supermarkt verzichtet freiwillig auf Produkte von Procter & Gamble oder Unilever.

Anstatt den Geschäftsrhythmus mit dem Puls des Markts zu synchronisieren, versuchen führende Unternehmen sogar, nach einem noch schnelleren Rhythmus zu operieren, um den Takt zu dirigieren, anstatt nach ihm zu spielen. Diese Unternehmen sind keine Nachahmer, sondern innovative Pioniere. Erreicht werden kann dies in der Modebrache dadurch, dass die Kollektionen nicht alle zwölf, sondern alle zehn Wochen gewechselt werden, dass Trends schneller erkannt werden, wie es Puma in der Sportbekleidungsbranche gelingt, oder dass man sich eine lebenslang treue Fangemeinde schafft, wie es auf Apple zutrifft. Und ist dann auch noch die Markteinführung des Produkts effektiv in Szene gesetzt, kann die coole Neuheit zu einem Spitzenpreis verkauft werden, bevor der Massenmarkt sie aufgreift.

Inspiration 1.3 Starbucks

Starbuck, benannt nach dem Steuermann aus dem Roman *Moby Dick*, war der Name eines Fischkutters im Hafen von Seattle. Er stand Pate für den Namen des ersten, 1971 eröffneten Ladens *Starbucks Coffee, Tea and Spice* am Pike Place Market.

Zehn Jahre später übernahm Howard Schultz den Posten des Marketingleiters. Er weitete das Geschäft zunächst auf die Belieferung gehobener, italienisch angehauchter Espresso-Bars mit Kaffeebohnen aus, um Starbucks als erste Wahl für die weltweit besten Kaffeesorten zu etablieren. Eine Reise nach Mailand 1983 überzeugte Schultz davon, dass Kaffeebars außerhalb ihrer italienischen Heimat beträchtliches Potenzial hatten. 1985 eröffnete er seine eigenen »Il Giornale« Kaffeebars, kaufte zwei Jahre später Starbucks auf und übernahm auch gleich den Namen.

Starbucks Coffee begann seinen Siegeszug. Es ist an sich schon phänomenal, mit welcher Geschwindigkeit sich das einstmals billige Instantgetränk Kaffee in ein Kulturgut verwandelt hat, dem in erstklassigen Kaffeebars gefrönt wird. Starbucks behauptet von sich, »nebst dem Zuhause und dem Arbeitsplatz der drittwichtigste Ort« im Leben des urbanen Menschen zu sein, bietet es doch eine gemütliche Atmosphäre mit bequemen Sofas und Hintergrundmusik, was die Besucher zum Verweilen einlädt.

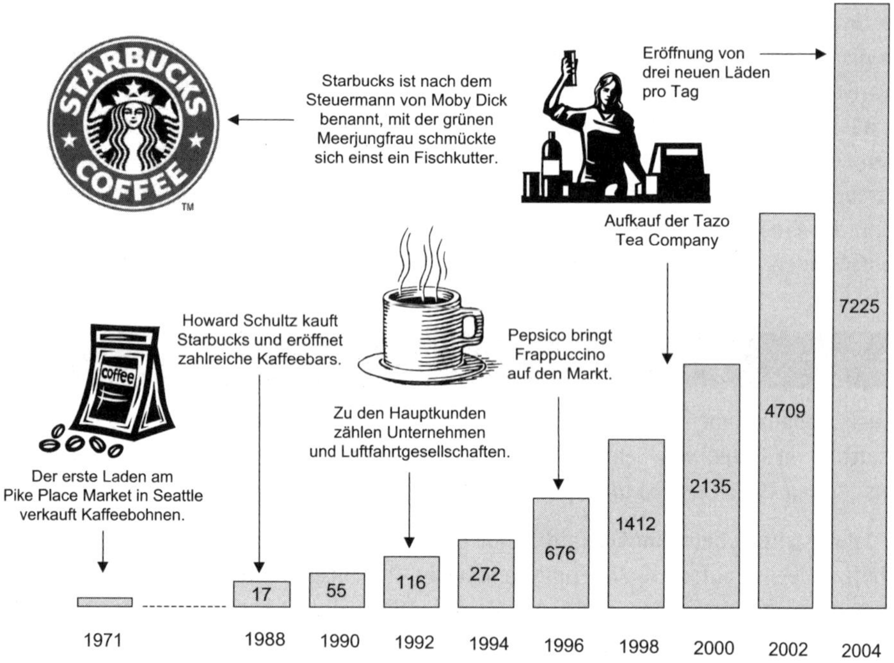

Quelle: www.starbucks.com

In lizenzierten Standorten in Flughäfen, Einkaufszentren und großen Konzernen erkannte Schultz großes Wachstumspotenzial, und von diesen Deals profitierten beide Seiten. Die Kaffeebars trafen bei den Verbrauchern so genau ins Schwarze, dass eine Starbucks-Kaffeebar jeder Luftfahrtgesellschaft, jedem Einkaufszentrum und jedem Arbeitsplatz unmittelbaren Wertzuwachs und höheres Prestige bescherte.

Auch die Markenpflege war wichtig. Die »Weihnachtsmischung« im festlich aufgemachten Pappbecher ließ von Anfang an die Kassen klingeln. 1994 wurde »Frappuccino«, die eisgekühlte Kaffee-Kreation, zu einem Hit, den es sehr bald auch in der Flasche im Einzelhandel zu kaufen gab.

Schultz bestreitet, dass er nach einem geheimen Erfolgsrezept gehandelt hätte:

> »Was wir tun, ist weder geheim noch irgendwie geschützt. Jeder kann es nachmachen ... doch das Herz und die Seele eines Geschäfts sind einzigartig und können nicht kopiert werden. Es sind die Menschen, die einem Geschäft Herz und Seele verleihen. Menschen, die genau wissen, was sie tun und warum sie jedem Kunden eine so besondere Atmosphäre bieten, damit Starbucks zum drittwichtigsten Ort in ihrem Leben wird.«

Jeder Mitarbeiter, der mehr als 20 Stunden pro Woche arbeitet – und das sind fast alle –, erhält Aktienbezugsrechte und ist somit persönlich an der Mission und dem Erfolg des Unternehmens beteiligt. Auf seinem Erfolgskurs hat Starbucks auch tatsächlich schon viele Mitarbeiter zu Millionären gemacht.

Zusammen mit Starbucks ist auch der Kundenstamm gewachsen und besteht heute aus einer bunten Mischung jüngerer und älterer Kaffeeliebhaber mit einem Faible für die Starbucks-Atmosphäre. Die Fähigkeit, »maßgeschneiderte« Kaffeespezialitäten anzubieten, spielt ebenfalls eine wichtige Rolle. Die meisten Stammkunden verlangen immer wieder nach »ihrem« Kaffee, ob nun »doppelter Latte mit extra Schaum« oder »Capuccino extra stark mit Vanille«, und sogar die Art und Weise, wie die Favoriten bezeichnet werden, hat sich mitentwickelt.

Schultz besucht seine eigenen Kaffeebars und die seiner Konkurrenz auf der ganzen Welt. Er trinkt normalerweise zu unterschiedlichen Zeiten fünf verschiedene Sorten Kaffee in seinen eigenen Geschäften. Den Kaffee seiner Konkurrenten trinkt er hingegen nie. »Ich weiß, wie er schmecken wird«, äußerte er einmal herablassend.

Starbucks hat jedoch nicht nur Anhänger. Die wohl bekannteste Kritikerin ist Naomi Klein, die in ihrem Buch *No Logo* zwar viele positive Aspekte der Werbung und der Globalisierung der Marken aufführt, aber auch vor möglicher Arroganz gegenüber anderen Kulturen und der Entstehung von Wirtschaftsmonopolen warnt. Starbucks ist sich seiner globalen Verantwortung durchaus bewusst und betreibt fairen Handel. Und damit auch die regionale Verantwortung nicht zu kurz kommt, ermutigt es alle seine Mitarbeiter, sich an lokalen Hilfsprojekten zu beteiligen.

Seinen Unternehmenszweck sieht Starbucks darin, »eine erfreuliche Erfahrung zu bieten, die den Alltag der Kunden bereichert«. Dazu möchte sich Starbucks als »Bestes Kaffeehaus mit den besten Kaffeesorten der Welt, das seine Prinzipien bewahrt« etablieren.

Anwendung 1.2 Marktwirbel

Wie übernimmt man in sich rapide verändernden Märkten die Führung? Wie führt man den Wandel an, anstatt ihm hinterher zu eilen? Wie formt man den Wirbel der Veränderung zu seinem Vorteil, anstatt von ihm mitgesogen zu werden?

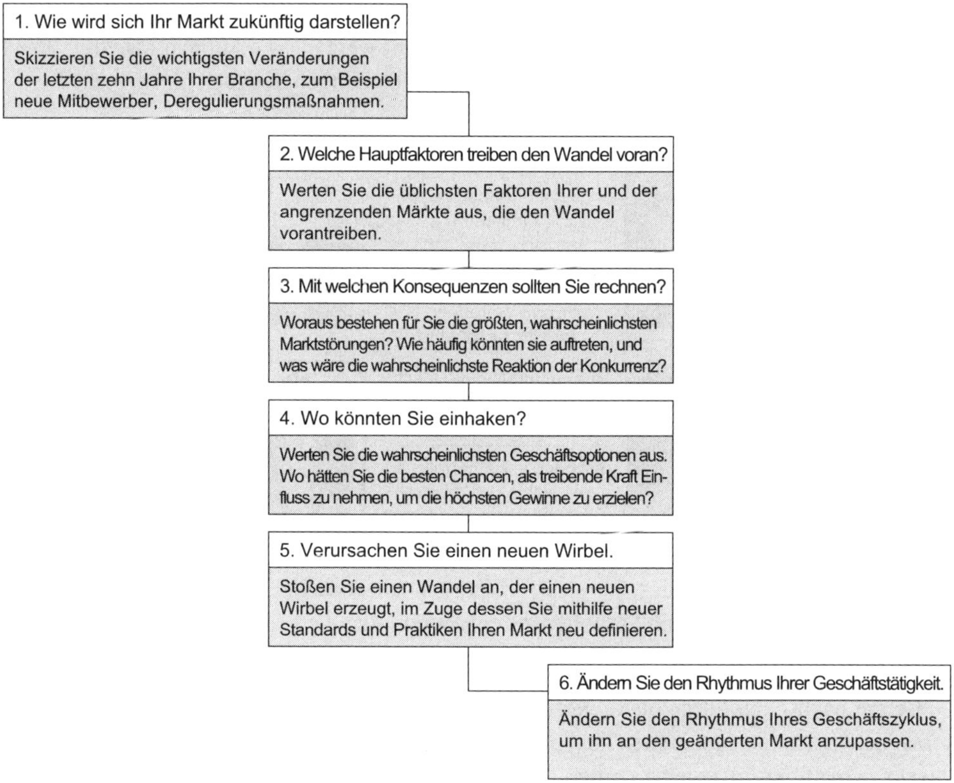

Konzept 1.3 Marktmacht

Neue Märkte verlangen nach einem neuen Marketing. Nicht nur, um die komplexen Gegebenheiten bewältigen oder den Markt formen zu können, bevor es ein anderer tut, sondern auch, um dem Umstand Rechnung zu tragen, dass Kundentransaktionen geänderten Regeln folgen.

Heute haben die Kunden das Sagen. Das Angebot der Waren hat die Nachfrage nach ihnen längst überholt. Es gibt wesentlich mehr Produkte als gebraucht werden, und Kunden haben im Prinzip alles, was sie wollen. Wie verkauft man unter diesen Bedingungen dennoch immer mehr?

Es reicht längst nicht mehr aus, Kunden mit Funktionalität überzeugen zu wollen. Kreativität und Köpfchen sind gefragt, um Lösungen zu entwickeln, die weit über den praktischen Nutzen eines Produkts hinausgehen.

In unserem hektischen Alltag bleibt wenig Zeit für Muße oder traditionelles Vereinsleben. Platz ist Mangelware und wird immer knapper, je mehr wir kaufen, und mit sinkenden Toleranzschwellen steigt der Anspruch an guten Kundenservice. Marken müssen sich darum bemühen zu bilden, zu unterhalten und zu inspirieren, denn Bildung ist grenzenlos, ebenso wie Unterhaltung und Kunst.

Doch wie lassen sich Angebote, Interaktionen und Lösungen entwickeln, die das Leben der Verbraucher in dieser Hinsicht bereichern, um sich entweder vom Wettbewerb abzuheben oder mehr Wert zu schöpfen, der sich teurer verkaufen lässt? Zeit, Platz, Bildung und Ähnliches könnten sich durchaus zu zukünftigen Währungen der Geschäftswelt entwickeln, die mehr zählen als Geld.

Geschäfte zu Kundenbedingungen zu tätigen bedeutet auch, Kunden auf andere Weise anzusprechen.

Kunden sind schwer erreichbar. Es ist schwierig, ihre Aufmerksamkeit zu erregen, sie stellen extrem hohe Ansprüche, und mit ihrer Treue ist es auch nicht weit her. Wir müssen den ersten Schritt auf sie zu machen, nicht darauf warten, dass sie von selbst zu uns kommen. Tatsache ist, dass sie gar nicht unsere Kunden sind, sondern Käufer, die nur sich selbst gehören. Sie bestimmen, wie, wo und wann sie mit uns Geschäfte tätigen.

Die alten Werbekampagnen sind tot.

Die Vorstellung, Kunden mit einer Werbekampagne ein neues Auto verkaufen zu können, wenn es gerade in den Zeitplan der Marketingabteilung passt, hat ausgedient. Werbekampagnen nehmen die Verbraucher von innen nach außen ins Visier und richten sich somit unausweichlich an die breite Masse. In einer so differenzierten und wechselhaften Welt wie der unsrigen kann das nicht funktionieren.

Kanäle müssen sich umkehren.

Vertriebskanäle wurden als Verlängerung der Anbieterseite, nicht der Kundenseite ausgelegt. Reiseagenturen zum Beispiel agierten für Fluggesellschaften, nicht für die Kunden. Der Anbieter setzte den Preis fest, der Kunde hatte zu bezahlen. Der Anreiz für den Makler bestand aus einer Provision für Verkäufe im Auftrag des Anbieters. Fünf Minuten auf eBay machen jedoch schnell deutlich, dass Preisgestaltung heute anders vonstatten geht.

Viele dieser Probleme werden wohl kaum von einzelnen Anbietern gelöst werden können. Die wenigsten Kaufinteressenten haben eine klare Vorstellung darüber, was sie genau wollen und woher sie es bekommen. Ein Kunde, der nach etwas verlangt, stellt jedoch eine gute Gelegenheit dar, die Initiative zu ergreifen und seine Nachfrage zu bedienen. Die bekanntesten Marken, denen die Kunden am ehesten zutrauen, ihre Wünsche zu erfüllen, die erfindungsreich individuellen Bedürfnissen nachkommen, bequeme Lösungen bieten und bequem erhältlich sind, werden diejenigen sein, die in Zukunft Erfolge erzielen.

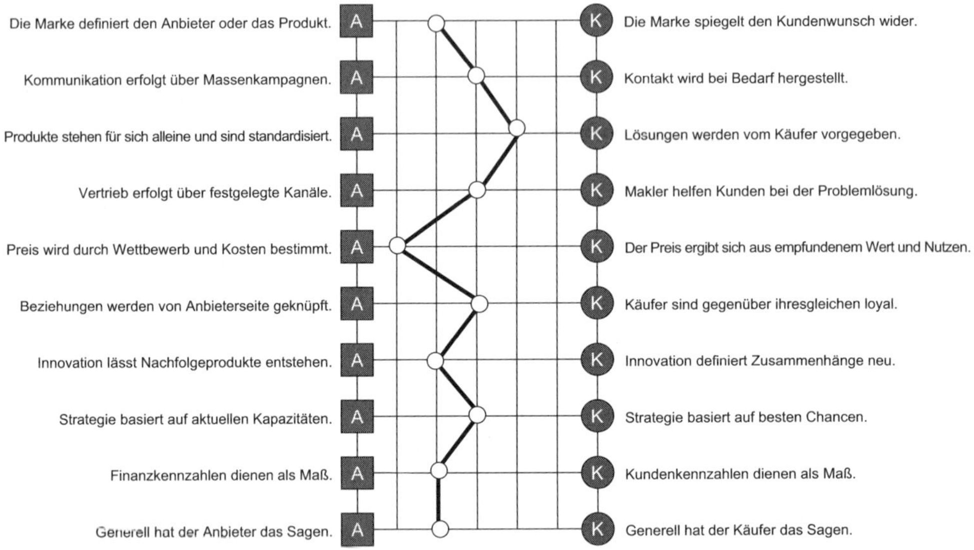

Inspiration 1.4 eBay

1995 wurde eBay als »weltweiter Online-Marktplatz für den Verkauf von Waren und Dienstleistungen einer engagierten Community aus Einzelpersonen und Unternehmen« gegründet. Heute wechseln über eBay und seinen 135 Millionen registrierten Mitgliedern jede Sekunde Waren im Wert von über 1000 US-Dollar den Besitzer und summieren sich zu Transaktionen im Wert von 35 Milliarden US-Dollar.

Alles begann damit, dass ein idealistischer Programmierer französisch-iranischer Herkunft namens Pierre Omidyar von seinem Zuhause im Silicon Valley aus eine Website bastelte, über die er einen defekten Laserpointer für 14 US-Dollar versteigerte.

Daraufhin entwickelte er eine Online-Auktionsbörse, die ursprünglich den Namen AuctionWeb trug, um eine Plattform für Verkäufer und Kaufinteressenten bereit zu stellen – eine Online-Tauschbörse, auf der Käufer und Verkäufer sich selbstständig über den fairsten Preis einigen konnten und das Geschäft miteinander abschlossen. Zur Unterstützung holte sich Omidyar die Marketingexpertin Meg Whitman an Bord, die als CEO ein Managementteam aufstellte, dessen Mitglieder schon mit so erfolgreichen Marken wie Pepsi und Disney Erfahrungen sammeln konnten.

Auch wenn eBay hauptsächlich als privater Online-Flohmarkt und Sammlerbörse zu Berühmtheit gelangt ist, zählen auch viele Unternehmen zu seinen Benutzern. Von IBM bis hin zum Einzelhandel werden über eBay Kraftfahrzeuge, Computer, Haushaltswaren und Dienstleistungen angeboten. Da der Online-Marktplatz Ladenmieten, Warenlager und Rabattgeschäfte überflüssig macht, gleichzeitig aber einen viel größeren Interessentenkreis erreicht, erzielen Geschäftskunden beträchtliche Gewinne.

Die Teilnahme an den Auktionen ist kostenlos, für das Recht, Waren zu verkaufen, bezahlen die Anbieter jedoch eine Transaktionsgebühr. Für das Anbieten eines Artikels wird eine nicht erstattungsfähige Angebotsgebühr erhoben, deren Höhe sich nach dem Anfangspreis des Auktionsartikels richtet. Wenn der Artikel erfolgreich über eBay verkauft wurde, fällt eine zusätzliche Verkaufsprovision an, die 1,25 Prozent bis fünf Prozent des tatsächlichen Verkaufspreises beträgt. Für zusätzliche Leistungen, wie zum Beispiel die Hervorhebung einzelner Angebote, fallen Zusatzgebühren an. Nach dem Ende einer Auktion kassiert eBay seine Gebühren und überlässt den Abschluss der Transaktion dem Verkäufer und Käufer.

Privat- und Geschäftskunden, die über eine E-Mailadresse verfügen, können sicher, einfach und schnell online über PayPal bezahlen. PayPal nutzt die bestehenden Infrastrukturen von Geldinstituten und Kreditkarten und geht mit modernsten Schutzmaßnahmen gegen Betrug und Datenmissbrauch vor. Es steht in 45 Ländern und für fünf Währungen zur Verfügung.

PayPal, das 2002 von eBay gekauft wurde, hat sich unter den Online-Überweisungsdiensten mittlerweile ebenfalls eine marktführende Position erobert. Weltweit haben sich mehr als

20 Millionen Benutzer registrieren lassen, und auch im Einzelhandel gewinnt es – online sowie offline – zunehmend an Bedeutung.

eBay begeistert Käufer und Verkäufer, weil es viel mehr als nur ein Warenumschlagplatz ist. Seine Besucher verbindet ein starker Gemeinschaftssinn, und oft helfen sich Käufer und Verkäufer gegenseitig, um zu einem fairen Preis das Objekt der Begierde zu ergattern. Man trifft sich im Gemeinschaftsbereich, um zu diskutieren und zu chatten, kann an Online-Schulungen teilnehmen, Benutzergruppen besuchen oder Kontakt mit dem Kundenservice aufnehmen. Dieses Zusammengehörigkeitsgefühl bildet Vertrauen und lädt zu immer häufigeren Besuchen ein. Die Welt von eBay übt eine gewaltige Anziehungskraft aus, und die Menschen treffen sich hier genauso gerne wie früher im Tante-Emma-Laden.

eBay ist eines der wenigen Internetgeschäfte, die auf »reiner Spekulationsbasis« konstant Gewinne erzielen. Mit Leichtigkeit hat es Amazon, Yahoo und Konsorten hinter sich gelassen, die das eBay-Erfolgsmodell relativ erfolglos zu kopieren versuchten.

Anwendung 1.3 Machtprofil

Wie stellt man sich der Machtverschiebung auf den Märkten? Wie lassen sich die steigenden Ansprüche der Kunden und Anteilseigner erfüllen? Wie ist es zu schaffen, aktuell wettbewerbsfähige Leistung zu erbringen und sich gleichzeitig die Zeit, den Raum und die Ressourcen zu sichern, um auch zukünftig leistungsfähig zu bleiben?

1. Untersuchen Sie jede Marketingaktivität.

Identifizieren Sie die wichtigen Marketingaktivitäten, zum Beispiel Marken, Kommunikation, Preisgestaltung, Beziehungspflege und so weiter.

2. Wer ist der Auslöser jeder Aktivität?

Werten Sie aus, ob eine Aktivität aktuell durch die Geschäftstätigkeit oder durch den Kunden ausgelöst wird. Wer initiiert sie, wer entwirft sie?

3. Wer übt den größten Einfluss aus?

Bestimmen Sie für jede Aktivität, ob Geschäft oder Kunde den größten Einfluss auf sie ausübt; zum Beispiel: wer bestimmt den Preis?

4. Erstellen Sie ein Profil des Machtverhältnisses.

Erstellen Sie für jede wichtige Marketingaktivität ein Machtprofil.

5. Ziehen Sie den Vergleich zu Ihren Mitbewerbern.

Wie stellt sich das Machtverhältnis im Vergleich zu dem ihrer Mitbewerber dar? Haben Sie mehr oder weniger zu sagen als die Konkurrenz?

6. Machen Sie sich die Macht des Kunden zunutze.

Wie ließe sich Ihr Geschäftsmodell umgestalten, um die Macht des Kunden entweder besser zu nutzen oder besser darauf zu reagieren?

Anwendung 1.4 Marketing umgestalten

Wie ist das Marketing – und mit ihm die gesamte Geschäftstätigkeit – umzugestalten, um der wachsenden Macht seitens des Verbrauchers gerecht zu werden? Was bedeutet es tatsächlich, sich auf die Bedingungen des Verbrauchers einzulassen? Welche Veränderungen werden sich in den konventionellen Prozessen der Kommunikation, des Vertriebs, der Preisgestaltung und des Verkaufs vollziehen? Welche Auswirkungen hat dies auf Strategien, Marken, Innovation und Beziehungspflege?

1. Untersuchen Sie jede Marketingaktivität.

Identifizieren Sie die wichtigen Marketingaktivitäten, zum Beispiel Marken, Vertrieb, Kommunikation, Preisgestaltung, Innovation.

2. Analysieren Sie jeden Marketingprozess.

Listen Sie die typischen Prozessschritte eines jeden Marketingprozesses auf, zum Beispiel, indem Sie jeden Schritt auf eine Haftnotiz schreiben.

3. Kehren Sie nun den Prozess um, sodass er mit dem Kunden beginnt.

Modellieren Sie den Prozess um. Sein Ausgangspunkt ist nun der Kunde (besser gesagt, der Käufer). Ändern Sie die Reihenfolge der Prozessschritte.

4. Was ist dem Kunden am wichtigsten?

Überlegen Sie, was, wann, wo und wie der Kunde am liebsten einkaufen würde und formulieren Sie Ihre entsprechenden Vorgaben um.

5. Gestalten Sie den Prozess flexibler.

Wie ließe sich der Prozess an die Vorlieben des Kunden anpassen? Berücksichtigen Sie unbedingt die wechselnden Vorlieben verschiedener Kunden.

6. Integrieren Sie ein Maximum an Anpassungsfähigkeit an Kundenwünsche.

Wie ließe sich der Prozess durch mehr Informationen über den Verbraucher und einen verbesserten Kundendienst individuell an Kundenwünsche anpassen?

Mit einem Bein in der Gegenwart, mit dem anderen in der Zukunft stehen

»Die neue Ära des Informationszeitalters macht Produktion und Verkauf nicht überflüssig. Produkte und Dienstleistungen werden nach wie vor gebraucht. Doch die Geschäfts- und Marketingstrategien, die den Marken gestern noch Macht verliehen und sicherten, können sich morgen schon als unbrauchbar erweisen. Sofern nicht beide Seiten gleichermaßen profitieren, wird sich die eine oder andere dafür entscheiden, die Beziehung zu beenden.«

Alan Mitchell

»Das Internet schafft totale Transparenz. Wer sich umfassend informieren kann, stellt Autoritäten immer mehr in Frage. Der unwissende, treue und bescheidene Kunde, Mitarbeiter, Patient oder Bürger gehört der Vergangenheit an.«

Kjell Nordström und Jonas Ridderstråle

Obwohl Märkte immer mehr als Antriebsmotoren des Geschäftslebens fungieren, sitzen nur selten Marketingexperten mit am Lenkrad eines Unternehmens. Noch immer wird Marketing häufig als Randfunktion betrachtete, als eine Welt für sich, als Fass ohne Boden, in dem das Budget versickert, oder als unterstützende Funktion für den Vertrieb.

Marketing ist jedoch viel mehr als das. Es ist ein Prozess, an dem sich das gesamte Unternehmen beteiligen sollte – unter Anleitung einiger erfahrener Spezialisten, versteht sich. Marketing regelt die kurzfristige und langfristige Nachfrage. Marketing sorgt heute und morgen für Gewinne. Marketing gestaltet die Zukunft und erfüllt die heutigen Erwartungen. Es steigert die Verkaufszahlen und verhilft Kunden zu der gewünschten Kauferfahrung, es entwickelt neue Märkte und Produkte, für die es auch gleich die Marken und Beziehungen aufbaut, um in und mit ihnen erfolgreich zu sein. Nicht zu vergessen erzielt das Marketing eine höhere Anlagenrendite als jeder andere Geschäftsbereich.

Heutige Erwartungen erfüllen	Zukünftige Erfolge sichern
Kurzfristiger Erfolg. Die Quartalsziele müssen erreicht werden. Der Schwerpunkt liegt auf Werbeaktionen, die den Absatz steigern.	**Langfristiger Erfolg**. Zukünftige Erfolge müssen durch Strategie und Innovation, durch starke Marken und starke Beziehungen gesichert werden.
Profit. Unternehmen sind sich nicht wirklich klar darüber, welche Märkte, Produkte und Zielgruppen gegenwärtig und zukünftig den meisten Profit versprechen.	**Wert**. Wirtschaftlicher Wert setzt sich weniger aus heutigen, sondern aus zukünftigen Profiten zusammen, die sich aus rentablem Wachstum und lohnenden Risiken ergeben.
Von innen nach außen. Für Investoren zählt hauptsächlich die langfristige Wertschöpfung, die auch der Maßstab der Unternehmens-Performance ist.	**Von außen nach innen**. Langfristiger Shareholder Value kann nur dann nachhaltig garantiert werden, wenn den besten Kunden mehr Wert geboten wird.

Es ist an der Zeit, dass Marketingfachleute aus ihrer Abseitsstellung heraus und in die Mitte der Entscheidungsträger geholt werden, da sie hier die Schubkraft der Marktveränderungen und die wachsende Autorität der Kunden viel effektiver nutzen und Strategien sowie Geschäftsprioritäten aus einer von außen nach innen gerichteten Perspektive mitgestalten können.

Viel zu lange schon herrscht in der Geschäftswelt die von innen nach außen gerichtete Perspektive vor. Finanzverantwortliche und Betriebsleiter haben sich immer nur darauf konzentriert, das übliche Prozedere zu verbessern, anstatt auf die besten Marktchancen zu reagieren und diese auszuschöpfen. Die Ausdehnung auf neue Marktchancen birgt allerdings auch die Gefahr, sich in unbedeutenden Gelegenheiten zu verzetteln.

Marketingexperten müssen sich in jedem Fall den veränderten Umständen anpassen, um eine Hauptrolle übernehmen und langfristig überleben zu können.

Die besten Geschäftschancen ergeben sich heute nicht mehr daraus, das, was man schon immer getan hat, besser zu machen, sondern daraus, den sich außerhalb vollziehenden Wandel effektiv zu nutzen. Dies ist in erster Linie eine Herausforderung für das Marketing.

Unternehmen brauchen Marketingexperten heutzutage mehr denn je.

Es ist die Aufgabe des Marketings, angemessen auf den ständigen Wandel zu reagieren: das neue Spiel zu verstehen oder seine Entstehung zu erkennen, aus den alten Konventionen auszubrechen, die für das vorherige Jahrhundert galten, die Erwartungen des Handels und der Börsen zu übertreffen und auf neue Art und Weise außergewöhnlichen Wert für Kunden und Aktionäre zu schaffen.

Alle Beteiligten haben heutzutage unglaublich hohe Erwartungen:

- Kunden wollen mehr als nur ein Produkt oder eine Dienstleistung. War ein Produkt früher einmal zufällig vergriffen, kam der Kunde einfach einige Tage später noch einmal. Lieferfristen über Wochen und Monate wurden ebenso akzeptiert wie die Tatsache, dass der Preis eines Produkts normalerweise nicht verhandelbar, sondern anstandslos zu bezahlen war. Die Einkaufserfahrungen von Amazon bis Wal-Mart haben die Haltung der Kunden von Grund auf verändert. Heute erwarten Kunden von jedem Produkt höchste Qualität, damit sämtliche Ansprüche immer erfüllt werden. Sie erwarten individuelle Lösungen für wie auch immer geartete Bedürfnisse, sofortige Lieferung und unschlagbar günstige Preise.
- Mitarbeiter wollen mehr als nur einen Job, um ihren Lebensunterhalt zu bestreiten. Früher erledigten sie ohne Murren langweilige Aufgaben in steriler Umgebung. Sie gaben sich damit zufrieden, bis zu ihrer Pension dieselbe Funktion auszuüben, und solange das Gehalt stimmte, waren ihnen die größeren betrieblichen Zusammenhänge ebenso egal wie Kunden

und Aktionäre. Heute erwarten Mitarbeiter persönliche Befriedigung von ihrer Arbeit, einen angenehmen Arbeitsplatz und Zusatzleistungen. Sie erwarten Weiterbildungs- und Karrierechancen, kümmern sich gerne um Kunden und möchten ihr Unternehmen mitgestalten und stolz darauf sein.

- Aktionäre wollen mehr als nur Kapitalerträge. Früher tolerierten sie das Auf und Ab der Aktienpreise, das Ausbleiben kurzfristiger Profite und somit verpasste Investitionsgelegenheiten. Sie beklagten sich nicht, wenn über Jahre keine Dividendenzahlungen erfolgten und gaben sich mit einer jährlichen Aktionärshauptversammlung zufrieden. Dotcom-Geschäfte und Hedge-Fonds haben sie andere Erfahrungen gelehrt. Heute erwarten Aktionäre regelmäßige und transparente Informationen, mehr Einfluss und Mitspracherecht, ein konstantes Wachstum der Quartalsergebnisse, regelmäßige Dividendenausschüttung und die besten Erträge des Marktsektors, nicht nur der Branche.

Andere Beteiligte und Interessenverbände galten lange als relativ vernachlässigbar, bis man erkannte, dass so manche Schwierigkeit nur mit ihrer Hilfe überwunden werden konnte. Heute gelten sie als unverzichtbare Partner, um den besten Shareholder Value zu schöpfen. Zu den wertvollen Beiträgen der Interessengruppen zählen unter anderem:

- Vermittlung von gesellschaftlich vertretbarem Investorenkapital
- Vermittlung und Bindung von herausragenden Talenten
- Aufbau von Markentreue und Imagepflege bei Kunden
- Zugang zu strategischen Ressourcen und Kapazitäten durch Partnerschaften
- Verbesserung der Mitarbeiterbeziehungen und Konfliktlösung bei gewerkschaftlichen Auseinandersetzungen
- Leistungssteigerung und Kooperationsbereitschaft über die gesamte Wertschöpfungskette
- Größere Einflussnahme, Annehmlichkeit und Flexibilität in Bezug auf Behörden
- Gegenseitige Unterstützung und Einführung in lokale Interessenverbände

Auch für die Orientierung an datengestützten, analytischen Prozessen und Systemen gilt, dass dadurch zwar eine strikte, disziplinierte Vorgehensweise sicher gestellt wird, aber kein neuer Wert entsteht.

Logisches Denken führt nicht zu dem ausgewogenen, ganzheitlichen Ansatz, der heutzutage in allen Unternehmen und Organisationen dringend erforderlich ist. Das Wissensmanagement zündet normalerweise keine kreativen Funken. Das Kundenbeziehungsmanagement – oder auch Customer Relations Management CRM – ist nicht der kürzeste Weg zu engen Kundenbeziehungen oder zu mehr Loyalität. Six Sigma und Totales Qualitätsmanagement TQM sichern keine innovativen Designs. Leistungsanreize machen keinen Job erfüllender. Vierteljährliche Leistungsziele sind keine Garanten zukünftiger Erfolge, und ein maximierter Shareholder Value ist nicht unbedingt mit einem nachhaltig verantwortungsbewussten Geschäftsgebaren vereinbar.

Das moderne Geschäftsleben verlangt nach einem aufgeklärten, einem ausgewogenen und ganzheitlichen Ansatz, der sowohl kreativ als auch analytisch vorgeht, Mensch und Maschine, Kunden und Finanzen berücksichtigt und zugleich kurz- und langfristiges Denken fördert. Ein solcher Ansatz wird von Menschen geschaffen, die ohne Scheuklappen alle Blickwinkel einnehmen können und die diesem Ansatz entsprechende persönliche Stärken und Einstellungen aufweisen.

Sowohl Marketingfachleute als auch Unternehmen im Allgemeinen müssen lernen, scheinbar gegensätzlichen Zielen und Erwartungen gerecht zu werden, kurzfristig den Absatz zu maximieren und gleichzeitig langfristig zu investieren. Vom finanziellen Standpunkt aus bedeutet dies, Erträge und Profite jetzt und auch für die Zukunft zu maximieren, was möglich ist, wenn der wirtschaftliche Wert jeder Aktion vorab eingehend geprüft wird. Auf diese Weise werden kurzfristige und langfristige Zielsetzungen miteinander in Einklang gebracht. Wichtig ist vor allem aber auch, dass Marketingexperten die von außen nach innen gerichtete Perspektive einbringen, um die von innen nach außen gerichtete des Unternehmens auszugleichen, wenn nicht gar in den Hintergrund zu stellen.

Inspiration 2.1 Microsoft

Kein anderes Unternehmen spiegelt die Notwendigkeit, gleichzeitig im Heute und Morgen stehen zu müssen, so deutlich wider wie Microsoft. Das Unternehmen, seine Marketingmitarbeiter und seine Entwickler sind permanent damit beschäftigt, den heutigen Ansprüchen zu genügen und gleichzeitig die Zukunft zu gestalten. Sobald eine aktuelle Softwareversion freigegeben wurde (mit allen Funktionen und auch den gelegentlichen Schwächen), ist es die Sache des Marketings, für reißenden Absatz zu sorgen und möglichst viele Lizenzen zu verkaufen. Sobald das Produkt auf dem Markt ist, machen sich die Entwickler daran, die Folgeversion zu programmieren oder gleich etwas Radikaleres für den Markt der Zukunft zu ersinnen.

> »Wir möchten Menschen und Unternehmen weltweit ermöglichen, ihr volles Potenzial auszuschöpfen. Die Grundsätze, nach denen wir handeln, um dieses Ziel zu erreichen, leiten sich aus unseren Unternehmenswerten ab.
>
> Was Menschen mit unserer Software machen, wie sie sie einsetzen und was sie damit erreichen, hat kein Limit. Das ist, was uns inspiriert und was uns antreibt. Wir sehen Tag für Tag, welches Potenzial unsere Software bei unseren Kunden erschließt. Seien es

Unternehmen, die durch den Einsatz unserer Lösungen neue Geschäftsfelder eröffnen und deren Mitarbeiter produktiver miteinander arbeiten können; seien es Privatanwender, die durch Microsoft Software besser und schneller mit ihren Freunden kommunizieren, mit ihren Familien digitale Fotos, Musik, Videos austauschen und spielen können.

Wir glauben daran, dass unsere Geschäftspartner gemeinsam mit uns und unseren Lösungen wachsen, sich spezialisieren, diversifizieren, neue Produkte und neue Dienstleistungen auf Basis unserer Technologie anbieten – kurz: Neue Potenziale erreichen.«

Quelle: www.microsoft.com/austria/mscorp/potential.mspx (in Auszügen)

Entsprechend dieser Aussagen werden Richtlinien, Werte und Slogans wie »Ihr Potenzial. Unser Antrieb« formuliert, die dem Unternehmenszweck entsprechen und jede Zielgruppe erreichen.

Für Unternehmen:

Wir sehen Geschäfte ohne Grenzen. Sie sollten in der Lage sein, zu jeder Zeit und an jedem Ort mit jedem beliebigen Partner Geschäfte zu tätigen. Wenn Unternehmen weltweit dieselbe Sprache sprechen, gibt es keine Grenzen mehr, und die Technologie ist eine Hilfe dabei. Dies inspiriert uns dazu, Software zu entwickeln, die Unternehmen, Kunden und Partner ganz unabhängig von Sprache oder Standort einander näher bringt.

Für Lehrkräfte:

Wir sehen die klügsten Köpfe der Geschichte an Ihrer Seite, wann immer sie gebraucht werden. Von den größten Lehrmeistern zu lernen, die großartigsten Bücher zu lesen und die genialsten Gedankengänge kennen zu lernen, ist für jeden Lernenden von unschätzbarem Wert. Wenn sich Kindern die Welt des Lernens erschließt, stehen ihnen alle Möglichkeiten offen. Dies inspiriert uns dazu, Software zu entwickeln, damit jeder sein Potenzial erschließen kann.

Für Eltern:

Wir sehen den König der Lüfte. Jedes Kind träumt davon, fliegen zu können, sich in die Lüfte zu erheben. Aus Träumen wie diesem entsteht Potenzial. Und mit den geeigneten

Werkzeugen und ein wenig Hilfestellung träumt Ihr Kind nicht nur davon, sondern lässt es Wirklichkeit werden. Es gibt unendliche Möglichkeiten, und dies ist nur eine, die uns inspiriert, Software zu entwickeln, damit Ihr Kind sein Potenzial erschließen kann.

Microsoft wurde 1975 von Bill Gates und Paul Allen in Albuquerque im US-Bundesstaat New Mexico gegründet. Die Palette der Microsoft Softwareprodukte ist enorm. Viele werden intern entwickelt, andere Produkte stammen aus Akquisitionen und treten danach unter dem großen Markennamen auf.

Das Unternehmen ist in sieben Kernbereiche gegliedert, die finanziell eigenverantwortlich operieren, um Zuständigkeiten zu delegieren und die Leistungen jedes Bereichs transparent zu halten, um bei Tochtergesellschaften Befürchtungen vor übermächtiger Einmischung zu zerstreuen und wahrscheinlich auch, um das Überleben zu sichern, sollte doch irgendwann gerichtlich verfügt werden, den Megakonzern zu zerschlagen. Auf der Microsoft Website werden die sieben Kernbereiche aufgeführt:

- *Windows Client* (Betriebssysteme Windows Client, Windows Server and Windows Embedded)
- *Information Worker* (Microsoft Office-Produktfamilie)
- *Microsoft Business Solution* (Geschäftskundensoftware und Prozessanwendungen)
- *Server and Tools* (Entwickler-Tools und integrierte Server-Software)
- *Mobile and Embedded Devices* (Betriebssysteme und Anwendungsprogramme für mobile Geräte wie PDAs, Smartphones, und Mobiltelefone)
- *MSN* (Internetanwendungen und -dienste)
- *Home and Entertainment* (Hardware und Software für Privatanwender)

Microsoft beschreibt seine Kultur ganz offen als »entwicklerorientiert«, obwohl man hart daran arbeitet, sich mehr an Märkten als an Technologien auszurichten und in der Produktentwicklung darauf einzugehen, was die Kunden benötigen, anstatt sich am technisch Machbaren zu orientieren.

Viel Zeit und Geld fließen jährlich in die Rekrutierung der besten IT-Absolventen, die auch nach ihrer Anstellung bei der Stange gehalten werden. Die wichtigsten Entscheidungsträger aller Unternehmensebenen sind oder waren Softwareentwickler. Tatsächlich sind die Softwareentwickler bei Microsoft die »Stars«, ähnlich wie bei IBM das Vertriebspersonal das Sagen hat. Diese Kultur zeigt sich auch deutlich bei Einstellungsgesprächen, die für ihre völlig unsinnigen Fragen wie »Warum ist ein Kanaldeckel eigentlich rund?« berühmt-berüchtigt sind.

Auf strategischer Ebene versucht Microsoft, an seinen Siegeszug mit dem Personalcomputer anzuknüpfen und dringt mit Media-Playern, Serversoftware, Handheld-Geräten, Navigationssystemen, Internetdiensten, Videospielen und in letzter Zeit auch mit Suchmaschinen in neue Märkte ein – mal mehr, mal weniger erfolgreich. Als moderne Fassung von Gates früher Vision, »in jedes Heim und in jedes Büro« vorzudringen, gilt nun der Versuch, die Windows XP Media Center Edition als Herzstück multimedialer Unterhaltung in jedem Wohnzimmer zu etablieren.

Auch das Geschäftsmodell wird einer genauen Prüfung unterzogen; so steht die Überlegung an, eine Art Abonnementsystem für lizenzierte Software einzurichten, anstatt sich darauf verlassen zu müssen, dass die regelmäßigen Updates auch tatsächlich von den Kunden gekauft werden.

Trotz aller Bedenken der Investoren, dass Microsoft vielleicht doch von seinem Wachstumskurs abkommen könnte, verkündete das Unternehmen im Juli 2004 seinen Plan, in den kommenden vier Jahren Aktien im Wert von 30 Milliarden US-Dollar zurückzukaufen. Zusätzlich wurde für Dezember 2004 eine einmalige Dividendenausschüttung angekündigt, die den Microsoft-Aktionären einen Geldsegen von 32 Milliarden US-Dollar bescheren sollte, ein Betrag, der bis dato noch von keinem Unternehmen ausgezahlt wurde.

Als Kunden ärgern wir uns schon hin und wieder über die hohen Preise ständig neuer Softwareversionen, die zudem nicht immer problemlos funktionieren. Und wenn man sich die hohen Renditen der Aktionäre ansieht, könnte man sich noch viel mehr ärgern. Fakt ist aber einfach, dass Microsoft sich seinen Markt nach seinen Vorstellungen geformt hat, während wir, die Kunden, seine Produkte kaufen, ohne die wir schon fast gar nicht mehr arbeiten können.

Microsoft ruft zwar auch so manchen Kritiker auf den Plan, seinen großartigen Marketingerfolg kann man ihm aber nicht absprechen.

Konzept 2.1 Wertschöpfung

Viele Organisationen geraten in eine Sinnkrise und fragen sich verwirrt, warum es sie eigentlich gibt. Gründe gibt es tatsächlich verwirrend viele. Auf einfachstem Niveau kommen die Interessengruppen in den Sinn, für die es sich zu existieren lohnt. Sie alle haben ein irgendwie geartetes Interesse an dem Unternehmen und steuern einen Wert bei, in der Hoffnung, diese Investition würde sich irgendwann einmal bezahlt machen. Sagen wir einfach, es findet ein »Wertaustausch« statt. Zu den Interessengruppen gehören Mitarbeiter, Kunden, Zulieferer, Partner, Aktionäre, Regierungsbehörden und die Gesellschaft.

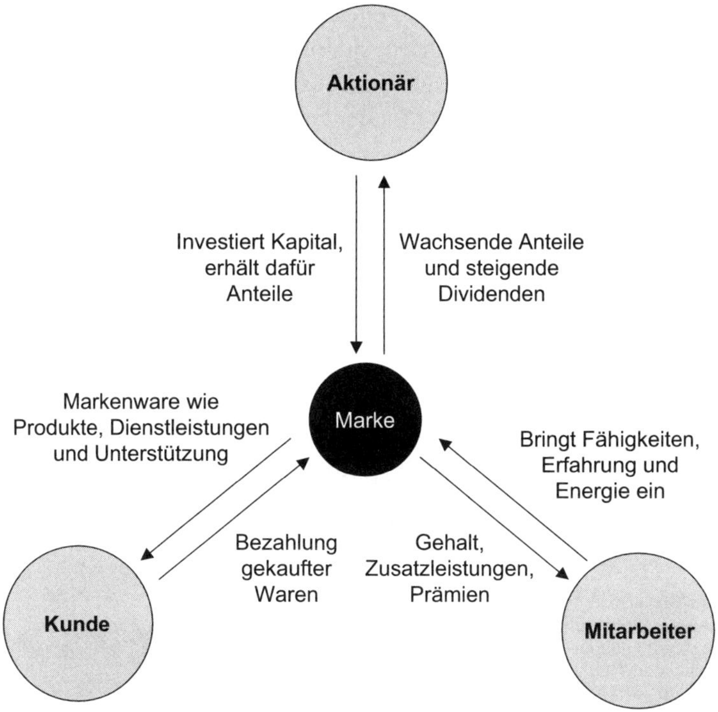

Eine Aktiengesellschaft gehört den Aktionären, die Kapital in das Unternehmen investieren, um daran zu verdienen. Doch selbst wenn der ultimative Erfolgsmaßstab die Kapitalrendite ist, erfüllt die Existenz des Unternehmens noch einen höheren Zweck, der Grund dafür ist, dass engagierte Mitarbeiter täglich gerne zur Arbeit erscheinen, Kunden dem Unternehmen die Treue schwören und Partner anklopfen, die eine Zusammenarbeit anstreben. Ein Unternehmen kann nur dann nachhaltigen Shareholder Value erwirtschaften, wenn es allen Interessengruppen gleichermaßen ermöglicht, Erfolge zu erzielen.

Ein langfristiger Shareholder Value kann nur erreicht werden, indem in einem Wechselspiel aus Investitionen und Gewinnen auch für Kunden, Mitarbeiter und andere Beteiligte Wert geschöpft wird. Stellen Sie sich ein Kuchendiagramm vor, in dem jedes Stück den für eine Interessengruppe geschaffenen Wert darstellt. Die Interessengruppe der Aktionäre hat zwei Möglichkeiten, mehr Gewinn zu erzielen:

- Durch »Wert-Gier«: Aktionäre bereichern sich auf Kosten der anderen, die früher oder später abspringen oder die Seite wechseln werden, wenn sie sich ungerecht behandelt fühlen.
- Durch »Wertwachstum«: Proportional zur höheren Rendite für die Aktionäre erhalten auch alle anderen Beteiligten mehr. Statt einer Umverteilung wird Wert geschaffen.

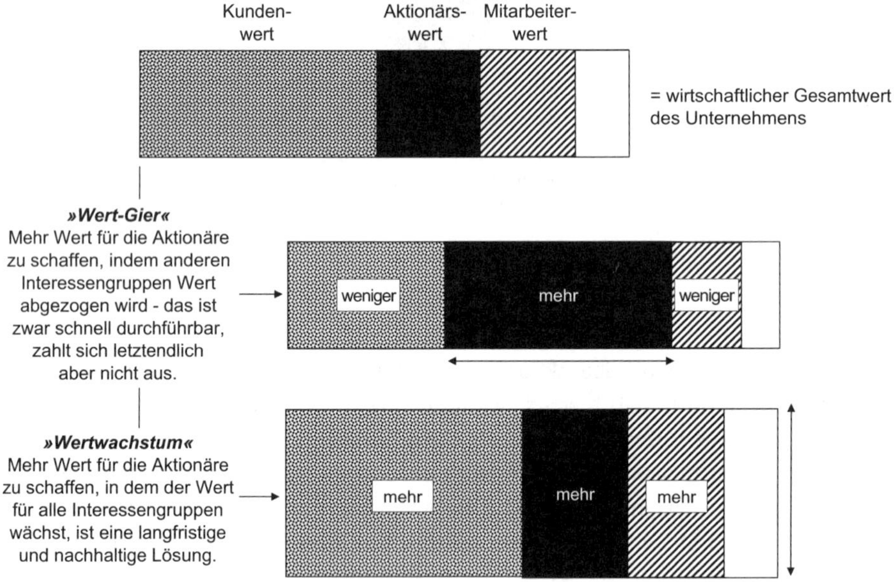

Der Gesamtwert wird auch als »wirtschaftlicher Unternehmenswert« bezeichnet, und die erste Priorität jedes Unternehmens sollte vernünftigerweise darin bestehen, seinen wirtschaftlichen Wert zu maximieren.

Die langfristige Wertschöpfung für Aktionäre unter Berücksichtigung der Interessengruppen sollte der ultimative Erfolgsmaßstab einer Aktiengesellschaft sein, denn daraus besteht ihre gesetzliche Existenzberechtigung. Kurzfristig der Gier der Aktionäre nachzugeben ist langfristig nicht Erfolg versprechend. Dasselbe gilt für die Gier von Topmanagern, deren Vergütung nur an kurzfristige Spitzenperformance gekoppelt ist. (Was dabei herauskommt, machten die Skandale um WorldCom und Enron deutlich.)

Nachhaltige Wertschöpfung ist nur durch Wachstum zu erreichen und nicht durch Gier, indem man den Kuchen insgesamt größer bäckt, anstatt ungleiche Stücke daraus zu schneiden.

Andere Organisationen setzen andere Prioritäten. Eine Wohltätigkeitsorganisation zieht ihre Existenzberechtigung daraus, etwas für die Gesellschaft oder für Teile der Gesellschaft zu leisten, sei es im Bildungsbereich, im Gesundheitswesen, im Bereich der Menschenrechte oder im Umweltschutz. Zu einer Wohltätigkeitsorganisation gehören meist viele Interessengruppen, und es ist durchaus vernünftig, sie nach wirtschaftlichen Kriterien zu führen. Anstatt aber dafür zu sorgen, für diejenigen, die Geld spenden, Gewinne zu erwirtschaften, muss sichergestellt werden, dass in dem jeweiligen Wohltätigkeitsbereich ein Maximum an Mitteln fließt.

Unter den Organisationen und Unternehmen gibt es viele Arten und Spezies.

Tatsächlich brauchen auch reine Finanzunternehmen einen »Lebenssinn« jenseits des Geldes. Fehlt das Gefühl, einem höheren Zweck zu dienen, fehlen auch der Richtungssinn, die Fähigkeit, sich vom Wettbewerb abzuheben und sich dafür zu begeistern, gesteckte Ziele erreichen zu wollen. Absichtserklärungen, die sich darin erschöpfen, »den Shareholder Value zu maximieren«, sind kaum etwas wert. Absichtserklärungen, die den maximalen Shareholder Value dadurch zu erzielen trachten, dass der »beste x geschaffen« wird oder dass »Kunden darin unterstützt werden, y zu tun«, bringen die besten Voraussetzungen mit, eine klare Strategie, eine starke Marke und ein gemeinsames Ziel zu entwickeln, was die Menschen verbindet und langfristiges Überleben sichert.

Die Erkenntnis, dass ein Unternehmen durch den Austausch von Werten lebt, dass es ein dynamisches System darstellt, in dem verschiedene Beteiligte Wert beisteuern und Wert zurück erhalten, mit dem Ziel, mehr Wert für alle zu schaffen, öffnet viele Türen, die aufgrund des ausschließlich auf Geld gerichteten Tunnelblicks vorher verborgen blieben.

Inspiration 2.2 Toyota

Japans führender Kraftfahrzeughersteller Toyota erreicht mit seinem breit gefächerten Markenportfolio ganz unterschiedliche Märkte. Unter der Marke Daihatsu zum Beispiel werden kleine, sparsame Flitzer, unter der Marke Hino schwergewichtige Brummis angeboten.

Die Marke Lexus, deren Name »Luxus« mit Eleganz verbindet, versammelt die edleren Gefährte der gehobenen Preisklasse unter sich. In den Lexus-Autohäusern, die für ihren hervorragenden Kundenservice bekannt sind, herrscht eine ganz eigene Kultur der Kundenbeziehungspflege, die sich von der eher auf ausgezeichnete Funktionalität ausgerichteten Kultur der Toyota-Hauptgruppe deutlich unterscheidet.

Das Unternehmen beschäftigt 250.000 Mitarbeiter und verkauft in 150 Ländern jährlich an die sieben Milliarden Kraftfahrzeuge. Obwohl es nicht das Absatzvolumen der drei ganz Großen – GM, Ford und DaimlerChrysler – erzielt, ist sein Börsenwert höher als der aller drei zusammen, was erneut belegt, dass Größe und Marktanteil nicht unbedingt der Weg zum Erfolg für Aktionäre sein müssen.

Toyota wurde 1937 als Ableger des damals weltweit führenden Webmaschinen-Herstellers Toyoda Automatic Loom Works gegründet, für dessen Erfolg der hoch verehrte japanische Erfinder Sakichi Toyoda verantwortlich zeichnete, der gleichzeitig Firmenchef war. Seinem Sohn Kiichiro gelang es, den erfolgreichen Konzern zu erschaffen, den wir heute kennen.

Toyotas Erfolgsrezept besteht aus seiner starken Beziehung zu Mitarbeitern und Kunden. Da es Toyota zu Beginn sowohl an Größe als auch an Kapital fehlte, blickte es nach innen, um Wettbewerbsvorteile zu entdecken – und es fand sie auch: Erstens, Kunden kann ein wesentlich besserer Wert angeboten werden, wenn man sie besser versteht. Zweitens, kontinuierliche Verbesserungen sind möglich, wenn motivierte Mitarbeiter kreativ werden dürfen.

> »Meiner Erfahrung nach ist der Markt der alles beherrschende Faktor. Wann immer wir vor unüberwindlich scheinenden Hürden stehen, sage ich mir: 'Höre auf den Markt. Lausche der Stimme des Kunden.' Letztendlich kommt es im Marketing einzig nur darauf an. Wir müssen immer an den Markt, zu den Kunden zurückkehren. So wird es bei Toyota gemacht.«
>
> Yoshio Ishizaka, Executive Vice President der Toyota Motor Corporation

Toyotas »Lean Thinking«-Ansatz bezieht sich weniger auf betriebliche Effizienz, sondern vielmehr darauf, eine klare Linie zu verfolgen und seiner Philosophie treu zu bleiben, den Kunden zu dienen und echten Wert zu bieten. Das oberste Ziel ist, Wert für den Kunden zu schaffen, nicht für den Aktionär. Dieses Ziel zieht sich als roter Faden durch alle Unternehmensbereiche und führt zu dem Ergebnis, das alles, was Wert für den Kunden schafft, zielstrebig verfolgt, alles, was keinen Wert für den Kunden schafft, rigoros eliminiert wird. Dadurch bleibt das Unternehmen in Bewegung und fördert kreative Problemlösungen, verhilft den Kunden zu besseren Markenerfahrungen und steigert insgesamt seine Business Performance.

Toyota hat außerdem erkannt, dass die Lösung echter Probleme nur möglich ist, wenn Mitarbeiter frei einteilbare Zeit zur Verfügung haben, um innovativ zu denken und neue Verbindungen zu knüpfen. »HumanSigma« ist Teil dieses Ansatzes, mit dem gemessen und gesteuert wird, inwiefern der Faktor Mensch zur Leistung eines Unternehmens beiträgt.

Anwendung 2.1 Wert schaffen

Wie hoch ist der wirtschaftliche Wert Ihres Unternehmens? Wie lässt sich das Zukunftspotenzial Ihres Unternehmens finanziell ausdrücken? Wie sollte dieser Wert über die Zeit verteilt werden? Wie lässt sich sicherstellen, dass das Potenzial tatsächlich erschlossen wird?

1. Wie sieht die Zukunft Ihres Unternehmens aus?

Welche Faktoren beeinflussen die zukünftige Profitabilität? Dazu gehören Wachstumstrends, mögliche Gewinnspannen, Risiken und Unsicherheitsfaktoren.

2. Prognostizieren Sie zukünftige Gewinne.

Prognostizieren Sie für jedes der kommenden Jahre, mit welchen Gewinnen Sie aufgrund der Trends und Szenarien wahrscheinlich rechnen können.

3. Kalkulieren Sie deren Wert.

Addieren Sie die Gewinne, wobei Sie als Minus berücksichtigen müssen, dass auch die Unsicherheitsfaktoren über die Zeit zunehmen. Versuchen Sie anschließend, eine Konstante über die Zeit in diese Kalkulation einzubringen.

4. Verteilen Sie den Wert.

Wie lässt sich dieser Gesamtwert über die Zeit auf Interessengruppen, zum Beispiel Kunden, und Aktionäre verteilen?

5. Ordnen Sie Ihre Aktivitäten nach Priorität.

Integrieren Sie die Reihenfolge der Prioritäten in Ihre Geschäftsstrategie und Ihren Finanzplan, und ordnen Sie Ressourcen- und Investitionsplanungen möglichst ebenfalls nach diesen Prioritäten.

6. Schaffen Sie Wert.

Führen Sie Ihr Unternehmen über die Zeit darauf hin, Wert zu schaffen. Konzentrieren Sie sich auf wirtschaftlichen Zugewinn und langfristige Geschäftsoptionen.

Konzept 2.2 Kunden und Aktionäre

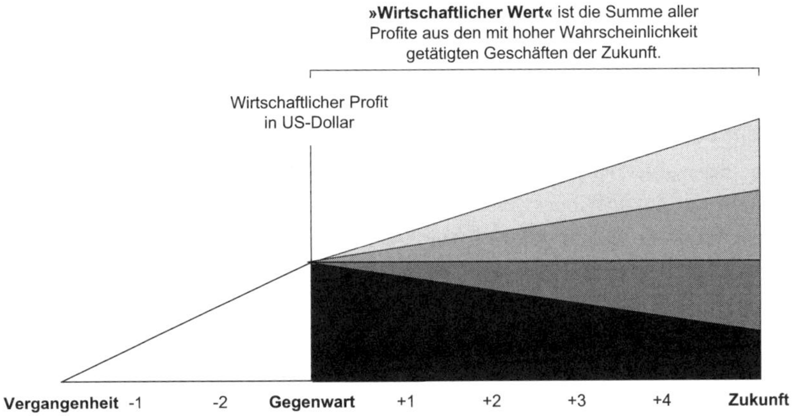

Wird der langfristige Kapitalertrag für die Aktionäre erst einmal als einzig gültiger Maßstab des Unternehmenserfolgs akzeptiert, ist nichts mehr wichtiger als »Wert«. Der Wert ist die Summe aller wahrscheinlichen zukünftigen Profite. Einnahmen und Profite sind als Maßstäbe wenig geeignet. Fakt ist, dass höhere Verkaufszahlen mehr Wert zerstören als schaffen können, falls das Ergebnis die Mindestanforderungen der Investoren nicht übertrifft. In der Wirtschaft gilt nun einmal, dass die Existenzberechtigung eines Unternehmens daraus besteht, Wert für seine Aktionäre zu schaffen.

Wirtschaftlicher Wert heißt, dass am Ende der Gleichung ein höherer Wert herauskommt als am Anfang eingeht. Wenn Aktionäre ihr Kapital in ein Unternehmen investieren, möchten sie dafür eine Rendite sehen, die höher ausfällt, als es ihnen der Anlageberater ihrer Banken in Form eines Sparkontos oder Kapitalanlageplans mit geringem Risiko bieten kann.

Mit dem Geld, das Aktionäre in ein Unternehmen investieren – dem Aktienkapital – können Investitionen getätigt, Maschinen gekauft und Ideen entwickelt werden, um auf dem Markt aufzutreten.

Die Aktionäre erwarten dafür eine Kapitalverzinsung, die deutlich über den Zinserträgen von Anlagekonten liegt, da das Risiko, in ein Unternehmen zu investieren, auch deutlich höher ist als das Risiko, das Geld auf der Bank zu lassen. Dieser »Mindestanreiz« bezeichnet die Kapitalkosten.

Für die Aktionäre wird erst dann echter »Wert« realisiert, wenn mehr ausgezahlt werden kann als für eine lohnende Investition notwendig ist, das heißt, wenn die Rendite die Kapitalkosten übersteigt. Bei einem Geschäftsjahresabschluss kommt es daher weniger auf das Betriebsergebnis, sondern auf den wirtschaftlichen Gewinn an. Der »wirtschaftliche Wert« ist die Summe dieser Gewinne, die wahrscheinlich in der Zukunft erwirtschaftet werden können. Wenn man jedoch weiter in die Zukunft blickt, verringert sich die Sicherheit. Um diesem Umstand Rechnung zu tragen, muss ein Diskontfaktor in die Kalkulationen einfließen.

Aktionäre kaufen Aktien. Wie hoch die Nachfrage ist, zeigt sich am Aktienpreis, und die Gesamtsumme aus dem Verkauf der Aktien beziffert die Marktkapitalisierung des Unternehmens – seinen Marktwert – zu jedem beliebigen Zeitpunkt.

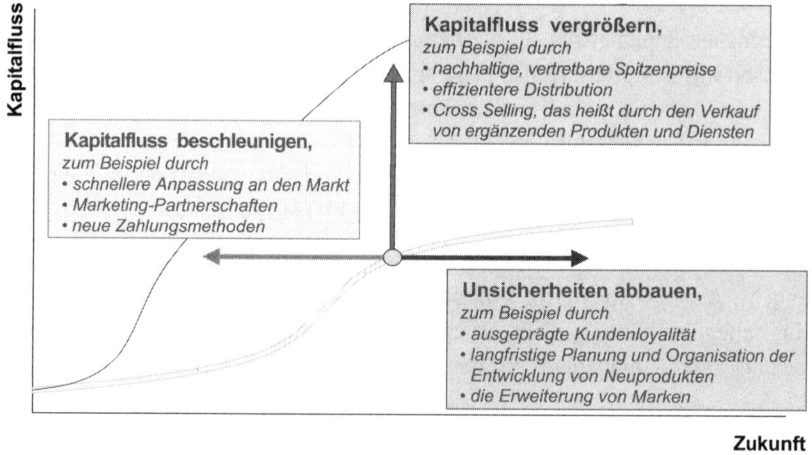

Die meisten Aktionäre investieren jedoch langfristig, anstatt kurzfristig mit den steigenden und fallenden Aktienpreisen zu spekulieren. Unternehmen brauchen Zeit, um dauerhaften Wert zu schaffen, und treue Aktionäre werden auf zweierlei Arten belohnt: durch Dividenden und steigende Aktienpreise.

Der Total Shareholder Return (TSR) wird normalerweise über fünf, manchmal sogar über zehn Jahre gemessen. Wirklich erfolgreiche Unternehmen sind nicht unbedingt diejenigen mit der zu jedem Zeitpunkt höchsten Marktkapitalisierung – die GE- und Microsoft-Brigade –, sondern diejenigen, die über einen längeren Zeitverlauf die besten Renditen erwirtschaften – Unternehmen wie Quest Diagnostics und Ryanair.

Profitables Wachstum

Nachhaltiges profitables Wachstum ist die Basis der Wertschöpfung.

Marketing erschafft einen stabilen Kreislauf, der mit der Zeit für lukratives, organisches Wachstum sorgt. Nicht organische Wachstumsschübe wie Fusionen und Übernahmen sind extrem problembehaftet und problemanfällig, und es gestaltet sich meist ausgesprochen schwierig, nach einer Fusion dauerhafte Vorteile Schritt für Schritt zu festigen und auszubauen.

Vielen Marketingexperten mag die Vorstellung, man müsse Wert für Aktionäre schaffen, gehörig gegen den Strich gehen, weil sie Aktionäre als geldgierige Blutsauger empfinden, die schnelles Geld machen wollen und sich keinen Deut um den Kunden scheren. Dies unterstellt jedoch, dass es lediglich um eine sehr unkluge Wertumverteilung ginge, bei der jedes Plus für Investoren ein Minus für die Kunden bedeutet.

Natürlich gibt es immer ein paar schwarze Schafe, doch die Mehrheit denkt anders: 97 Prozent aller CEOs geben an, dass die Schaffung eines langfristigen Shareholder Values oberste Priorität genießt und dass sie sich sogar gesetzlich dazu verpflichtet fühlen. Langfristig bezieht sich dabei meist auf eine Zeitspanne von mindestens fünf Jahren, und somit wäre der Verdacht, jeder Aktionär sei ein geldgieriger Blutsauger, der nur das schnelle Geld machen will, wohl auch entkräftet.

Kundenwert

Der einzig richtige Weg, um Shareholder Value zu sichern, führt über die Wertschöpfung für den Kunden, wobei sich die Wege der Wertschöpfung für Aktionäre und Kunden immer wieder kreuzen. Zuständig für die Schaffung überzeugender Werte ist das Marketing.

Der einzige Weg zu nachhaltigem Wachstum des Unternehmenswertes führt über eine Aufwärtsdynamik, durch die immer bessere Ergebnisse für Kunden und Aktionäre erzielt werden. Investitionen fließen in die Schaffung erstrangiger Werte für die Kunden durch innovative Produkte und Dienstleistungen sowie in die entsprechenden Marketingmaßnahmen, was Differenzierungskriterien, Verkaufszahlen und Produkttreue verbessert. Die Kunden zahlen bereitwillig höhere Preise, und diese erhöhten Gewinne sollten sich direkt in höheren Dividenden und Aktienpreisen bemerkbar machen. Weitere Investitionen in Marken und Beziehungspflege stärkt die Loyalität der Kunden und veranlasst sie zu weiteren Käufen.

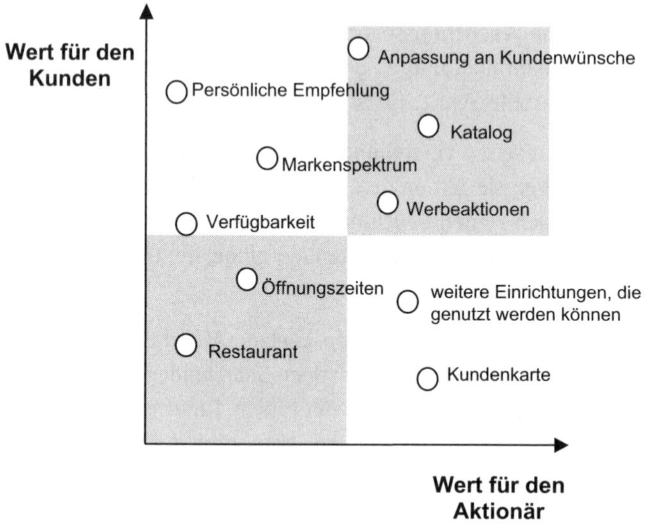

Der Kundenwert lässt sich nicht so leicht beziffern, ist er doch ein ganz individueller, vom Kunden empfundener Vorteil. Der empfundene Wert ist aber nicht nur eine Funktion des Nutzens und der Kosten, sondern hängt auch von dem Kontext ab, in dem der Kunde seine Wertung vornimmt. Der Kontext kann sowohl den Umstand beschreiben, dass im Supermarktregal ein Konkurrenzprodukt neben dem anderen steht, als auch eine geänderte Kaufgelegenheit darstellen.

Denken Sie an die Schwesterfirmen Audi und Volkswagen unter dem Dach der VAG: Der Audi A4 und der VW Passat sind im Prinzip Zwillinge, die am selben Standort zu ungefähr denselben Kosten gefertigt werden und sich durch Form und Markenzeichen eigentlich nur äußerlich unterscheiden. Dennoch präsentiert sich der Audi auf gleicher Augenhöhe wie ein BMW der 3er Serie, während der VW eher in der Ford-Liga mitspielt. In Großbritannien kann sich der Audi daher um 3.000 Pfund Sterling teurer verkaufen.

Denken Sie an Smirnoff. Smirnoff Vodka ist Alkohol pur und wird in großen Flaschen verkauft. Smirnoff Ice enthält nur ein Fünfzigstel des Alkoholgehalts und wird in viel kleineren Flaschen verkauft – zu fast demselben Preis. Der Smirnoff Ice-Genießer lehnt lässig an der Theke und ist cool. So cool, dass ihn der Preis kalt lässt, ist er doch nur auf das Image heiß, das er durch die Marke zu gewinnen hofft. Prinzipiell dasselbe Produkt, aber zwei sehr verschiedene Wertangebote und Profitebenen.

Inspiration 2.3 Coca-Cola

Coca-Cola behauptet von sich, einzig und allein aus dem Grund zu existieren, um Menschen Gutes zu tun und sie zu erfrischen:

> »The Coca-Cola Company exists to benefit and refresh anyone it touches.«

Das grundlegende Wertangebot ist einfach, solide und absolut zeitlos:

> »Wenn es uns gelingt, das Gefühl von Freiheit, Spaß und Lebensfreude zu vermitteln, wachsen und gedeihen unsere Marken, insbesondere Coca-Cola. Nur so können wir

> unserer Verpflichtung nachkommen, für die Anteilseigner unseres Unternehmens konstant hohe Gewinne zu erwirtschaften.«

Der Erfinder von Coca-Cola war der Arzt und Apotheker John S. Pemberton aus Atlanta im US-Bundesstaat Georgia. Er braute einen Sirup aus Koka-Blättern, den er in »Jacob's Pharmacy« mit Sodawasser aufgefüllt für fünf US-Cent pro Glas verkaufte. Das Getränk bezeichnete er als »köstlich erfrischend«, Attribute, die heute noch gelten.

An dem Namen »Coca-Cola« und dem geschwungenen Schriftzug war Pembertons Freund, der Buchhändler Frank Robinson, maßgeblich beteiligt. Beide waren sich darüber einig, dass die beiden großen Buchstaben »C« auf Werbeplakaten eine gute Figur machen würden. 1887 wurde Coca-Cola als Warenzeichen eingetragen, 1895 konnte man es schon in jedem US-amerikanischen Bundesstaat kaufen, und 1899 wurde das Getränk als fertige Limonade von so genannten Konzessionären in Flaschen abgefüllt.

Die Chronologie der Coca-Cola-Marketingkampagnen liest sich schon fast wie die Geschichte des Marketings, angefangen mit dem imprägnierten Öltuch, auf dem der rot-weiße Schriftzug vor »Jacob's Pharmacy« im Wind flatterte, über die berühmten weihnachtlichen Werbeaktionen mit dem rot-weißen Weihnachtsmann, bis hin zu dem Werbejingle »I'd Like to Buy the World a Coke«, den junge Menschen aus allen Erdteilen auf einem Berg in Italien zum Besten gaben.

> »I'd like to buy the world a home
> And furnish it with love
> Grow apple trees and honey bees
> And snow-white turtle-doves
> I'd like to teach the world to sing
> In perfect harmony
> I'd like to buy the world a Coke
> And keep it company
> That's the real thing.«

Quelle: www.coca-cola.com

Das Portfolio der Coca-Cola Company umfasst heute über 400 Markengetränke, was eine beträchtliche Herausforderung für zielgerichtete Marketingmaßnahmen darstellt. Welche Märkte sind jetzt und zukünftig am attraktivsten? In welche Produkte sollte man massiv investieren?

Coca-Cola geht diese Herausforderung in zwei Schritten an: Der erste ist zu verstehen, welches Wachstums- und Gewinnpotenzial weltweit auf dem Erfrischungsgetränkemarkt besteht. Die größten Profite macht die Branche – und Coca-Cola – mit kohlensäurehaltigen Limonaden, das Wachstumspotenzial ist jedoch sehr beschränkt. Isotonische Sportgetränke dagegen haben großes Wachstums- und Gewinnpotenzial, und mit Mineralwasser ist zwar nur wenig Profit zu machen, dafür wächst der Markt enorm.

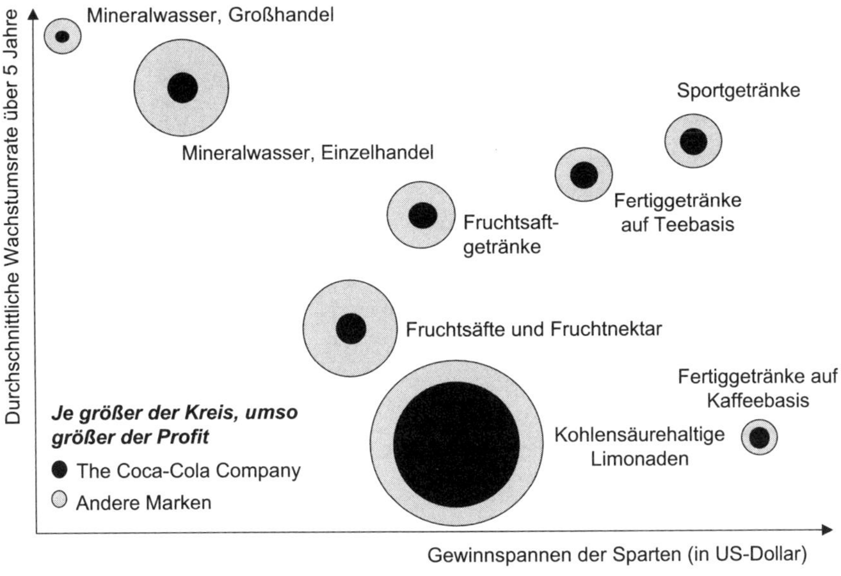

Quelle: www.coca-cola.com

Der zweite Schritt ist zu verstehen, wie sich diese Chancen in die Geschäftstätigkeit, in die Kapazitäten und in das vorhandene Produktportfolio, in das Markenversprechen und die favorisierte Strategie einbinden lassen. Sobald feststeht, welche Produkte am besten für die attraktivsten Märkte geeignet sind, stehen auch die Prioritäten der strategischen Unternehmensziele fest. Die Konzentration auf den Markt ist die treibende Kraft der Geschäftsstrategie, die in unserem Beispiel beinhaltet, neue Kapazitäten zu entwickeln und die Ausweitung auf Fruchtsaftgetränke, Sportgetränke und Fertiggetränke auf Teebasis zu beschleunigen.

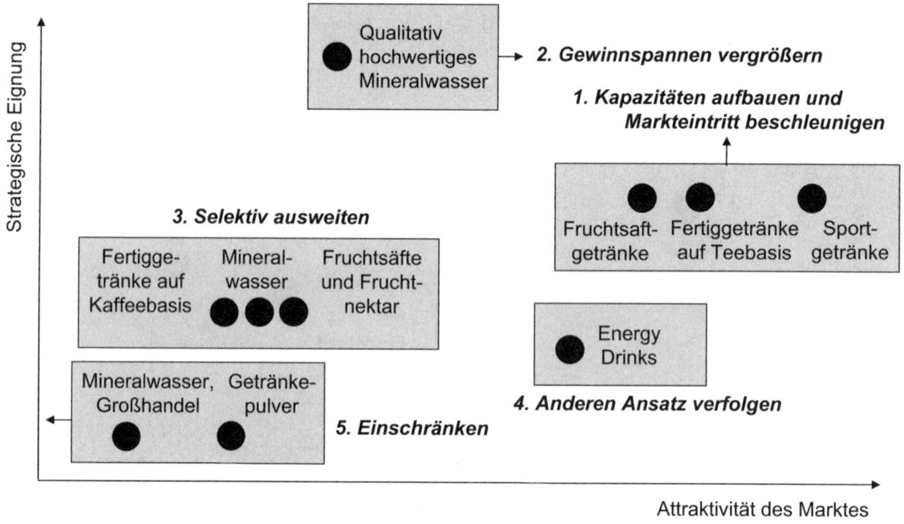

Quelle: www.coca-cola.com

Anwendung 2.2 Marktwert

Weshalb zählt die Summe der Aktienanteile, der Marktwert, eigentlich so viel mehr als der Wert, den die Bilanzen angeben? Fällt das Urteil der Investoren über den zukünftigen Wert meines Unternehmens, des Marktwerts, gut oder schlecht aus? Liegt er über oder unter dem Wert, den ich aus den wahrscheinlichen Profiten der Zukunft kalkuliert habe? Was tun, wenn sich hier gravierende Unterschiede auftun?

1. **Untersuchen Sie den wirtschaftlichen Profit.**
   Setzen Sie sich damit auseinander, wie es um Ihre aktuelle wirtschaftliche Profitabilität bestellt ist, das heißt, Betriebsergebnis minus Kapitalkosten.
2. **Prognostizieren Sie das zukünftige Wachstum.**
   Prognostizieren Sie wahrscheinliche Wachstumstrends der Märkte und mögliche Strategien. Überlegen Sie, wie sich beides auf die Profite der kommenden Jahre auswirkt.
3. **Prognostizieren Sie zukünftige Profite.**
   Analysieren Sie das Profitpotenzial für die kommenden fünf Jahre und erarbeiten Sie eine Konstante, mit der die mögliche Weiterentwicklung beschrieben werden kann.
4. **Errechnen Sie den tatsächlichen Wert.**
   Errechnen Sie den Nettowert der zukünftigen Profite, indem Sie mithilfe eines Diskontfaktors die wahrscheinlichen Risiken in die Gleichung mit einbringen.
5. **Vergleichen Sie das Ergebnis mit dem Marktwert.**
   Errechnen Sie den Marktwert Ihres Unternehmens, indem Sie den Aktienpreis mit der Anzahl der Aktien multiplizieren. Das Ergebnis spiegelt die Einschätzung der Investoren über den Wert Ihres Unternehmens wider.
6. **Befassen Sie sich mit der eventuellen Wertediskrepanz.**
   Klaffen tatsächlicher Nettowert und Marktwert auseinander, untersuchen Sie, wie es zu dieser Unter- oder Überschätzung kam und welche Gegenmaßnahmen Abhilfe schaffen.

Konzept 2.3 Wertbasiertes Marketing

Marketingexperten müssen die Zukunft gestalten und gleichzeitig die Erwartungen der Gegenwart erfüllen, indem sie konkrete Fakten und noch ungewisse Entwicklungen miteinander vereinen und aufzeigen, wie das normalerweise beträchtliche Marketingbudget eines Unternehmens optimale Wirkung erzielen kann.

Mindestens zwei Drittel des Marketingbudgets werden üblicherweise in die Zukunft investiert. Das heißt, die dem Marketing heute zur Verfügung stehenden Mittel fließen zu 60 bis 70 Prozent nicht in das laufende Geschäftsjahr, sondern in Transaktionen der kommenden Jahre ein. Für die Buchhaltung und Geschäftsführung mag das eine kleine Überraschung darstellen, sofern damit gerechnet wurde, dass der Großteil der Marketingausgaben eines Jahres steuerlich geltend gemacht werden kann.

Der Hauptteil der Strategie, der Innovation und der Kommunikation hat auch tatsächlich stärkeren Einfluss auf zukünftige als auf aktuelle Profite. Das ist auch gut so, denn genau daran haben die Aktionäre das größte Interesse. Einem Unternehmensleiter, der die Quartalsergebnisse zu verkünden hat, mag es allerdings schwer fallen, den Blick so weit in die Zukunft zu richten.

Es ist daher die Aufgabe der Marketingexperten, die Erwartungen der Gegenwart zu erfüllen und gleichzeitig die Zukunft zu gestalten. Werbeaktionen und clevere Strategien für Distribution und Preisgestaltung sorgen kurzfristig für Absatzsteigerung und höhere Gewinne. Die Kunst besteht jedoch darin, diese Maßnahmen so zu gestalten, dass sie gleichzeitig den Weg zu zukünftigen Erfolgen ebnen. So lässt sich zum Beispiel einerseits mit einer ganz klaren Botschaft werben (»Gartengarnituren jetzt 25 Prozent günstiger!«), um die Verkaufszahlen sofort in die Höhe schnellen zu lassen, andererseits auch mit dem Versprechen, »der Welt das Singen zu lehren«, was eine auf lange Sicht ausgelegte Markenstrategie darstellt, die auf eine geänderte Wahrnehmung und starke emotionale Bindung abzielt.

Wirtschaftlich gesehen kann das Marketing dreimal mehr Wert für ein Unternehmen erwirtschaften als jede andere Unternehmensfunktion, da Marketing nicht nur die Gewinnspannen vergrößert und den zukünftigen Kapitalfluss beschleunigt, sondern auch die hierbei jeweils vorherrschenden Unsicherheitsfaktoren minimiert.

Durch die Optimierung der durchschlagenden Wirkung, die das Marketing kurzfristig und langfristig erzielen kann, wird der wahre Wert des Marketings ausgeschöpft.

Marketing befasst sich unter anderem mit den Fragen, auf welche Märkte man sich konzentrieren sollte, wo in welcher Höhe investiert werden sollte, welche Produkte entwickelt oder aus dem Programm genommen werden müssen, wie eine Marke effektiv über die Zeit aufgebaut wird, wie Marketingkampagnen optimiert werden können und wie sich die immensen Ausgaben für Marketingmaßnahmen rechtfertigen lassen. Der Maßstab für gutes Marketing zeigt sich am »Wert«, nicht an Absatzzahlen und Kundenzufriedenheit, nicht an Marktanteil und Profit, sondern an der langfristigen Kapitalrendite für die Aktionäre und allem, was dazu erforderlich ist.

Der Shareholder Value stellt für jede Organisation eine Linse dar, durch die alles andere miteinander verknüpft und bewertet werden kann. Er bietet einen logischen, ganzheitlichen Ansatz, um Strategien zu entwickeln, Entscheidungen zu treffen, Anstrengungen zu bündeln und die Performance zu messen.

Eine Reihe von »Werttreibern« ermöglicht es, dieses recht abstrakte Ziel in der Praxis des beruflichen Alltags anzupacken, indem Entscheidungshilfen erarbeitet werden, um den relativen Stellenwert und das Ergebnis jeder Aktivität zu erkennen und zu beziffern. Die Analyse der Werttreiber erfolgt üblicherweise über ein Baumdiagramm, das aufzeigt, welche finanziellen Konsequenzen aus welcher marktgerichteten Aktivität zu erwarten sind.

- Markttreiber
- Kundentreiber
- Unternehmenstreiber
- Finanztreiber

Die Analyse sieht zwar sehr einfach aus, ist aber alles andere als selbsterklärend. Im Gegenteil, es erfordert einiges an Arbeit, um die Zusammenhänge in ihrer relativen Gewichtung zu verstehen. Die Analyse kann von Unternehmen zu Unternehmen etwas variieren, je nach gegebenen Strukturen und Aktivitäten, wobei davon auszugehen ist, dass die Unterschiede innerhalb eines Sektors nicht sehr gravierend sind.

Wichtig ist, sich von hinten nach vorne durchzuarbeiten, da für andere finanzielle Zielsetzungen auch andere Markttreiber gelten. Eine Analyse von Betriebsgewinntreibern oder Einnahmetreibern ergäbe völlig andere Bereiche, in denen Anstrengungen gebündelt werden sollten.

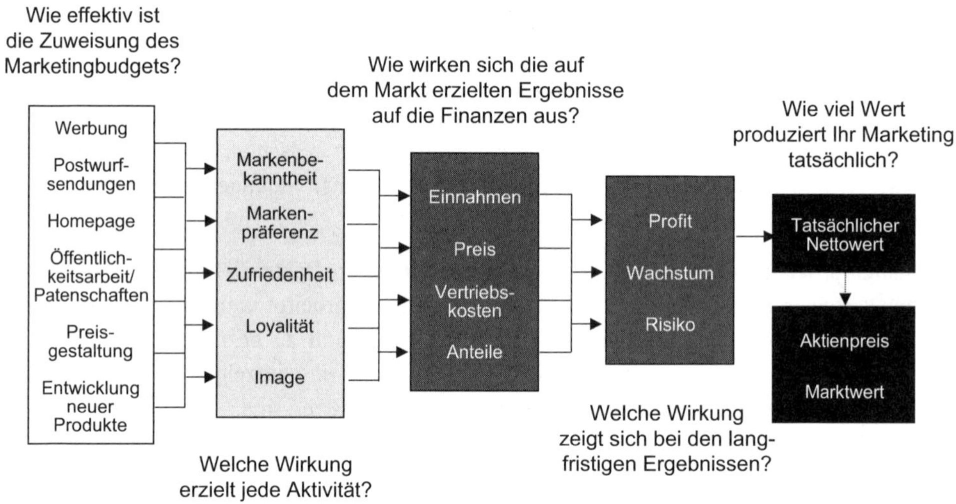

Die Verknüpfung aller Unternehmensaktivitäten führt oft zu verblüffenden Erkenntnissen. Für viele Organisationen lautet das erste Gebot, die Kunden zufrieden zu stellen. An sich ist die Orientierung an Kundenwünschen natürlich nicht verkehrt, doch selbst die höchste Kundenzufriedenheit führt per se nicht notwendigerweise auch zu einer besseren Unternehmensperformance. Weitaus sinnvoller erweist sich oft, daran zu arbeiten, dass zufriedene Kunden treu bleiben und Mundpropaganda betreiben. Für jeden Markt, für jede Produktkategorie und für jedes Unternehmen gelten natürlich unterschiedliche Werttreiber.

Einige der wichtigsten Anwendungsbereiche dieses wertbasierten Denkansatzes sind für das Marketing:

- Der Nachweis, dass sich die Investitionen in das Marketing finanziell lohnen.
- Die Verknüpfung des Kundenverhaltens mit Finanztreibern.
- Der Nachweis, dass sich die Ausgaben für Marketingmaßnahmen über viele Jahre lohnen.
- Die Vereinbarkeit kurzfristiger und langfristiger Ziele.
- Die Optimierung von Marketingressourcen und Marketingbudgets.
- Die Identifizierung der lukrativsten Investitionsbereiche.
- Die Beurteilung, welche Maßnahmen den Kunden welche Erfahrungen verschaffen.
- Die Erkenntnis, dass der Preis relativ ist.
- Die Klärung, welche Leistungsziele bei der Performancemessung am stärksten ins Gewicht fallen.

Als John Sunderland, der frühere CEO von Cadbury Schweppes, 1997 seine Tätigkeit begann, hatte er ganz klare Vorstellungen: »Innerhalb von vier Jahren werde ich den Wert dieses Unternehmens verdoppeln. ... Der wichtigste Maßstab unseres Erfolges wird wirtschaftlicher Profit, die wichtigste Maßnahme, um dies zu erreichen, wird der Aufbau starker Marken sein.«

Welche neuen Anstöße können Sie als Marketingexperte geben, falls Ihr CEO ebenso ehrgeizige Ziele verkünden sollte?

- Wo und wie der Wettbewerb ausgetragen wird: Eine wertbasierte Marketingstrategie unterscheidet sich von einer konventionellen Strategie darin, dass aus ihr hervorgeht, auf welchen bestehenden und sich abzeichnenden Marktbereichen langfristig die besten Kapitalrenditen zu erwirtschaften sind.

- Worauf es sich zu konzentrieren lohnt: Eine wertbasierte Analyse des Produktportfolios macht deutlich, welche Produkte Wert erschaffen und welche Produkte Wert zerstören, sodass auf der Hand liegt, worauf es sich zu konzentrieren lohnt. Die Berücksichtigung der Kapitalkosten führt zu einem ganz anderen Szenario als die typische Portfolioanalyse, auch »Boston Grid« genannt. Die wichtigsten Kunden werden mithilfe einer ähnlichen Analyse ermittelt.

- Wie der geschaffene Wert erhalten wird: Das wertbasierte Produktversprechen ist darauf ausgelegt, Wert für die Kunden zu schaffen, da es ihre tatsächlichen Bedürfnisse besser als alle Konkurrenzprodukte erfüllt. Ebenso ist es darauf ausgelegt, den Wert so weit es geht für die Aktionäre zu erhalten, indem der empfundene Wert für den Kunden maximiert und der Produktpreis optimiert wird, wobei natürlich gelten muss, dass »Wert für Geld« geboten wird.

- Welche Ausgaben für das Marketing am lukrativsten sind: Ein wertbasiertes Marketingprogramm zeigt, welche Maßnahmen jetzt und auch langfristig die besten Ergebnisse erzielen. Es zeigt auch, welche Hebel am wirkungsvollsten sind (zum Beispiel Preissenkungen, Werbung, Öffentlichkeitsarbeit) und wie Marken, das Wissen über die Kunden, Distributionskanäle und andere Marketingwerkzeuge am effektivsten genutzt werden können.

Wertbasiertes Marketing wird oft als kompliziertes Analyseverfahren oder komplexe Leistungsmessung missverstanden. Tatsächlich aber ist es vielmehr eine Entscheidungshilfe, um Märkte und Positionierungsmöglichkeiten, Produkte und Kunden, Angebote und Preise und Maßnahmen und Investitionen zu gegeneinander abzuwägen und die richtige Wahl zu treffen.

Der Anspruch an konventionelle Datenanalysen ist, lange Zahlenkolonnen mit Durchschnittswerten zu produzieren, da es die »beste Maßzahl« nicht zu geben scheint. Vielleicht finden Marketingexperten, die sich auf keine Entscheidungskriterien festlegen wollen, auch Trost darin, sich an einen dicken Bericht zu klammern. Führt denn aber der wertbasierte Ansatz nicht zu noch mehr Daten, die analysiert werden wollen? Erstickt er nicht jede Kreativität im Keim? Nein, ganz im Gegenteil.

Gute Nachrichten für Marketingexperten

Das Großartige am wertbasierten Marketing ist, dass es sich ausschließlich auf die Zahlen konzentriert, auf die es wirklich ankommt, und somit die richtige Basis für effektive Entscheidungsfindung darstellt. Wer sich einmal die Mühe macht, die richtigen Daten zu erstellen, wird damit belohnt, weniger, dafür aber genauere und schneller zur Verfügung stehende Daten zu erhalten. Dadurch wird klar ersichtlich, in welchen Bereichen Innovationen erforderlich sind, die dank der gewonnenen Zeit kreativ angegangen werden können. Ihr Chef wird begeistert sein. Oder können Sie sich vorstellen, was gegen einen neuen Marketingplan sprechen könnte, mit dem mehr Wert für die Aktionäre geschaffen wird?

Nach vier Jahren hat sich John Sunderlands wertbasiertes Marketing bei Cadbury Schweppes darauf ausgerichtet, in die führenden Marken zu investieren, und dank der Konzentration auf den Markt und auf innovative Produkte konnte den Kunden der bestmögliche Wert geboten werden. Anspruchsvolle Leistungsziele, eindeutige Marketingprioritäten und die Milliarden US-Dollar schwere Akquisition von Snapple ließen ihn seine hoch gesteckten Ziele knapp erreichen, was größtenteils dem Umstand zu verdanken war, dass er Markenentwicklung und Marketing oberste Priorität beigemessen hat.

Anwendung 2.3 Werttreiber

Welche treibenden Kräfte sind für den Geschäftserfolg, genauer gesagt den Shareholder Value, verantwortlich? Wie rentabel ist der Fortschritt im Verhältnis zu Wachstum und Risiko? Inwiefern wird diese Rentabilität durch die Investition von Kapital beeinflusst? Wie stark macht sich der Preis im Verhältnis zu Betriebskosten und Umsatz als treibende Kraft des Profits bemerkbar? Welchen Stellenwert nimmt die Kundenzufriedenheit im Vergleich zu der Markenpräferenz und Markentreue bei der Absatzsteigerung ein? Welche Aspekte eines Produkts, einer Dienstleistung oder der gesamten Markenerfahrung sorgen bei Kunden am ehesten für Zufriedenheit, Markenpräferenz und Markentreue?

1. Worauf legen Kunden den meisten Wert?

Ermitteln Sie mithilfe quantitativer und qualitativer Recherchen, auf welche Attribute Kunden den meisten Wert legen.

2. Kundentreiber

Ermitteln Sie, welche treibenden Kräfte für die persönlichen Einstellungen, Verhaltensweisen, Vorlieben und Kaufentscheidungen der Kunden verantwortlich sind.

3. Unternehmenstreiber

Werten Sie aus, inwiefern sich die als Kundentreiber identifizierten Kräfte auf die Performance des Unternehmens auswirken, zum Beispiel auf Verkaufszahlen, Bekanntheitsgrad, Marktanteile und Kosten.

4. Finanztreiber

Koppeln Sie diese betrieblichen Leistungskennzahlen und ermitteln Sie daraus eine finanzielle Leistungskennzahl. Verknüpfen Sie das Betriebsergebnis mit dem wirtschaftlichen Profit.

5. Ermitteln Sie das größte Potenzial für die Wertschöpfung.

Bewerten Sie die relative Auswirkung jedes Finanztreibers auf die langfristige Wertschöpfung (zum Beispiel Gewinnspanne im Vergleich zu Wachstum im Vergleich zu Risiko).

6. Was ist für das Unternehmen wichtig?

Kehren Sie zu den Attributen zurück, auf die Kunden den meisten Wert legen. Ordnen Sie die Marketingaktivitäten nach den entsprechenden Prioritäten.

Intelligenteres und fantasievolleres Marketing

»Kein Mensch wird als Genie geboren, sondern entwickelt sich zu einem Genie.«

Simone de Beauvoir

»In jedem Geniestreich erkennen wir unsere eigenen verworfenen Ideen.«

Ralph Waldo Emerson

Marketing ist heute wichtiger denn je, allerdings nicht in seiner momentan üblichen Erscheinungsform. Klügeres Marketing ist gefragt, um die komplexen Zusammenhänge zu begreifen, und fantasievolleres Marketing ist notwendig, um sich von der Masse abzuheben, um das Unternehmen von außen nach innen sowie von innen nach außen voranzutreiben, um zu den Bedingungen der Kunden Geschäfte zu tätigen und lukrativ zu wachsen, um mehr Wert für Kunden und Aktionäre zu schaffen. Dies alles gelingt dem Marketing, indem es die heute gestellten Anforderungen erfüllt und gleichzeitig die Zukunft gestaltet.

Ein Genie nutzt Intelligenz auf fantasievolle Weise.

Intelligenter vorgehen	Fantasievoller handeln
Fakten. Strategien, Prioritäten und Leistungsziele orientieren sich an der langfristigen Wertschöpfung.	**Ideen**. Marktchancen spüren und auf sie reagieren, umfassendes Wissen über die Kunden gewinnen und den Wettbewerb intensivieren.
Logik. Konzentration auf die strategisch und wirtschaftlich besten Chancen, die durch logisches Denken abgeleitet und auf ihren maximalen Wert hin ausgewertet werden.	**Kreativität**. Mit innovativem Pioniergeist Neuland erforschen, intuitiv und mutig mit den besten Ideen spielen.
Einstein. Mit mathematischer Logik und theoretischen Denkansätzen können die komplexen Sachverhalte unserer Welt dargestellt und begreifbar gemacht werden.	**Picasso**. Die Verbindung von künstlerischer Leidenschaft und abstrakten Strukturen stellt Konventionen in Frage und erforscht neue Wege.

Marketing galt schon immer als kreativer Beruf, daher ist es umso erstaunlicher, wie konventionell es meist in Erscheinung tritt. Produkte und Verpackungen mögen etwas aufgepeppt werden, Werbespots erzählen immer wieder einmal eine neue Geschichte, doch im Großen und Ganzen fehlt es an wirklich innovativen Lösungen für die Probleme der Verbraucher. Es fehlt an innovativen Ideen, die Verbraucher anzusprechen, an innovativen Ideen, sie über die vorhandenen Medien anzusprechen und an innovativen Ideen, Geld an ihnen zu verdienen. Die Werbebranche muss kreativ werden und Kreativität zielgerichtet und sinnvoll nutzen.

Für ein Genie ist Kreativität der Schlüssel zu analytischem Denken und Intelligenz der Schlüssel zu neuen Horizonten.

Einstein arbeitete viele Jahre lang hart daran, die komplexen und oft widersprüchlichen Zusammenhänge zwischen klassischer Physik und Realität zu begreifen. Er beschäftigte sich mit einem in sich so komplex verschachtelten Thema, das die menschliche Vorstellungskraft zu überschreiten schien, und auch Einstein war sich lange nicht sicher, ob es überhaupt erklärbar war. Dank eines kreativen Geistesblitzes gelang es ihm schließlich doch, Muster und Symmetrien zu erkennen, und dank physikalischer Hypothesen und mathematischer Ableitungen erkannte er, dass die Beziehung zwischen Energie und Masse eigentlich ganz einfach war und in einer schlichten Formel ausgedrückt werden konnte: $E = mc^2$. Die ganze Welt staunte, dass etwas so unbegreiflich Komplexes so simpel aufgelöst werden konnte.

Ein Genie setzt die Kraft seines Geistes durch Kreativität frei.

Im Allgemeinen hat heutzutage jeder alles, was er braucht – zumindest jeder, der in einer westlichen Industrienation lebt. Kleidungsstücke für absolut jede Gelegenheit und Jahreszeit, praktische sowie ausgefallene Haushaltsgeräte, und in den Garagen und Kellern stapelt sich der ganze Kram, den man nicht mehr im Haus herumstehen haben möchte. Trotzdem wollen alle immer noch mehr – das Neueste, Coolste und Beste, was gerade angesagt ist. Es scheint ein menschliches Grundbedürfnis zu sein, wie den Hunger zu stillen und ein Dach über dem Kopf zu haben, und jeder versucht, es ständig und auf immer neue Weise zu befriedigen. Wie löschen wir Marketingfachleute diesen unstillbaren Durst nach mehr?

Indem wir das Offensichtliche sehen.

Indem wir das noch nie Gedachte denken.

In jeder Branche wird ständig nach Möglichkeiten gesucht, neuen Wert zu schaffen, der über das Produkt oder die Dienstleistung hinausgeht. Kaufen Sie hier ein, denn hier lernen Sie neue Menschen kennen. Übernachten Sie in unserem Hotel, denn wir besorgen Ihnen auch gleich die Theaterkarten für die Vorstellung heute Abend. Kaufen Sie Ihren Computer bei uns, denn wir helfen Ihnen dabei, sich selbstständig zu machen.

- Wertangebot bereichern
- Markenerfahrung ausdehnen
- Kundennutzen vergrößern

Geld spielt nicht mehr die Hauptrolle. Wenn es Ihnen gelingt, mit Ihrem Angebot einen wichtigen Nerv zu treffen, kann sich ein Grundnahrungsmittel in ein Luxusgut verwandeln. Mineralwasser ist zwar noch immer für einige Cents pro Liter als purer Durstlöscher zu haben, doch in schicken Flaschen als Zeitgeistsymbol lässt es sich auch wesentlich teurer verkaufen. Die Art und Weise, wie Wert wahrgenommen wird, hat sich ebenso grundlegend verändert wie die Beziehung zu dem Produkt, durch die der Wert bewahrt wird, und die Zielgruppe, die das Wertempfinden definiert. Ideen lassen Märkte in Bewegung bleiben und das Geld fließen.

Welche Rolle spielt Genialität im Marketing unserer Zeit?

Genial ist, wer Disziplin so mit Kreativität verbinden kann, dass Innovationen genau ins Schwarze treffen und durchschlagende Wirkung zeigen. Nur so ist es möglich, in unserer Welt Menschen emotional anzusprechen und sich vom Wettbewerb abzuheben, da es so scheint, als wären die besten Ideen für neue Lösungen, für die Ausnutzung bestehender Märkte, für mehr Effizienz und die verlockendsten Angebote schon längst ersonnen und umgesetzt worden. Großartige Ideen sind die Lebensgrundlage Ihrer Marke, doch ohne kontinuierliche Auffrischung verlieren sie an Bedeutung und Überzeugungskraft. Ideen sind die Quelle der Wertschöpfung, der Ausgangspunkt jeder Erneuerung. Ideen machen Werbung besser und unseren Beruf zu der spannendsten Aufgabe innerhalb eines Unternehmens.

Zu Genialität gehört auf alle Fälle Begabung. Analog zu der Welt des Leistungssports, in der es Siegertypen gibt, die eine Goldmedaille nach der anderen einheimsen, während andere an irgendeinem Punkt ihrer Karriere endgültig auf der Strecke bleiben, muss auch die Begabung zur Genialität gefördert, gefordert und gelenkt werden. Für die Begabung zu genialem Marketing gilt dasselbe: Sie entwickelt sich aus den Erfahrungen am Arbeitsplatz und auf den Märkten.

Die äußeren Anreize für das Marketinggenie sind die Erkenntnisse über die Kunden und die Aktivitäten der Konkurrenz. Auch branchenfremde Märkte geben Impulse ab – ein Finanzinstitut kann etwas von der Konsumgüterindustrie, ein Sportartikelhersteller von Mobilfunkanbietern lernen. Ein wahres Genie lässt sich von allen Seiten stimulieren, ob durch eine interessante Dokumentation im Fernsehen, durch ein Urlaubserlebnis oder durch eine zufällig gehörte Bemerkung, hinter der viel mehr stecken kann als beabsichtigt war.

Der relativ banalen Forderung eines Geschäftsführers nach zehn Prozent Wachstum wird sehr wahrscheinlich auf höchst konventionelle Weise entsprochen – durch mehr Transpiration. Fordert dieser Unternehmensleiter allerdings dazu auf, das Unmögliche wahr werden zu lassen, sollte das ein geeigneter Anreiz sein, mehr auf Inspiration zu zählen.

Der Wunsch, mehr zu leisten, Aufgaben besser zu erledigen, erwächst von innen, aus dem Verlangen, besser und etwas Besonderes zu sein. Die Begabung zu genialem Marketing wächst von innen in jedem Marketingexperten, der seine Arbeit besser und anders erledigen will, um Außergewöhnliches zu leisten.

Konzept 3.1 Merkmale eines Genies

Wie denkt ein Genie?

Inwiefern ähneln sich die Denkweisen, die zu der Sixtinischen Kapelle, der Aufstellung der Relativitätstheorie, dem Penicillin und dem World Wide Web geführt haben?

Wissenschaftler und Philosophen bemühen sich schon seit langem darum, der »Genialität« auf die Schliche zu kommen. Russische Wissenschaftler behaupten, in Wunderkindern das »Genialitätsgen« entdeckt zu haben, während Thomas Edison behauptete, Genialität wäre das Produkt lebenslanger harter Arbeit und bestünde »zu einem Prozent aus Inspiration, zu 99 Prozent aus Transpiration«.

Es gibt jedoch Hinweise darauf, was Genialität und ihre außergewöhnlichen Ergebnisse kennzeichnet. Zum einen ist man sich darüber einig, dass Genialität nicht gleichbedeutend mit hoher Intelligenz ist. Ein Kind, das im Alter von acht Jahren schon 15 Sprachen oder die Feinheiten der Quantenphysik beherrscht, muss nicht notwendigerweise mit einem außergewöhnlich hohen Intelligenzquotienten gesegnet sein. Zum anderen ist man sich darüber einig, dass Genialität Intelligenz und Kreativität erfordert, und beides in beliebig starker Ausprägung miteinander kombiniert ein so genanntes Genie hervorbringen kann.

Zehn Eigenschaften charakterisieren die Denkweise eines Genies:

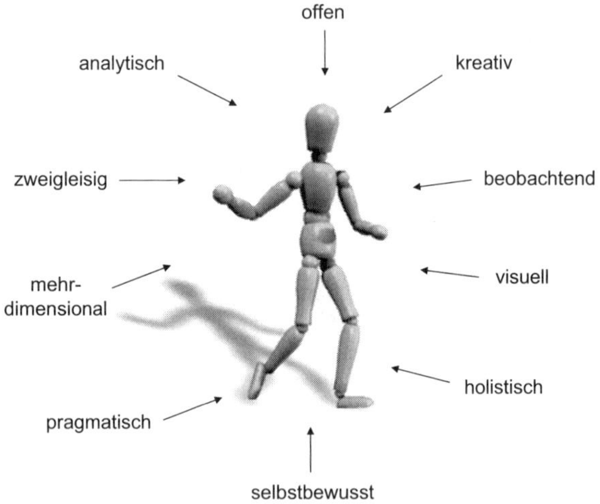

1. **Offen denken.** Ein Genie ist für jeden Gedankengang offen und lässt sich nicht durch Konventionen einschränken. Ein Genie nimmt neue Blickwinkel ein und zerlegt ein Problem, um es anschließend einfacher verständlich wieder zusammenzusetzen. Schon viele großartige Ideen wurden in die Versenkung verbannt, weil sie unkonventionell, nicht umsetzbar oder »ihrer Zeit voraus« waren. Die Schweizer Uhrmacher zum Beispiel fanden die Idee absurd, dass Uhren jemals mit elektronischen Bauteilen statt mit Federn und Zahnrädern ticken könnten. Und auch die Disketten-Hersteller haben nicht erkannt, welche Gefahr sich in Gestalt der CD-ROMs und USB-Sticks anbahnte.

2. **Kreativ denken.** Ein Genie ist für alle Möglichkeiten offen und geht Probleme hypothetisch an, lässt Gedankensprünge zu und überprüft anschließend, ob sie sich als richtig oder falsch erweisen. Einstein stellte oft Hypothesen auf, um die festen Bahnen mathematischer Ableitungen zu verlassen und Möglichkeiten zu erkennen, die anschließend nachgewiesen oder verworfen wer-

den konnten. Je nach Ausgangspunkt führen logische Ableitungen entlang ganz bestimmter Gedankengänge. Daher ist es wichtig, sich neugierig und selbstsicher immer wieder zu fragen, »was wäre, wenn ...?«, anstatt sich an bereits gesicherte Fakten zu klammern.

3. **Analytisch denken.** Ein Genie analysiert ein Problem oder eine Idee auf progressive, rigorose und kreative Weise, ohne mathematischer oder wissenschaftlicher Logik übermäßigen Respekt zu zollen. Obwohl ein Genie durch Kreativität neue Dimensionen erschließt, bleibt natürlich die Notwendigkeit bestehen, dass geniale Einfälle praktisch nutzbar und erklärbar sein müssen. Dazu ist messerscharfe analytische Logik erforderlich, vor allem, weil auch die neuesten mathematischen Formeln und wissenschaftlichen Lehren durchaus auf falschen Annahmen basieren können. Ein echter Durchbruch wird selten durch die Ableitung konventioneller Formeln erzielt, muss aber trotzdem wissenschaftlich belegbar sein.

4. **Beobachtend denken.** Ein Genie lebt in einem Zustand höchster Bewusstheit, beobachtet aufmerksam alles, was in seiner Umgebung geschieht und sucht wie ein Detektiv überall nach Spuren und Mustern. Die wichtigsten Erkenntnisse erlangt man oft nicht durch aktive Nachforschungen, sondern durch Beobachtung, wie ein Anthropologe, der nur beobachtet und daraus Schlussfolgerungen zieht. Besonders empfiehlt sich diese Vorgehensweise, wenn es für ein zu erklärendendes Phänomen oder Verhalten noch keine Sprache oder Formel gibt, mit denen es erklärt werden kann. Wie viele andere Mediziner fand auch Alexander Fleming in den Zuchtschalen seiner Kulturen Schimmelpilze. Doch anders als viele seiner Kollegen warf er sie nicht weg, sondern überlegte, weshalb sie eigentlich entstanden. Seiner beobachtenden wissenschaftlichen Neugier haben wir das Penicillin zu verdanken.

5. **Zweigleisig denken.** Ein Genie denkt zweigleisig, um fehlende Eindeutigkeit auszugleichen, um Widersprüche zu vereinen und Zusammenhänge herzustellen, die verborgen sind. Neue Lösungen widersprechen oft den Konventionen oder gar sich selbst. Nach Meinung des Schriftstellers Scott Fitzgerald zeichnet sich ein großer Geist durch die Fähigkeit aus, zwei gegensätzliche Ideen gleichzeitig zu verfolgen. Der dänische Physiker Niels Bohr stellte sich vor, Licht sowohl als Teilchen als auch als Welle zu begreifen. Wenn das kein Widerspruch ist! Seine Entdeckung des »Phonons«, eines Quasiteilchens, das sich wie eine Welle verhält, führte letztendlich zu der Formulierung seines Komplementärprinzips. Auch Leonardo da

Vinci konnte zweigleisig denken: Er brachte den Klang einer Glocke mit den Wellen in Verbindung, die ein ins Wasser geworfener Stein verursacht und gelangte so zu der Idee, dass Schall sich im Wasser fortpflanzt.

6. **Holistisch denken.** Ein Genie vergrößert seinen Blickwinkel, um die weitreichenden Zusammenhänge eines Problems zu erkennen und alle Puzzleteile zusammenzusetzen. Einstein erkannte aus dieser Perspektive, wie sich so unterschiedliche physikalische Größen wie Energie, Masse und Lichtgeschwindigkeit verbinden ließen. Picassos abstrakte Werke stellten viel mehr dar als nur ein Gemälde. Er setzte seine Beobachtungen in Kunst um, die Persönlichkeit, Kontext, Gefühle und Visionen ausdrückte. Er wollte mit seinem Werken nicht einfach nur wiedergeben, was er sah, sondern zu holistischem Denken provozieren. Die Fähigkeit, das große Ganze zu erkennen oder zwischen den Zeilen zu lesen, bedeutet, dass ein Genie auch nur sieht, was jeder sehen kann, aber denkt, wie noch keiner zuvor gedacht hat.

7. **Mehrdimensional denken.** Ein Genie überlegt sich immer mehrere Lösungen, die aufeinander aufbauen oder sich gegenseitig in Frage stellen können, bis es die perfekte Lösung findet. Das Gehirn eines Genies läuft immer auf Hochtouren und produziert Ideen in einer Geschwindigkeit und Masse, die einem Angst machen können. Daher kann es auch Jahre dauern, bis klar ist, welche Idee wirklich genial ist. Mozart schrieb 600 Werke, und Bach schrieb jede Woche eines – sogar, wenn er krank war. Einstein veröffentlichte 148 wissenschaftliche Abhandlungen, auch wenn er hauptsächlich für seine erste berühmt wurde. Die enorme Schaffensrate Picassos in seinen letzten Lebensjahren wurde zuerst als der Versuch eines senilen alten Mannes abgetan, seine Hinterlassenschaft zu vergrößern. Erst viele Jahre später erkannte man, dass diese produktivste Periode seines Schaffens auch zugleich seine kreativste war.

8. **Pragmatisch denken.** Ein Genie weiß, dass der Geniestreich mit abstrakten Ideen und Lösungen nicht getan ist, dass eine Theorie auch praktisch umsetzbar und von Nutzen sein muss. Ein Genie hört nie auf zu denken, zu erforschen, zu erfinden und zu entdecken. Ein Genie ist jedoch nur dann ein Genie, wenn sich seine Ideen praktisch anwenden lassen und

Wert haben. Edison hatte sich 1093 Erfindungen patentieren lassen, mehr als jeder andere Erfinder seiner Zeit. Er hatte sich das persönliche Ziel gesetzt, alle zehn Tage eine kleinere, und alle sechs Monate eine größere Erfindung zu machen. Ähnlich wie die erfolgreichsten Unternehmer wahrscheinlich viele Rückschläge einstecken müssen, bevor der große Durchbruch kommt, müssen die meisten Erfinder erst einmal viel erfinden, bevor aus einer Idee ein verkaufsfähiges Produkt wird.

9. **Visuell denken.** Ein Genie kann seine Ideen sehr gut erklären und setzt normalerweise Grafiken und Modelle ein, um komplexe Zusammenhänge verständlich aufzulösen. Die explosive Kreativität der Renaissance war durch eine Vielzahl von Zeichnungen und Diagrammen gekennzeichnet, die Galileo und da Vinci zur Veranschaulichung ihrer revolutionären Ideen dienten und die Fantasie der Menschen stärker anregten als Worte oder Zahlen. Bilder machen Zusammenhänge schneller klar, Konzepte besser verständlich und holistische Systeme einfacher erklärbar.

10. **Selbstbewusst denken.** Ein Genie muss innere Stärke haben, an sich glauben und seiner Überzeugung selbstbewusst treu bleiben, wenn ihm von Konventionen und Kollegen Widerstand entgegenschlägt. Ob Galileo oder Leonardo, ob Einstein oder Picasso, Genialität verlangt nach der Charakterstärke, radikale Ideen und Handlungen, die den Zeitgeist und Status quo herausfordern, gegenüber Kleingeistern überzeugt zu vertreten. Menschen sind normalerweise nie dazu bereit, große Veränderungen in ihrem Lebensumfeld, ihrem Glauben und ihrem Alltag sofort widerstandslos hinzunehmen. Was bekannt ist, gilt als sicherer und bequemer als das Unbekannte. Doch wer Schritt für Schritt die Möglichkeiten, die Logik und den Nutzen neuer Denkansätze erkennen kann, wird sie mit der Zeit akzeptieren und schließlich selbst annehmen. Ein Genie muss oft den Weg in die Zukunft bereiten, und wenn ihm andere langsam folgen, wird das, was neu, anders und besser ist, allmählich angenommen.

Konzept 3.2 Definition des Genies

Ein Genie ist jemand, der seine Intelligenz fantasievoll einsetzt.

Es gib viele Definitionen des Begriffs »Genie«. Manche Definitionsversuche nähern sich dem Genie über die Intelligenz, zum Beispiel in Form eines hohen IQ, die meisten Definitionen aber stellen eher seine Fähigkeit in den Vordergrund, Intelligenz auf kreative Weise zu nutzen. Manche behaupten, dass ein Mensch von Geburt an die Gabe hat, sich zu einem Genie zu entwickeln, verbreiteter ist aber die Ansicht, dass Genialität aus der Notwendigkeit erwächst, extrem schwierige Aufgaben lösen zu müssen, die nur durch gründliches Nachdenken in Kombination mit radikaler Kreativität zu bewältigen sind.

Das Genie vereint diese Extreme auf einzigartige Weise und überrascht mit überwältigenden Ergebnissen.

Genius [*lat.*, eigentlich »Erzeuger«]
der Genius; Pl., *die Genien*

1. Schöpferische Kraft eines Menschen.
2. Schöpferisch begabter Mensch; Genie.
3. [Schutz]geist eines Ortes.
4. [Im römischen Altertum] Göttliche Verkörperung des Wesens eines Menschen, einer Gemeinschaft, eines Ortes.

Quelle: Duden Fremdwörterbuch (in Auszügen)

Die Kombination von Intelligenz und Vorstellungskraft hat die durchschlagende Wirkung, auf die das Marketing heute angewiesen ist.

Lange Zeit drehte sich in der Werbebranche alles um die kreativen Aspekte des Geschäfts, darum, Ideen zu entwickeln und Ausdrucksformen zu ersinnen, die Produkte unterscheidbar und wichtig machten. Auch heute noch ist in den meisten Marketingagenturen und internen Marketingabteilungen nichts so gefragt wie Kreativität. Die Überzeugungs- und Aussagekraft eines

Bildes oder eines Slogans hat oberste Priorität. Andere Marketingabteilungen setzen inzwischen mehr auf Fakten und Analysen und können gar nicht genug davon bekommen, um sich noch strikter am Wettbewerb zu orientieren.

Leider herrscht im Marketing die irrige Ansicht vor, man müsse sich entweder für die eine oder für die andere Vorgehensweise entscheiden, man könne entweder kreativ oder analytisch sein. Ebenso verbreitet ist die Meinung, wirtschaftlich zu arbeiten hieße, sich an Zahlen zu orientieren und hätte nichts mit Innovation zu tun, man wäre entweder ein »Kreativer« oder ein »Planer«. Mit dem Genie lässt sich das nicht vereinen. Analytische Fähigkeit und Kreativität sind keine getrennten Disziplinen, die sich gegenseitig ausschließen oder miteinander konkurrieren.

Die Quelle der Genialität ist die Kombination von Intelligenz und Vorstellungskraft.

Die Bestandteile der Genialität lassen sich über die Funktionen der linken und rechten Gehirnhälfte aufzählen, wobei diese Vereinfachung der Komplexität des menschlichen Gehirns natürlich nicht gerecht wird. Die Darstellung macht jedoch sowohl die extremen Gegensätze als auch die Möglichkeiten deutlich, die durch die Kombination dieser Gegensätze eröffnet werden.

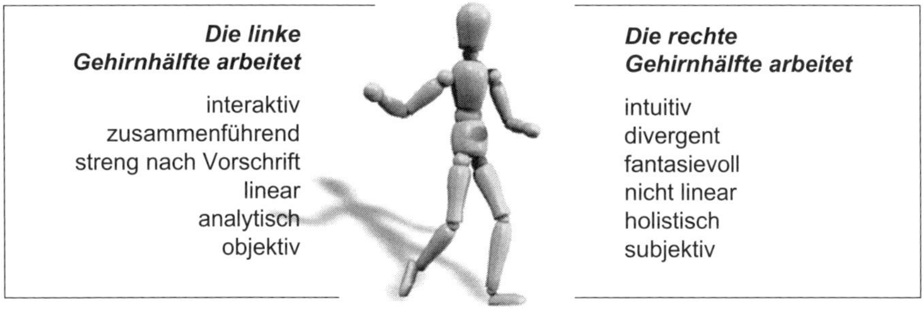

Das Genie und die Verbindung extremer Gegensätze lassen sich auch über das traditionelle Yin und Yang-Prinzip beschreiben, wobei die linke Gehirnhälfte dem Yang, die rechte Gehirnhälfte dem Yin entspricht.

Yang	***Yin***
männlich	weiblich
nehmend	gebend
kalt	warm
bewusst	unbewusst
logisch	kreativ
rational	emotional

In beiden Ansätzen werden die Gegensätze nicht als sich ausschließende Alternativen betrachtet. Für den Erfolg sind beide Seiten erforderlich, da sie sich gegenseitig ergänzen und stärken. Es gilt zum Beispiel als erwiesen, dass künstlerisch-musische Fächer die analytischen Fähigkeiten eines Schülers, Muster in der Mathematik zu erkennen, hervorragend unterstützen, ebenso wie wissenschaftliche Fächer seine künstlerischen Fähigkeiten fördern.

Intelligent	***Fantasievoll***
analytisch	kreativ
theoretisch	praktisch
strategisch	mitfühlend und mitdenkend
speziell	holistisch
Versprechen formulieren	realistische Einschätzung
finanziell	betrieblich

Wie wirkt sich diese harmonische Verbindung der Gegensätze auf alle Aspekte des Marketings aus, angefangen von der Marktanalyse bis hin zur Strategie, von der Markenentwicklung bis zur Innovation, vom Wertangebot bis zu den Distributionskanälen, von der Integration der Medien bis zu den Investoren und von Marketingkennzahlen bis zur Marktführung?

Marketing Genie beschäftigt sich damit, wie sich die größten Herausforderungen, mit denen das Marketing heute konfrontiert ist, durch extreme Denkweisen und Handlungen bewältigen lassen. **Marketing Genie** befasst sich auch mit den vielen Aspekten, die für den ganzheitlichen Umgang mit dem Markt berücksichtigt werden müssen, um spürbar bessere Ergebnisse bei Kunden, im Wettbewerb und bei den Unternehmensgewinnen zu erzielen.

Im »Genielabor« am Ende des Buches finden Sie detailliertere Informationen über die Merkmale eines Genies, wie sie sich im Marketing praktisch umsetzen lassen und wie sich jeder Marketingexperte mit ihrer Hilfe weiterentwickeln kann. Das Diagnosemodell wendet das Genie auf aktuelle Herausforderungen der Werbebranche und der Unternehmen an und zeigt Möglichkeiten auf, wie mit neuen Ansätzen Erfolge gesichert werden können.

Geniales Marketing ist intelligenter und fantasievoller. Es verbindet Extreme auf schöpferische und kraftvolle Weise und erzielt so überragende Ergebnisse.

Anwendung 3.1 Das Profil eines Genies

Haben Sie Ihr eigenes Geniepotenzial schon erreicht? Hat in Ihrem Gehirn überwiegend die rechte oder linke Gehirnhälfte das Sagen? Zwingt oder ermutigt Sie Ihre Arbeit, von Ihrem gewohnten Arbeitsstil abzuweichen? Welchen Ansatz halten Sie für besser? Wie gestalten Sie Ihre Marketingaktivitäten oder die Ihres Teams ausgewogener und wirkungsvoller? Mit welcher Art Kollegen können Sie am besten arbeiten und könnten ein Team aufstellen, dessen Mitglieder sich hervorragend ergänzen?

1. Linke und rechte Gehirnhälfte

Betrachten Sie die Denkweisen und Aufgaben der linken und rechten Gehirnhälften als ein Modell unterschiedlicher Denkmuster.

2. Wie lösen Sie Probleme?

Stellen Sie sich vor, Sie hätten ein schwieriges geschäftliches Problem zu lösen. Wie gehen Sie dabei vor, und wie gelangen Sie zu einer Lösung?

3. Erstellen Sie ein arbeitsbezogenes Profil über sich.

In welcher Reihenfolge der paarweise aufgeführten Attribute gehen Sie normalerweise bei der Entscheidungsfindung vor? Dominiert bei Ihnen eher das links oder das rechts aufgeführte Attribut?

4. Erstellen Sie ein privates Profil über sich.

Wiederholen Sie den unter Punkt 3 beschriebenen Vorgang für Ihre privaten Entscheidungen, zum Beispiel beim Autokauf, bei der Auswahl des Urlaubsziels oder bei Überlegungen, den Arbeitsplatz zu wechseln.

5. Handeln Sie im Berufsleben anders als im Privatleben?

Inwiefern treffen Sie Entscheidungen im Berufsleben anders als im Privatleben? Welche Vorgehensweise entspricht Ihrem persönlichen Stil besser?

6. Welche Möglichkeit haben Sie, sich eine andere Denkweise anzueignen?

Wie gut und wie ausgewogen kombinieren Sie die Fähigkeiten beider Gehirnhälften? Welche Möglichkeit haben Sie, sich eine andere Denkweise anzueignen?

Konzept 3.3 Das Marketinggenie

Dank tiefgehender Erkenntnisse und viel Fantasie kann ein Marketinggenie sensibel auf die komplexen Herausforderungen der heutigen Märkte reagieren, strategischer und wettbewerbsorientierter denken und Pläne zielgerichteter und effektiver umsetzen. Die Kombination von Intelligenz und Fantasie hat nicht nur im Wettbewerb, sondern auch in den Bilanzen durchschlagende Wirkung.

Intelligenz

Alles ist relativ: Geschwindigkeit, Masse und Zeit sind subjektive und voneinander abhängige Größen. Nichts lässt sich absolut bestimmen, weder der Entstehungszeitpunkt des menschlichen Lebens noch der eines anderen Planeten. Licht hat Gewicht, und Geschwindigkeit einen Kurvenverlauf. Ein halbes Kilogramm Materie – ganz egal, welche – birgt die Sprengkraft von 14 Megatonnen TNT.

All dies ist bekannt, dank Albert Einstein. In einer simpel erscheinenden Formel, die durch schlichte Eleganz besticht, gelang es ihm zu beschreiben, was unsere Welt und das Universum bewegt.

Schon in seinen jungen Jahren war Einstein von Modellen und mechanischen Geräten fasziniert, man sagt ihm jedoch nach, dass er nur sehr langsam lernte. Manche vermuten, er wäre vielleicht Legastheniker oder möglicherweise übertrieben schüchtern gewesen. Andere verweisen auf die Möglichkeit ungewöhnlicher Strukturen seines Gehirns (das man nach seinem Tod untersuchte). Einstein selbst behauptete, seine großartigsten Durchbrüche wären eben jener Langsamkeit zu verdanken, da er zu dem Zeitpunkt, zu dem er Dinge tatsächlich begriff, auch die dafür notwendige Intelligenz entwickelt hatte.

Einstein war kein ruhiger, gehorsamer Student, ganz im Gegenteil. Er war schwierig, leicht reizbar und legte sich ständig mit seinen Professoren an, die vermutlich froh waren, als er eine Anstellung im Patentamt seiner Heimatstadt Bern annahm und sie ihn los hatten. Mit seiner selbstbewussten Arroganz, exzentrischen Art und dem zerzaustem Haarschopf ist Einstein der Inbegriff des verrückten Wissenschaftlers – oder auch des Genies. Er war zwar Mathematiker, aber auch neugierig genug, um Muster zu erkennen und darüber zu sinnieren, was denn wäre, wenn, ... Sehr wahrscheinlich waren es diese fantasievollen Gedankensprünge in Kombination mit algebraischen Meisterleistungen, die ihm seine außerordentlichen Erkenntnisse bescherten.

1905, im Alter von 26 Jahren, reichte Einstein drei in seiner Freizeit verfasste Arbeiten bei der führenden wissenschaftlichen Fachzeitschrift *Annalen der Physik* ein, mit der Bitte, sie zu veröffentlichen, »wenn noch Platz frei ist«. Alle drei Arbeiten wurden veröffentlicht, und noch heute bilden sie die Grundlage der modernen Physik – und noch immer sind sie in gewisser Weise revolutionär.

Die Themen dieser drei Arbeiten waren:

- *Fotoelektrischer Effekt.* Er beschreibt, dass Licht in bestimmten Experimenten Wellen-, in anderen aber Teilchenverhalten zeigt und führte zur Begründung der Quantenmechanik.
- *Brown'sche Molekularbewegung.* Sie beschreibt die scheinbar willkürliche Eigenbewegung der Moleküle, die den molekularen Aufbau der Materie bestätigt.
- *Spezielle Relativitätstheorie.* Einstein bezeichnete diese wissenschaftliche Veröffentlichung ganz bescheiden als Modifikation der physikalischen Theorie über Raum und Zeit, da sie beschreibe, dass relativ sei, was bislang als absolut angesehen wurde.

Einstein war ein Genie. Den Nobelpreis erhielt er nur für seine erste Arbeit, obwohl viele die Ansicht vertraten, er hätte ihn für alle drei verdient. Die bekannteste seiner Arbeiten ist die spezielle Relativitätstheorie, auf deren Grundlage Einstein die wohl berühmtesten Formel der Welt nachlieferte: Energie ist gleich Masse mal Lichtgeschwindigkeit zum Quadrat, $E = mc^2$.

Ein führender Physiker und Zeitgenosse Einsteins beschrieb dessen Arbeiten ehrfürchtig als gleißende Leuchtfeuer, die im Dunkel der Nacht unbekannte Regionen ungeheuren Ausmaßes für einige Augenblicke ausleuchten.

Der geistige Vater des iMacs und iPods, Steve Jobs, der übrigens auch eine wissenschaftliche Ausbildung genossen hat, ist offensichtlich mit vielen Merkmalen der Intelligenz gesegnet, die ein Marketinggenie benötigt. Seine bahnbrechenden Lösungen zeugen nicht nur von umfangreichen Fachkenntnissen, sondern auch von viel schöpferischer Fantasie – wie bei Einstein.

Fantasie

Wissen Sie, wie der vollständige Name von Pablo Picasso lautet? El Pablito (Pablo) Diego José Santiago Francisco de Paula Juan Nepomuceno Crispín Crispiniano de los Remedios Cipriano de la Santísima Trinidad Ruiz Blasco y Picasso López. In erster Linie war er ein Maler (was seiner Ansicht die Voraussetzung war, um als wahrer Künstler anerkannt zu werden), er stellte aber auch kleine Skulpturen aus Ton und Bronze her, fertigte Collagen an und schrieb sogar einige Gedichte.

Picasso war ein begnadeter Maler und Zeichner und trat somit teilweise in die Fußstapfen seines Vaters Jose Ruiz y Blasco, Maler und Kunstprofessor an verschiedenen spanischen Hochschulen. Pablo nahm später den Namen seiner Mutter an und schuf Meisterwerke in Öl, Wasserfarbe, Pastell, Kohle, Bleistift und Tusche.

Picasso war ebenfalls ein Genie, das die damals geltenden Konventionen des Impressionismus herausforderte. Geduldig studierte er die Arbeiten von Manet und Toulouse-Lautrec und kombinierte sie auf spanisch temperamentvolle Art mit seiner visuellen Vorstellungskraft, um den Kubismus zu begründen, der komplexe Szenen auf einfache geometrische Formen reduziert. Dies machte ihn zu Lebzeiten zu einer Legende.

Picassos moderner Kunststil entwickelte sich aus seiner visuellen Vorstellungskraft, die auf der zunehmend »wissenschaftlichen« Arbeitsweise seiner Lehrmeister aufbaute. Während der unbestrittenen Herrschaft des Impressionismus den Kubismus zu begründen, kann aber nur als gewagt und mutig bezeichnet werden. Doch Pablo war in seinem Herzen immer ein Rebell und schon als Jugendlicher in den Cafés in Barcelona zu finden, in denen Intellektuelle über revolutionäres Gedankengut diskutierten. Den Impressionismus der Pariser Künstler hatte er innerhalb weniger Jahre in sich aufgenommen, und vor seinem geistigen Auge entwickelte sich daraus eine ganz neue Stilrichtung, die danach verlangte, zum Ausdruck gebracht zu werden.

Der Designer Philippe Starck, der sowohl die PC-Maus für Microsoft als auch das Paramount Hotel entwarf, ist offensichtlich mit vielen der Attribute gesegnet, die die Fantasie eines Marketinggenies charakterisieren. Seine revolutionären Lösungen zeugen nicht nur von radikal kreativer Intuition, sondern auch von Intelligenz und Logik – wie bei Picasso.

Durchschlagende Wirkungskraft

Warren Buffett ist ein Genie. Er gilt weltweit als der großartigste Investor, der die besten Anlageentscheidungen trifft. Trotzdem wohnt er noch immer in demselben Haus, das er sich als Twen für 31.000 US-Dollar kaufte. Zum Abendessen gibt es meistens Burger und Cola, er spielt gern Bridge mit Bill Gates und zitiert häufig Mae West. Extravaganten Luxus leistet er sich nur beim Fliegen, am liebsten im eigenen Privatjet Typ Gulfstream IV-SP.

So unkonventionell wie sein Lebensstil ist auch seine Investitionsstrategie. Von komplizierten und riskanten Spekulationsgeschäften und Hedge-Fonds-Investitionen hält Buffett nichts. Er trifft seine Anlagenentscheidungen ausschließlich auf der Basis gesunden Menschverstands, Informationen und Intuition. Buffett hat ein untrügliches Gespür für unterbewertete Firmen mit niedriger Belastung und hohem Wachstumspotenzial, die sich große Marktanteile sichern können. Er kauft sie zu einem Schnäppchenpreis und sieht ihnen bei ihrem Wachstum zu. 1988 erkannte er in Coca-Cola eine starke Marke mit großem finanziellem Gewinnpotenzial. Er kaufte Aktien zum Stückpreis von 10,96 US-Dollar und bereits fünf Jahre später war der Kurs auf 74,50 US-Dollar gestiegen, zum Teil deshalb, weil viele Investoren auf Buffetts gute Spürnase vertrauten und es ihm nachtaten.

Tausende pilgern jährlich zu der Hauptversammlung von Buffetts Unternehmen Berkshire Hathaway, um zuzuhören, wenn das »Orakel von Omaha« über seine Firma und seine Weltanschauung spricht. Diese Jahreshauptversammlung ist etwas ganz Besonderes. Sie beginnt damit, dass der Country- und Westernmusikfan Warren ein Lied zum Besten gibt. Auch ein Film darf nicht fehlen, und im Jahr 2005 war Warren in einer Zeichentrickversion von der *Zauberer von Oz* zu sehen, an der seine Tochter maßgeblich beteiligt war. Bill Gates war 2005 auch dabei – als Zeichentrickfigur und als neues Mitglied des Aufsichtsrats von Berkshire Hathaway.

Ob nun exzentrisch oder völlig normal, Buffett ist einer der vertrauenswürdigsten Respektspersonen der Geschäftswelt. Seine jährlichen Anschreiben an die Aktionäre von Berkshire Hathaway werden von Millionen von Menschen gelesen, die seine inspirierenden Einsichten mit Spannung erwarten. Sein Privatvermögen wird auf 42 Milliarden US-Dollar geschätzt (Stand 2006), und mindestens ein Drittel dieser Summe verdankt er dem beträchtlichen Anteil an Coca-Cola-Aktien.

Nike-Gründer Phil Knight startete sein heute 12 Milliarden US-Dollar schweres Geschäft mit dem Verkauf von Sportschuhen aus einem Lastwagen heraus. Auch er ist offensichtlich mit vielen der Attribute gesegnet, die in ihrer ausgewogenen Kombination ein Marketinggenie charakterisieren. Mit Intelligenz und Fantasie erreicht er durch seine marketingorientierte Geschäftsführung ebenso außergewöhnliche Ergebnisse wie Warren Buffett.

Inspiration 3.1 Steve Jobs

Steve Jobs hat das Marketing der Computerindustrie neu definiert, angefangen bei den ersten Apple Macintoshs über Kassenschlager wie *Toy Story* der Pixar Animation Studios bis hin zu dem aktuellen Multimediapaket iLife von Apple. Er ist ein kluger Revolutionär, der die Märkte begreift und mit technologischen Lösungen vorhandene und aufkommende Bedürfnisse der Kunden erfüllt.

Er wuchs in dem kalifornischen Aprikosenanbaugebiet auf, das später als Silicon Valley bekannt wurde. Damals war die Region aber nicht nur von technologischem Fortschritt, sondern auch von den psychedelischen Einflüssen der Hippiebewegung geprägt. Jobs studierte Physik und Literatur, brach das Studium aber ab, um mit seinem Freund Steve Wozniak 1976 die Apple Computer Company zu gründen. Der Firmensitz war die elterliche Garage, finanziert wurde die junge Firma über den Verkauf von Jobs VW-Bus. Mit 23 Jahren war Jobs Millionär, mit 24 Jahren hatte er über zehn Millionen US-Dollar, mit 25 Jahren satte 100 Millionen US-Dollar verdient, und inzwischen ist er natürlich Milliardär.

Die Apple Computer Company wuchs und wuchs, weil Jobs sich auf Nischenmärkte konzentrierte, in denen er sein innovatives Produkt für einen innovativ hohen Preis verkaufen konnte. Allerdings zog er 1985 im Machtkampf mit John Sculley den Kürzeren, da Apple dem zunehmenden Konkurrenzdruck des Riesen Microsoft nicht länger standhalten konnte. Diese Niederlage trieb ihn zu Pixar Animation Studios, was sich angesichts der an die frühen Walt Disney Zeichentrickfilme erinnernden Erfolge von *Monster AG*, *Toy Story* und *Findet Nemo* nicht zu seinem Schaden entwickelte, spielten die Kassenschlager doch weit über zwei Milliarden US-Dollar ein.

Apple Computer holte Jobs wieder in den Chefsessel zurück, doch ähnlich wie Pixar neue Standards für Animationsfilme gesetzt hatte, hatten Dell und Konsorten die Computerwelt verändert. Für Jobs allerdings kein Grund, schwarz für die Zukunft zu sehen. Mit seiner Leidenschaft für gutes Design brachte er die farbenfrohen iMacs auf den Markt, die allerdings nun auch Kompatibilität mit anderen Systemen boten. Noch wichtiger aber war, dass er den dringenden Innovationsbedarf in der Musikindustrie erkannte. Der handliche MP3-Player iPod war der erste einer neuen Gerätegeneration, und iTunes ließ nicht lange auf sich warten.

Jobs ist auf Erfolgskurs. Mit über zehn Millionen verkauften iPods haben sich die Profite von Apple verfünffacht, und *Die Unglaublichen* der Pixar Animation Studios begeistert Filmfreunde überall auf der Welt. Millionen Zuschauer verfolgen seine jährlichen Auftritte bei MacWorld, um zu hören, was er über die sich schnell ändernden technologischen Landschaften und seine neuesten Ideen zu sagen hat.

Inspiration 3.2 Philippe Starck

Philippe Starck ist so etwas wie der Maßstab des guten Designs. Seine Entwürfe sind vielseitig und reichen in fast jedes Metier. Er entwirft spektakuläre Architektur ebenso wie Inneneinrichtungen, einfache Gegenstände des täglichen Gebrauchs ebenso wie Mode und drückt jährlich ungefähr 100 Produkten seinen unverwechselbaren Stempel auf.

Er ist der Ansicht, dass jeder Mensch nachdenken und sich Fragen über das Leben, Geld, Wünsche, Krieg und sich selbst stellen sollte.

Viele Stunden seiner Kindheit verbrachte Starck damit, unter dem Zeichenbrett seines Vaters mit Papier und Kleber zu spielen und alles, was ihm in die Finger kam, auseinander zu nehmen, um es auf andere Weise wieder zusammen zu setzen. Er gestaltete die Welt um ihn herum nach seinen Vorstellungen.

1968 brach er die Schule ab und gründete eine Designfirma für aufblasbare Objekte. Nach einem kurzen Gastspiel als künstlerischer Direktor bei Pierre Cardin machte er sich selbstständig, entwarf Produktdesigns und gestaltete die Inneneinrichtung zweier Pariser Nachtclubs, die François Mitterand so begeisterten, dass dieser Starck darum bat, dem Elysée-Palast einen neuen Innenanstrich zu verpassen.

Viele seiner frühen Arbeiten orientierten sich an neuartigen Modetrends, doch schon bald konzentrierte sich Starck ernsthafter darauf, statt schöner Wegwerfartikel Stücke von zeitloser Eleganz und gestalterischem Wert zu schaffen.

In Starcks vielseitigem Designportfolio finden sich Uhren, Vasen, Türgriffe, Zahnbürsten, Armbanduhren, Nahrungsmittel, Besteck, Lampen, Zitronenpressen, Schreibtische, Motorräder, Wasserhähne, Badewannen und Toiletten.

Philippe Starck hat für viele führenden Marken die unterschiedlichsten Produkte entworfen, und von seinen Designs können Sie sich rund um die Uhr begleiten lassen: Sein Wecker klingelt Sie aus dem Schlaf, anschließend putzen Sie sich mit seiner für Target entworfenen Zahnbürste die

Zähne. Dann schlüpfen Sie in die futuristischen Puma-Sportschuhe und legen die Armbanduhr Marke Fossil an. Mit dem Samsonite-Koffer begeben Sie sich in Ihr Büro, wo Sie mit der Microsoft PC-Maus arbeiten. Zum Abendessen genießen Sie Fusion-Food im Restaurant Asia de Cuba, dazu gibt's ein Kronenbourg 1664-Bier, das in einer trendig designten Flasche serviert wird. Übernachten können Sie dann in dem von Starck stilvoll entworfenen Paramount Hotel.

Höchst gekonnt kombiniert Starck Kreativität mit Zweckmäßigkeit, Kunst mit praktischem Nutzen und Wissen mit Innovation. Seine Designarbeiten verwandeln jedes Produkt in ein Objekt der Begierde, das nicht nur schön, sondern auch praktisch ist. Marken, an denen er mitwirkt, können ihre Gewinnspannen mit Leichtigkeit verdreifachen.

Obwohl sich Starcks Entwürfe immer an Zweckmäßigkeit orientieren, überrascht er jedes Mal durch seine verblüffend andersartigen Interpretationen unseres Alltags. Er ist auf subversive Weise intelligent und interessant.

Seine Vorstellungskraft ist grenzenlos, und indem er Konventionen ignoriert und Toleranzschwellen überschreitet, erschafft er Objekte, die zugleich wunderschön und praktisch sind.

Inspiration 3.3 Phil Knight

USA, Oregon, 1962: Beim Leichtathletikwettbewerb der Universität verkauft Phil Knight von einem Lieferwagen aus Sportschuhe. Der junge Student der Wirtschaftswissenschaften war ein begeisterter Läufer, zählte aber nie zu den Besten seiner Mannschaft. Er beschloss daher, seiner zweiten Leidenschaft zu frönen: Geld zu verdienen. An Kreativität mangelte es ihm nicht, denn schon bald importierte er qualitativ hochwertige Tiger-Sportschuhe, die er in Japan billig einkaufte. Für diese High-Tech-Sportschuhe wurde er ebenso bekannt wie für seine Wettkampfzeiten.

Unter der Anleitung des Leichtathletiktrainers der Universität, Bill Bowerman, trainierte Knight hart, um das Beste aus seinem Lauftalent herausholen zu können. Nach einem anstrengenden morgendlichen Training saßen beide in Bills Küche, wo sie sich zur Stärkung Waffeln buken. Phil zog sich seinen Schuhe aus und legte einen aus Versehen auf das heiße Waffeleisen.

Der beißende Geruch von verbranntem Gummi blieb natürlich nicht unbemerkt.

Er beflügelte die Fantasie von Bill und Phil, und bald darauf produzierten sie eigene Sportschuhe, die ein einzigartiges Waffelmuster auf der Sohle trugen, welches mehr Haftung bot, das Gewicht reduzierte und die Geschwindigkeit des Schuhträgers potenziell erhöhte. Einige Jahre darauf zierten sie ihre Schuhe mit dem als »Swoosh« bekannten Nike-Haken, den eine junge Designerin namens Carolyn Davidson von heute auf morgen für 35 US-Dollar entwarf. Der Sport-Gigant war geboren, weil ein kreativer Funke eine Marketingidee entstehen ließ, die für einen überwältigenden Geschäftserfolg sorgte.

Nike – die griechische Göttin des Sieges.

Phils persönliche Einstellung und seine sportliche Leidenschaft ließen die Firma wachsen. Anstatt sich durch ausbleibende sportliche Erfolge frustrieren zu lassen, lenkte er seinen Willen zum Sieg in seine Geschäftstätigkeit, wodurch sich Nike zu einem Unternehmen entwickelte, das sich gleichermaßen für Sport und für Profit begeistert.

1979, als die Jogging-Welle boomte, hatte er sich 50 Prozent des US-amerikanischen Sportschuhmarktes erobert. Zusammen mit Bowerman arbeitete er beständig an innovativen Waffelsohlen und Luftpolsterungen. In den folgenden zwei Jahrzehnten entwickelte sich Nike in jeder Sportart und in jedem Land zu einer weltweit führenden Marke, was hauptsächlich den höchst kreativen Marketingkampagnen zu verdanken ist: Die gelungene Werbung, das Sponsoring und die kultverdächtige Aufforderung »Just do it«. Zu dem Produktportfolio von Nike gehören heute auch Sportschuhe von Converse, Surf-Fashion von Hurley und Mode von Cole Haan.

Als einem intuitiven Marketingexperten war Phil Knight immer klar, dass er sich von den Kunden inspirieren lassen musste – ihnen dabei helfen musste, sportliche Bestleistungen erzielen zu können, wie es ein Aufdruck in jedem Paar Sportschuhe verspricht. Klar war ihm auch, dass kurzfristiger und langfristiger Erfolg nur durch wirkliches Verständnis, umsichtige Markenpflege, ständige Innovation und gefestigte Beziehungen möglich ist.

Ein Topmanager bei Nike beschrieb Knights Führungsstil einmal als ungewöhnlich, aber inspirierend. Nur wenigen Managern gewährt er Zutritt zu seinem Büro in Beaverton, und diejenigen, die in den Genuss dieses Privilegs kommen, werden gebeten, ihre Schuhe auszuziehen – ob Marke Nike oder andere. Noch seltener als Nike-Manager erhalten Journalisten die Möglichkeit, sein Geheimnis zu erforschen, und die, die es versucht haben, waren hinterher nicht viel klüger. Nur eines ist sicher: Der eher mittelmäßige Mittelstreckenläufer Phil Knight, dessen Ziele immer höher gesteckt waren als sein sportliches Talent rechtfertigte, hat ein sicheres Händchen für Spitzenergebnisse.

Egal, zu welchen geschäftlichen Schwierigkeiten Nike-Manager seine Unterstützung erbitten, lautet die übliche Antwort: »Lauf schneller!« Dasselbe bekam Knight von Trainer Bill Bowerman zu hören, wenn er wissen wollte, wie er ein besserer Läufer werden könnte. Nike-Manager sind zwar im ersten Moment oft etwas verdutzt über diese Antwort, empfinden sie dann aber allemal als inspirierend.

Die Aufforderung, schneller zu laufen, hat Nike tatsächlich im Laufe der Jahre nach vorne gebracht.

Mehr als vier Jahrzehnte später trat Phil Knight im Dezember 2005 überraschend von seinem CEO-Posten zurück, nachdem er sein Unternehmen innerhalb von rund 40 Jahren mit seiner Leidenschaft für Marketing und Sport von Null auf einen Wert von 12 Milliarden US-Dollar aufgebaut hatte. Er ist ein Marketingkünstler und ein begnadeter Geschäftsmann, dem es gelang, Hobby mit Profit, Kreativität mit Geschäftssinn und Intelligenz mit Fantasie zu kombinieren, um persönliche und berufliche Bestleistungen zu erzielen, wie man aus den einzigartigen Geschäftsberichten von Nike schließen kann.

Der Nike-Slogan »Just do it«, der Phil Knights Willen zu geschäftlichem Erfolg sehr treffend wiedergibt, ist vielleicht besser bekannt als der, mit dem er sich verabschiedete: »There is no finish line«. Die Erinnerung daran, dass das Ziel immer ehrgeiziger gesteckt werden kann, zeigt, dass er und das Unternehmen Nike das immer höhere Tempo der Welt erkannt haben und die erfolgreiche Führungsposition nur dann gesichert werden kann, wenn sich auch das Tempo, mit dem Ideen und Innovationen erfolgen, entsprechend erhöht.

Knight ist nicht nur ein radikal kreativer Visionär und exzellenter Marketingexperte, sondern auch ein penibler Buchhalter. Er gilt als geheimnisvoll, undurchschaubar, exzentrisch, unberechenbar, eigenwillig, schüchtern, unnahbar, öffentlichkeitsscheu, leistungsorientiert und als genial. Obwohl er sich fast immer hinter seinem Schreibtisch oder in der Sporthalle auf dem Nike-Gelände aufhält, entzieht er sich geschickt den Augen der Öffentlichkeit. Seine Begeisterung wirkt sich dessen ungeachtet ansteckend auf seine Produkte und Mitarbeiter aus, was Nike zu einem der erfolgreichsten und angesehensten Weltkonzerne werden ließ.

»Genial« ist übrigens das einzige Attribut, das Knight bei der Beschreibung seiner Person als unzutreffend empfindet.

> »Abgesehen davon bin ich alles, was man mir nachsagt, zumindest manchmal.«

Aber natürlich ist ein Genie auch viel zu intelligent, um sich selbst als genial zu bezeichnen.

Denken: Die Denkweise eines Marketinggenies

Teil 2

Denken: Die Denkweise eines Marketinggenies

- Wo finden Sie die aktuell besten Geschäftschancen für Ihr Unternehmen? Wie differenzieren Sie sich auf heiß umkämpften Märkten? Wie bieten Sie Ihren Kunden die besten Lösungen und Ihren Aktionären die besten Erträge?
- Wie gelangen Sie trotz verwirrender Komplexität auf kürzestem Weg an Ihr Ziel? Woraus besteht Ihr Wettbewerbsvorteil? Auf welche Märkte, Marken, Produkte und Kunden müssen Sie sich konzentrieren, um maximalen Wert zu schöpfen?
- Wie definieren Sie sich? Wie berücksichtigen Sie die Wünsche Ihrer Interessengruppen? Wie können Sie Ihre Marken in neuen Märkten oder neuen Anwendungen noch besser nutzen? Wie sichern Sie durchschlagende Wirkung über längere Zeiträume?
- Wer sind Ihre Kunden? Wie erfahren Sie, was Ihre Kunden wirklich wollen? Wie kommen Sie Ihrer gesellschaftlichen Verantwortung nach und agieren ethisch und moralisch vertretbar? Wie stellen Sie den Kunden in den Mittelpunkt Ihrer Geschäftstätigkeit?
- Wie gelingen Ihnen radikalere Innovationen? Wie rütteln Sie an durchgesetzten Konventionen Ihres Marktes, um wichtige und dauerhafte Differenzierungskriterien zu etablieren? Wie schaffen Sie neue Märkte, Geschäftsfelder und wahrhaft innovative Lösungen?

»Genie bedeutet, dass man etwas sieht, was schon jeder gesehen hat und dabei an etwas denkt, an das noch keiner gedacht hat.«

Albert Szent-Gyorgi

Unternehmensgestaltung von außen nach innen

»Was wollen Sie erreichen und was vermeiden? Die Antworten darauf beschreiben die Ziele. Wie gehen Sie vor, um an diese Ziele zu gelangen? Die Antworten auf diese Fragen sind das, was man als Strategien bezeichnet.«

William Rothschild

»Unser letztendliches Ziel war es, dass Nike zum weltweit besten Unternehmen für Sport- und Fitnessartikel wird. Sobald das Ziel feststeht, ist auch klar, wie die Energien fokussiert werden müssen. Da kommt man nicht auf die Idee, Wing Tips herzustellen oder die nächste Rolling Stones World Tour zu sponsern.«

Phil Knight

Die meisten Geschäftsstrategien sind für die heutigen Märkte ungeeignet, da es ihnen an Zusammenhang und Unterscheidungskriterien, an Flexibilität und Hingabe mangelt. Dadurch werden oft die größeren Chancen verpasst und schwierige, aber wichtige Geschäftsentscheidungen verhindert. Die meisten Strategien drehen sich darum, einen Konsens herzustellen, anstatt darum, sich im Wettbewerb behaupten zu können. Sie sind starr, anstatt sich weiterzuentwickeln.

Intelligentere Strategien	Fantasievollere Strategien
... reagieren. Geschäftsprioritäten ergeben sich aus äußeren Umständen wie Marktchancen, Wettbewerbserfordernissen und Kundenbedürfnissen.	**... agieren**. Sie formen Märkte nach Ihren Vorstellungen, rütteln an Konventionen und gestalten sie zu Ihrem Vorteil.
... fokussieren. Im Visier stehen die Märkte mit dem höchsten Wertpotenzial, die besten Produkte, Kunden und Verbesserungschancen.	**... verfolgen Visionen**. Die Märkte der Zukunft werden kreativ gestaltet, wobei das Potenzial Ihres Unternehmens mehr zählt als aktuelle Leistungen.
... differenzieren. So wird gewährleistet, dass die größten, nachhaltigsten Wettbewerbsvorteile in den Mittelpunkt des Unternehmens rücken.	**... sind innovativ**. Innovative Ideen sind für die Gegenwart ebenso wichtig wie für die Zukunft, da sie die Nachfrage steigern und wirtschaftliches Wachstum sichern.

Die Unternehmensstrategie sollte sich von den Erkenntnissen des Marketings anleiten lassen, damit ihre Inhalte sich auf die tatsächlichen Herausforderungen und Chancen der Märkte beziehen. Nur dann kann die Strategie den Ort und die Regeln des Wettbewerbs definieren und sicherstellen, dass Ihr Unternehmen zu den Gewinnern zählt.

- Eine Strategie muss die Richtung weisen: Sie verschafft Klarheit über Visionen und Ziele, über den Zweck der Geschäftstätigkeit, die Ausrichtung und das Tempo.
- Eine Strategie muss helfen, Entscheidungen zu treffen: Sie hilft zu entscheiden, wo und wie der Wettbewerb ausgetragen wird, indem sie klarstellt, welche Märkte, Kunden, Marken und Produkte oberste Priorität genießen.
- Eine Strategie muss der Differenzierung dienen: Sie legt die dauerhaften Wettbewerbsvorteile fest und zugleich die Vorgehensweise, wie diese Vorteile überzeugend und lukrativ genutzt werden können.

Die meisten Unternehmensstrategien sind jedoch ungeeignet für die heutigen Märkte: Sie werden ohne Berücksichtigung der größeren Zusammenhänge formuliert und von innen nach außen entwickelt. Sie fördern evolutionäre statt revolutionäre Entwicklungen und sind keine Hilfe für schwerwiegende Entscheidungen. Sie orientieren sich an dem, was schon immer getan wurde, selbst wenn die traditionelle Vorgehensweise schon längst von den neuen Marktbedingungen überholt wurde. Ihre auf konventionelles Branchenwissen ausgerichtete Sichtweise verschleiert den Blick in die Zukunft und verhindert somit die notwendige Flexibilität, um sich an Marktveränderungen anzupassen. Meist werden Strategien von der Unternehmensspitze aufgestellt, wodurch der realistische Bezug zum Arbeitsalltag jener fehlt, die sie umsetzen sollen. Sie helfen nicht bei den schwierigen Entscheidungen über Zielgruppen, Produkte oder Prioritäten – Entscheidungen, die keiner gerne trifft und für die auch keiner gerne die Verantwortung übernehmen will. Und zu guter Letzt fehlt den meisten Strategien der zentrale Punkt des Wettbewerbsvorteils.

Das erklärt, weshalb Strategien so häufig als leere Worte abgetan werden, die nur dazu dienen, Anträge auf höhere Budgets zu rechtfertigen. Es erklärt auch, weshalb Strategien kaum dazu motivieren, neue Wege zu beschreiten, die den Mitarbeitern nicht auf Anhieb gefallen. Und es erklärt, weshalb sich die Unternehmensstrategien einer Branche so stark ähneln. Strategien mangelt es an Entschlossenheit, Richtung und Ziel, obwohl sich diese Mängel heutzutage kein Unternehmen leisten kann.

Strategiearten

»Strategie« ist ein häufig falsch verstandener und falsch verwendeter Begriff, der gerne mit einer Taktik – »Mit welcher Strategie können wir die Ausschreibung gewinnen?« – oder mit einem Plan – »Welche Strategie haben wir für das kommende Jahr?« verwechselt wird. Eine echte Strategie zeichnet sich durch eine längerfristige, normalerweise für drei Jahre angesetzte Herangehensweise aus, die gleichzeitig in der Lage sein muss, flexibel auf rasante Veränderungen einzugehen und regelmäßig dahingehend überarbeitet werden sollte.

- Die Unternehmensstrategie definiert die Zielsetzung der gesamten Organisation, die Mission und die auf die Zukunft gerichtete Vision. Dies definiert die Geschäftsbereiche des Unternehmens. Die Markenwerte und die Unternehmenskultur sollten sich an diesen Ziele ausrichten und diese so klar abgrenzen, dass die generelle Zielsetzung der Organisation untermauert wird und deutliche Differenzierungskriterien ersichtlich werden, die für die Zielgruppe von Bedeutung sind.
- Die Geschäftsstrategie gilt normalerweise für die einzelnen Geschäftsbereiche, zum Beispiel für Sportwagen, Lastwagen oder Luft- und Raumfahrt. Auf einfachster Ebene definiert die Geschäftsstrategie, wie und wo der Wettbewerb auf den jeweiligen Märkten ausgetragen wird sowie das Geschäftsmodell und die Ressourcen, die dafür benötigt werden.
- Die Marktstrategie ist das Kernstück der Geschäftsstrategie und bietet Marketingexperten die Möglichkeit, auf »höherer Ebene« Einfluss auf Richtung, Zielsetzung und Prioritäten des Unternehmens auszuüben.
- Die Marketingstrategie konzentriert sich mehr auf praktische und zweckmäßige Aktivitäten und legt fest, wie Marken, Produkte, Kanäle und Kommunikation entwickelt und genutzt werden müssen, um Erfolge zu erzielen.

Das Pharma-Unternehmen Novartis ist ein gutes Beispiel dafür, wie marktgerichtetes Denken eine Firma vorantreiben kann. Ähnlich wie in der Technologiebranche geben auch für in der Forschung und Entwicklung tätige Firmen weniger die Zielgruppen, sondern vielmehr die Produkte den Unternehmenskurs vor. Die Entwicklung eines neuen Medikaments kann durchaus zehn Jahre dauern. Bei Novartis gibt das Marketingteam die Grundpfeiler der Strategie vor, und somit auch die Reihenfolge strategischer Investitionen und Innovationen. Die Entwicklung der Medikamente richtet sich zwar gemäß den technischen Möglichkeiten von innen nach außen, die Prioritäten aber werden anhand der von außen nach innen gerichteten Marktperspektiven festgelegt.

Von außen nach innen

Der Ausgangspunkt bei der Entwicklung einer Strategie entspricht üblicherweise nicht den potenziell möglichen, sondern den aktuellen Bedingungen, das heißt, er entspricht der internen Einschätzung aktueller Produkte und Kapazitäten und wie diese kostensparender genutzt werden können, um die Gewinne zu steigern. Konzentriert man sich aber nur darauf, die aktuelle Leistung zu steigern, besteht die Gefahr, gute Gelegenheiten auf dem Markt zu übersehen. Auf sich schnell verändernden Märkten erweisen sich Verbesserungspläne oft als Sackgasse.

Märkte sind heute eine Quelle des Wandels, der Störungen und der Möglichkeiten. Märkte verändern sich deutlich schneller als Unternehmen. Externe Veränderungen müssen daher so schnell es geht erkannt und genutzt werden, um die besten Chancen, Strategien und Leistungen entwickeln zu können.

Forderungen nach besseren Ergebnissen, nach schnellerem Wachstum und höheren Gewinnspannen lassen die Herausforderungen Gestalt annehmen, bieten aber keine Lösungen. Eine Lösung zeichnet sich nur durch eine von außen nach innen gerichtete Perspektive ab: Wo sind die besten Märkte? Wie kann sich unsere Marke am besten in Szene setzen? Wie können wir Chancen besser nutzen als die Konkurrenz? Welche Produkte und Dienstleistungen brauchen wir dafür? Können wir dadurch unseren Aktionären langfristig bessere Erträge sichern?

Die Konzentration auf die »Kernkompetenzen« galt lange als die Grundlage strategischer Ziele. Wichtiger ist es heute, sich auf die Marktchancen zu konzentrieren. Natürlich verdienen es beide Perspektiven, ausgewogen berücksichtigt zu werden, wobei zu bedenken ist, dass der von Ihnen gewählte Ausgangspunkt den Bezugsrahmen für alles Folgende definiert.

Marktstrategie

Märkte sollten die treibenden Kräfte jeder Geschäftsstrategie sein, um Marktwissen einfließen zu lassen, mit dem die externen Veränderungen beschrieben und die größten Probleme und besten Chancen erkannt werden können.

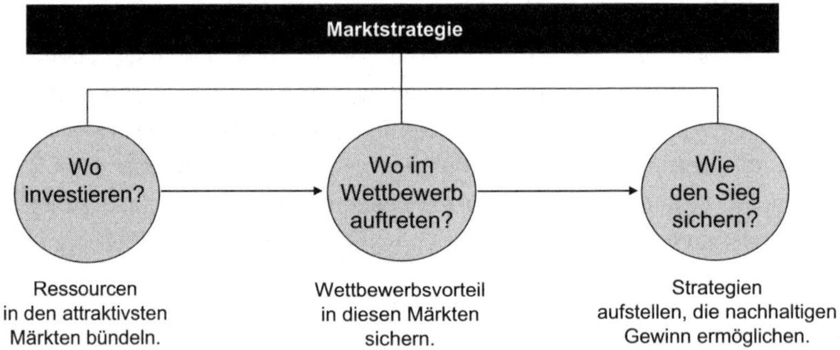

Eine Marktstrategie bezieht sich auf drei Dimensionen:

- Auf den Markt: Hierfür müssen entstehende und bestehende Märkte, zukünftige Profitschienen und Wettbewerbsintensität exakt analysiert werden, um entscheiden zu können, welche Märkten die attraktivsten sind.
- Auf den Wettbewerb: Hierfür muss analysiert werden, welche Angebote auf welche Weise an die Kunden gerichtet werden, um sich von Konkurrenten abzuheben und sich langfristig Wettbewerbsvorteile zu sichern.
- Auf den Sieg: Hierfür muss analysiert werden, wie der Wettbewerb zu gewinnen ist, wobei auch neue Geschäftsmodelle und neue Erfolgskriterien erwägt werden sollten.

Für die Aufstellung einer solchen Marktstrategie ist es erforderlich, die Entwicklung eines Marktes und seine zukünftigen Erfolgsmaßstäbe möglichst genau zu prognostizieren, die Kriterien, die Vorteile verschaffen und sichern, auszuwerten und sich disziplinierter auf die besten Chancen zu konzentrieren.

Schwierige Entscheidungen müssen getroffen werden, und angesichts der vielen Bereiche, in die Sie Ihre Geschäftstätigkeit ausdehnen könnten, fragen Sie sich vermutlich verzweifelt, wie Sie sich überhaupt jemals zu einer Entscheidung durchringen können.

Wenn Märkte keine klar umrissenen Grenzen mehr aufweisen, wenn Marken zunehmend für Image stehen und der technologische Fortschritt unsere Implementierungsfähigkeit regelmäßig überholt, ist die Qual der Wahl tatsächlich enorm.

- Welche der vielen kreativen Ideen soll man letztendlich umsetzen?
- Auf welchen Kundenkreis soll man sich primär konzentrieren?
- Welche Produkte verdienen Vorzugsbehandlung?
- Mit welchen Partnern müssen Beziehungen geknüpft oder ausgebaut werden?

Entscheidungen treffen

Während Entscheidungen auf betrieblicher Ebene meist aufgrund finanzieller Überlegungen getroffen werden, scheuen wir Marketingexperten üblicherweise vor finanziellen Entscheidungskriterien zurück, weil wir befürchten, dadurch – zumindest kurzfristig – den Kunden aus den Augen zu verlieren, wobei dies meist eine unbegründete Sorge ist. Auf alle Fälle bedeuten Entscheidungen mithilfe finanzieller Kriterien sicherlich nicht, mit allen Mitteln auf die Schnelle die Kasse klingeln zu lassen.

Im Marketing werden Entscheidungen eher aufgrund logischer Überlegungen wie Eignung für den Markt, Erkenntnisse der Marktforschung und Anziehungskraft auf den Kunden getroffen. Diese gleichermaßen wichtigen Kriterien sollten eigentlich in der Finanzanalyse zur Anwendung kommen. Das ultimative Entscheidungskriterium für die strategische Richtung, für Investitionen und eigentlich auch für alles andere sollte sich jedoch immer danach richten, ob mit der jeweiligen Maßnahme der Wert des Unternehmens langfristig vergrößert wird.

In Unternehmen, die Aktionären gehören, lautet die entscheidende Frage natürlich, wodurch die Kapitalerträge der Investoren langfristig am besten erhöht werden. Priorität hat somit, was den Wert ihrer Investitionen steigert und zu höheren Dividendenausschüttungen führt.

Aus der internen Perspektive kann als Entscheidungshilfe die Frage dienen, ob die durch eine Maßnahme in Aussicht stehenden Erträge die Erwartungen der Aktionäre übertreffen oder anders ausgedrückt, ob der wirtschaftliche Wertzuwachs größer als die Kapitalkosten ist.

Beantworten lässt sich diese Frage, indem die in Zukunft wahrscheinlichen Gewinne, die man sich von der gewählten Strategie verspricht, im Hinblick auf Folgendes bewertet werden:

- Beschleunigen sie das Wachstum (das heißt die Profitsteigerung)?
- Verbessern sie die Gewinnspannen (im Idealfall den wirtschaftlichen Wertzuwachs)?
- Reduzieren sie Risiken (und somit den prozentualen Diskontfaktor, der für die Gewinnprognose gilt)?

Um Marketingentscheidungen treffen zu können, müssen realistische Kriterien aufgestellt werden, die sich für die jeweiligen Geschäftsziele eignen. Die Auswahl der Kriterien ist ausschlaggebend dafür, in welche Richtung Ihre Entscheidungen Sie führen und ob Sie zukünftige Erfolgspotenziale richtig einschätzen können.

Marketingentscheidungen sind oft ausgesprochen schwierig zu treffen, muss man doch nicht nur alternative Werbemaßnahmen für ein Produkt gegeneinander abwägen, zum Beispiel, ob sich die Höhe der Ausgaben im Verhältnis zu den Postwurfsendungen für Werbung lohnt, sondern auch Maßnahmen für nicht direkt zusammenhängende Werbeinitiativen – wie viel darf für Werbung ausgegeben werden, und wie viel wird in die Produktentwicklung investiert, die sich vielleicht erst in einigen Jahren lohnt?

Auch die Themen, über die entschieden werden muss, sind vielfältig:

- Auswahl neuer Märkte nach strategischen Gesichtspunkten
- Verkleinerung des Produktportfolios

- gezielte Werbung für den besten Kundenkreis
- Zuweisung des Marketingbudgets
- Planung der Markenarchitektur
- Preisänderungen
- Optimierung des Medien-Mix
- Kapitalinvestitionen
- Leistungsprämien

Die Versuchung ist groß, an dem Glauben festzuhalten, das Beste sei immer noch, von allem das größte Stück zu haben, doch die größten Marktanteile, der größte Absatz und der größte Gewinn sind nicht notwendigerweise das Beste, was man sich wünschen kann. Kleinere Unternehmen, die sich auf wirtschaftlich lukrative Nischen konzentrieren, erwirtschaften häufig die größeren Erträge.

Wer auf dem europäischen Kraftfahrzeugmarkt als Markführer bezeichnet werden kann, hängt zum Beispiel ganz davon ab, mit welchem Kriterium der Erfolg gemessen wird. Was Verkaufszahlen und Betriebseinnahmen angeht, liegt Ford ziemlich eindeutig an der Spitze des Marktes. Lexus ist führend, was die Kundenzufriedenheit angeht, während sich Mercedes der größten Loyalität erfreut. Was den Profit betrifft, liegt Volkswagen ganz vorne, doch falls Porsche den besten ökonomischen Profit erwirtschaftet und somit seinen Aktionären die höchsten Erträge beschert, hat Porsche den Titel des rechtmäßigen Marktführers verdient.

Mit ziemlicher Sicherheit lässt sich behaupten, dass Verkaufszahlen, Marktanteile und auch Kundenzufriedenheit zwar die wichtigsten Maßstäbe der Business Performance sind – und es sicher nicht schadet, ihnen zu entsprechen –, dass aber keiner dieser Maßstäbe als Garant für den Erfolg betrachtet werden kann.

Fakt ist, dass das impulsive Bedürfnis, jeden zufrieden zu stellen und alle Wünsche zu erfüllen, schon das Ende vieler Unternehmen eingeläutet hat. Wer versucht, jedem zu gefallen, ist schnell für niemanden mehr etwas Besonderes.

Inspiration 4.1 Jet Blue

Der revolutionären Fluglinie Jet Blue ist es gelungen, Billigflugangebote mit stilvollem Reisen zu verbinden, und sie bietet zum Beispiel jedem Passagier, der es sich auf einem großzügig bemessenen und mit Leder gepolsterten Sitzplatz bequem machen kann, über Satellit eine Auswahl von 36 TV-Kanälen, während sich der Höhenflug vieler Mitbewerber bereits dem Ende näherte. Das von David Needleman gegründet Unternehmen Jet Blue fliegt mit einer Flotte von 68 neuen und umweltfreundlichen Airbus A320-Flugzeugen 30 sorgfältig ausgewählte Ziele in den Vereinigten Staaten und der Karibik an.

Die Fluglinie kann sich finanziell höchst erfolgreich im Wettbewerb behaupten, weil die Kombination aus innovativer, qualitativ hervorragender Dienstleistung und niedrigen Preisen einen treuen Kundenstamm entstehen lässt. Needlemans Erfolgsrezept hatte sich vorher schon mit Morris Air, das er an Southwest Airlines verkaufte, und mit dem einfachen aber leistungsstarken Online-Buchungssystem Open Skies, das Hewlett Packard aufkaufte, bewährt. 1999 sicherte er sich ein Finanzierungskapital in der Höhe von 130 Millionen US-Dollar, verwarf die Vorstellung, Fluglinien hätten nur dann eine Überlebenschance, wenn sie alles Überflüssige von Bord warfen und beschloss, dass die Zeit wäre reif, das Fliegen wieder menschenfreundlicher zu machen.

Jet Blue kombiniert Merkmale der beiden gegensätzlichen Angebote zu einem ganz neuen und höchst lukrativen Angebot, das sich deutlich von der Konkurrenz unterscheidet.

Jet Blue hat sich sehr klug zwischen dem, was es anbietet, und dem, was es nicht anbietet, entschieden. Statt lediglich in den Kategorien »Spitzenservice, hoher Preis« und »wenig Service, niedriger Preis« zu denken, verfolgt Needleman einen neuen Weg. Er bietet in manchen Bereichen einen Service, der die Branchenstandards sogar übertrifft, hat aber gleichzeitig das Servieren von Mahlzeiten während der Flüge ebenso abgeschafft wie ausgedruckte Flugtickets und das Angebot, aufwändige Anschlussbuchungen zu übernehmen. Diese einzigartige Kombination begeistert die Kunden, hebt Jet Blue deutlich aus der Masse der Billigfluganbieter hervor und sichert nachhaltig hohe Gewinnspannen.

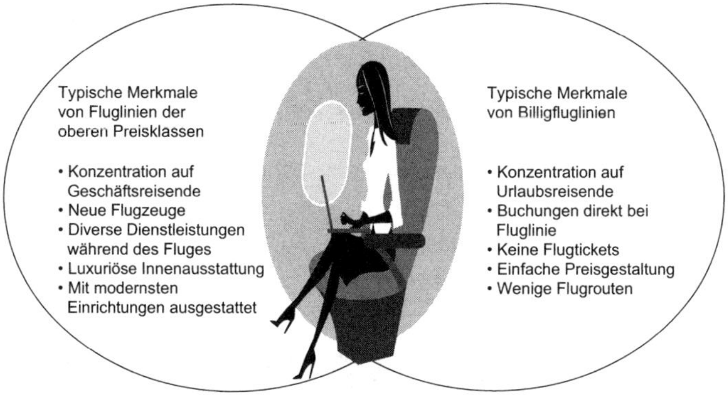

Jet Blue
kombiniert Merkmale der beiden gegensätzlichen Angebote zu einem ganz neuen und höchst lukrativen Angebot, das sich deutlich von der Konkurrenz unterscheidet.

Als Needleman nach seinem Erfolgsrezept gefragt wurde, nannte er vier Prioritäten, auf die er sich konzentriert:

1. Immer mit einem dicken finanziellen Polster starten. Keiner anderen Fluglinie stand bei ihrer Gründung so viel Kapital zur Verfügung wie Jet Blue, weshalb das Unternehmen in modernste Technik investieren konnte.

2. Immer nur ganz neue Flugzeuge einsetzen. Die neue Flugzeugflotte von Jet Blue ist zuverlässiger und sparsamer im Treibstoffverbrauch, und auch die Wartungsausfälle sind sehr niedrig.

3. Immer die besten Mitarbeiter einstellen. Jet Blue wählt seine Mitarbeiter sehr sorgfältig aus, schult sie umfassend und stellt die besten Hilfsmittel zur Verfügung, was die Mitarbeiter stark motiviert.

4. Immer guten Service bieten. Jet Blue verschafft seinen Passagieren die besten Erfahrungen, was sich sehr positiv auf die Kundentreue auswirkt. Eine wichtige Rolle spielt dabei auch die Mundpropaganda innerhalb der Zielgruppe.

Im englischen Original sind Needlemans Prioritäten nachzulesen unter www.jetblue.com

Mittlerweile ist nicht mehr die Southwest Airlines, sondern Jet Blue der Liebling zufriedener Kunden. Die äußerst profitable Fluglinie ist ein Silberstreifen am Horizont eines wirtschaftlich schwer gebeutelten Sektors und eine inspirierende Fallstudie darüber, wie sich geschäftliche Erfolge mit Erfolgen bei den Kunden in Einklang bringen lassen.

Anwendung 4.1 Marktstrategie

Auf welchen Märkte sollten Sie vertreten sein? Wo befinden sich die Hot Spots, wo die White Spaces? Wo sollten Sie sich in diesen Märkten positionieren? Wie sichern Sie sich hier langfristige Wertschöpfung?

1. Erkennen Sie die geschäftlichen Zusammenhänge.

Erkennen Sie die größeren geschäftlichen Zusammenhänge der Strategie und der Ziele sowie deren Bedeutung für Märkte und Marketing.

2. Bewerten Sie Ihre Chancen.

Listen Sie die für Sie in Frage kommenden Märkte auf und beurteilen Sie jeweils, wie wettbewerbsfähig Sie auftreten können und welches Potenzial besteht, den wirtschaftlichen Wert Ihres Unternehmens zu erhöhen.

3. Legen Sie den Schauplatz des Wettbewerbs fest.

Entscheiden Sie, auf welche Märkte oder Marktsegmente Sie Ihre Geschäftstätigkeit konzentrieren sollten, um sowohl Ihre Ziele zu erreichen als auch langfristig Wert zu schöpfen.

4. Legen Sie die Regeln des Wettbewerbs fest.

Erkennen Sie, welche dauerhaften Wettbewerbsvorteile Sie sich in den gewählten Märkten sichern können und welche Auswirkungen dies für Produkte, Vermarktungskanäle und so weiter hat.

5. Sichern Sie sich den Sieg.

Entwerfen Sie für jeden Markt ein Geschäftsmodell, das Ihnen in Relation zu der preislichen Positionierung maximalen Wert sichert.

6. Handlungsstrategien

Entwickeln Sie Strategien für Marketing, Innovation, Marken und Kunden, die Sie sicher an Ihr Ziel bringen.

Konzept 4.1 Marktperspektiven

Eine Strategie gibt die Richtung vor.

Die Richtung hängt von dem Ausgangspunkt ab. Wenn sich vom Ausgangspunkt betrachtet der Markt jedoch ständig umstrukturiert, ist es schwierig, die richtige Richtung zu erkennen. Zur Orientierung ist daher eine Perspektive (ein fester Standpunkt, von dem aus Sie Ihr Umfeld mitsamt seinem Potenzial betrachten) und eine persönliche Haltung (wie Sie damit umgehen) erforderlich.

Märkte lassen sich nicht mehr in Schubladen einordnen oder klar eingrenzen, und Marken lassen sich nicht mehr auf eine Domäne beschränken, wie Nike mit seiner breiten Palette an Armbanduhren und Brillen ebenso beweist wie Burberry mit dem Angebot an Dr. Scholl-Schuhen und Adidas mit der Bademodenkollektion von Stella McCartney. Marken und Partnerschaften, Modetrends und Verbraucher haben die alten Regeln des Wettbewerbs auf den Kopf gestellt.

Die richtige Perspektive einnehmen

Jeder Mitspieler betrachtet das Spielfeld des Marktes aus einer anderen Perspektive, weil jeder unterschiedliche angrenzende Märkte für sich als wichtig erachtet. Welcher Markt als angrenzend gilt, hängt wiederum von der Perspektive ab. Angrenzende Märkte können mithilfe beliebiger Dimensionen definiert werden, die üblichsten sind jedoch:

- Kunde – für welchen Kundenkreis könnte ein Produkt in seiner momentanen oder in leicht abgewandelter Form ebenfalls attraktiv sein?
- Produkt – an welchen zusätzlichen Produkten und Dienstleistungen sind Kunden interessiert, die unser Produkt kaufen oder unsere Dienstleistungen in Anspruch nehmen?
- Kapazität – welche weiteren Produkte und Dienstleistungen könnten wir mit unserem aktuellen Können und Wissen entwickeln? Ein Papierhersteller könnte Verpackungen, ein Restaurantbesitzer einen Partyservice anbieten.

- Netzwerknutzung – für welche anderen Dienstleistungen könnte unser Distributionsnetz ebenfalls genutzt werden?

Die Beantwortung dieser Fragen zeigt Ihnen, wie viele Märkte an Ihren Markt angrenzen und welche neuen Chancen sich für Sie eröffnen. Allerdings sollten Sie davon ausgehen, dass die sich hier tummelnden Marken ein wahrscheinlich ebenso großes Interesse daran haben, in Ihren Sektor einzudringen und eventuell völlig neue Wettbewerbsbedingungen entstehen lassen, wenn sie Wissen und Fähigkeiten verbinden, die vorher nicht verbunden waren.

Die richtige Haltung einnehmen

Die Stellung, die Sie auf dem Markt beziehen, hängt davon ab, welche Haltung Sie anderen gegenüber einnehmen. Im ständigen Wandel können Sie Ihr Schicksal entweder selbst in die Hand nehmen oder in die Hände anderer legen.

Die immer neuen Konventionen, Standards und Bestimmungen werden von denjenigen geprägt, die als innovative Marktführer den meisten Einfluss ausüben. Einfach ausgedrückt heißt das, man gehört entweder zu den Anführern, oder man läuft den Anführern hinterher.

- Anführer haben die Chance, neue Märkte nach ihren Vorstellungen zu formen. Sie können neue Arbeitsprozesse etablieren, neue Produktformate festlegen und neue Preisstrukturen einführen. Anführer können sich als Erste um die besten Kunden bemühen und sie an sich binden. Sie können neue Lösungen teuer verkaufen und Hürden errichten, um Konkurrenzprodukten das Leben möglichst schwer zu machen.

- Wer hinterher läuft, kann aus den Fehlern der Anführer lernen und beobachten, welche Innovationen tatsächlich funktionieren und von welchen man besser die Finger lassen sollte. Nachläufer können es den Anführern nachmachen oder es sogar noch besser machen. Sie können die zweite Begeisterungswelle der Kunden ausnutzen, die normalerweise auch die größere ist, und die Anführer möglicherweise in arge Bedrängnis bringen.

Land Rover baute schon vor fast 40 Jahren den ersten Geländewagen, konnte aus diesem Vorsprung aber nie den maximalen Vorteil ziehen, weil vielleicht die richtige Perspektive fehlte, diesen Vorsprung effektiv zu nutzen. Attraktiv und lukrativ wurden die Geländewagen erst durch diejenigen, die später folgten. Ganz anders Apple, das mit seiner Hardware und Software die Weichen für den zukunftsträchtigen Markt der Musikdownloads stellte und ein Geschäftsmodell entwickelte, das bei der Musikindustrie Beifall findet, der Konkurrenz aber große Hürden in den Weg stellt.

Neben der Entscheidung anzuführen oder hinterher zu laufen, steht auch die Entscheidung an, einen für den Markt offenen oder einen kundenspezifischen Ansatz zu verfolgen. Will man den Markt als Ganzes steuern und von ihm gesteuert werden oder lieber engere Beziehungen eingehen und den Kunden steuern und sich von ihm steuern lassen? Der kundenorientierte Ansatz ist insofern vorteilhaft, dass die Marktnische, die bedient werden soll, eine ganz klare Richtung vorgibt, aber in der Hinsicht nachteilig, dass die Kundenbedürfnisse auch dann die Richtung bestimmen, wenn sich auf dem Markt ein Richtungswechsel abzeichnet.

In der Business-to-Business-Branche, kurz B2B, entstehen oft sehr enge Beziehungen zwischen einem Unternehmen und seinen Geschäftskunden, da sehr spezielle Bedürfnisse erfüllt werden und der Kundenkreis normalerweise recht überschaubar ist. Allerdings liegt das Schicksal des Unternehmens auch vorwiegend in den Händen seiner Kunden und hängt stark davon ab, wie gut sie ihren jeweiligen Markt einschätzen können. Tatsache ist, dass man sich in der wirklichen Welt auf Kunden *und* den Markt als Ganzes konzentrieren muss.

Wer beide Haltungen einnehmen kann – führen und folgen, den Blickwinkel vergrößern und verkleinern – verschafft sich Handlungsalternativen für den Auftritt im Wettbewerb.

Inspiration 4.2 Sky TV

Der Fernsehsender Sky TV hat unsere Fernsehgewohnheiten und mit ihnen auch unser Sozialverhalten verändert. Sky TV bietet seinen mehr als 17 Millionen Zuschauern in sieben Millionen britischen Haushalten eine unglaubliche Auswahl an Spielfilmen, Nachrichtensendungen, Reportagen, Unterhaltungs- und Sportsendungen. Als cleverer Schachzug erwies sich auch, sich die Ausstrahlungsrechte der Publikumsfavoriten, zum Beispiel die Spiele der ersten Fußballliga, zu sichern, um Fernsehzuschauern rund um den Erdball für satte Gebühren einen Platz in der ersten Reihe zu bieten.

Für Sky TV bestehen die größten Vorteile des digitalen Fernsehens darin, eine größere Auswahl und mehr Flexibilität bieten zu können. Der junge Sky TV-Chef James Murdoch ist der Ansicht, dass Kunden in ihrer Konsumhaltung immer anspruchsvoller werden, was die Medien und die Unterhaltung zuhause im Kreis der Familie betrifft. Nach Ansicht von Sky TV wird dieser Trend kontinuierlich an Bedeutung gewinnen und dazu führen, dass Geräte kompatibler und in vielen Haushalten zwei bis drei Digitalempfänger vorhanden sein werden.

Der erste vollständig integrierte digitale Videorecorder Sky+ ist eine extrem erfolgreiche Innovation, auch wenn die Funktion zum Überspringen von Werbung eine traditionelle Einnahmequelle des Senders zum Versiegen bringen könnte. Werbespots haben immerhin einen achtprozentigen Anteil an den Gesamteinnahmen, weshalb das Unternehmen nach neuen und innovativen Möglichkeiten sucht, den Verbrauchern Marken schmackhaft zu machen. Die Lösung dieses Dilemmas erfordert Experimentierfreudigkeit mit interaktiven Formen der Werbung, die darauf abzielen, im Kontext des Programms für Marken zu werben, um sie für die Kunden begehrenswerter zu machen.

Nachdem Sky TV 30 Prozent der britischen Haushalte erobert hat, kann es sich ganz auf profitable Angebote konzentrieren. Der Videorecorder Sky+ kann individuell konfiguriert werden und bietet eine Aufzeichnungsqualität, von der sein US-amerikanischer Vorgänger, der digitale Videorecorder TiVo (Television Input/Video Output), nur träumen kann, und durch die Vergabe der Ausstrahlungsrechte von Sky News und Sky Sports an Kabelsender und andere digitale Netzwerke hat der Sender seine Reichweite beträchtlich vergrößert. James Murdoch hat jetzt eigentlich nur noch das Problem, den Ansprüchen seines Vaters, dem Medienmogul Rupert Murdoch, nach kontinuierlichem Wachstum gerecht werden zu müssen.

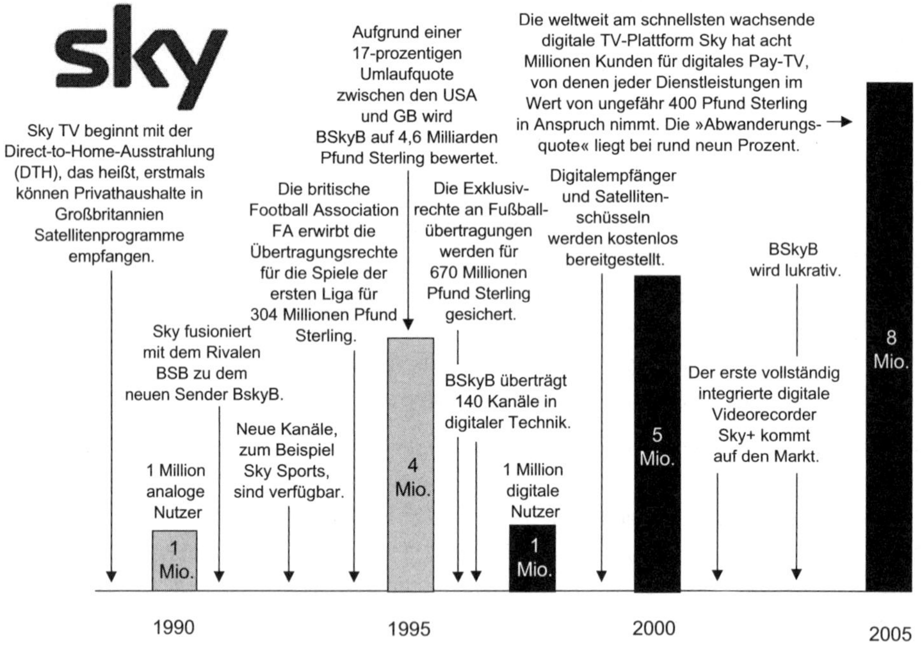

Source: sky.com

Anwendung 4.2 Auswahl des Marktes

In welche Märkte sollten Sie vordringen? Wo finden Sie die besten Chancen, um mit einem überzeugenden und unterscheidbaren Angebot an die Kunden den Wert zu schaffen, der Ihren strategischen Zielen entspricht und die Erwartungen der Investoren übertrifft?

1. Was liegt nahe?

Untersuchen Sie Ihre und auch die angrenzenden Märkte, sowohl diejenigen, die bereits existieren als auch diejenigen, die sich momentan entwickeln.

2. Stellen Sie Ihre Optionen in den angrenzenden Märkten grafisch dar.

Beschreiben Sie mithilfe dreier vertikaler Achsen ausgehend von einer horizontalen Achse, die Ihre aktuelle Position darstellt, das »Was« (Angebote), das »Wie« (Ihre Kapazitäten) und das »Warum« (Anwendungsnutzen).

3. Definieren Sie mögliche neue Aktivitäten.

Tragen Sie entlang der unter Punkt 2 beschriebenen vertikalen Achsen sich ähnelnde oder miteinander verwandte Aktivitäten ein, um darzustellen, wie sich ein bereits bestehendes Angebot weiterentwickeln könnte.

4. Verbinden Sie die Märkte.

Verbinden Sie die drei Achsen über Linien, die gemäß praktischer Anwendbarkeit gekennzeichnet sind, zum Beispiel, indem Sie diese farblich als »hoch - mittel - niedrig« oder »gut - mittel - schlecht« kennzeichnen.

5. Werten Sie das jeweilige Potenzial aus.

Bewerten Sie mögliche neue Märkte, die sich entlang oder auch zwischen den Achsen abzeichnen, nach Profitpotenzial, Wachstumspotenzial und Wettbewerbsintensität.

6. Treffen Sie Ihre Auswahl.

Wählen Sie bestehende und angrenzende Märkte aus, die Ihren Kriterien am besten entsprechen und sich in Ihre Marktstrategie integrieren lassen.

Konzept 4.2 Marktfokus

Eine Strategie hilft Entscheidungen treffen.

Eine Strategie zu verfolgen heißt, ein Ziel anzuvisieren und alle Anstrengungen darauf zu konzentrieren. Es heißt auch, Entscheidungen über Prioritäten zu treffen, wodurch sich dann automatisch entscheidet, was man besser bleiben lässt. Genau daran scheitern viele Organisationen. Wer sagt schon gerne »Nein« zu verlockenden Gelegenheiten, wer sagt schon gerne »Ja« zu etwas Neuem? Wie oft fordert ein Chef dazu auf, weniger Dinge zu tun, das aber auf effizientere Weise? Und wie oft stellt er fest, dass es so gut wie unmöglich ist, Unternehmensbereiche oder Marken mit langjähriger Tradition loszuwerden, einen neuen Markt nicht zu betreten oder einen bestimmten Kundenkreis nicht länger zu bedienen?

Wir schrecken vor Entscheidungen zurück, wenn wir uns nicht hundertprozentig sicher sind, auch tatsächlich die richtige Entscheidung zu treffen. Vielleicht sind die Argumente für die eine Seite ebenso überzeugend wie die Argumente für die andere. Oder wir glauben als ewige Optimisten, dass nach der Talfahrt auch ganz bestimmt wieder ein Höhenflug folgt. Und selbst wenn absolute Klarheit darüber herrscht, welche Entscheidung richtig ist, braucht man schon auch noch den Mut, entsprechend zu handeln, zum Beispiel Kunden abzuweisen, die uns lange treu waren, die aber nach einem längst überholten Produkt verlangen. Außerdem sind von der Entscheidung schließlich auch Mitarbeiter, Zwischenhändler und Zulieferer betroffen.

Der große Verbrauchsgüterhersteller Unilever, zu dem Marken wie Persil und Knorr gehören, machte die gewagte Ankündigung, sein Markenportfolio von 5000 auf 500 und später weiter auf nur 50 Marken zu reduzieren. Der Anfang war leicht, denn viele der Marken hatten sich als Begleitprodukte von Akquisitionen unter dem Dach von Unilever eingerichtet und waren relativ einfach durch andere Unilever-Marken zu ersetzen. Je mehr Marken Unilever aber abschaffte, umso härter wurde es, da ganze Unternehmen mit beträchtlichem Kapitalvermögen zugrunde gerichtet wurden.

Das Vorhaben, ein Portfolio um 99 Prozent abzuspecken, mag etwas weit hergeholt erscheinen, doch vermutlich bestehen um die 60 bis 80 Prozent der Aktivitäten eines beliebigen Unternehmens aus relativ nebensächlichen Tätigkeiten ohne großen Einfluss auf die Unternehmensperformance – darauf, dass langfristiger Wert für die Aktionäre geschaffen wird.

Welches Portfolio sollte man untersuchen?

- Märkte – nach geografischen Standorten oder Sektoren
- Kunden – nach Zwischenhändlern und Endverbrauchern
- Marken – nach Geschäftsbereichen oder Produktpaletten
- Produkte – nach Produkten und Dienstleistungen

Der konventionelle Marketingansatz für die Portfolioanalyse ist die Untersuchung des »Produktlebenszyklus« (zum Beispiel mithilfe der von der Boston Consulting Group entwickelten BCG-Matrix, die Marktwachstum und Marktanteile in ein Verhältnis setzt), wobei es aber unbedingt erforderlich ist, auch die wahrscheinlichen kurz- und langfristigen Ertragssteigerungen mit einzubeziehen.

Die Rentabilitätsprüfung der einzelnen Einheiten (Markt, Marke, Produkt, Kanal) eines Portfolios ist zwar hilfreich, zeigt aber nicht auf, was tatsächlich Wert schöpft. Zu berücksichtigen ist nämlich, dass die Forderung nach »wirtschaftlicher Rentabilität« es notwendig macht, die von den Aktionären erwartete Mindestkapitalrendite – sagen wir einmal, ein Zuwachs um neun bis zehn Prozent je nach Branche – in die Kalkulation mit einzubeziehen und dass die Wertschöpfung erst jenseits dieser Schwelle erfolgt.

Wirtschaftlicher Profit, das heißt, Betriebseinnahmen minus »Kapitalkosten« – die erwartete Mindestkapitalrendite – setzt neue Maßstäbe für wahren Erfolg.

Dies ermöglicht Ihnen, sich auf die wirklichen »Wertschöpfer» zu konzentrieren und Investitionen in oder Absatzsteigerungsmaßnahmen für die »Wertzerstörer» einzustellen. Selbst wenn »Wertzerstörer« rentabel erscheinen und eine Absatzsteigerung zu höheren Einnahmen führt, zerstören sie dennoch Wert. Die einzige sinnvolle Lösung ist in diesem Fall, die Marken oder Produkte umzugestalten oder neu zu positionieren, sodass sie wirtschaftlich rentabel werden. Ist dies nicht möglich, sollten Sie sich von ihnen trennen.

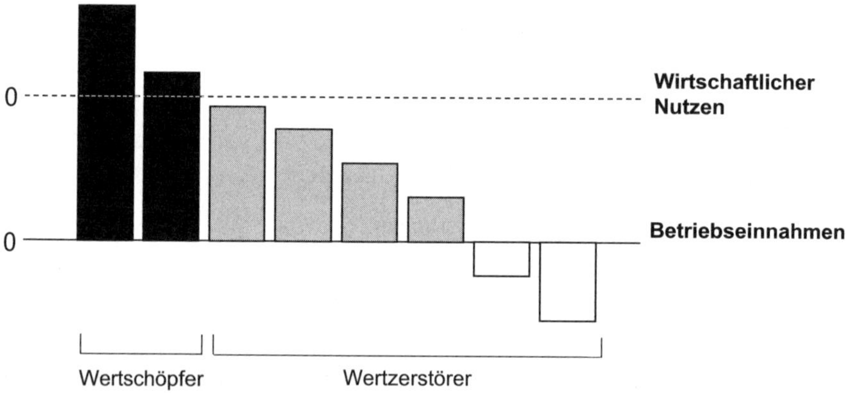

Inspiration 4.3 Enterprise Rent-a-Car

Der Autovermieter Enterprise Rent-A-Car ist stolz darauf, ein großes Unternehmen zu sein, das sich sein Gespür für das Detail bewahrt hat. In weniger als 50 Jahren gelang dem von Jack Taylor gegründeten Unternehmen der Sprung von einem bescheidenen Ableger eines Autohändlers zu einem Weltunternehmen.

Taylor hielt sich strikt an seine Prinzipien, Mitarbeiter und Kunden wie Familienangehörige zu behandeln und keinerlei Abstriche bezüglich des hervorragenden Kundendienstes zuzulassen.

In aller Stille wuchs Enterprise Rent-A-Car zu dem größten US-amerikanischen Autovermieter heran, weil es ganz unkonventionell und anders als alle anderen der Branche nicht auf Standorte an Urlaubszielen und Flughäfen setzte.

Stattdessen hat sich Enterprise Rent-A-Car mit seinen 57.000 am Unternehmenserfolg beteiligten Mitarbeitern in den Stadtzentren etabliert und konzentriert sich auf das Geschäft mit Kunden, die nur kurz einmal ein Auto brauchen oder ganz dringend einen Ersatzwagen benötigen. Mit dem aus 60.000 Fahrzeugen bestehenden Fuhrpark erwirtschaftet das Unternehmen über sieben Milliarden US-Dollar, und die ehemaligen Branchenführer Hertz und Avis müssen sich den Avis-Slogan »We try harder« ganz besonders zu Herzen nehmen und sich noch mehr ins Zeug legen.

Unter den Enterprise-Mitarbeitern herrscht ein unglaublicher Unternehmergeist, den man normalerweise nur in kleinen Firmen findet. Kunde für Kunde, Auto für Auto arbeiten sie daran, nicht die Größten, sondern die Besten zu sein. Dank der herausragenden Kundendienstleistungen und des marktorientierten Denkens kann Enterprise Rent-A-Car gute Preise verlangen und neue Märkte erobern, die jedem konventionell denkenden Geschäftsmann als gesättigt erscheinen.

Enterprise stellt seine Prinzipien in einem »Kompass der Unternehmenskultur« dar, der den Mitarbeitern als Wegweiser für die tägliche Arbeit dient. Alle Mitarbeiter werden dazu angehalten, sich in ihrem Arbeitsumfeld persönlich zu engagieren, dem Unternehmen Individualität zu verleihen sowie Zeit und Geld in das zu investieren, was am wichtigsten ist.

Auf dem Weg an die Weltspitze hat Taylor viele seiner hart arbeitenden und am Erfolg beteiligten Mitarbeiter zu Millionären gemacht, da die langfristige Wertschöpfung angemessen belohnt wird. »Egal, wie groß wir eines Tages sein werden, der globale Erfolg unseres Unternehmens wird immer von der persönlichen Leistung jedes Einzelnen abhängen«, lautet die Überzeugung des Unternehmens.

Um in Zukunft noch erfolgreicher zu sein, gibt es mittlerweile Pläne, das Unternehmen neu zu strukturieren.

Der größte US-amerikanische Autovermieter prescht mit Vollgas auf neue Märkte vor, wobei Europa ganz oben auf der Liste steht. Der wichtigste Zielkunde ist zwar noch immer der Autofahrer, der nur für das Wochenende einen fahrbaren Untersatz benötigt oder dringend einen

Ersatzwagen braucht, solange das eigene Auto in der Werkstatt steht, doch Enterprise Rent-A-Car parkt inzwischen auch probehalber auf Flughafenstandorten ein.

Kerngeschäft ist und bleibt die Autovermietung, daher spaltete Enterprise Rent-A-Car erst kürzlich seine anderen Sparten ab, die irgendwie auch ziemlich erfolgreich sind, obwohl das bunt zusammengewürfelte Portfolio etwas überrascht – Luftballons, Schuhe, Golfkurse, Hotelausstattungen und die Belieferung von Justizvollzugsanstalten. Diese Geschäftsbereiche sind nun unter dem Dach der Centric Group vereint.

Anwendung 4.3 Portfolioanalyse

Welche Produkte gehören in Ihr Portfolio? Nach welchen Bewertungskriterien können Sie deren kurz- und langfristiges Wertpotenzial erkennen? Welche Produkte verdienen höchste Aufmerksamkeit, welche müssen aus dem Portfolio entfernt, welche in das Portfolio aufgenommen werden? Wodurch präsentiert sich Ihr Portfolio harmonischer? Wie lässt sich das Portfolio Ihrer Märkte, Marken und Kunden am besten zusammenstellen?

1. Messen Sie die Rentabilität.

Stellen Sie für jeden Markt, jede Marke, jedes Produkt und jeden Kunden auf, welche Einnahmen, Gewinne und wirtschaftlichen Profite damit erwirtschaftet werden.

2. Bewerten Sie die aktuelle Performance.

Unterscheiden Sie anhand der aktuellen Performance Wertschöpfer und Wertzerstörer.

3. Bewerten Sie das langfristige Potenzial.

Bewerten Sie jedes Produkt nach Lebenszyklus und Wachstumspotenzial (zum Beispiel mit der BCG-Matrix).

4. Vergleichen Sie die relativen Werte.

Errechnen Sie für jedes Produkt den Nettogegenwartswert NPV seines zukünftigen Profitstroms.

5. Bewerten Sie die Integrität Ihres Portfolios.

Listen Sie alle Produkte auf, die wesentlich für die Integrität und Stimmigkeit Ihres Portfolios verantwortlich sind.

6. Konzentrieren Sie sich auf das Wesentliche.

Stellen Sie Wertschöpfer in den Vordergrund, trennen Sie sich von Wertzerstörern und suchen Sie nach geeigneten Umstrukturierungsmaßnahmen für die Produkte, die Grenzfälle darstellen.

Konzept 4.3 Marktvorteil

Eine Strategie schafft Unterschiede.

Für nicht im Marketing Tätige ist es der Wettbewerbsvorteil, für Marketingexperten ist es die Differenzierung, die das Kernstück einer Strategie und zugleich die Quelle des Geschäftserfolgs darstellt. Auf dem perfekten Markt beschert eine Ware den Aktionären nie eine Kapitalrendite, die jenseits ihrer Erwartungen liegt.

Die Differenzierungsfähigkeit ist die Quelle der Wertschöpfung. Aus ihr erwächst die Fähigkeit, Erwartungen zu übertreffen und Höchstleistungen im Wettbewerb und in finanzieller Hinsicht zu erzielen. Das Differenzierungskriterium ist nicht nur ein Name, eine Farbe, ein Slogan oder ein gewisses Extra, es muss auf Dauer Bedeutung haben, damit es auf die von einer Organisation benötigten Talente starke Anziehungskraft ausübt und stark genug ist, um von Mitbewerbern nicht kopiert werden zu können.

Michael Treacy und Fred Wiersema haben den Begriff der »Wertdisziplinen« geprägt. Anhand dieser Disziplinen beschreiben sie, nach welchen Gesichtspunkten ein Unternehmen agieren sollte, um sich als Marktführer zu positionieren. Das Wertdisziplinen-Modell ist einfach und nützlich und stellt die Behauptung auf, dass sich jedes Unternehmen mithilfe einer der drei Disziplinen an die Spitze seiner Branche stellen kann:

- Produktführerschaft – Unternehmen, die diese Disziplin wählen, sind besonders innovativ und qualitätsorientiert, um die besten Produkte anzubieten. Beispiele sind Sony und Coca-Cola.
- Kundenvertrautheit – Unternehmen, die diese Disziplin wählen, sind besonders serviceorientiert und pflegen enge Beziehungen, um die besten Lösungen anzubieten. Beispiele sind Dell und Lexus.
- Operative Stärke – Unternehmen, die diese Disziplin wählen, sind besonders effizient und straff durchorganisiert, um die besten Preise anzubieten. Beispiele sind Aldi und Toyota.

Das Wertdisziplinen-Modell verlangt, dass ein Marktführer sich eine Disziplin auswählt, in der er besonders herausragende Leistungen erzielen kann, während es ausreicht, in den anderen beiden Disziplinen »nur« sehr gut zu sein. In seiner ersten Disziplin kann er sich als Klassenbester beweisen und sich für seinen hier gewonnen Wettbewerbsvorteil einen Namen machen. Die meisten Unternehmen werden natürlich argumentieren, es sei heutzutage zwingend erforderlich, in allen drei Disziplinen zu brillieren. Dagegen spricht allerdings, dass darunter sowohl der Fokus als auch das eindeutige Differenzierungskriterium leiden.

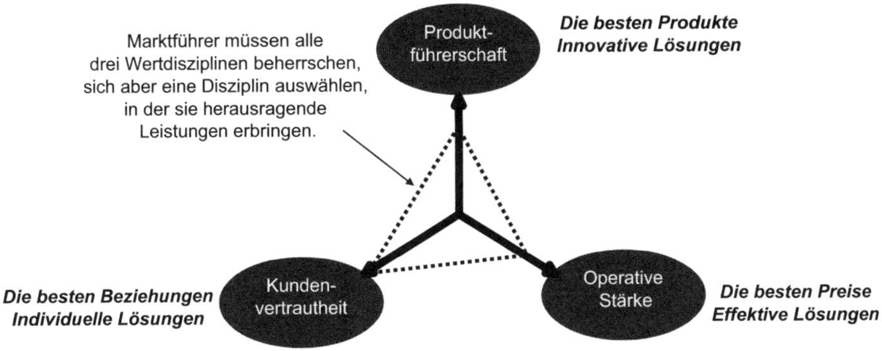

Ein weiterer Grund, weshalb sich Organisationen so oft relativ erfolglos um Differenzierungskriterien bemühen ist, dass dabei der Kunde zu sehr im Mittelpunkt steht. Wenn jeder Mitbewerber dieselben Marktstudien durchführt und dieselben Kundenwünsche zu befriedigen versucht, ist es kein Wunder, dass jeder mehr oder weniger dasselbe anbietet, nämlich Waren, die Bedürfnisse erfüllen, sich aber nicht zu hohen Preisen verkaufen lassen. Marketingfachleute müssen daher lernen, strategisch zu denken und die Erkenntnisse über den Wettbewerb und den Verbraucher so auszuwerten, dass deutliche Differenzierungskriterien geschaffen werden.

Anwendung 4.4 Konkurrenzfähige Positionierung

Wie heben Sie sich auf heiß umkämpften Märkten von der Masse ab? Welche Differenzierungskriterien stehen Ihnen zur Auswahl, die Ihnen dauerhaft Aufmerksamkeit sichern und schwer zu kopieren sind? Welche Auswirkungen hat die Positionierung auf die Kernkompetenzen Ihres Unternehmens, auf die strategischen Prioritäten und das Geschäftsmodell? Wie untermauern Sie Ihre Positionierung durch Worte und Taten? Wie zeigt sich diese in Ihrer Marke und wie schafft sie greifbaren Wert für die Kunden im Umgang mit Ihrem Unternehmen?

1. Definieren Sie Ihre Kundenbasis.

Definieren Sie Ihre bestehenden und Ihre potenziellen Kunden, beschreiben Sie deren aktuelle und »angrenzenden« Bedürfnisse und Wünsche.

2. Definieren Sie Ihre Leistungsbasis.

Definieren Sie Ihre aktuelle und potenzielle Leistungsfähigkeit, den momentanen und angrenzenden Anwendungsbereich.

3. Definieren Sie neue Marktdimensionen.

Wählen Sie die geeignetsten Dimensionen (Achsen) aus, anhand derer Sie Ihren Markt abbilden können (siehe Apple-Beispiel).

4. Erstellen Sie Market Maps Ihrer aktuellen Märkte.

Tragen Sie die aktuellen Marktkategorien zusammen mit den Hauptakteuren entlang dieser Dimensionen ein.

5. Erkunden Sie Neuland.

Untersuchen Sie potenzielle neue Geschäftsoptionen einschließlich Hot Spots und White Spaces, in die Sie eindringen könnten.

6. Werten Sie die Marktoptionen aus.

Untersuchen Sie die lohnendsten Optionen auf Entwicklungspotenzial und strategische Positionierungsmöglichkeit.

Inspiration 4.4 Johnson & Johnson

Unser Credo

Allem voran steht unsere Verantwortung gegenüber den Ärzten, Krankenschwestern und Patienten, aber auch gegenüber Müttern, Vätern und all den Menschen, die unsere Produkte verwenden oder unsere Dienste in Anspruch nehmen.

Die Erfüllung ihrer Ansprüche erfordert von uns stets hohes Qualitätsniveau.

Wir müssen ständig bemüht sein, unsere Kosten so niedrig wie möglich zu halten, damit wir vernünftige Preise beibehalten können.

Aufträge unserer Kunden müssen umgehend und zuverlässig ausgeführt werden.

Unseren Lieferanten wie auch unseren Abnehmern sollen wir die Möglichkeit geben, einen angemessenen Gewinn zu erzielen.

Verantwortung tragen wir auch für unsere Mitarbeiter, für alle jene Frauen und Männer, die auf der ganzen Welt bei uns tätig sind.

Jeder von ihnen ist als Individuum zu achten.

Ihre Würde muss respektiert und ihre Verdienste müssen anerkannt werden.

Unsere Mitarbeiter müssen auf die Sicherheit ihres Arbeitsplatzes vertrauen können.

Die Vergütung für die Arbeit muss fair und angemessen sein, die Arbeitsplätze unfallsicher, sauber und ordentlich.

Wir müssen unsere Mitarbeiter auch bei der Wahrnehmung ihrer Verantwortung gegenüber ihren Familien unterstützen.

Die Mitarbeiter sollen sich ermutigt fühlen, Vorschläge zu machen und auch Beschwerden vorzutragen.

Bei entsprechender Qualifikation muss Chancengerechtigkeit gegeben sein, sowohl bei der Einstellung als auch bei Förderung und Beförderung.

Dabei ist es unsere Aufgabe, dafür zu sorgen, dass fähige Führungskräfte zur Verfügung stehen, die .

Verpflichtet fühlen wir uns auch gegenüber dem Gemeinwesen, in dem wir leben und arbeiten, aber auch gegenüber der ganzen Menschheit.

Wir müssen uns als gute Staatsbürger erweisen, das Gemeinwohl im Auge haben, Wohltätigkeits-Organisationen unterstützen, sowie unseren angemessenen Teil an Steuern tragen.

Wir müssen uns für die Verbesserung allgemeiner Lebensbedingungen, speziell der Gesundheitsfürsorge und der Bildung, einsetzen.

Wir haben das für unsere Arbeit anvertraute Firmeneigentum in gutem Zustand zu erhalten und wollen dabei den Schutz der Umwelt nicht außer Acht lassen.

Schließlich sind wir unseren Aktionären gegenüber verantwortlich.

Ein angemessener Gewinn muss erwirtschaftet werden.

Wir müssen neuen Ideen gegenüber stets aufgeschlossen bleiben.

Die Forschung ist voranzutreiben, fortschrittliche Entwicklungsprogramme sind zu entwerfen, durch Fehler entstandene Verluste müssen getragen werden.

Neue Ausrüstungen müssen erworben, neue Einrichtungen erstellt werden; auch sind neue Produkte auf den Markt zu bringen.

Reserven als Vorsorge für schlechtere Zeiten müssen gebildet werden.

Wenn wir nach diesen Grundsätzen handeln, werden die Aktionäre eine angemessene Dividende erwarten können.

Quelle: www.jnjgermany.de

Die große Idee, die Sie zu etwas Besonderem macht

»Eine großartige Marke spricht die emotionale Ebene an. Die meisten, wenn nicht gar alle unserer Entscheidungen werden emotional getroffen. Eine Marke lädt dazu ein, eine starke Bindung mit ihr einzugehen, und so wird der Kontakt zu dem Produkt über eine emotionale Verbindung geknüpft.«

Scott Bedbury

»Image ist real.
Es ist das Ergebnis unserer Handlungen.
Wem trotz guter Leistungen ein falsches Image anhaftet,
ist ein schlechter Selbstdarsteller.
Wem aufgrund schlechter Leistungen ein entsprechendes Image anhaftet,
ist ein schlechter Manager.
So lange man sein eigenes Image nicht kennt, kann man sich weder darstellen,
noch kann man managen.«

David Bernstein

Marken drehen sich um dich, nicht um mich.

Marken drehen sich um Menschen, nicht um Produkte.

Marken drehen sich um Kunden, nicht um Unternehmen.

Eine großartige Marke ist eine, der Sie Ihr Leben lang treu bleiben wollen, der Sie vertrauen und an der Sie sich im Strudel des Wandels festhalten können, eine, die Ihre Persönlichkeit ausdrückt oder Vorbildcharakter einnimmt, eine, die Sie zu Dingen befähigt, die Sie alleine nicht erreichen könnten.

Intelligentere Marken	Fantasievollere Marken
... sind spezifisch. Sie verkörpern eine brillante Idee und definieren sich darüber, was sie in Form eines Unternehmens oder Produkts für die Menschen leisten.	**... sind leidenschaftlich**. Mit Leidenschaft verkünden sie ihre Mission, ihr Wesen, ihre Kultur und Werte.
... sind überzeugend. Sie begeistern die Zielgruppe durch Funktionalität, gehen aus Vergleichen mit anderen als Sieger hervor und sprechen emotionale Ebenen an.	**... sind spiegelbildlich**. Im Spiegelbild der Marke erkennen Verbraucher die Erfüllung ihrer Bedürfnisse, ihrer Träume und sich selbst.
... sind treibende Kräfte. Intelligentes Markenmanagement bringt das Unternehmen und seine Mitarbeiter voran und gestaltet aktiv die jetzigen und zukünftigen Märkte.	**... sind lebendig**. Die Marke wird für Mitarbeiter und Kunden gleichermaßen zum Leben erweckt, und im Idealfall vitalisieren sich Marke, Mitarbeiter und Kunden gegenseitig.

Ursprünglich waren Marken besitzanzeigende Symbole, wie zum Beispiel die Brandmarken, mit denen ein Viehbesitzer im Wilden Westen seine Herde kennzeichnete. Heute ist es allerdings viel wichtiger, was eine Marke für den Verbraucher leistet, wie sie ihn widerspiegelt und wie sie ihn an sich bindet, wie sie seine Sehnsüchte kanalisiert und wozu sie ihn befähigt. Starke Marken können sich zum wertvollsten Gut eines Unternehmens entwickeln, sie können sich im Wettbewerb durchsetzen und finanzielle Erfolge liefern.

Großartige und starke Marken sind jedoch rar gesät.

Die meisten Marken sind noch immer nicht viel mehr als das, was sie früher waren: Bloße Markenzeichen, die sich zu sehr auf ihren Namen und ihr Logo verlassen, die sich zu sehr auf ihre Hersteller und die Produkte beziehen, die sie charakterisieren sollen. Sie artikulieren sich über oberflächliche Slogans und verkaufen sich über kaum unterscheidbare Dienste. Sie geben Versprechen ab, die das Unternehmen mit Glück und Mühe vielleicht sogar einhalten kann und tun sich oft schwer, auf sich aufmerksam zu machen. Das Vertrauen skeptischer Verbraucher kann so wohl kaum gewonnen werden.

Starke Marken verschaffen sich im lautstarken Wettbewerb Gehör und binden die besten Kunden dauerhaft an sich, was den Unternehmen herausragende kurz- und langfristige finanzielle Ergebnisse einbringt.

Eine starke Marke:

- stellt ihren Nutzen überzeugend dar und ist die Manifestation einer großen Idee, die sich deutlich von der Masse abhebt und sich nicht nur auf das Produkt oder die Branche bezieht, sondern etwas anspricht, was den Menschen wirklich wichtig ist;
- spiegelt den Verbraucher wider und lässt in seiner Vorstellung ein Image entstehen, auf das er unabhängig vom Urteil anderer ganz besonderen Wert legt;
- motiviert dazu, die große Idee gemeinsam umsetzen zu wollen und verbindet die Menschen über so starke Bande, dass sie sich zur Marke oder zu dem, was sie repräsentiert, bekennen;
- ermöglicht dem Kunden, seine berufliche, körperliche oder emotionale Leistungsfähigkeit mit ihrer Hilfe zu verbessern;
- stellt einen vertrauten und wichtigen Verankerungspunkt für den Kunden dar, dessen berufliches und persönliches Umfeld sich ständig verändern;
- passt sich flexibel an die Weiterentwicklung von Märkten und Verbrauchern an, lässt sich problemlos auf neue Märkte ausdehnen und ist ein starkes Bindeglied, das die unterschiedlichsten Aktivitäten zusammenhält;
- spricht Zielgruppen an, schafft Vorlieben, steuert das Kaufverhalten und erzielt Höchstpreise;

- bindet die besten Kunden an sich und stärkt deren Loyalität, indem sie neue Dienste anbietet und beratend zur Seite steht;
- erhöht den Shareholder Value, da sie nicht nur Gewinne erwirtschaftet, sondern auch das Vertrauen der Investoren an sich stärkt, als absolut kreditwürdig gilt und die Kapitalkosten reduziert.

All das kann eine starke Marke. Allerdings ist eine Marke nicht schon dann stark, wenn sie sich durch grandiose Werbung effektiv in Szene setzt, als cool gilt, Sehnsüchte weckt und enorm gefragt ist, sondern erst dann, wenn sich die Nachfrage nach ihr auch in nachhaltigen Gewinnzuwachs übersetzt.

Marken als Spiegel der Sehnsüchte

Wenn sich Marken nicht um Produkte, sondern um Menschen drehen, sollten sie auch mehr auf menschlichen Bedürfnissen und weniger auf unternehmerischen Bedürfnissen aufbauen.

Theoretische Markenmodelle gibt es zwar wie Sand am Meer, doch sie alle haben eine Gemeinsamkeit: die rationale, die unterscheidende und emotionale Komponente. Die grundsätzliche Definition dessen, was eine Marke für die Menschen leistet, wie sie diese Leistung auf unterscheidbare Art und Weise erbringt und welche Emotionen sie anspricht, beschreibt die Markenessenz. Im Gegensatz zum produkt-, unternehmens- oder branchenbezogenen Markennutzen ist dieses Konzept besser geeignet, etwas Unwiderstehliches und Dauerhaftes zu erschaffen. Die Auseinandersetzung mit diesen drei Komponenten informiert nicht nur, sondern provoziert und lässt eine Marke entstehen, die nicht nur Bedürfnisse, sondern auch Sehnsüchte erfüllt.

Anschließend wird die Markenidee über alle zur Verfügung stehenden Medien und Kanäle verbreitet: Führungspersönlichkeiten machen den Namen bekannt, Logos zieren Gebäude, Produkte und Dienstleistungen werden in der Werbung und über Informationsbroschüren vorgestellt, Farben und Verpackungsarten spiegeln sich in der Inneneinrichtung oder in Kostümen wider, die bei Werbeaktionen getragen werden, Schulungen vermitteln die Markenkultur, und für vorbildliches Verhalten gibt es eine Belohnung. Jeder Kontakt mit dem Unternehmen oder dem Produkt kann eine Markenerfahrung vermitteln, ob nun greifbar oder rein emotional. Der ehemalige Vorsitzende der SAS-Fluglinie Jan Carlson ist der Ansicht, dass jeder Mitarbeiter, jedes Versprechen und jede Handlung den Wahrheitsgehalt einer Marke auf die Probe stellen.

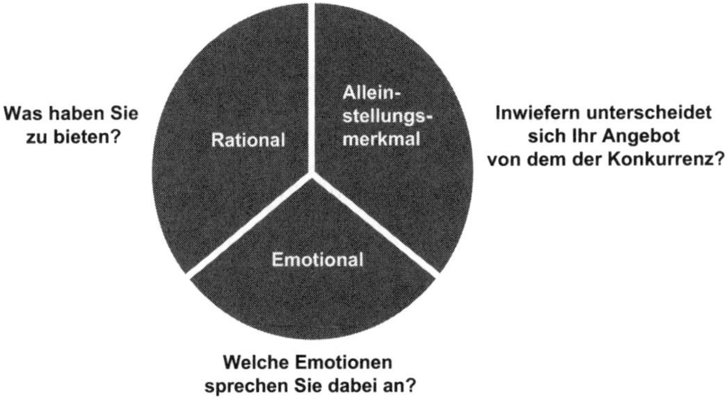

Während die Strategie eines Unternehmens üblicherweise seine Absichtserklärung und Ziele enthält, verkörpert die Marke eines Unternehmens seinen Daseinszweck und seinen Nutzen für Mitarbeiter und Kunden. Mit Sprache und Symbolen vermittelt die Marke die Essenz der Geschäftsidee und des Versprechens an die Kunden, wobei besonders Symbole Inhalte intuitiv und überzeugend darstellen können. Strategie und Marke sollten selbstverständlich aneinander ausgerichtet sein und das Unternehmen sowohl rational als auch emotional charakterisieren.

Die Verzweiflung über die miserable Qualität des Kaffees in seiner Heimatstadt Seattle veranlasste Howard Schultz dazu, Starbucks zu dem zu machen, was es heute ist. Die Marke, die er dabei aufbaute, ist jedoch weit mehr als eine Kaffeemarke. Was Starbucks zu etwas Besonderem macht ist, dass es neben dem Zuhause und dem Arbeitsplatz »der drittwichtigste Ort« sein will, an dem sich die Kunden entspannen können, erklärt Schultz. Dieses Markenversprechen zeigt sich im Produktangebot, in der Innenausstattung, der freundlichen Servicekultur und in der Kommunikation der Marke: Der große Milchkaffee ist lecker, weitaus wichtiger sind jedoch die vertraute Atmosphäre und die gemütliche Einrichtung.

Auch anderen Marken ist es gelungen, ihrem Unternehmen Herz und Seele zu verleihen, einen tieferen Sinn zu geben, der alle Beteiligten auf emotionaler Ebene verbindet und an einem Strick ziehen lässt. Im Unternehmen wie auch in seinem Umfeld weckt die Marke Gefühle und inspiriert dazu, gemeinsam etwas zu erreichen, das über die rein zweckmäßigen Unternehmensziele hinausgeht:

- Bei Nike heißt es, persönliche Höchstleistungen zu erzielen.
- Bei Coca-Cola heißt es, jeden zu erfrischen.
- Bei Microsoft heißt es, jedem zu helfen, sein volles Potenzial auszuschöpfen.

Starke Marken mit großer Überzeugungskraft gibt es sogar in so langweiligen Industriezweigen wie der Zement- und Düngemittelindustrie, wie Cemex und BASF beweisen. Diese Marken machen mit schneller trocknendem Zement oder grünerem Gras in ihrer jeweiligen Branche einen echten Unterschied.

Die Marke ist jedoch mehr als nur das, was sie anbietet. Genau genommen hat sie damit gar nichts zu tun, denn die Marke definiert sich darüber, wie sie ankommt und empfunden wird – über ihr Image und ihren Ruf bei den Verbrauchern. Eine Unternehmensmarke verkörpert den Ruf des Unternehmens, eine Produktmarkte den Ruf des Produkts. Sie steht und fällt mit der subjektiven Einschätzung des Verbrauchers, ob ihm Nike oder Adidas besser dabei helfen, persönliche Höchstleistungen zu erzielen, ob ihn eine Cola oder eine Pepsi besser erfrischt.

Eine Marke, die das gewisse Extra zu bieten hat, die persönliche Bedürfnisse und Sehnsüchte widerspiegelt, Emotionen weckt und Sinne reizt, hat das Zeug zu einem Superstar. Klar ist aber auch, dass es neben einer begeisterten Anhängerschar auch immer Menschen geben wird, für die sie völlig uninteressant ist.

Eine großartige Marke wird kaum ein allgemeiner Publikumsliebling. Sie weckt Leidenschaften und polarisiert, sie wird geliebt und gehasst. Kevin Roberts, globaler CEO von Saatchi & Saatchi und Autor von *Lovemarks*, beschreibt die Beziehung einer treuen Fangemeinde zu einer großartigen Marke als bedingungslose Liebesbeziehung.

Das gewisse Extra

Mit starken Marken können Menschen mehr erreichen als ohne sie. Eine starke Marke unterstützt daher nicht nur die Funktionalität des Produkts, sondern leistet entweder praktische oder psychologische Hilfestellung. Sony hat es sich beispielsweise zur Aufgabe gemacht, die Kreativität der Kunden zu fördern, indem die Marke zu Innovationen inspiriert und Dinge ermöglicht, die ohne sie nicht möglich waren.

Marken können Menschen typischerweise in viererlei Hinsicht zu mehr Erfolg verhelfen:

- indem der Mensch das, was er *tun* muss, besser *tun* kann, weil die Marke verbesserte Funktionalität oder Unterstützung bietet;
- indem der Mensch so *sein* kann, wie er *sein* will, weil eine starke Markenidentität ihm zu mehr Anerkennung und Bewunderung verhilft;
- indem der Mensch sich einer Gruppe *zugehörig* fühlen kann, der er angehören will, weil die Marke die tatsächliche oder empfundene Verbindung herstellt;
- indem der Mensch zu dem *werden* kann, was er anstrebt, *mehr werden* kann als er momentan zu sein glaubt, weil die Marke ihm zu mehr Selbstsicherheit, neuen Fähigkeiten oder mehr Zuversicht verhilft.

Hat eine Marke erst einmal eine so starke Verbindung hergestellt, dass sie in emotionaler oder praktischer Hinsicht als unverzichtbar gilt, wird die Marke zu einem dauerhaften »Anker«, der mehr Vertrauen und Begehren weckt als jede andere Marke. Im Strudel des Wettbewerbs kann schließlich jeder so einen Anker brauchen, um nicht fortgerissen zu werden. Es grenzt ja schon an eine Katastrophe, wenn man sich in der Hektik des Alltags nicht an seinem Lieblingsgetränk festhalten kann, wenn der zur lieben Gewohnheit gewordene wöchentliche Großeinkauf einmal ausfallen muss oder die Lieblingsdesignerboutique eines modebewussten Shoppers geschlossen ist, wenn er unbedingt etwas zum Anziehen braucht.

Verankerte Marken bieten den Menschen Halt, während sich Märkte, die Arbeitswelt und vielleicht auch das Privatleben ständig verändern. So vielen unerfüllten Wünschen steht eine unüberschaubare Auswahl an Produkten gegenüber, dass selbst der bodenständigste Kunde aus dem Gleichgewicht kommen kann. Gut möglich, dass er in seiner Verwirrung dem Kaufrausch verfällt, was ziemlich teuer werden kann und ihn nur noch mehr verunsichert. Mehr Botschaften, mehr Auswahl, mehr Funktionen, mehr Versionen, mehr Anreize ... wie soll man das eigentlich alles verarbeiten?

Marken, die individueller auf den Menschen eingehen und sich mehr für ihn einsetzen, eignen sich am besten als »Anker«.

Grafiker halten sich an Apple fest, ehrgeizige Sportler schwören auf Nike, Topmanager verlassen sich auf McKinsey. Marken, die einen Massenmarkt bedienen und für jeden irgendwie wichtig sein wollen, daher aber für niemanden wirklich etwas Besonderes darstellen, eignen sich nicht so gut als Anker. Marken wie Marks & Spencers, Reebok oder Budweiser haben sich bisher erfolgreich behauptet, weil sie die breite Masse ansprechen und bequem überall erhältlich sind. Doch genau diese Strategie könnte auch sehr schnell nach hinten losgehen.

Der Jeanshersteller Levi's ist noch auf der Suche nach seinem Platz auf dem Markt. Als Nick Kaman in dem berühmten TV-Werbespot von 1983 die Hosen herunterließ, wollte alle Welt genau dieselbe Jeans haben, weil es einfach cool war. Trotz der zunehmend verzweifelten Wiederbelebungsversuche der Jeansmarke Levi's, ging der Absatz in den letzten Jahren um 65 Prozent zurück. Früher war es cool, einem Idol wie Nick Kaman nachzueifern und ihm so ähnlich wie möglich zu sein. Heute ist es cool, anders zu sein, was für die heutige Jugend bedeutet, bloß nicht dieselben Jeans zu tragen wie ihre Eltern oder auch Freunde. Das ist definitiv uncool. Die Menschen unterscheiden sich heute mehr voneinander, weshalb Marken auch aufmerksamer auf Unterschiede eingehen und die Lektion lernen müssen, dass es besser ist, in einer Marktnische als Alleinherrscher zu regieren als zu versuchen, die ganze Welt zu erobern.

Kurzfristig und langfristig Wert schaffen

Marken locken die besten Kunden an und binden sie an sich, daher lassen sie sich teuer, häufiger und in größerer Menge verkaufen. Das vergrößert die Gewinnspannen und reduziert den Risikofaktor in der Kalkulation zukünftiger Einnahmen. Fakt ist, dass Marken zunehmend Einfluss auf den Shareholder Value ausüben und als außerordentlich wertvolle immaterielle Werte zukünftige Gewinne sichern und erhöhen.

Das zukünftige Profitpotenzial, das durch die Treue der Kunden zu einer Marke erwächst, wird häufig als »Brand Equity« oder Markenwert bezeichnet. Die Beurteilung, ob sich eine Investition in eine Marke lohnt, darf daher nicht aufgrund einer kurzsichtigen Kosten-Nutzenanalyse erfolgen, sondern muss den Markenwert berücksichtigen, der nicht nur kurzfristige, sondern auch langfristige Gewinne sichert.

Eine Marke kann aber noch mehr. Eine starke Marke lässt nicht nur die Kassen klingeln, sondern wirkt sich auch auf das Verhalten von Mitarbeitern und Aktionären aus. Unternehmensmarken wirken sich direkt auf die Arbeitsmoral der Mitarbeiter, auf die Personalpolitik und die Fluktuation aus, was sich im Idealfall in einem besseren Kundenservice, in mehr Fantasie und Produktivität zeigt.

Der kanadische Handelsriese Sears kann laut einem Artikel in dem Magazin *Harvard Business Review* nachweisen, dass eine Verbesserung des Mitarbeiterverhaltens um fünf Prozent die Kundenzufriedenheit um 1,3 Prozent und die Einnahmen um 0,5 Prozent erhöht. Diese profitable Verkettung von Mitarbeitern und Kunden hat Sears explizit in die Unternehmensziele aufgenommen, in denen es heißt, man wolle ein Arbeitgeber sein, für den Mitarbeiter gerne arbeiten, ein Ort sein, an dem Kunden gerne einkaufen und ein Unternehmen sein, in das Investoren gerne investieren.

Nicht nur, um sich für Investoren interessant zu machen, sondern auch, um sich selbst noch besser zu verkaufen, weckt eine starke Marke Vertrauen, indem sie ihr Unternehmen bekannter und verständlicher macht und den zukünftigen Unternehmenserfolg besser erkennen lässt. Die gefühlte und auch die tatsächliche Risikominimierung kann dazu führen, dass die Kreditwürdigkeit wächst und die Kosten des Kapitals sinken, was sich höchst positiv auf die Wirtschaftlichkeit des Unternehmens auswirken kann, zu weiteren Investitionen animiert und die Aktienpreise steigen lässt.

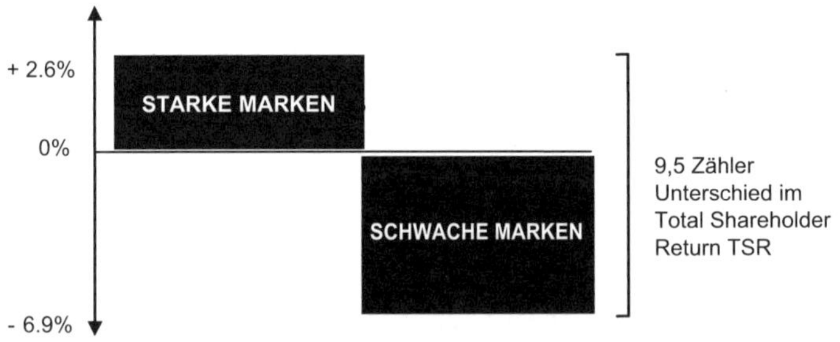

Unternehmen mit Marken, die sowohl materiellen als auch immateriellen Nutzen bieten, erwirtschaften einen um 9,5 Zähler höheren Total Shareholder Return TSR als Unternehmen mit schwachen Marken.

Quelle: McKinsey, Compustat

Inspiration 5.1 Virgin

Virgin ist eine der vielseitigsten Marken der Welt. Unter der Führung ihres wagemutigen Gründers und Eigentümers Sir Richard Branson steht die Marke Virgin für die Überzeugung, etwas bewegen zu können, für ein gutes Preis-Leistungsverhältnis, für Qualität, Innovation, Lebensfreude und Unerschrockenheit im Wettbewerb.

Eine Studentenzeitschrift und ein Schallplattenversandhandel waren 1970 Bransons erste unternehmerische Wagnisse und die Anfänge der Marke Virgin.

Virgin sucht unablässig nach guten Gelegenheiten, etwas Besseres, Neueres und Wertvolleres als die Konkurrenz anzubieten. Die Marke dehnt sich daher oft auf Marktbereiche aus, in denen Kunden bekanntermaßen schlecht bedient werden und potenzielle Konkurrenten selbstzufrieden vor sich hin dösen. Virgin legt sich schwer ins Zeug, »alte« Produkte und Dienstleistungen auf moderne Art an den Verbraucher zu bringen, weshalb der E-Commerce-Bereich von Virgin kräftig zulegte. Dank dieser proaktiven Herangehensweise und seiner Agilität hat das Unternehmen Virgin schon so manch großen, schwerfälligen Mitbewerber ins Abseits gedrängt.

Im Vorfeld jedes neuen Wagnisses erforscht und analysiert Virgin intensiv den Markt und versetzt sich in die Lage des Kunden, um aus dieser Perspektive zu erkennen, wo Verbesserungsbedarf und -potenzial bestehen.

Virgin setzt sich dabei mit einigen grundsätzlichen Fragen auseinander: Ist dies tatsächlich eine Gelegenheit, einen Markt umzustrukturieren und eigene Wettbewerbsvorteile zu sichern? Welche Pläne verfolgt die Konkurrenz? Fühlen sich die Kunden verwirrt oder überfordert? Werden sie schlecht bedient? Könnte die Marke Virgin hier Fuß fassen? Können wir mehr Wert bieten? Gibt es Überschneidungen mit anderen Geschäftsbereichen? Ist das Risiko kalkulierbar und steht es in einem vernünftigen Verhältnis zum potenziellen Nutzen?

Virgins Reisesparte, insbesondere die Fluglinie Virgin Atlantic Airways, die zu 51 Prozent Bransons Virgin Group gehört, erzielt satte Gewinne. In Europa und Australien ist Virgin Atlantic durch die Billigfluglinien Virgin Express und Virgin Blue vertreten. Auf dem britischen Schienennetz sind die Unternehmensteile Virgin West Coast und Virgin Cross-Country per Eisenbahn unterwegs, und Virgin Holidays verkauft fertig geschnürte Urlaubspakete.

Virgin spielt auf rund 200 Bühnen gleichzeitig: im Einzelhandel und im Verkauf von CDs, Schallplatten, Videos, Computerspielen, Heißluftballonfahrten, Erfrischungsgetränken, Brautmoden und Kosmetik. Des Weiteren bietet Virgin Finanzdienstleistungen an, betreibt Fitnessclubs, agiert als Internetprovider und Mobilfunkanbieter, gibt Magazine heraus und ist natürlich auch noch immer das Plattenlabel Virgin.

Die Virgin Group ist eine Unternehmensfamilie, deren Mitglieder alle unter der Marke Virgin auftreten. Über die Marke sprechen die Unternehmensteile einen ganz bestimmten Typ von Kunden an, agieren aber völlig unabhängig voneinander. Die meisten Unternehmensteile operieren in Kooperation mit anderen Firmen, um von der Kombination der Fähigkeiten, des Know-how und der Marktpräsenz zu profitieren und sowohl Investitionen wie auch Risiken zu teilen. Die starke Marke Virgin, die vorteilhafte Vernetzungsstrategie und der Managementstil verhelfen jedem Unternehmensteil zu beträchtlichem Erfolg.

Die Marke Virgin sieht sich als Kämpferin für die Sache des Verbrauchers und handelt strikt nach den Markenwerten, die auf den sechs Grundregeln basieren, die Branson bereits während der Anfänge von Virgin festlegte.

Jeder Unternehmensteil von Virgin macht sich dafür stark, die Markenwerte wahr werden zu lassen, was die Marke auf erfrischend innovative Weise lebendig erscheinen lässt:

1. **Gutes Preis-Leistungsverhältnis.** Unkomplizierte, ehrliche und nachvollziehbare Preise, aber nicht unbedingt die billigsten. So bieten beispielsweise Virgin Express und Virgin Blue transparent kalkulierte Billigflüge an, für die Sie für wenig Komfort auch nur wenig bezahlen.
2. **Hohe Qualität.** Hohe Standards bis ins letzte Detail, Aufrichtigkeit, Einhaltung des Markenversprechens. Wer mit Virgin Atlantic in der Ersten Klasse fliegt, wird in einer Limousine mit Chauffeur zum Flughafen gebracht und hat Zutritt zur exklusiven Lounge, kann sich den Flug über auf einem großen Bett ausruhen und exquisit speisen.
3. **Hervorragender Kundendienst.** Freundlich, persönlich und entspannt, professionell und unaufdringlich. Virgin Mobile wurde für seinen Kundenservice schon mehrmals ausgezeichnet, da es individuell auf Kunden eingeht und die Mitarbeiter Prämien erhalten, wenn Umfragen eine besonders hohe Kundenzufriedenheit ergeben.

4. **Innovation.** Mit großem Einfallsreichtum werden konventionelle Produkte und Dienstleistungen verbessert und erhalten ein modernes, ansprechendes Äußeres. Der schnelle Neigetechnikzug »Pendolino« von Virgin Trains besticht optisch durch seine schlanke Stromlinienform, ist mit digitaler Sitzplatzreservierung und Funk ausgestattet und bietet den Reisenden einen Kiosk an Bord.

5. **Dem Wettbewerb die Stirn bieten.** Dem Establishment und »denen da oben« wird wenig Respekt gezollt – und das auch noch mit einer großen Portion Humor. Mit den Witzen über die so genannte »Dirty Tricks«-Kampagne der British Airways gegen Richard Bransons erntete Virgin Atlantic Mitte der 1990er Jahre bei der Öffentlichkeit viel Applaus.

6. **Spaß.** Überall auf der Welt nehmen sich Unternehmen furchtbar ernst, weshalb sich Virgin dazu verpflichtet fühlt, der Öffentlichkeit und den Kunden ein wenig Unterhaltung zu bieten. Bei der Einführung von Virgin Mobile in Großbritannien wurde mit nackten Menschen in einem durchsichtigen Telefon die Botschaft vermittelt, dass Virgin Mobil nichts zu verbergen hat.

Zu den sechs Grundregeln s. a.: www.virgin.com

Anwendung 5.1 Markendefinition

Was ist Ihre große Idee? Was haben Sie zu bieten? Inwiefern ist Ihre Marke besser und anders als andere Marken? Wie finden Sie sich in der komplexen Vielfalt der Markenmodelle mitsamt ihren psychologischen Feinheiten zurecht, um Ihr Markenkonzept verständlich, umsetzbar und überzeugend zu artikulieren?

1. Mit welchen Interessengruppen müssen Sie sich auseinandersetzen?

Listen Sie alle Interessengruppen einschließlich Kunden, Mitarbeitern und Aktionären mit ihren jeweiligen Problemen, Bedürfnissen und Motivationsfaktoren auf.

2. Was sind die funktionelle Komponenten?

Legen Sie fest, mit welchen funktionellen Komponenten die Marke welche Leistung für die Kunden erbringt.

3. Was sind die unterscheidenden Komponenten?

Legen Sie fest, inwiefern sich der Vorteil Ihrer Marke positiv von Konkurrenzprodukten unterscheidet.

4. Was sind die emotionalen Komponenten?

Definieren Sie, welche Emotionen Ihre Marke bei den Kunden anspricht.

5. Gleichen Sie Komponenten mit Bedürfnissen der Interessengruppen ab.

Stellen Sie sicher, dass die ausgewählten Komponenten für alle Interessengruppen wichtig und überzeugend sind.

6. Formulieren Sie den Markeninhalt.

Formulieren Sie Inhalt und Zweck der Marke so, dass alle drei Komponenten gleichermaßen betont werden.

Konzept 5.1 Die Marke leben

In zunehmendem Maße definiert eine Marke das Unternehmen und was es als Ganzes für die Verbraucher leistet. Marken binden das Unternehmen in seinen Kontext, sind das Bindeglied zu seinen Kunden und allen anderen Interessengruppen.

Eine starke Marke bindet Kunden emotional, rational und durch die Einlösung ihres Markenversprechens vor allem dauerhaft an das Unternehmen, für das sie steht. Die Marke ist die Definition des Unternehmens: sie ist das Bindeglied, das Gesicht, die Vermittlungsstelle und das Image des Unternehmens.

Der ehemalige Walt Disney-CEO Michael Eisner empfindet eine Marke als etwas Lebendiges, als ein Produkt unzähliger Kleinigkeiten, das mit der Zeit entweder wächst und gedeiht, oder aber vernachlässigt wird und abstirbt.

Marken tummelten sich lange nur in der Domäne der Verbrauchsgüter und Produkte, heute aber konzentriert sich das Branding mehr auf Unternehmensmarken, da sie für Kunden und Firmen gleichermaßen wichtig und wertvoll sind. Diese Entwicklung ist zum Teil auf den Boom in der Dienstleistungsbranche zurückzuführen, aber auch darauf, dass Verbraucher sich stärker für das Unternehmen interessieren, dessen Produkte und Dienste sie kaufen und deutlichere Differenzierungskriterien für Komplettangebote und Einzelprodukte erforderlich sind.

Selbst die meisten Verbrauchsgüter erhalten inzwischen Rückendeckung von ihrer Dachmarke. Wer kannte früher schon Procter & Gamble oder Unilever, auch wenn er deren Produkte tagtäglich verwendete? Heute prangt die jeweilige Unternehmensmarke gut sichtbar auf jeder Verpackung, ob nun für Waschmittel oder Eiscreme.

Für Unternehmen bedeutet dies, dass die Marke nicht länger auf den Zuständigkeitsbereich der Marketingabteilung beschränkt ist, sondern ihre Sphäre auf sämtliche Unternehmensfunktionen ausdehnt.

Die Marke definiert das Unternehmen und alle Interessengruppen, die auf die eine oder andere Weise an ihm mitwirken. Sie sollte daher die Bedürfnisse und Beweggründe der Mitarbeiter,

Aktionäre und Kunden widerspiegeln. Marke, Geschäftsstrategie und Unternehmenskultur sollten durchgängig miteinander harmonieren, damit die Marke Strategie und Kultur untermauert und ergänzt. Zuständig für die Vermittlung der Markenbotschaft sind die Abteilungen Human Resources, Investor Relations und Marketing.

Speziell dann, wenn sich eine Abteilung »Corporate Affairs« um die Angelegenheiten des Unternehmens kümmert, herrscht bisweilen Verwirrung über den korrekten Gebrauch der Begriffe »Marke« und »Image«, was völlig überflüssig ist, da sie ein und dasselbe bezeichnen. Das Image des Unternehmens ist zugleich seine Marke.

Die Marke wird immer mehr zum wichtigsten Gut eines Unternehmens, da sie in manchen Fällen für bis zu 50 Prozent seines Gesamtmarktwerts verantwortlich zeichnet, in speziellen Fällen (egal ob Luxusartikel oder gemeinnützige Organisation) sogar für noch mehr. Dadurch wird die Marke zu einem höchst komplexen Gebilde, das eine Herausforderung an das Management darstellt. Bei BP wurde zum Beispiel darüber diskutiert, die starke Marke als Zugpferd für alle Unternehmensbereiche und Interessengruppen einzusetzen. Nur ein Mann kam für diese schwierige Aufgabe in Frage: CEO John Browne. Er erkannte, dass ihm diese Herausforderung auch die hervorragende Chance bot, mehr Fokus, Zusammenhang und Dynamik in das Unternehmen einzubringen und er als Unternehmensleiter die Firmenkultur sowie den guten Ruf fördern und stärken konnte.

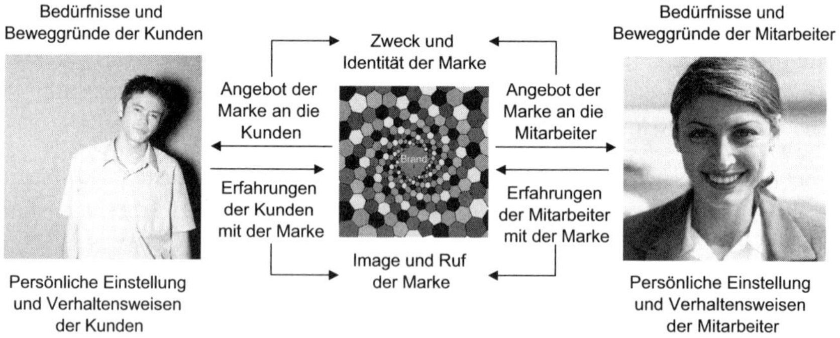

Unternehmensmarken bringen das betriebliche Innenleben und das betriebliche Umfeld, Mitarbeiter und Kunden, Kultur und Ruf, Verhaltensweisen und Alleinstellungsmerkmale sowie Versprechen und Realität miteinander in Einklang.

In Marken-Unternehmen steht daher der Mensch im Mittelpunkt. Die Marke repräsentiert ein Ziel, für das es sich jeden Tag zur Arbeit kommen lohnt, und eine gemeinsame Mission, die die Menschen verbindet. Logos und Markenidentitäten, Slogans und Farben werden zu aussagekräftigen Kürzeln, um der ihnen zugrundeliegenden großen Idee als Symbole Ausdruck zu verleihen.

Marken werden durch Menschen lebendig. Marken sollten nicht als leblose Schriftzeichen und Bilder, sondern als wichtige und hilfreiche Erfahrungen empfunden werden, die den Verbrauchern und jeder Interessengruppe Werte und Überzeugungen vermitteln.

Es ist daher nicht damit getan, sich auf die Zielgruppe zu konzentrieren und von den Mitarbeitern zu erwarten, die entsprechenden Leistungen zu erbringen. Die Marke muss auch für die Mitarbeiter – und für Investoren, Zulieferer, Behörden und so weiter – zum Leben erweckt werden, damit sie als etwas Bedeutsames empfunden wird.

Für die Kunden wird eine Marke durch ihre für jedes Segment und jede Situation einzigartigen Angebote wichtig, die sich in der Erfahrung der Kunden mit der Marke bewahrheiten müssen, damit das Markenversprechen auch tatsächlich eingehalten wird.

In ähnlicher Weise sollte ein Unternehmen Markenangebote für die Mitarbeiter formulieren, wobei auch hier auf die Bedürfnisse einzelner Segmente einzugehen ist (für einige sind Karrierechancen wichtig, für andere die Zufriedenheit am Arbeitsplatz, bei wieder anderen muss einfach nur die Bezahlung stimmen). Natürlich müssen den Mitarbeitern dementsprechend positive Markenerfahrungen vermittelt werden, damit die an das abgegebene Markenversprechen gekoppelten Erwartungen jedes Segments erfüllt werden.

Mitarbeiter, die ihre Marke täglich positiv erleben, sind sehr wahrscheinlich motivierter und zu genau der Extraportion an Aufwand bereit, um »die Marke zu leben« und jedem Kunden zu einer persönlichen und angenehmen Markenerfahrung zu verhelfen.

Inspiration 5.2 Pret-a-Manger

Bei Pret-a-Manger gibt es Sandwiches, allerdings lassen schon die aus Aluminium gestylten Inneneinrichtungen der Filialen und die Devise »passionate about food«, die über jeder Eingangstür die Leidenschaft für Nahrungsmittel verkündet, vermuten, dass diese Sandwich-Läden etwas Besonderes sind.

1986 gründeten die unternehmerisch völlig unerfahrenen Studienfreunde Sinclair Beecham und Julian Metcalfe Pret-a-Manger. Sie boten an, was sie selbst gerne aßen, was es aber nirgends zu kaufen gab, und ihr Erfolg beweist, dass sie den richtigen Geschmack trafen. Die Sandwich-Kette besteht mittlerweile aus über 130 Filialen und ist vor allem im Vereinigten Königreich, aber auch in New York und Hongkong vertreten.

Das Erfolgsrezept ist einfach: Die Konkurrenz im Geschmack übertreffen, sowohl was die Sandwichs als auch was die Läden angeht.

Jede Filiale ist daher mit einer gut sortierten Küche ausgestattet, in der nur ganz frische Zutaten verarbeitet werden, die jeweils spät am Abend und früh am Morgen angeliefert werden. Die Küchenchefs kreieren daraus köstliche Sandwichs, Wraps und Gebäckstücke, die keine »Haltbar bis«-Etiketten benötigen, da sie ihren Herstellungstag nicht überleben. Alles geht innerhalb eines Tages frisch über den Tisch.

Pret-a-Manger legt Wert auf gesunde Ernährung und verzichtet auf die für Fast Food typischen Zusatzstoffe und Geschmacksverstärker, wie auf dem Etikett der Sandwichs zu lesen steht.

Der Marke liegt eine leidenschaftliche Begeisterung zugrunde. Begeisterung für die angebotenen Lebensmittel und Begeisterung für die Mitarbeiter. Auf der britischen Website kann unter den »Passion Facts« nachgelesen werden, mit welcher leidenschaftlichen Begeisterung sich Pret-a-Manger für qualitativ hochwertige und gesunde Nahrungsmittel einsetzt, die keine künstlichen Zusatzstoffe enthalten. Die Marke steht für Frische, für Qualität und dafür, mit der Hilfe der Kunden immer bessere Sandwichs anbieten zu können.

Trotz einer kleinen Finanzspritze von McDonald's lehnt Pret-a-Manger die Gepflogenheiten ab, denen andere Fast Food-Marken frönen. Auf »Pommes« wird ebenso verzichtet wie auf die typischen Konzepte der Massenwerbung wie umfangreiche Werbeaktionen, Franchising, ja sogar die Befragung von Fokusgruppen. Stattdessen findet man bei Pret-a-Manger einfach durch Ausprobieren heraus, was den Kunden gut schmeckt. In den USA erwies sich zum Beispiel das ganztägig erhältliche Frühstückssandwich als Flop, und Butter musste Sahnekäse mit Räucherlachs weichen. Das typisch britische Hühnchensandwich mit Mango Chutney allerdings begeisterte auch die New Yorker.

Pret-a-Manger ist ein ausgezeichneter Arbeitgeber für engagierte Mitarbeiter, die Spaß daran haben, hervorragendes Essen zuzubereiten und zu verkaufen. Die Mitarbeiter werden umfangreich geschult und erhalten zusätzlich zu einem für die Branche überdurchschnittlich hohen Gehalt Anreize und Prämien. Wer bei Pret-a-Manger arbeitet, hat Spaß. Man arbeitet in einem netten Team, die Arbeit macht Freude und geht bei flotter Musik leicht von der Hand, niemand muss eine alberne Uniform tragen, und jeder steht voll hinter dem Produkt, das er verkauft.

Die ausgezeichnete Servicekultur ist dem Umstand zu verdanken, dass Pret-a-Manger auf hierarchische Strukturen verzichtet. Wer an einem Montagmorgen um acht Uhr eine Filiale betritt, wird sofort von der fröhlichen Musik und der guten Laune der Mitarbeiter angesteckt. Es herrscht zwar sicherlich schon Hektik, weil die Mitarbeiter gleichzeitig Bestellungen annehmen, Kaffee kochen und frisches Brot und Gebäck aus dem Ofen nehmen müssen, doch auf eine freundliche Bedienung kann man sich immer verlassen. Trotz hektischer Betriebsamkeit ist die ansteckende Begeisterung immer zu spüren, die sich Freitagnacht in den schon fast legendären Mitarbeiterpartys entlädt – zu denen die Kunden jedoch nicht eingeladen sind.

Schriftliche Leitsätze über die Unternehmenskultur von Pret-a-Manger gibt es nicht, die Kultur wird einfach gelebt. Sie ist menschlich, sie ist ein bisschen wild, und vor allem macht sie Spaß.

Anwendung 5.2 Die Marke zum Leben erwecken

Wie erwecken Sie Ihre Marke zum Leben? Wie bringen Sie die Marke Ihren Mitarbeitern ebenso nahe wie Ihren Kunden? Wie können Sie sicherstellen, dass die internen und externen Beziehungen zu Ihrer Marke miteinander harmonieren? Wie verhelfen Sie Ihrer Marke zu Substanz und logischer Stimmigkeit? Wie verhindern Sie, dass man Ihre Marke kopiert?

1. Was verspricht Ihre Marke den Kunden?

Überprüfen Sie das Wertangebot und die Erfahrung, die Ihre Marken den Kunden versprechen.

2. Was ist Mitarbeitern wichtig?

Machen Sie sich die Bedürfnisse und Beweggründe Ihrer Mitarbeiter am Arbeitsplatz klar.

3. Bringen Sie Ihre Marke den Mitarbeitern nahe.

Entwickeln Sie Wertangebote der Marke für Ihre Mitarbeiter, um ihnen die Marke nahe zu bringen.

4. Machen Sie die Marke greifbar.

Entwickeln Sie Erfahrungen, die Ihre Mitarbeiter mit der Marke machen können.

5. Stellen Sie die Verbindung zu Ihren Kunden her.

Wo und auf welche Weise können Ihre Mitarbeiter die Erfahrungen, die Ihre Kunden mit der Marke machen, verbessern?

6. Fördern Sie markengerechtes Verhalten.

Geben Sie an, welche Verhaltensweisen der Marke gerecht werden, fördern und belohnen Sie dieses Verhalten und entwickeln Sie es weiter.

Konzept 5.2 Markenerweiterung

Je bedeutsamer Marken werden, umso mehr wollen Unternehmen aus ihnen herausholen. John Browne, CEO von BP, machte die Weiterentwicklung der Marke BP erst kürzlich zu einem strategischem Ziel oberster Priorität und stellte für das Management und die Entwicklung der Marke ein neues Team zusammen, das ihm direkt unterstellt ist.

Mit zunehmender Wettbewerbsintensität betrachten immer mehr Unternehmen Marken als Möglichkeit, sich neue Märkte, neue geografische Standorte oder neue Produktkategorien zu erschließen. Insbesondere dann, wenn bestehende Märkte extrem umkämpft oder unrentabel werden, besteht mit einer starken Marke die Chance, sich eine führende Wettbewerbsposition zu sichern.

Als die verbesserte Ausnutzung eines bereits bestehenden Vorteils mag die Markenerweiterung zwar wie ein Kinderspiel anmuten, doch Stolpersteine gibt es dabei wahrlich genug. Immerhin besteht die Gefahr, den guten Ruf mitsamt dem Vertrauen der Verbraucher zu verlieren, die von der Markenerweiterung möglicherweise irritiert sind.

Zu den eher misslungenen Markenerweiterungen zählen:

- der Ausflug der Billigkugelschreibermarke Bic in die Welt der Unterwäsche und Parfums,
- die Erweiterung der Jeans-Marke Levi's auf Herrenanzüge,
- der Versuch von Colgate, Fertiggerichte auf den Tisch der Verbraucher zu bringen.

Es spricht aber natürlich auch einiges für die Markenerweiterung. Stehen einem Unternehmen potenziell neue Märkte offen, ist die Erweiterung bestehender Marken meist mit mehr Erfolg und weniger Risiken und Kosten verbunden als die Entwicklung einer neuen Marke. In seinem Buch *Brand Stretch* führt David Taylor aus, dass eine Markenerweiterung im Vergleich zur Einführung einer neuen Marke beim ersten Probelauf um 23 Prozent erfolgreicher und um 34 Prozent kostengünstiger ist und die Verbraucher zu 61 Prozent besser zu wiederholten Käufen animiert.

Bei einer Markenerweiterung muss auf alle Fälle Folgendes geklärt werden:

- *Wohin soll es gehen?* Wollen Sie mit dem bestehenden Markenprodukt oder mit einem neuen Produkt neue Zielgruppen oder neue geografische Absatzmärkte erreichen? Ein Beispiel hierfür ist Tesco, das sich einerseits auf den osteuropäischen Markt ausdehnt, andererseits die neue Zielgruppe der Convenience Shop-Kunden anspricht.
- *Was soll erweitert werden?* Wollen Sie Ihren Kunden oder einer neuen Zielgruppe miteinander verwandte oder ganz unterschiedliche Produkte und Dienstleistungen anbieten? Ein Beispiel hierfür ist Virgin, das Flug- und Bahnreisen, Getränke und Mobiltelefone einem im Großen und Ganzen identischen Kundenstamm anbietet.
- *Wie soll erweitert werden?* Im Alleingang oder mit Partnern, die entsprechende Fähigkeiten und Erfahrungen einbringen? Denkbar sind hier Lösungen über Lizenzvergaben oder Franchiseunternehmen.

Unabhängig davon, welchen Weg Sie einschlagen, muss die Markenerweiterung strategisch klug durchdacht werden, um sicherzustellen, dass sie sich nahtlos in die Ziele Ihres Unternehmens einfügt, dass Risiken, Vorteile und Wertschöpfung korrekt eingeschätzt werden und effektive Maßnahmen zur Kontrolle und Steuerung von Partnerschaften und Markteinführungen vorhanden sind.

Mit einer Markenerweiterung können ganz unterschiedliche strategische Ziele verfolgt werden: Um in breit aufgefächerten Produktkategorien aufzutreten (wie Disney), um die Erfolgsaussichten in sich schnell verändernden Märkten zu erhöhen (wie Microsoft), um das Kerngeschäft schnell auf neue Aktivitäten verlagern zu können (wie GE) oder um sich neue Optionen zu eröffnen, wenn der eigene Markt immer kleiner wird (wie Kodak). Weitere Beispiele sind:

- BMW ist vor allem für seine exklusiven Großraumlimousinen bekannt, erkannte aber, dass mit der enormen Nachfrage nach Geländewagen gute Geschäfte zu machen sind. Und damit nicht genug, die Marke BMW hat sich zudem um hochwertige Mountainbikes erweitert.
- IBM, früher aufgrund seines blauen Firmenlogos auch als »Big Blue« bekannt, wurde mit Großrechnern berühmt, dehnte sich dann auf Personalcomputer aus und hat mittlerweile von Hardware auf Dienstleistungen und Unternehmensberatung umgesattelt.

- Gillette bringt ständig neue Rasierer auf den Markt und hat seine Produktpalette zuerst um Rasierer speziell für Frauen, dann um eine ganze Reihe von Pflegeprodukten wie Rasierschaum, Deodorants und Haarpflegeprodukte erweitert.

Wird eine Marke im Hinblick auf den Kunden definiert und baut sie auf einer Überzeugung, einer Einstellung, einem Nutzen oder einem Wunsch auf, bietet sie für ihre zukünftige Weiterentwicklung wesentlich mehr Perspektiven und Flexibilität als eine Marke, die sich in der Beschreibung der Geschäftstätigkeit oder des Produkts erschöpft.

Angesichts der schnellen Veränderungen unserer Märkte sind Markenerweiterungen eigentlich keine wirklichen Erweiterungen mehr, sondern eher Ausdruck der Schwerpunktverlagerung eines Unternehmens, das sich zusammen mit Märkten und Verbrauchern weiterentwickelt.

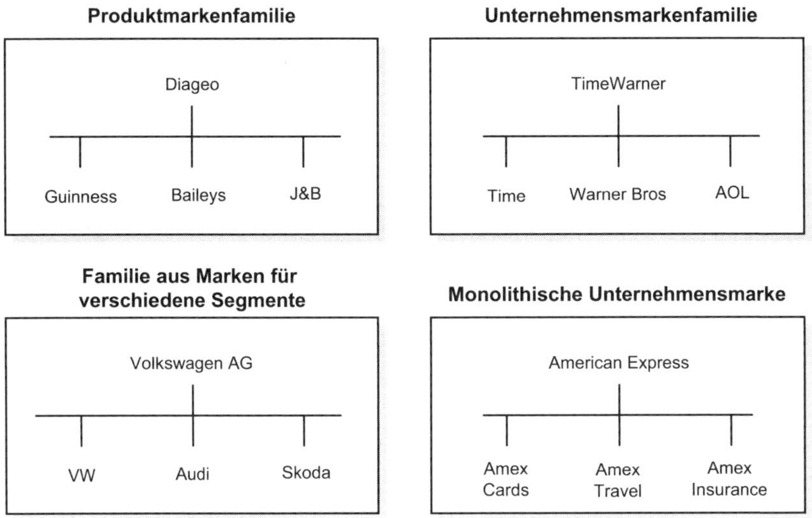

Eine erweiterte Marke muss sich natürlich irgendwie in die zugrundeliegende Markenstruktur einfügen – entweder indem der vorhandene Markenvorteil als Sprungbrett in neue Märkte oder indem eine andere Marke genutzt wird, um flexibler auf neue Zielgruppen eingehen zu können.

Es gibt verschiedene Markenarchitekturen, die in Erwägung zu ziehen sind.

Eine »monolithische« Architektur zeichnet sich durch eine Dachmarke aus, die durchgängig das gesamte Unternehmen repräsentiert. Eine Markenfamilie vereint verschiedene Marken in sich, wie es beispielsweise in der Verbrauchsgüterbranche typisch ist, und schließlich gibt es noch die Monomarken und Empfehlungsmarken, bei denen eine starke Unternehmensmarke schwächere Submarken unterstützt.

Treten Marken in einem Familienverbund auf, repräsentieren sie entweder die verschiedenen Marktsegmente (zum Beispiel Toyota, das mit dem Lexus und dem damit verbundenen Markenversprechen einen betuchten Kundenkreis anspricht), die verschiedenen Geschäftsaktivitäten (wie es bei Time, AOL und Warner Bros der Fall ist) oder sie stärken die Unternehmensmarke, der sie sogar zu einer Neupositionierung verhelfen können (wie der iPod, der Apple wieder zu einer coolen Marke hat werden lassen).

Anwendung 5.3 Markenarchitektur

Wie nutzen Sie Ihre Marken als Verbindungsglieder für Ihre Unternehmensbereiche und die verschiedenen Zielgruppen? Sollten Sie Ihre Aktivitäten unter einem Markennamen zusammenfassen? Benötigen Sie für Ihre verschiedenen Unternehmensbereiche und Märkte mehrere Marken?

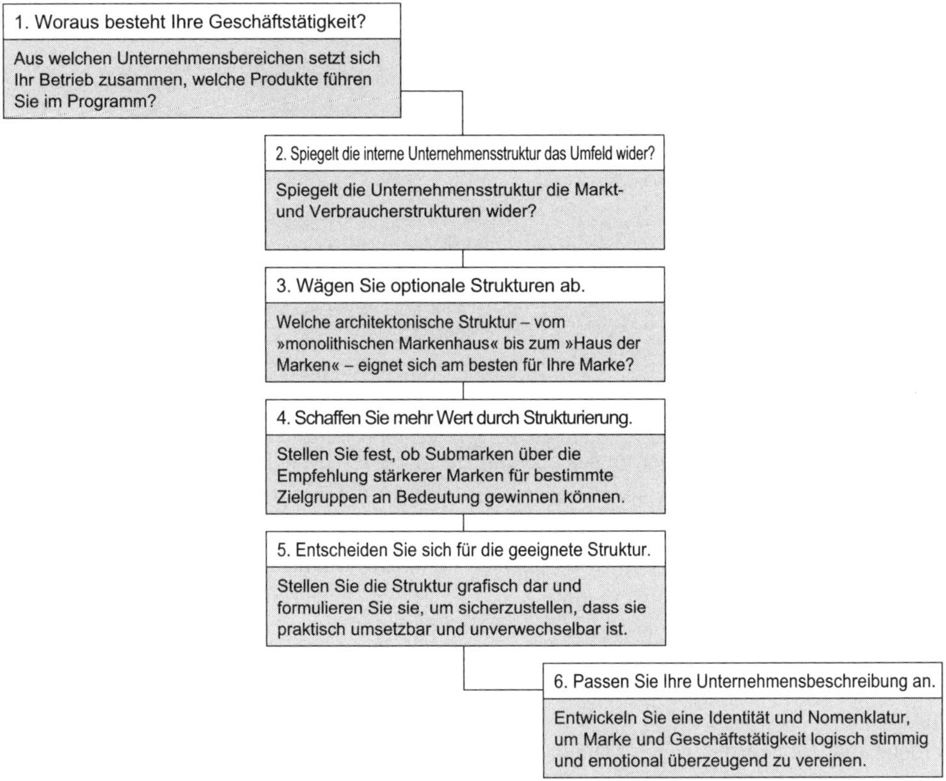

Konzept 5.3 Markenstärke

Marken werden am häufigsten über die Wirkung ihrer Werbung und über ihren Bekanntheitsgrad bewertet, was natürlich insofern irreführend ist, dass anstelle der Marke die Werbung auf dem Prüfstand steht. Außerdem ist ein hoher Bekanntheitsgrad keinesfalls ein Garant für hohe Verkaufszahlen, da zwischen Abdeckung des Marktes und Rentabilität kein wirklicher Zusammenhang besteht.

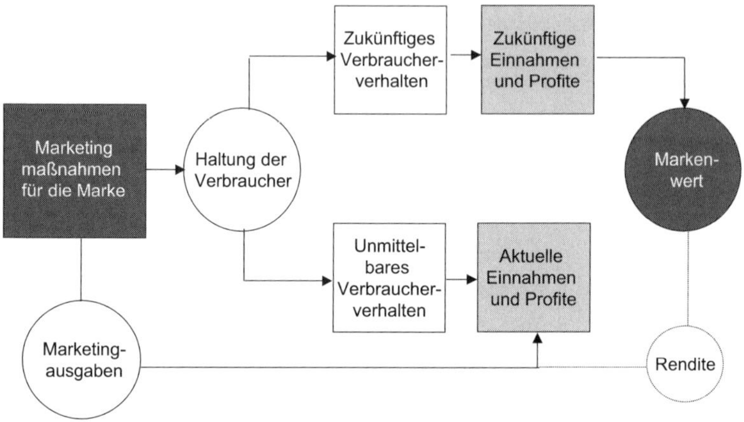

Auch der Versuch, Marken über ihr Absatzvolumen zu bewerten, liefert nur einen Teilaspekt des Gesamtbildes. Gemeinhin gilt als erwiesen, dass sich 60 Prozent der Investitionen in die Markenkommunikation erst in zukünftigen Geschäftsjahren rentieren, was die Markenbewertung über Kosten und aktuelle Einnahmen sehr schwierig macht. Um die Stärke einer Marke sowie ihr Potenzial, zukünftige Geschäftsergebnisse zu verbessern, bewerten zu können, ist daher ein anderes Maß erforderlich: der Markenwert – Brand Equity.

Der Markenwert beschreibt das Zukunftspotenzial einer Marke, das heißt, das voraussichtliche Absatzvolumen, mit dem aufgrund der aktuellen Markenwirkung auf die Verbraucher gerechnet werden kann. Zur Beurteilung des Markenwerts ist es zuerst erforderlich, die Haltungen und Verhaltensweisen zu verstehen, die die Marke bei ihrer Zielgruppe anspricht oder auslöst, um anschließend zu prognostizieren, wie sich diese Verhaltensweisen langfristig entwickeln und sich auf das zukünftige Absatzvolumen auswirken. Wie sich das Verbraucherverhalten tatsächlich entwickelt, hängt natürlich auch davon ab, für welchen zukünftigen Kontext die Marke ausgelegt ist und welche zusätzlichen Marketingmaßnahmen zum Zeitpunkt ihres Kaufs stattfinden.

Der Markenwert wird normalerweise durch eine Kennziffer ausgedrückt, die sich abhängig davon, was nach Ansicht des Unternehmens maßgeblich das Verbraucherverhalten steuert, aus verschiedenen anderen Messungen ergibt. Die Faktoren, die das Verbraucherverhalten am stärksten beeinflussen, werden mithilfe von Marktstudien ermittelt (für eine Fluglinie zum Beispiel Kundenfreundlichkeit, Verfügbarkeit und Service Levels). Anschließend wird analysiert, welcher Faktor welches Verbraucherverhalten steuert (analog zum obigen Beispiel Reservierungen, Preistoleranz, Weiterempfehlung). Die Faktoren und Verhaltensweisen unterscheiden sich natürlich je nach Markt, Sektor und Produkt. Kontinuierliche Leistungsmessungen der Steuerungsfaktoren ermöglichen nachvollziehbare Ergebnisse, deren Daten zur Messung des Markenwerts herangezogen werden können.

Die praktische Umsetzung dieser Theorie im Geschäftsalltag erfolgt über die Kopplung an finanzielle Geschäftsergebnisse, insbesondere an die in Zukunft wahrscheinlichen Einnahmen in Relation zu den Ausgaben. Anhand des prognostizierten Kapitalflusses kann der Unternehmenswert geschätzt werden, der die Gesamtsumme aller wahrscheinlichen Profite der folgenden Geschäftsjahre ausdrückt.

Die wertbasierte Analyse von Marken und Marketingmaßnahmen ermöglicht es Marketingexperten, die Rentabilität von Investitionen in Marken zu beziffern und größere Investitionen in Bereichen zu rechtfertigen, die gegenwärtig vielleicht wenig lukrativ erscheinen, sich in absehbarer Zukunft aber als höchst lukrativ erweisen könnten. Des Weiteren können Marketingexperten ihrem Unternehmen wichtige Faktoren aufzeigen, die den zukünftigen Geschäftserfolg fördern und sichern, wodurch auch der Unternehmenswert steigt, was wiederum die Investoren interessiert.

Der viel diskutierte »Markenwert« wird häufig als ein Schlüsselergebnis betrachtet, das sich in den meisten Fällen auf den proportionalen Anteil am gesamten Unternehmenswert bezieht, der dem geschützten Markennamen zu verdanken ist. Alle anderen zugehörigen Aspekte der Marke, ihr Angebot an die Kunden und das eigentliche Produkt oder die Dienstleistung werden dabei nicht berücksichtigt. Eine Möglichkeit, den Markenwert zu berechnen, ist, sich vorzustellen, dass das Unternehmen nicht der Eigentümer seiner Marke ist, sondern einem Dritten eine Nutzungsgebühr für die Marke bezahlen muss. Anschließend kann die Höhe dieser Nutzungsgebühr für die kommenden Jahre in Relation zu den potenziellen Profitströmen errechnet werden.

Ein so errechneter Markenwert fällt zwar niedriger aus, sein Anteil am gesamten Unternehmenswert ist jedoch noch immer beträchtlich. Auf operativer Ebene hat das Wissen über den genauen Markenwert wenig praktischen Nutzen, dafür aber umso mehr, wenn über eine Akquisition verhandelt und der Unternehmenswert beziffert werden muss oder wenn der Wert immaterieller Güter dem Finanzamt gegenüber geltend gemacht werden soll.

Mit dem wachsenden Wert immaterieller Güter (die mittlerweile 75 Prozent des Marktwerts der *Fortune*-500-Unternehmen ausmachen), bemühen sich Unternehmen immer stärker darum, den Wert ihres ideellen Vermögens zu erfassen. Dabei müssen sie erkennen, dass ein Unternehmen, dessen Wert zu einem großen Teil nicht greifbar, sondern als geistiges Kapital vorhanden ist, das hoffentlich für zukünftigen Cashflow sorgt, nach einem anderen Managementstil und anderen Messmethoden verlangt.

Buchhaltungstechnisch gilt international noch immer die Regel, dass nur erworbene Vermögenswerte in die Bilanzen einfließen, obwohl auch die sich organisch entwickelnden, ideellen Firmenwerte mittlerweile besser spezifiziert werden können. Erworbene immaterielle Güter dürfen heute auch in die Bilanzen aufgenommen werden, sofern die akquirierende Firma jedes Jahr nachweisen kann, dass sie keinen Wertverlust erlitten haben. Das heißt aber, dass die Mehrzahl der Marken und anderer immaterieller Güter, die sich organisch entwickelt haben, noch immer nicht offiziell verbucht werden können.

Inspiration 5.3 BMW

Das berühmte blau-weiße BMW-Logo symbolisiert einen sich drehenden Propeller vor blauem Himmel und erinnert daran, dass das Unternehmen 1916 unter dem Namen Bayerische Flugzeug-Werke Flugzeugmotoren baute. Die 1917 gegründeten Bayerischen Motoren Werke schwenkten innerhalb von zehn Jahren höchst erfolgreich auf den Bau von Automobilen und Motorrädern um und arbeiten seitdem daran, »ultimatives Fahrvergnügen« zu bieten.

Mit einzigartiger Beharrlichkeit und Zielstrebigkeit ist sich die Marke BMW über Jahrzehnte hinweg treu geblieben. Als eine elitäre Luxusmarke, die sich nicht jeder leisten kann, übt sie große

Anziehungskraft auf die Verbraucher aus, für die nur das Beste gut genug ist. Viele Jahre lang gab es nur BMW – keine Submarken, keine Modellnamen –, heute sind auch die Marken Mini und Rolls Royce im BMW-Konzern vertreten.

BMW ist ein Musterbeispiel an konsequenter Markenpflege, die sich in allen Aktivitäten zeigt. »Ultimativ« bezieht sich auf alle Aspekte der Marke, angefangen mit der exzellenten Produktqualität über den Kundendienst und die Werbung bis hin zu den Ausstellungsräumen der Autohäuser. Tatsächlich ist ein BMW-Ausstellungsraum eher ein der Marke geweihter Tempel, in dem den Werten der Marke visuell und experientiell gehuldigt wird. Gleichzeitig versucht BMW aber auch außerhalb der Ausstellungsräume, potenzielle Kunden anzusprechen, von denen nicht jeder unbedingt dasselbe Auto wie Papa fahren möchte.

Die höchst innovative Marketingkampagne BMW Films zum Beispiel hat schon einige Preise eingeheimst. Als relativer Neuling auf dem US-amerikanischen Markt, dem das Vorurteil anhaftete, nur die ältere Generation anzusprechen, produzierte BMW acht Kurzfilme mit brillanten Aufnahmen und einer Dauer von weniger als zehn Minuten, die ausschließlich Online verfügbar waren. Fernsehspots und Werbeanzeigen machten das Publikum auf die Kurzfilme aufmerksam, was innerhalb der Zielgruppe natürlich große Neugier weckte. Je mehr Neugierige sich die Spots ansahen, umso schneller verbreiteten sie sich als Geheimtipp und machten BMW zu einer Kultmarke der jungen Generation.

Die unkonventionelle Kampagne, die ganz unaufdringlich nur diejenigen ansprach, die ihre Neugier befriedigen wollten, straft die alte Regel Lüge, dass eine Marke nur über Massenwerbung, bildgewaltige TV-Werbung und massive Anzeigenschaltungen aufgebaut werden kann. BMW dagegen bot den Verbrauchern an, sich bei Interesse selbst zu informieren und die Marke bei Gefallen an Freunde weiterzuempfehlen. BMW erkannte auch, dass die Marke unterschiedliche Ausdrucksformen benötigt, um verschiedene Zielgruppen zu erreichen. Obwohl die Vermittlung der technologischen Vorzüge weiterhin wichtig ist, kommt es in einer persönlichen Beziehung ebenso stark auf die Art des Dialogs an: Wenn Ihnen jemand etwas erzählt, das für Sie eigentlich interessant ist, hält sich Ihr Interesse sicherlich trotzdem in Grenzen, falls er dabei nicht den richtigen Ton trifft, oder?

Anwendung 5.4 Markenwert

Wie messen Sie anhand der Markenbekanntheit, der Haltung und des Verhaltens Ihrer Zielgruppe die Stärke ihrer Bindung zu Ihrer Marke? Wie lässt sich die zukünftige Kaufbereitschaft der Verbraucher anhand der gegenwärtigen Markenbeliebtheit beziffern?

1. Verstehen Sie, wie Ihre Marke wahrgenommen wird.

   Welche Attribute Ihrer Marke werden am deutlichsten wahrgenommen, und welche Bedeutung haben sie für die Kunden?

2. Verknüpfen Sie die Marke mit den persönlichen Haltungen der Kunden.

   Auf welche persönlichen Haltungen der Kunden (zum Beispiel Vorlieben) geht die Marke ein, und welchen Einfluss übt die Marke darauf aus?

3. Verknüpfen Sie das Verbraucherverhalten mit dem Absatzvolumen.

   Untersuchen Sie, welche Haltungen die Verhaltensweisen steuern, die aktuell und in Zukunft den Absatz steigern.

4. Beziffern Sie die aktuelle Markenstärke.

   Beziffern Sie die Leistungsfähigkeit der Markenattribute, die aktuell den Absatz steuern.

5. Beziffern Sie die zukünftige Markenstärke.

   Beziffern Sie die Leistungsfähigkeit der Markenattribute, die in Zukunft den Absatz steuern.

6. Stellen Sie den Markenwert (Brand Equity) nachvollziehbar fest.

   Bilden Sie aus den entscheidenden Markenelementen, die für das zukünftige Absatzvolumen verantwortlich sind, eine »Kennziffer des Markenwerts«.

Was will der intelligente Verbraucher?

»Ich bin unwiderstehlich, sage ich, und parfümiere mich mit meinem Designerduft. Ich bin Handelsbankier, sage ich, und steige aus meinem BMW. Ich bin ein rüpelhafter Teenager, sage ich, und trinke extra starkes Bier. Ich sehe gut aus, sage ich, und ziehe meine Levi's an.«

John Kay

»Die Gesundheit und der Wohlstand der Nationen werden in einem neuen Jahrhundert über ihre Mannigfaltigkeit definiert. Die Macht liegt in der Mischung, Hybride sind hip. Die Unreinen, die Mischlinge, die Kreuzungen, die mit Makel Behafteten, die Ungeschliffenen sind diejenigen, die das Welterbe antreten. Rassismus ist out, Völkervermischung ist in. Die Vermischung ist Trumpf und sticht die Isolation aus. Sie lässt Kreativität entstehen und den menschlichen Geist wachsen, sie kurbelt das Wirtschaftwachstum an und befähigt Nationen.«

G. Pascal Zachary

Kunden ... Verbraucher, Vermittler, Meinungsmacher, Entscheidungsträger, Verteiler, Benutzer, Nutznießer. Der Fokus der Geschäftswelt ist schon lange auf die Menschen ausgerichtet, die die Nachfrage nach unseren Produkten und Dienstleistungen entstehen lassen und mit ihrem Kaufverhalten unser geschäftliches Überleben sichern.

Intelligentere Erkenntnisse	Fantasievollere Erkenntnisse
Durch Studien. Qualitative und quantitative Erkenntnisse über die Kunden, um neue und speziellere Einsichten zu gewinnen.	**Durch Einsichten**. Die Beobachtung von Mustern und Tendenzen, um die Entwicklung von Kunden und ihren Bedürfnissen vorhersagen zu können.
Durch Segmentierung. Menschen mit ähnlichen Bedürfnissen zusammenfassen, um sie besser zu verstehen und diejenigen anzusprechen, die am wertvollsten sind.	**Durch Individualität**. Die Anerkennung, dass jeder Kunde ein einzigartiges Individuum mit ganz persönlichen Bedürfnissen, Beweggründen und Sehnsüchten ist.
Durch Verantwortung. Ein Marketing unter Berücksichtigung der gesetzlichen, moralischen und gesellschaftlichen Verantwortung, um wertvolle Beiträge für die Allgemeinheit leisten zu können.	**Durch Transparenz**. Der Intelligenz der Kunden Respekt erweisen, indem offene und gleichberechtigte Partnerschaften angestrebt werden.

Die Kunden von heute sind unterschiedlicher und individueller, aufmerksamer und anspruchsvoller als jemals zuvor. Vor 100 Jahren war jeder Autofahrer mit einem Ford Modell T mehr als zufrieden, obwohl die technisch jahrzehntelang so gut wie nicht weiterentwickelte »Tin Lizzy« damals ausschließlich in schwarzer Lackierung zu haben war. Heute sind Kunden klüger, erwartungsvoller und pedantischer. Ihre geäußerten Bedürfnisse sind ernst zu nehmen, noch ernster sollte man allerdings die Bedürfnisse nehmen, die sie nicht formulieren.

Wie passt der auf dem Aldi-Parkplatz geparkte BMW zu seinem Eigentümer, der im Supermarkt gerade die Sonderangebote abräumt? Wie kann eine Gucci-Handtasche im Schnäppchenparadies TK Maxx vergessen werden?

Die Beweggründe und Sehnsüchte der Kunden sind äußerst komplex und immer eine ganz persönliche Angelegenheit. Um daraus schlau zu werden, sind sehr intelligente Marketingfachleute gefragt.

Mit klassischen Marketingmethoden wie der Segmentierung fällt es tatsächlich zunehmend schwerer, solche Märkte zu begreifen, denn Kunden lassen sich nicht länger in die gewohnten

Schubladen einordnen, in denen eine recht einheitliche Ordnung herrscht und die sich untereinander klar unterscheiden. Manche Unternehmen teilen ihre Kunden in vier bis 500 Gruppen – so genannte Clusters – ein, bevor sie eine sinnvolle Segmentierung erkennen können. Die Gruppen lassen sich auch immer weniger nach einfachen physikalischen oder demografischen Kriterien wie Postleitzahlen, sozioökonomischer Hintergrund oder Berufsgruppe ordnen, da sich diese als Beschreibung dessen, wer wir sind, längst nicht mehr eignen.

Hinzu kommt, dass das Alltagsleben an sich immer komplizierter wird und jeder Verbraucher in mehreren Segmenten vertreten ist, je nachdem, was er gerade tut. Ohne mit der Wimper zu zucken, wird für das beste und schnellste Auto eine immense Summe hingeblättert, aber beim wöchentlichen Großeinkauf schaut man dann doch auf jeden Cent. Der Wechsel zu einem günstigeren Energieversorger erscheint viel zu aufwändig, für einen Schnäppchenpreis aber nimmt man gerne die größeren Strapazen eines eigentlich nicht geplanten Langstreckenflugs in Kauf. Oder auch nicht, denn der gemeine Verbraucher macht sein Kaufverhalten oft genug einfach von seiner Lust und Laune abhängig.

Überhaupt entziehen sich die Verhaltensmuster jeglicher zuverlässiger Vorhersage. Mit 500 TV-Kanälen, die rund um die Uhr zur Auswahl stehen, lässt sich kaum sagen, wer zu welcher Zeit welches Programm ansieht, wie man die Werbespots am besten platziert und das Programm gestaltet. Ähnlich komplex und unvorhersehbar sind auch die einzelnen Lebensabschnitte geworden, die ein Mensch normalerweise durchläuft. Nicht nur, dass viel mehr Ereignisse als früher stattfinden, sondern es wird auch häufiger umgezogen, geheiratet und der Arbeitsplatz gewechselt.

Beispiele für das geänderte Verbraucherverhalten sind:

- Produkte werden generell weniger geschätzt denn je, doch unsere Markenbeziehungen spielen eine deutlich wichtigere Rolle.
- Der Jugendwahn ist extrem ausgeprägt, jeder will jugendlich erscheinen, egal wie alt er ist. Die Folge: Die ältere Generation wird weniger respektiert.

- Die Lebensqualität zählt mehr als Geld. Wissen, Freundschaft und Gesundheit werden zu beliebteren Währungen als Geld.

- Jeder versucht, sein Leben mit dem zu bereichern, was Spaß macht oder als wertvoll erachtet wird und sich von dem zu befreien, was keinen Spaß macht oder als unwichtig empfunden wird.

Die Einstellung zu Marken und Werbung hat sich ebenfalls verändert. Im Zeitalter des intelligenten Verbrauchers muss man davon ausgehen, dass ein Kunde vor dem Kauf eines Produkts umfangreiche Produktrecherche betreibt und Preise vergleicht und wahrscheinlich besser über das Produkt informiert ist als sein Verkäufer.

Transparenz bedeutet, dass Versprechen eingehalten werden müssen. Verbraucher wählen Marken weniger nach der Produktqualität, sondern mehr nach ihrer Kunden- und Mitarbeiterfreundlichkeit und ihrem gesellschaftlichen Verantwortungsbewusstsein aus. Daher ist es auch keine große Überraschung, dass das Vertrauen der Verbraucher in Unternehmen und Marken stark gelitten hat, denn nur wenige Unternehmen haben tatsächlich eine strahlend weiße Weste.

Vertrauen ist jedoch eine relative Angelegenheit. Laut einer Studie des Henley Centre:

- vertraut der durchschnittliche US-amerikanische Verbraucher Starbucks zu 69 Prozent, der britische zu 36 Prozent und der französische zu 12 Prozent,

- vertrauen wir Geldinstituten trotz der generell lächerlichen Verzinsung unserer Geldanlagen mehr als Anwälten,

- genießen in Entwicklungsländern globale Marken mehr Vertrauen als lokale Marken, in den Industrienationen aber ist es genau umgekehrt.

An der Herausforderung für das Marketing hat sich dadurch wenig geändert. Es geht immer noch darum, die Kunden zu verstehen, ihnen passende Lösungen anzubieten und eine Beziehung mit ihnen einzugehen, mit der die Kunden zufrieden sind und die Unternehmen Gewinne erwirtschaften.

Geändert hat sich nur eines: Es ist heutzutage viel, viel komplizierter als vor hundert Jahren.

Anwendung 6.1 Vorhersage des Kundenklimas

Wie können Sie Kunden verstehen, die gar nicht wissen, was eigentlich möglich ist, und die ihre Bedürfnisse nicht äußern wollen oder können, weil es noch gar keine Bezeichnung für sie gibt? Wie können Sie unter diesen Bedingungen erahnen, was geschehen wird?

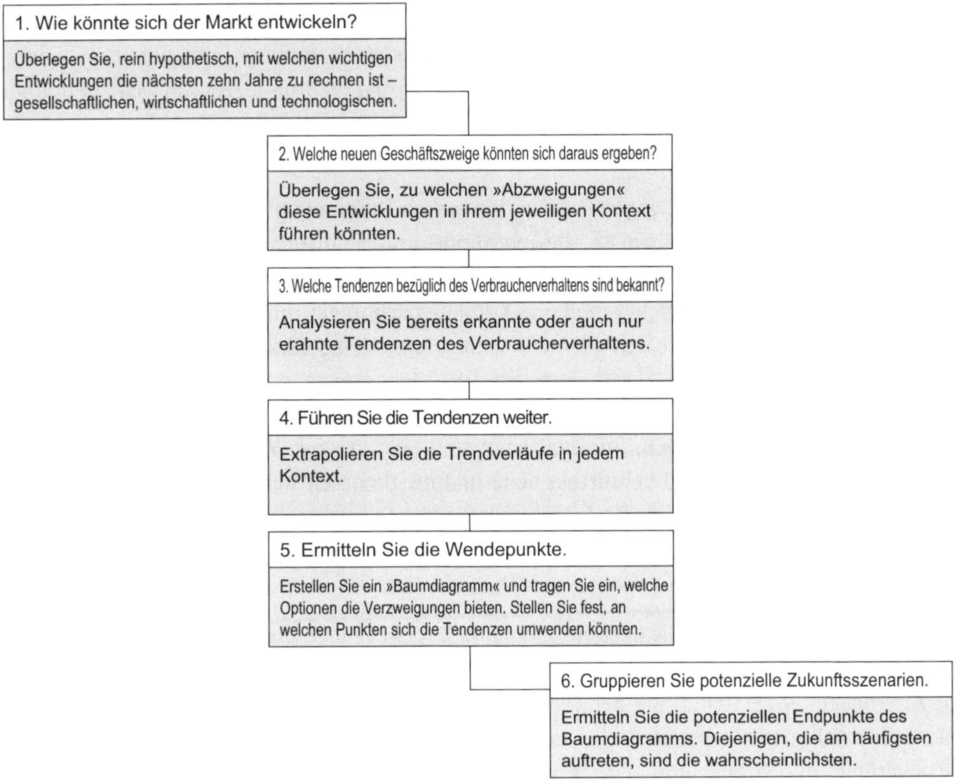

Konzept 6.1 Erkenntnisse über den Kunden

An Marktstudien herrscht kein Mangel.

In den meisten Unternehmen biegen sich die Schreibtische unter der Last der Marktforschungsergebnisse, Datensammlungen, Tabellen und vielem mehr. Marktforschungsinstitute sind entsprechend gut im Geschäft und pflegen das Märchen von den ach so hilfreichen Datenfluten. Trotzdem sind die meisten der erhobenen Daten ziemlich nutzlos, weil die wirklich wichtigen Fragen gar nicht gestellt werden, weil die Daten so schnell erhoben und gemittelt werden, dass jegliche nützliche Information darin verloren geht, und weil sie meist von Managern angefordert werden, die an vorgefassten Beschlüssen festhalten, egal was die Forschungsergebnisse erbringen.

Trotz – oder vielleicht gerade wegen – dieser immensen Datenmengen wissen Unternehmen nur wenig über die wahren Bedürfnisse, Beweggründe und Sehnsüchte ihrer Kunden. Vielleicht liegen darüber Informationen vor, doch in der Form von Durchschnittsangaben sind sie nicht sonderlich aussagekräftig. Welcher moderne Kunde ist schon ein Durchschnittstyp und gibt sich mit einer Lösung zufrieden, die von allem ein wenig, aber nichts wirklich gut kann?

Wie gewinnen Sie echte Erkenntnisse?

Daten sind keine Informationen, Informationen sind kein Wissen, Wissen ist keine Erkenntnis. Erkenntnisse gehen tiefer und vermitteln neue und nützliche Einsichten, sie bringen etwas ans Licht, woran Sie vorher noch nicht einmal gedacht haben, weil es nicht den Konventionen des Marktes entspricht. Erkenntnisse stellen vorhandenes Wissen in einen sinnvollen Zusammenhang. Sie erklären das Warum und Wie, das Wer und Was.

Der erste Schritt zur Erkenntnis besteht daraus, sich nicht länger wie ein Betrunkener am Laternenpfahl an Marktforschungsergebnissen festzuhalten. Hören Sie auf, mehr Daten als erforderlich zu erheben, widerstehen Sie der Versuchung, jedermann permanent zu allem zu befragen. Stürzen Sie sich nicht in Marktstudien, bevor Sie nicht wissen, was Sie damit erreichen wollen, sonst verfehlt die Studie ihren Zweck und kann die wichtigsten Fragen nicht beantworten.

Vermeiden Sie Fragen oder Antwortoptionen, die keine ehrlichen, unbeeinflussten und offenen Aussagen zulassen.

Die meisten Verbraucherumfragen erwarten eindeutige Antworten von den Kunden. Doch wie soll ein Kunde, der seine unerfüllten Bedürfnisse kaum in Worte fassen kann, klare Aussagen darüber machen, was er sich wünscht? Nicht unbedingt sinnvoll, aber verführerisch einfach und daher bei führenden Marktforschungsinstituten sehr beliebt ist es auch, immer dieselben Umfragetechniken einzusetzen, egal, worum es geht.

Die Interpretation der Forschungsergebnisse anhand von Durchschnittsangaben ist ein weiteres Problem, da die Daten an Aussagekraft und Bedeutung verlieren. Hinzu kommt, dass die Ergebnisse oft ein wenig zurechtgebogen werden, damit sie die vorgefertigten Meinungen bestätigen. Eine solche an Faulheit grenzende Bequemlichkeit bei der Auswertung der Ergebnisse führt zu immer denselben abgedroschenen Phrasen, Vorurteilen und Aussagen. Zu allem Überfluss neigen Marktforscher dazu, zahlengläubig zu sein und bis auf die zweite Dezimalstelle alles ganz genau aufschlüsseln zu wollen, was weder zur Genauigkeit der Daten beiträgt, noch feine Unterschiede erkennen lässt.

Marketingfachleute müssen sich Marktstudien, deren Interpretation sowie der Entscheidungsfindung auf klügere Weise annähern, um wirklich wertvolle Erkenntnisse zu gewinnen. Folgende Möglichkeiten bieten sich hierfür an:

- Im Vorfeld einer Marktstudie muss geklärt sein, wozu sie dienen soll. Soll die Rentabilität gesteigert werden, müssen die Faktoren identifiziert werden, die sie auch wirklich steigern.
- Suchen Sie in Marktforschungsdaten explizit nach Abweichungen, nach Extremen, Anomalien und Ausreißern, anstatt diese durch Mittelwertberechnungen verschwinden zu lassen.
- Nutzen Sie das breite Spektrum der Forschungstechniken aus, von traditionellen Konzepttests über Moodboards und neuralen Netzwerken bis hin zu psychografischen Modellen.
- Betätigen Sie sich als Ethnograf und beobachten Sie, was Kunden sich wünschen und wobei sie Unterstützung gebrauchen könnten, anstatt sie zu ihrer Person zu befragen.

- Nutzen Sie alle denkbaren Quellen, um mehr über Ihre Kunden zu erfahren – so sind Beschwerden eine der besten Methoden, Einsichten und Erkenntnisse zu gewinnen.
- Suchen Sie nach verschiedenen sprachlichen und bildlichen Ausdrucksformen, um Ihre Erkenntnisse zu beschreiben – verwenden Sie die Worte der Kunden, Metaphern, Analogien, Symbole, Zeichentrickfiguren und Rollenspiele.
- Bleiben Sie unvoreingenommen und stellen Sie sicher, dass die Daten objektiv und vorurteilsfrei interpretiert werden.
- Geben Sie den Entscheidungsträgern harte Fakten ohne Interpretation in die Hand. Bringen Sie den Kunden in Form von Anekdoten, Erlebnisberichten und Videoaufzeichnungen mit in den Konferenzraum.

Denken Sie auch daran, dass die Entscheidungsträger die präsentierten Erkenntnisse zwar sicher zu schätzen wissen, sich aber viel stärker engagieren werden, wenn sie die Einsichten nachvollziehen können, die Auswertungen verstehen und eigenen Schlüsse daraus ziehen können.

Letztendlich ist jede Erkenntnis nur dann etwas wert, wenn sie zu wirtschaftlich praktischem Handeln befähigt. Der gesamte Prozess, der die Erkenntnisse liefert, sollte daher unmittelbar an den Innovations- und Lieferprozessen ausgerichtet sein.

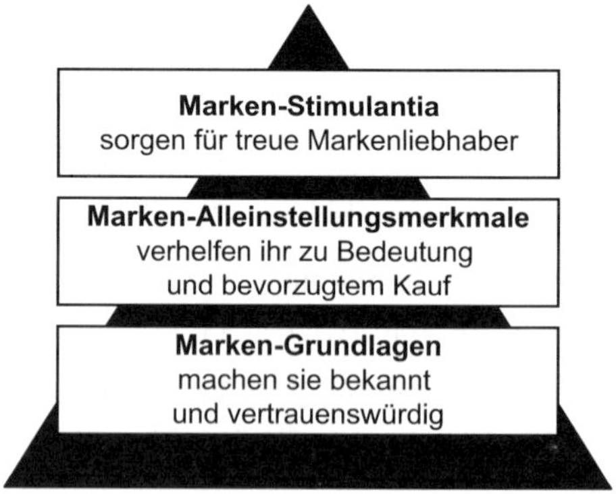

Um die erhobenen Daten besser verstehen zu können, empfiehlt es sich, sie systematisch zu analysieren und zu ordnen. So lassen sich beispielsweise die wesentlichen Grundelemente von den netten Kleinigkeiten unterscheiden, die Pluspunkte bringen, sowie von denjenigen, die als funktionale Unterscheidungskriterien eine Rolle spielen. Diese Unterscheidung macht deutlich, was von den Kunden objektiv benötigt wird und was subjektiv auf emotionaler Ebene wirkt.

Nutzen Sie strikt analytische Verfahren, um die relative Bedeutung der Faktoren zu verstehen, anstatt davon auszugehen, dass alles gleichermaßen wichtig ist. Scheuen Sie sich nicht, modernste Technologien einzusetzen, um die komplexen Wechselwirkungen der einzelnen Faktoren gegeneinander abzuwägen, die angefangen bei rein emotional wirkenden Bildern bis hin zur Preiselastizität so ziemlich alles umfassen können. Nur so verstehen Sie, welches Qualitätsniveau von Ihren Kunden erwartet wird und wie Sie im Vergleich zur Konkurrenz und zu anderen Benchmarks abschneiden.

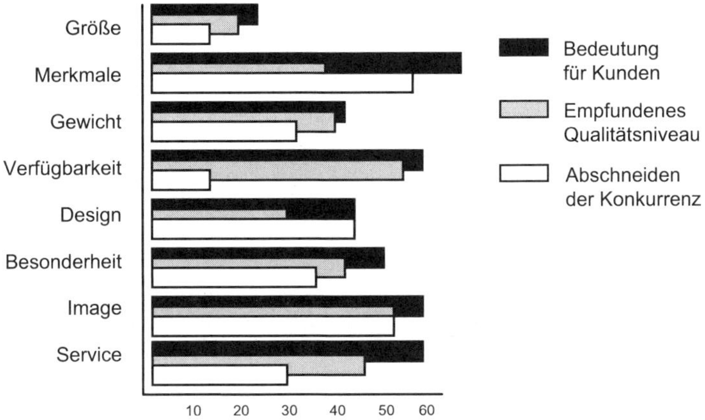

Die für die Marktforschung zuständige Abteilung sollte die Ergebnisse der Kundenbefragungen, die Informationen und Erkenntnisse nicht unter Verschluss halten, sondern jedem Mitarbeiter zur Verfügung stellen. Oft werden die wichtigsten Einsichten gewonnen, wenn die Daten in anderen Abteilungen und Teams mit weiteren Informationen verknüpft werden, woraus innovative Ideen und Leistungssteigerungen entstehen können.

Versuche, das Verbraucherverhalten besser zu verstehen, haben im Neuroimaging Labor des Baylor College of Medicine in Houston, Texas, eine neue Dimension erreicht. Hier wird den Verbrauchern neuerdings mit der funktionellen Magnetresonanztomografie (fMRT) im wahrsten Sinn des Wortes ins Gehirn geschaut. Eine ausführliche Beschreibung des nicht-invasiven Verfahrens können Sie in englischer Sprache auf der Website des College nachlesen.

Das Forscherteam führte zum Beispiel den so genannten »Pepsi-Test« durch. Freiwillige tranken Pepsi und Coca-Cola, natürlich ohne zu wissen, welche Marke sie gerade zu sich nahmen, während die Forscher aufzeichneten, welche Gehirnareale jeweils aktiviert wurden. Pepsi löste im Belohnungszentrum des Gehirns, dem so genannten ventralen Putamen, fünfmal stärkere Signale als Coca-Cola aus.

Wussten die Versuchspersonen aber, welche Marke sie tranken, löste Coca-Cola eine stärke Reaktion aus, allerdings in einer anderen Hirnregion – im medialen Präfrontalcortex, einem Bereich, der mit logischem Denken, Urteilsvermögen und der Selbstidentifikation in Verbindung gebracht wird.

Die Marke Coca-Cola, oder zumindest einige ihrer Teilaspekte, sprachen die Versuchspersonen ganz offensichtlich auf einer höheren Ebene an und schaltete die Reaktionen des eher funktionellen Belohnungszentrums aus.

Inspiration 6.1 Zara

Es begab sich in der nordspanischen Hafenstadt La Coruña, dass Amancio Ortega bei einem Stadtbummel mit seiner Freundin ein bezauberndes Seidennegligé in einem Schaufenster entdeckte, dessen Preis die Schmerzgrenze des gelernten Schneiders jedoch deutlich überstieg.

Noch in derselben Nacht nähte er in seiner Schneiderei für einen Bruchteil der Kaufsumme das Negligé nach, und es dauerte nicht lange, bis er, zur Freude seiner Freundin, seine eigenen modischen Dessous zu erschwinglichen Preisen verkaufte. Seine Kreationen kamen so gut an, dass er weitere Bekleidungsstücke in sein Programm aufnahm und 1975 in dem ruhigen und verschlafenen Fischerstädtchen seine erste Boutique eröffnete.

Ortega verfolgte seine Vision von tragbarer Wohlfühlmode. Er ließ sich von den neuesten Laufstegpräsentationen und den Trends auf der Straße inspirieren und brachte schneller als alle anderen Modedesigner umwerfende Kollektionen heraus.

Da sein Geschäft in den 1980er Jahren fantastisch lief, wurden 1989 die ersten Zara-Boutiquen in Paris und New York eröffnet. Besonders interessant ist bei Zara, dass die Marke in verschiedenen Märkten absichtlich ganz unterschiedlich positioniert ist. In Spanien ist Mode von Zara bemerkenswert preisgünstig, in den USA bewegt sie sich in der oberen und im Vereinigten Königreich in der mittleren Preisklasse.

Zara ist die wichtigste Marke der Inditex-Group, die mit einen Umsatz von drei Milliarden britischen Pfund und 40.000 Mitarbeitern auch Marken wie Pull and Bear und Massimo Dutti führt. Mit Ortega als einem der wichtigsten Männer an der Spitze, wundert es nicht, dass die Zentrale der Iditex-Group nur einen Katzensprung von La Coruña entfernt liegt. Auf dem riesigen und minimalistisch gestylten Konzerngelände studieren unzählige Designer die neuesten Verbraucherumfragen und Modemagazine oder setzen die neuesten Ideen der Modeschauen und Textilfabriken in Rekordzeit in tragbare Mode um.

Tempo und Effizienz sind die wichtigsten Zutaten von Zaras Erfolgsrezept. Das Unternehmen ist extrem straff durchorganisiert, damit gewährleistet ist, dass die neueste Mode zu erschwinglichen Preisen zuerst von Zara auf den Markt gebracht werden kann. Voraussetzung dafür ist, kontinuierlich neue Entwürfe zu kreieren, damit der Nachschub an neuen Designs nie abreißt. Zara verfügt über ein feines Gespür für modische Trends, und dank der hohen Reaktionsgeschwindigkeit kommen sie genau zu dem Zeitpunkt auf den Markt, wenn die Nachfrage am höchsten ist – und somit auch der Preis. In Kombination mit der höchst effizienten Lieferkette erwirtschaftet Zara beträchtliche Gewinne.

Jede der 750 Zara-Boutiquen, in denen modebewusste Menschen in 55 Ländern einkaufen können, wechselt ihre Kollektion regelmäßig innerhalb weniger Wochen. Die Boutiquen werden täglich mit neuen Kleidungsstücken beliefert, was sich im Jahr zu ungefähr 11.000 Designerartikeln summiert. Kein Wunder also, dass Zara-Kunden immer wieder, und zwar im Durchschnitt 17 Mal im Jahr, in den Boutiquen stöbern und spontan zuschlagen, wenn ihnen etwas Schönes ins Auge sticht.

Bei Zara hält man nicht viel von der branchenüblichen Werbung in TV-Spots und Modemagazinen, sondern setzt auf die Zara-Boutiquen als wichtigste Marketingplattform, weshalb die Läden nur an den besten Standorten eröffnet werden. Bei der Innenausstattung legt das Unternehmen großen Wert auf ein modernes und weitläufiges Erscheinungsbild, und zusammen mit den schicken, an Seesäcke erinnernden Einkaufstaschen glaubt das Unternehmen, mit den Zara-Boutiquen besser für sich zu werben als in einem TV-Spot, in dem die Marke zwischen unzähligen anderen Produkten für ein paar Sekunden über den Bildschirm flimmert. Zara gibt nur etwa 0,3 Prozent seines Umsatzes für Marketing aus, und doch ist es ihm gelungen, eine der gefragtesten und heiß debattierten Modemarken zu schaffen.

Amancio Ortega, der Schneider aus Galizien, ist in der Modewelt namentlich vielleicht nicht so bekannt wie Armani, Klein oder Dolce und Gabbana, ziemlich gut betucht ist er allerdings trotzdem. Mit einem Privatvermögen von rund neun Milliarden US-Dollar platzierte ihn das *Forbes Magazine* 2005 auf Rang 23 auf der Liste der reichsten Menschen der Welt, in Spanien gebührt ihm der erste Rang.

Pablo Picasso wäre sicherlich beeindruckt.

Anwendung 6.2 Erkenntnisse über die Kunden

Wie lassen sich die Bedürfnisse der Kunden zum besseren Verständnis strukturieren und ordnen? Welche Bedürfnisse müssen Sie unbedingt erfüllen, welche haben nicht unbedingt praktischen, dafür aber emotionalen Wert? Mit welchen Merkmalen können Sie sich am besten herausstellen?

1. Analysieren Sie die wichtigsten Zielgruppen.

Welche Bedürfnisse, Beweggründe und Sehnsüchte herrschen in der jeweiligen Zielgruppe vor?

2. Woraus bestehen die Grundlagen Ihrer Marke?

Welche unverzichtbaren Elemente bilden die Grundlage der Marke? Was ist gesetzlich vorgeschrieben, was wird von den Kunden vorausgesetzt?

3. Woraus bestehen die Stimulantia für Ihre Marke?

Welche Elemente verhelfen der Marke zu emotionaler Attraktivität? Was sind die netten Kleinigkeiten, die einen großen Unterschied ausmachen können?

4. Woraus bestehen die Alleinstellungsmerkmale?

Auf welche vernünftigen Bedürfnisse könnte Ihre Marke eingehen, um sich nützliche, wenn auch vielleicht willkürlich festgelegte Alleinstellungsmerkmale zu verschaffen?

5. Worauf sollten Sie sich konzentrieren?

Wählen Sie die Schlüsselattribute der jeweiligen Ebene aus. Wie wahrscheinlich ist es, dass diese Schlüsselattribute individuell unterschiedliche Gewichtung einnehmen?

6. Richten Sie Marke und Bedürfnisse aneinander aus.

Gleichen Sie die hierarchisch geordneten Bedürfnisse der Kunden mit der Struktur und dem Angebot der Marke ab.

Konzept 6.2 Verantwortung gegenüber dem Kunden übernehmen

Die zunehmende Transparenz von Unternehmen, die immer fortschrittlicheren und persönlicheren Marketingtechniken, die Aggressivität des Konkurrenzverhaltens sowie die Auswirkungen unserer von Marken und Marketing beherrschten Wirtschaftswelt auf die Gesellschaft sollten jedem Marketingexperten zu denken geben.

Als Reaktion auf besorgte Verbraucher und Behörden werden zwar in bisher unerreichtem Tempo immer neue Verbraucherschutzgesetze verabschiedet, was aber nicht heißt, dass nicht auch jeder Einzelne die weitreichenden Konsequenzen seiner Marketingaktionen bedenken und verantworten können muss, auch wenn er doch einfach nur »seinen Job erledigt«.

Der Kampf gegen die rücksichtslose Arroganz so mancher Marketingfeldzüge ist längst in vollem Gange. Als eine der ersten Vorstreiterinnen gilt Naomi Klein, die in ihrem Buch *No Logo* herbe Kritik an den Allmachtsbestrebungen der Marken übte. Eine neuere Mitstreiterin ist die Reisebuchautorin Amaranta Wright, die von Levi's eigentlich damit beauftragt wurde, durch Lateinamerika zu reisen, um die Wünsche und Bedürfnisse der dortigen Jugend auszukundschaften. Die Eindrücke, die sie auf ihrer Reise sammelte, waren allerdings so frustrierend, dass sie kurzerhand beschloss, sie in ihrem Buch *Ripped and Torn* zu verarbeiten, um die Welt darüber zu informieren, mit welcher Arroganz die großen Marken der Industrienationen in den Entwicklungsländern auftreten, und wie sie alles daran setzen, die Menschen in markensüchtige Verbraucher zu verwandeln.

Worüber sich jeder Marketingexperte Gedanken machen sollte:

- Privatsphäre – Jeder Mensch wird heutzutage permanent mit Werbung bombardiert, ob über Funk und Fernsehen, Zeitschriften, Telefon, Postwurfsendungen und E-Mail, weshalb wir großen Wert auf den Schutz unserer Privatsphäre, unserer persönlichen Daten und Person legen.

- Verschuldung – Sofortkredite zu mehr oder weniger günstigen Bedingungen verlocken dazu, immer mehr Geld auszugeben und sich mit Luxusmarken zu schmücken, die man sich eigentlich nicht leisten kann oder sollte.
- Umweltverschmutzung – Der riesige Müllberg aus Verpackungen, zu denen eine um sich greifende Kaufsucht zusätzlich beiträgt, belastet die Umwelt und ist eine direkte Folge unseres Konsumwahns.
- Gesundheit – Übergewicht ist heutzutage ein ernst zu nehmendes, gesundheitliches Problem, das wir unserer Vorliebe für fetthaltige Ernährung und Süßigkeiten, nicht zuletzt aber auch den unverschämt hohen Preisen für gesunde Nahrungsmittel zu verdanken haben.
- Kinder – Der Markt für Spielzeug ist schier unerschöpflich, und das Marketing fördert leider noch immer unverantwortliche Rollenvorbilder und schürt das unersättliche Verlangen der Kinder nach immer mehr.
- Integrität – Es besteht eine berechtigte Forderung nach Ehrlichkeit, nach moralischer Verantwortung und respektvollem Umgang, nach ethisch vertretbarem Handeln und positiven Rollenvorbildern.

Jeder, der im Marketing tätig ist, muss sich als Einzelner und als Berufsgruppe diesen und anderen Problemen stellen und Verantwortung übernehmen. Wer sich weiterhin die Scheuklappen aufsetzt und unbeirrt seine Unternehmensziele verfolgt, wird von den Verbrauchern und der Gesellschaft mit Sicherheit schmerzhaft abgestraft werden, weil entweder die Marke in Verruf gerät oder die so geschaffenen Märkte nicht überlebensfähig sind. Unter dem Druck der Öffentlichkeit blieb Nike nichts anderes übrig, als in seinen Billiglohnfabriken in den Entwicklungsländern die höchsten Standards einzuführen. McDonald's versucht, sich den Anstrich eines gesundheitsbewussten Fast Food-Giganten zu verpassen, um sein Überleben zu sichern.

Mit einer überstürzten Reaktion auf schrillende Alarmsignale kann es jedoch nicht getan sein. Die Bereitschaft, Verantwortung zu übernehmen, sollte als deutliches Charaktermerkmal jedes Unternehmens und jeder Marke erkennbar sein. Nach ethischen Prinzipen zu wirtschaften, kann durchaus ein wichtiges Alleinstellungsmerkmal sein – wie bei der britischen Co-operative Bank oder dem Skatewear-Hersteller Howies – oder einfach als gute betriebliche Praxis aufgegriffen werden. Immerhin gewinnen die von den Unternehmen regelmäßig veröffentlichten CSR-Berichte über ihre unternehmerische Verantwortung ebenso an Bedeutung wie die so genannten »Triple-Bottom Line«-Berichte (TBL), in denen Firmen wie Cadbury Schweppes und sogar Nike ihre Werte und Prozesse vorstellen, die notwendig sind, um das Unternehmen in Einklang mit den umfassenden ökologischen, gesellschaftlichen und wirtschaftlichen Systemen zu bringen.

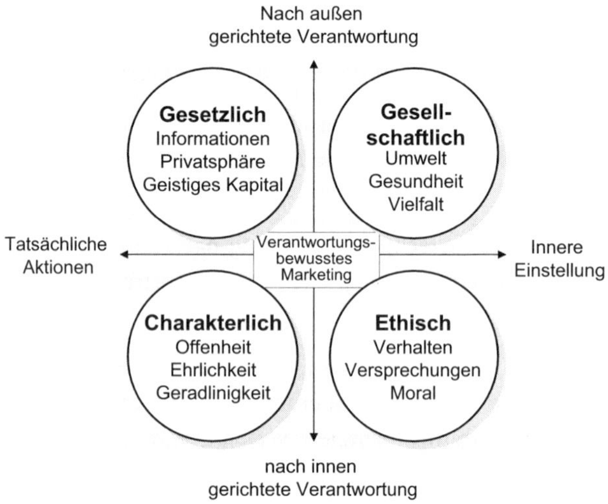

Das Marketing sollte die Aufgabe übernehmen, für einen verantwortungsvollen Ansatz in der Geschäftstätigkeit und im Umgang mit den Kunden zu werben und dieses Verantwortungsgefühl zu einem Grundelement der Marke machen. Die Richtungspfeile des »Verantwortungs-Wegweisers« weisen auf interne und externe Herausforderungen hin und zeigen, inwiefern sich die Handlungsweise und innere Einstellung ändern müssen, um verantwortungsvoll zu agieren. Mit diesem Wegweiser sollten Unternehmen in der Lage sein, ihren Märkten und Interessengruppen mit offenen Augen und Ohren zu begegnen.

Inspiration 6.2 Café Direct

Für eine Marke, bei der diejenigen im Mittelpunkt stehen, die Kaffee wachsen lassen, wächst die Firma Café Direct selbst auch beeindruckend schnell. Die faire Marke liegt in Großbritannien inzwischen auf Platz sechs der Kaffeemarken und hat sich einen Anteil von rund 25 Prozent am Fair Trade-Markt erobert.

Café Direct ist heute einer der weltweit führenden Fair Trade-Händler und seine Marken – Café Direct, 5065, Tea Direct und Cocoa Direct – sind in fast allen britischen Supermärkten erhältlich. Erst kürzlich wurde Café Direct vom größten britischen Verbrauchermagazin *Which?* zur beliebtesten Kaffeemarke gekürt.

Die Firma wurde 1991 als Reaktion auf das zwei Jahre vorher abgelaufene Internationale Kaffeeabkommen (ICA) von den Hilfsorganisationen Oxfam, Tradecraft, Equal Exchange und Twin Trading gegründet. Nach dem Wegfall des Internationalen Kaffeeabkommens fielen die Kaffeepreise ins Bodenlose, was die Existenz vieler Kaffeebauern bedrohte.

Die auf dem unabhängigen Gütesiegel »Gold Standard« beruhende Firmenpolitik des fairen Handels garantiert den Kaffeebauern faire Preise, die weit über dem Branchenstandard liegen. Zu fairen Handelsbeziehungen gehört für Café Direct auch, einen bestimmten Prozentsatz des Bruttogewinns (acht Prozent im Jahr 2003) in Projekte seiner Partnerorganisationen zu investieren, um Marktforschung, Managementschulungen und andere Aktivitäten, die das Geschäft fördern und wachsen lassen, zu unterstützen.

Das Ergebnis ist beeindruckend: Normalerweise erhält ein Kaffeebauer pro verkaufter Packung Kaffee nur fünf Prozent des Ladenpreises, Café Direct dagegen bezahlt ihm 20 Prozent. Café Direct kauft in elf Ländern Kaffee von 33 landwirtschaftlichen Kooperationen ein, was mindestens 250.000 Kaffeebauern zu einem ordentlichen Einkommen verhilft. Außerdem fördert die Firma eine ganze Reihe von Hilfsinitiativen und Bildungsprogrammen.

Dennoch ist Café Direct kein Wohltätigkeitsverein, sondern ein lukratives Geschäft, das nach moralischen und ethischen Prinzipien geführt wird. Bei seinem Vormarsch ist Café Direct alles andere als rückständig. Im Zuge der Marketingkampagnen »5065 Lift«, mit der die Marke »5065« vorgestellt wurde, veranstaltete Café Direct von Brighton bis Edinburgh viele umwerfende Life-Events, auf denen die Besucher sich nicht nur einen Koffein-, sondern auch einen Adrenalinschub abholen konnten.

Verantwortlich für das ethisch rücksichtsvolle und vor allem finanziell einträgliche Marketing ist Sylvie Barr, die sich ebenfalls sehr über den fantastischen Erfolg von Café Direct freut, während ringsum die Kaffee- und Teemärkte weltweit stagnieren oder sogar schrumpfen. In der Tat kann sich der faire Kaffeehändler über eine zweistellige Wachstumsrate freuen, während der Instantkaffee-Umsatz von Nestlé um fast dieselbe Quote einbrach.

Café Direct ist davon überzeugt, dass es schon heute einen Weg verfolgt, auf dem ihm bald viele folgen werden: Ein Unternehmen aufzubauen, das jenseits des Profitstrebens einen höheren Zweck verfolgt. Das kommt auch bei den Kunden gut an, die mit ihren Kaufentscheidungen ein Zeichen setzen und einen positiven Beitrag leisten können.

Der Grundgedanke dieses Geschäftsmodells ist, dass finanzieller Erfolg, Fairness und der Wunsch, die Lebensumstände der Mitmenschen zu verbessern, einträchtig Hand in Hand gehen können.

Anwendung 6.3 Verantwortungsbewusstes Marketing

Wie stellen Sie sicher, dass Sie den Kunden gegenüber verantwortungsbewusstes Marketing betreiben, dass Sie sich integer und ethisch korrekt verhalten? Was gibt am meisten Anlass zu Besorgnis, und wie sieht die zukünftige Entwicklung aus? Was können Sie aktuell tun? Wo besteht für Sie die Möglichkeit, sich durch verantwortungsbewusstes Handeln herauszustellen?

1. Bewerten Sie Ihr Verantwortungsbewusstsein.

Skizzieren Sie Ihr Geschäftsmodell und aktuelle Initiativen und werten Sie aus, was Sie in den vier Dimensionen des »Verantwortungs-Wegweisers« momentan leisten.

2. Finden Sie Schwachstellen und Stärken heraus.

Stellen Sie fest, in welchen Bereichen Sie besonders gut oder besonders schlecht abschneiden, und in welchen Bereichen Sie mehr oder Besseres leisten können.

3. Werden Sie sich über die Prioritäten klar.

Sortieren Sie die Schwachstellen und Bereiche mit gutem Verbesserungspotenzial in der Reihenfolge, die den Prioritäten Ihrer Interessengruppen entspricht.

4. Betonen Sie die positiven Alleinstellungsmerkmale.

Überlegen Sie, wie Sie Ihre Stärken als Alleinstellungsmerkmale nutzen können.

5. Welche Problematik wird zukünftig an Bedeutung gewinnen?

Überlegen Sie, welche neuen Probleme in den Dimensionen des »Verantwortungs-Wegweisers« auftreten könnten, und welche Konsequenzen sich daraus ergäben.

6. Verantwortungsbewusst planen, sein und sich verbessern.

Stellen Sie einen verantwortungsbewussten Marketingplan auf, der die erarbeiteten Erkenntnisse bei allen Marketingaktionen berücksichtigt.

Konzept 6.3 Unternehmen für Kunden

Schon seit Jahrzehnten herrscht in Unternehmen das eiserne Prinzip der »Kundenorientierung«. Was Kundenorientierung aber genau bedeutet, und inwiefern sich ein kundenorientiertes Unternehmen vom anderen unterscheiden soll, ist eher Auslegungssache. So ziemlich jedes Unternehmen schreibt sich das Prädikat »kundenorientiert« auf die Fahne, Unternehmenschefs beten die zugehörigen Regeln herunter und machen die Kundenorientierung zum Gegenstand unzähliger Veränderungsprogramme.

Aber seien wir einmal ehrlich: Wissen Unternehmen wirklich, wer ihre Kunden sind? Richten sie ihre Geschäftstätigkeit nach ihnen aus, verstehen sie, was ihre Kunden motiviert und interessiert? Werden Marken tatsächlich nach dem definiert, was sie den Kunden versprechen und bieten? Wollen Unternehmen tatsächlich Kundenbeziehungen eingehen, die über den Verkauf eines Produkts hinausgehen? Geben Kunden den Ausschlag für geschäftliche Entscheidungen, stehen sie in Tagesordnungen an erster Stelle? Sind Kunden in den Jahresberichten der Unternehmen überhaupt eine Erwähnung wert, und wird der Geschäftserfolg daran gemessen, ob die Kunden zufrieden sind?

- Die meisten Marketinginitiativen werden in erster Linie nicht für Kunden, sondern für Unternehmen entwickelt. Botschaften werden dann an die Verbraucher übermittelt, wenn das Unternehmen den Zeitpunkt für günstig hält, schnell den Umsatz zu steigern.
- Die meisten Mitarbeiter werden nicht aufgrund ihrer Kundenfreundlichkeit, sondern anhand ihrer Produktivität beurteilt und belohnt. Der Vertriebsleiter muss für klingelnde Kassen sorgen, der Call Center-Leiter für möglichst kurz klingelnde Telefone.
- Der prinzipiell löbliche Gedanke der Kundenbeziehungspflege – CRM – wird als Automatisierungswerkzeug des Vertriebs missbraucht, um jedem einzelnen Kunden noch mehr Produkte aufzuschwatzen, ganz egal, ob er das will oder nicht.

Nur wenige Unternehmen orientieren sich tatsächlich an ihren Kunden, und in einigen seltenen Ausnahmefällen ist es sogar gelungen, die Kunden in den Mittelpunkt der Geschäftstätigkeit zu rücken, in wirklichem Kontakt zu stehen, sich von den Kunden die Richtung weisen zu lassen und eine enge Beziehung aufzubauen.

Im Übrigen bewegt man sich allein mit dem Begriff »Kunde« möglicherweise auf sehr dünnem Eis.

Die direkten »Kunden« der Verbrauchsgüterhersteller sind die Einzelhändler, während der Endkunde als Verbraucher oder Konsument tituliert wird. Dies ist nicht nur irreführend, sondern kann auch den Blick auf den Markt trüben, da das Hautaugenmerk auf den Zwischenhändler gerichtet ist. In der B2B-Branche sind die professionellen Serviceanbieter die Kunden, die zuweilen auch als Klienten bezeichnet werden. Geschäftsentscheidungen werden hier meist im weitläufigen Netzwerk der Geschäftspartner getroffen. Zu guter Letzt hat das Totale Qualitätsmanagement den Begriff des »internen Kunden« geprägt, was insofern sinnvoll ist, dass eine Unterscheidung zwischen nach innen und nach außen gerichteter Orientierung ermöglicht wird. Allerdings besteht auch die Gefahr, dass der Dienst am externen Kunden dabei in Vergessenheit gerät.

Am wichtigsten ist es, abgegebene Versprechen einzuhalten, die gute Absicht in der betrieblichen Realität umzusetzen, empfiehlt The Foundation, das führende Beratungsunternehmen für Kundenzentrierung. Das hört sich zwar sehr einfach an, erfordert unter Umständen aber, in neuen Bahnen zu denken und Arbeitsweisen neu auszurichten oder gar völlig umzustellen.

Der erste Schritt besteht darin, das Unternehmen von »außen nach innen« zu strukturieren. Dazu gehört, sich gemeinsam über den Zielkunden und das an ihn gegebene Versprechen zu einigen und festzulegen, welche Aktivitäten in ihrer Gesamtheit die entsprechende Kundenerfahrung vermitteln. Anschließend kann die organisatorische Struktur so umgestaltet werden, dass diese Kundenerfahrung garantiert in beabsichtigter Weise vermittelt wird.

Wie bereits besprochen, hat sich das Verbraucherverhalten radikal geändert, weshalb Unternehmen auf die neuen Machtverhältnisse auf den Märkten, auf die Zersplitterung ihrer Zielgruppen, auf die wachsende Wettbewerbsintensität und vieles mehr reagieren müssen, um sich ihr Überleben zu sichern.

- Mit Strategien, die sich auf die besten Marktchancen und die besten Kunden konzentrieren.
- Mit Marken, die nicht sich selbst, sondern ihre Unternehmen, und was es für seine Kunden leistet, ins Rampenlicht stellen, und die weniger auf ihren Fähigkeiten aufbauen, sondern auf den Bedürfnissen ihrer Zielgruppen.

- Mit Verkaufsargumenten, die anstelle der Produktmerkmale die Vorzüge betonen, die in ihrer Einzigartigkeit den besten Wert für die Kunden bieten.
- Mit Erfahrungen, die aus der Kundenperspektive gestaltet werden und alle direkten und indirekten Interaktionen mit der Marke und dem Unternehmen berücksichtigen.
- Mit Beziehungen, wie sie sich die Kunden wünschen, und die auf der Basis des gegenseitigen Nutzens und Verständnisses gestaltet und in einem gleichberechtigten Dialog weiterentwickelt werden.
- Mit kundenbasierten Erfolgsmaßstäben, die als treibende Kräfte des finanziellen Erfolgs miteinander verknüpft und von Mitarbeitern, Geschäftsführern und Investoren gleichermaßen anerkannt werden.

Als tragendes Fundament ist ein Kunden-Unternehmen in dem Sinn erforderlich, dass der Kunde grundsätzlich und überall die Hauptrolle spielt. Die Aufgabe des Marketings ist es dann, die Hauptrolle des Kunden zu stärken, zu ermöglichen und zu steuern.

Mithilfe eines etwas ungewöhnlich erscheinenden Tricks wird die Orientierung am Kunden einfacher. Stellen Sie sich vor, Ihr Unternehmen wäre ein Turm (der weiße Balken in der Abbildung), den Sie sanft umwerfen, so dass er der Länge nach auf dem Boden liegt (der schwarze Balken).

- Aus vertikalen, isolierten Funktionseinheiten, die sich kaum austauschen, weder Wissen noch Verantwortung teilen und wenig Kontinuität erkennen lassen, die aber alle einen Dienst am Kunden leisten, werden plötzlich horizontal verlaufende Einheiten, die kooperieren.
- Aus Produkt- und Servicedenken, das holprigen und zugleich standardisierten Bahnen folgt, entwickelt sich eine Denkweise, die sich an individuellen Lösungen orientiert, da Markenversprechen und Markenerfahrung die Richtung weisen.
- Der Schwerpunkt verlagert sich von operativer Produktivität und Absatzorientierung auf die Bildung strategischer Beziehungen, die darauf abzielen, lebenslange Werte für die Kunden zu schaffen und schon bei der ersten Kontaktaufnahme zu überzeugen.

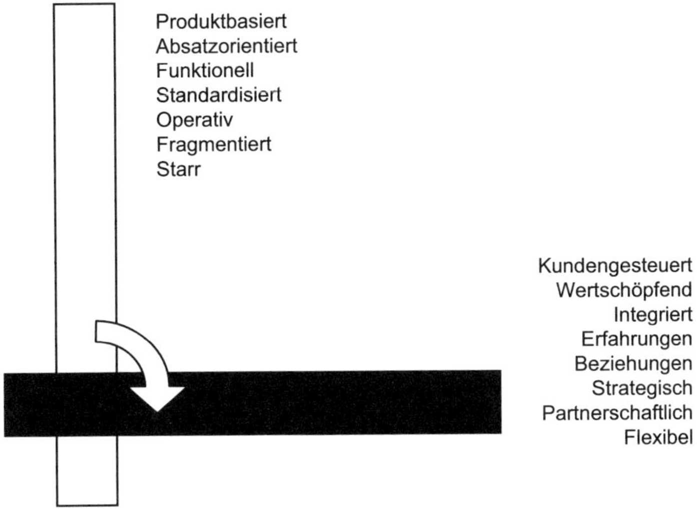

- Das Management von Warengruppen, Produkten und dem Vertrieb, das nur in der Vertikalen misst und steuert, verlagert sich auf das Management von Segmenten, Kunden und Beziehungen, bei dem Budgetzuweisungen und Ergebnismessungen entlang horizontaler Linien erfolgen.
- Funktionelle und starre Prozesse, Strukturen, Systeme, Daten, Ressourcen und Menschen gewinnen an Beweglichkeit, Anpassungsfähigkeit und Richtungssinn, um gemeinsam für die Kunden zu arbeiten.

Und außerdem kommt sicherlich jeder deutlich motivierter zur Arbeit, wenn im Unternehmen zu spüren ist, dass es nicht nur darum geht, möglichst viel Geld zu verdienen, sondern darum, mit Spaß an der Arbeit den Kunden zu dienen, einen höheren Zweck zu verfolgen und jeden zu inspirieren, der daran mitwirkt.

Inspiration 6.3 Procter & Gamble

Direkt vom Innovationszentrum von P&G geht es durch eine Tür in das »Consumer Village«, das dem Unternehmen als Treffpunkt dient, um die Menschen, die seine Produkte kaufen, kennen zu lernen. Auf einer Seite der Halle ist ein typischer Supermarktgang nachgebaut, den P&G als »ersten Augenblick der Wahrheit« bezeichnet, auf der anderen Seite befindet sich der »zweite Augenblick der Wahrheit« in Form von sechs komplett mit Kochgelegenheiten, Spül- und Waschmaschinen ausgestatteten Küchen und Badezimmern, damit die Verbraucher P&G-Produkte sozusagen in ihrer natürlichen Umgebung testen können.

Obwohl sich P&G grundsätzlich immer auf den besten Nutzen für die Kunden konzentriert – mit immer besseren Waschmitteln und immer saugfähigeren Windeln – empfand es das Unternehmen immer als Mangel, die nicht geäußerten Kundenbedürfnisse nicht gleichermaßen berücksichtigen zu können – welche Verpackungsarten lassen sich zuhause am platzsparendsten aufbewahren, wie dehnbar müssen die seitlichen Windelverschlüsse wirklich sein? Abgeschottete Fokusgruppen lieferten keine lebensnahen Erkenntnisse, da sie relativ willkürlich nur die vorgegebenen Antworten ankreuzten. Das Consumer Village dagegen bringt Hersteller und Kunden zusammen. Die P&G-Wissenschaftler haben die Möglichkeit, Verbraucher »live« beim Kauf und der Benutzung der Produkte zu beobachten, mit ihnen zu diskutieren und herauszufinden, was ihnen wirklich wichtig ist.

Im Jahr 2002 betrugen die Umsatzerlöse von P&G 40 Milliarden US-Dollar. Das Unternehmen ist weltweit in 80 Ländern vertreten, beschäftigt über 100.000 Mitarbeiter und verkauft in mehr als 140 Märkten an mindestens fünf Milliarden Menschen seine weltberühmten Marken: Tide, Ariel, Pampers, Crest, Pringles, Olaz und viele mehr.

In dem Buch *Rising Tide: Lessons from 165 Years of Brand Building at Procter & Gamble* verrät das Unternehmen einige seiner Erfolgsrezepte:

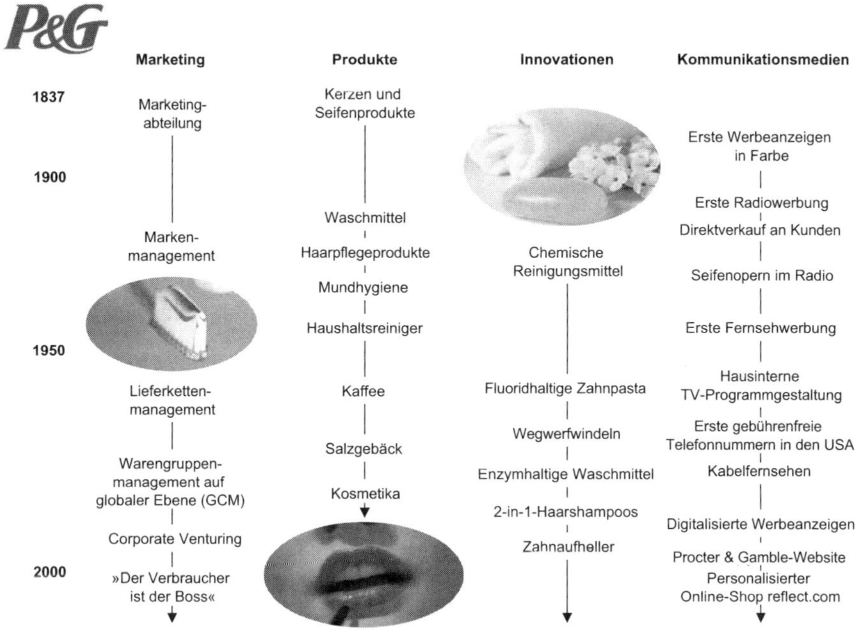

Quelle: Auszug aus Procter & Gamble-Website

1. Unbeirrbare Konzentration auf Markenartikel des täglichen Gebrauchs in Kombination mit einem hervorragenden Marketing, das den Verbraucher in den Mittelpunkt stellt. B2B-Märkte und Hausmarken möglichst meiden.

2. Am Aufbau einer Marke ist das gesamte Unternehmen – nicht nur das Marketing – beteiligt. Werbekampagnen alleine machen noch keine erfolgreiche Marken.

3. Kontinuierliche Forschung ist die Voraussetzung, um neue Ideen zu prüfen und weiterzuentwickeln sowie vorhandene Produkte zukunftsfähig zu machen und den Markt immer wieder aufs Neue zu beleben.

4. Effektiv umsetzen können – Die Konsumgüterindustrie ist zwar mehr oder weniger auf demselben Stand, was die Erkenntnisse über die Kunden und die Entwicklung neuer Produkte angeht, doch P&G setzt sie schneller und lukrativer um.

5. Geschickt mit den vielen geschäftlichen Prioritäten jonglieren und das Beste aus den Spannungen und Widersprüchen machen, die zum Beispiel aus den folgenden Gegensätzen entstehen:

- Langfristige Ziele und zugleich kurzfristige Prioritäten verfolgen,
- Mitarbeiter kontrollieren und ihnen zugleich möglichst viel Freiheit lassen,
- einige wenige große Ideen und zugleich unzählige kleinere Einfälle realisieren,
- sich auf den US-amerikanischen Verbraucher konzentrieren und zugleich international agieren,
- Produktdenken und zugleich Verbraucherbedürfnisse in den Mittelpunkt rücken,
- organisch wachsen und zugleich fusionieren.

Alan G. Lafley, der im Jahr 2000 das Ruder übernommen hat, brachte den Vorreiter des klassischen Marketings, der in den 1990er Jahren ein wenig von seinem Kurs abgekommen war, in Rekordzeit wieder auf Vordermann. Und während die alten Erzrivalen Unilever und Colgate Palmolive noch darum kämpfen, wieder Fuß zu fassen und immer einflussreichere Einzelhandelsketten mit eigenen Hausmarken im Supermarktregal den Wettbewerb verschärfen, freut sich P&G wieder über zweistellige Wachstumsraten und verbesserte Gewinnspannen, die es der Rückbesinnung auf den Verbraucher und innovativen Produkten zu verdanken hat.

Die Devise, mit der Lafley seine unternehmensinterne Revolution anführte, war einfach und wirkungsvoll: »Der Verbraucher ist der Boss.«

Der Kunde war zwar schon immer wichtig, König war jedoch das Produkt. Jetzt hat sich dieses Herrschaftsverhältnis umgedreht, da sich das Unternehmen nicht mehr an den Möglichkeiten, sondern an den realen Bedürfnissen der Kunden orientiert. Früher war P&G der arroganten Ansicht, als einziges Unternehmen die besten Produkte entwickeln zu können. Heute interessiert es sich verstärkt dafür, was andere leisten und arbeitet sogar mit der Konkurrenz zusammen, um den Verbrauchern die besten Lösungen bieten zu können. Die zahnaufhellenden Whitestrips zum Beispiel sind das Ergebnis einer solchen Kooperation. Und seit P&G seine Produkte als Erfahrungsvermittler betrachtet, gewinnt auch das Design an Bedeutung, wie die speziell für kleine Kinderhände kreierten Kandoo-Produkte mit den lustigen Fröschen zeigen.

Eine Vielzahl webbasierter Communities dient P&G dazu, Vorschläge zu sammeln, aus denen sich innovative Ideen und Lösungen ergeben können, die das Unternehmen anschließend auf den Markt bringt. So stellt zum Beispiel die Internetplattform Ninesigma den Kontakt zu rund 500.000 Wissenschaftlern und Hobbyforschern her, die alle gerne an den FuE-Aufträgen von Procter & Gamble mitarbeiten. Damit vergleichbar ist die Internetplattform Innocentive.com des Pharmakonzerns Ely Lilly, während Yourencore.com sich explizit an die erfahrenen pensionierten Entwickler wendet, die trotz ihres Ruhestands noch immer an einer wissenschaftlichen Herausforderung interessiert sind.

Lafleys Ansicht nach kann jeder Mensch überall auf der Welt eine fantastische Idee haben, die eine wertvolle Bereicherung für die Geschäftstätigkeit von P&G darstellt. Darauf will er nicht verzichten.

In der Vergangenheit waren die riesigen Datenmengen der quantitativen Marktforschung ein Bremsklotz für das Unternehmen. Heute wird zum Beispiel die Ethnografie als beobachtende Untersuchungsmethode eingesetzt, um anschließend gezielt quantitative Marktforschung zu betreiben. Lafley erklärt: »Wer die Jagdmethode der Löwen verstehen lernen will, muss in die afrikanische Steppe, nicht in den Zoo.«

Auch das Arbeitsumfeld bei P&G hat sich weiterentwickelt. Seitdem das Produkt nicht mehr im Mittelpunkt steht, gewinnt die Zusammenarbeit an Bedeutung, um im Team auf den Markt zu reagieren, die Verbraucher besser zu verstehen und individuelle, besondere und bedeutsame Lösungen zu entwickeln. Der Klimawandel fördert ein offenes Miteinander, das sich auch an den großzügig bemessenen Teamräumen und den neu eingebauten Rolltreppen zeigt, die dazu einladen, sich gegenseitig zu besuchen. Die vielleicht radikalste Innovation ist, dass das Marketing und die Finanzen bei P&G neuerdings in angrenzenden Räumen untergebracht sind.

Anwendung 6.4 Kundenethnografie

Wie filtern Sie aus dem Berg an Marktforschungsdaten diejenigen heraus, die Ihnen echte Erkenntnisse über die Bedürfnisse der Kunden liefern? Wie lösen Sie die Probleme Ihrer Kunden besser und innovativer?

1. Beobachten Sie Ihre Kunden.

Beobachten Sie, unbemerkt natürlich, eine Stunde lang ein bestimmtes Kundenverhalten.

2. Notieren Sie sich, welches Verhalten Sie beobachten.

Notieren Sie wertfrei alle Handlungen und Verhaltensweisen Ihrer Kunden sowie mögliche Konsequenzen.

3. Vergleichen Sie Ihre Beobachtungen.

Bitten Sie eine weitere Person hinzu und vergleichen Sie anschließend Ihre Aufzeichnungen.

4. Erstellen Sie ein Verhaltensmuster.

Schlüsseln Sie das Verhalten in einzelne Sequenzen auf und ermitteln Sie Schlüsselmomente und Problembereiche.

5. Vergleichen Sie Ihre Beobachtungen mit bestehenden Forschungsergebnissen.

Stimmen Ihre Beobachtungen mit den konventionellen Marktforschungsergebnissen überein? Werden die beobachteten oder geäußerten Bedürfnisse tatsächlich berücksichtigt?

6. Handeln Sie!

Formulieren Sie Ihre Erkenntnisse, beschreiben Sie, welche Aktivitäten vorhersehbar oder überraschend waren, listen Sie positive und negative Reaktionen auf und handeln Sie entsprechend.

Denken, was noch keiner gedacht hat

»Jede Innovation – jede neue Idee – wird definitionsgemäß erst einmal abgelehnt. Bevor eine Innovation in einem Unternehmen akzeptiert und verinnerlicht werden kann, müssen unzählige Versuche unternommen, endlose Demonstrationen und eintönige Testläufe vorgeführt werden. Dazu braucht man ***Mut und Geduld.***«

Warren Bennis

»In unserer Sprache gibt es kaum die passenden Ausdrücke, um über Derartiges zu reden. Die meisten Menschen verstehen unter Design eine Fassade ... für mich ist gutes Design aber alles andere als eine Äußerlichkeit. Das Design ist die Seele eines jeden von Menschenhand geschaffenen Objekts.«

Steve Jobs

Innovation ist der Motor der Wettbewerbsfähigkeit, des Wachstums, der Rentabilität und der nachhaltigen Wertschöpfung. Innovation lässt sich zwar leicht als Aufgabe der Produktentwicklung und des technologischen Fortschritts abstempeln, in Wahrheit aber geht sie das gesamte Unternehmen an. Innovation lautet der moderne Schlachtruf unserer Zeit, der oft schnell verstummt, wenn die Zeiten härter werden, anstatt Innovation als immerwährenden kontinuierlichen Prozess zu begreifen.

Intelligentere Innovationen	Fantasievollere Innovationen
... sind unbequem. Sie rütteln an den Konventionen des Unternehmens und des Markts und finden Schwachstellen, die entfernt oder verändert werden müssen.	**... sind kreativ**. Sie durchleuchten radikal jede Chance auf ihr Umsetzungspotenzial.
... entwickeln sich. Innovationen müssen wie strategische Prozesse gesteuert, riskiert und belohnt werden, um Produkte und Märkte weiterzuentwickeln.	**... überzeugen**. Innovative Lösungen für Produkte, Verkaufstaktiken und Anwendungen erzielen durchschlagende Wirkung bei den Kunden.
... im Geschäftsmodell. Jedes Unternehmen sollte hinterfragen, wodurch es sein Geld verdient und womit Wert für Kunden und Interessengruppen geschaffen wird.	**... im Marktmodell**. Innovation innerhalb der Märkte heißt, Märkte, Kunden, Partner, Kanäle und Preisgestaltung zu überdenken.

Innovation ist außerdem eine fantastische Chance für Marketingexperten, Zeichen im Unternehmen zu setzen – und dank ihres fundierten Wissens über Marktoptionen und Kundenwünsche umwälzende Neuerungen, von denen das gesamte Unternehmen profitiert, auch jenseits der Marketingabteilung voranzutreiben und strategische Herausforderungen mit nachhaltigem Erfolg zu meistern.

Fakt ist, dass es in den wenigsten Unternehmen einen eigens ernannten »Innovationsverantwortlichen« gibt, der die Innovationsstrategie entwickelt, das Portfolio der Innovationen pflegt, Investitionen und Ressourcen zuweist und die Zukunft des Unternehmens mitsamt dem Angebot an die Kunden gestaltet.

Innovation ist ein Element des Marketing-Mix und wartet nur darauf, aufgegriffen zu werden.

»Innovation« ist an sich ein recht vager Begriff, der alles und nichts bedeuten kann. Für die einen ist Innovation ein kreativer Geistesblitz, für die anderen die prozessgesteuerte Neuentwicklung von Produkten oder Teil der Geschäftsstrategie, eine regelmäßige Frischzellenkur oder aber eine schrittweise Verbesserung der täglichen Routinearbeiten. All das trifft zu. Innovation bedeutet, die neuesten und besten Ideen umzusetzen – ob Produkte, Dienstleistungen, Arbeitsweisen oder Geschäftsmodelle –, um damit geschäftliche Erfolge zu erzielen.

Beispiele für innovatives Marketing in den verschiedenen Dimensionen sind:

- Märkte – Starbucks hat auf dem Markt Standards hinsichtlich erstklassiger Kaffeebars gesetzt.
- Produkte – Dyson-Staubsauger machen die lästigen Staubbeutel überflüssig und überzeugen durch höhere Saugkraft.
- Service – Das Ritz Carlton gewährt seinen Mitarbeitern ein Maximum an Handlungsfreiheit, um die Hotelgäste mehr als zufrieden zu stellen.
- Kanäle – Nikes innovative Niketowns sind Markentempel und Einkaufsorte zugleich.
- Preisgestaltung – Abrechnung nach Sekundentakten oder Homezones haben Handys deutlich beliebter gemacht.
- Anwendung – Der iPod ist das ultimativ coole Fotoalbum.
- Geschäftsmodell – Bei IKEA holen sich die Kunden ihre Möbel selbst aus dem Regal und bauen sie zuhause selbst zusammen.

Nach Ansicht von Peter Drucker gibt es im Allgemeinen sieben Auslöser für Innovationen: die *Überraschung* über unerwartete Erfolge oder Misserfolge; *Ungereimtheiten* mit durchgesetzten Branchenstandards; *Verzweiflung* über Unzulänglichkeiten; *Überalterung* von Industriezweigen oder Geschäftsprozessen; *Gesellschaftliche oder demografische Veränderungen*, wie zum Beispiel die wachsende Kaufkraft der älteren Generation; *Veränderungen der Verbraucherhaltung* wie zum Beispiel neue Sichtweisen und gestiegene Ansprüche; *Entdeckungen*, die neues Wissen und neue Fähigkeiten zugänglich machen und somit neue Chancen eröffnen.

Tritt in einem Unternehmen mindestens einer dieser Faktoren auf, gibt er normalerweise den Anstoß dazu, festgefahrene Bahnen zu verlassen und neue Ansätze zu erforschen. Dann kommt es darauf an, die besten Chancen möglichst schnell und effizient kommerziell nutzen zu können.

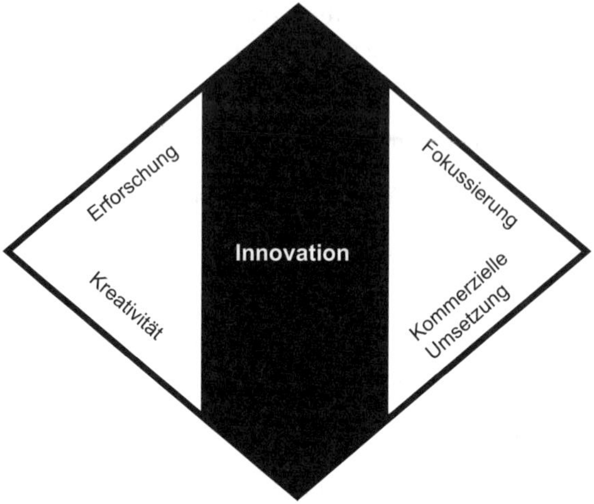

Innovation ist ein Prozess, der Türen sowohl öffnet als auch schließt.

Eine Innovation wirkt sich auch immer auf den Markt aus, da sie zugleich Anwendung und Produkt betrifft.

Unternehmen, die den Markt gestalten, führen in ihm auch umwälzende Innovationen ein, die sich auf die Bedürfnisse der Kunden, die Wettbewerbsstruktur, die Verbindungskanäle und die Spielregeln der Geschäftstätigkeit auswirken. Innovative Geschäftsideen und Produkte können in der Tat nur dann die erwünschte durchschlagende Wirkung haben, wenn sich der Markt selbst spürbar verändert.

Nicht zuletzt muss auch das Marketing im Hinblick auf das Design und die Präsentation der Marken und ihrer Angebote, die Nutzung von Kanälen und Medien, die Preisgestaltung und das Serviceangebot, die Karrieremöglichkeiten und Honorare innovationsfreudig sein und immer wieder neue Wege gehen.

Viele innovative Produkte und Dienstleistungen erweisen sich nicht nur in technischer Hinsicht, sondern in allen Kategorien als Flop, wofür Geoffrey Moore in seinem Buch *Crossing the Chasm* die Erklärung liefert. Die »Versenkung«, in der so viele großartige Ideen auf Nimmerwiedersehen verschwinden, entsteht durch die beträchtliche zeitliche Verzögerung zwischen der Ersteinführung einer Innovation, die nur für wenige Technikfreaks interessant ist, und ihrer Eignung für den Massenmarkt.

Während die fortschrittsbegeisterte Käuferschicht schon Schlange für das neue Produkt steht und blind auf seine Qualitäten vertraut, wartet der Großteil der Verbraucher erst einmal ab. Normalerweise vergehen Monate, bis die Masse der Verbraucher auf die Neuigkeit so neugierig wird, dass das Absatzvolumen merklich steigt. Unternehmen, denen der Sprung von ihrer ersten Marktnische in den Massenmarkt nicht gelingt, können kaum den Umsatz erzielen, der die Ausgaben für Produktentwicklung und Markteinführung zu lohnenswerten Investitionen werden lässt.

Man denke dabei nur einmal an den begrenzten Erfolg der ersten Apple Macintoshs und der späteren iMac, beides fantastische Innovationen, die jedoch niemals den Massenmarkt erobern konnten. Der innovative iPod dagegen hat diesen wichtige Sprung geschafft und sich in all seinen Variationen als unverzichtbares Modeaccessoire etabliert.

Moore empfiehlt, dass jede neue Lösung je nach ihrem »Reifegrad« sehr differenziert beworben werden sollte, da die innovationsfreudigen Technikfreaks auf ganz andere Botschaften, Kanäle und Preise ansprechen als die breite Masse der Verbraucher. Im Gegensatz dazu gehen viele Marketingexperten fälschlicherweise davon aus, ein innovatives Produkt sei nach seiner Einführung ein Selbstläufer und eine Botschaft, ein Produktversprechen und ein Design reichten aus, das Gros der Konsumenten anzusprechen.

Das Marketing muss dem Markt nicht nur auf strategischer, sondern auch auf taktischer Ebene neue Impulse geben, um sicherzustellen, dass die besten Ideen im geeigneten Kontext erscheinen, den persönlichen Haltungen der Verbraucher entsprechen, auf die passende Infrastruktur treffen und als unwiderstehlich empfunden werden, damit im Wettbewerb wirtschaftlicher Erfolg erzielt werden kann.

Inspiration 7.1 Blackberry

Blackberry, das ultimative Gerät für die mobile Kommunikation per E-Mail wurde in den US-Medien vor einiger Zeit in »CrackBerry« umgetauft, weil es einen ähnlich hohen Suchtfaktor wie die Droge Crack haben soll und sich viele Benutzer ein Leben ohne die kleine schwarze Maschine gar nicht mehr vorstellen können. Ob in einer Besprechung, im Bus oder am Strand, für Black-Berry-Süchtige scheint es eine ungeheure Willensanstrengung zu sein, das Gerät auch einmal auszuschalten.

Der Hersteller des BlackBerry ist eine relativ unbekannte Firma namens Research in Motion (RIM), deren Zentrale sich im kanadischen Ontario befindet. Die Mitarbeiter von RIM gelten als öffentlichkeitsscheu, ernsthaft und ein wenig kauzig, denn der Markteinführung des ersten BlackBerry-Geräts im Januar 1999 gingen immerhin zehn Jahre Produktentwicklung voraus.

Das geduldige Warten war jedoch notwendig. Die dem BlackBerry zugrunde liegenden Technologien wurden zwar schon seit einigen Jahren kommerziell genutzt, doch das Unternehmen befand, dass die Zeit für die mobile E-Mailnutzung in großem Stil noch nicht reif war. Erst als in immer mehr Jobs die permanente Erreichbarkeit per Mobilfunktelefon immens an Bedeutung gewann und die unglaubliche Menge an SMS-Nachrichten zeigte, wie groß der Bedarf nach umfassender Konnektivität tatsächlich war, brachte RIM den BlackBerry auf den Markt, der jedem den ständigen Zugriff auf E-Mails gestattete.

Bei der Markteinführung des BlackBerry konzentrierte sich das Unternehmen primär auf die Zielgruppe der so genannten Wissensarbeiter, die ganz direkt angesprochen wurde. Bei großen Konferenzen war das Marketing mit einem Infostand vertreten und bot den Konferenzteilnehmern an, einen Tag lang kostenlos ein BlackBerry-Gerät zu testen. Dies hatte zur Folge, dass die Topmanager die meiste Zeit damit verbrachten, ihre E-Mails zu lesen, anstatt den Vorträgen zu lauschen.

Den Rednern mag dies weniger gut gefallen haben, die Konferenzteilnehmer aber waren auf den BlackBerry-Geschmack gekommen und konnten nicht mehr davon lassen. Wer einmal damit anfängt, kann nur schwer wieder damit aufhören, und tatsächlich bezahlten viele der Topmanager noch am selben Tag für den zur Probe überlassenen BlackBerry aus eigener Tasche, ohne auch nur daran zu denken, dass bei einem Großeinkauf über die Einkaufsabteilung über einen Rabatt verhandelt werden könnte.

Innerhalb weniger Monate tauschten viele große Konzerne, unter ihnen die Credit Suisse First Boston und Intel, die firmeneigenen Palm Pilots der Belegschaft gegen BlackBerry-Geräte aus. Und selbst als die Börsenkrise im Jahr 2000 in der Technologiebranche wütete und die RIM-Aktienkurse kurzfristig um 90 Prozent einbrachen, stiegen die Betriebsgewinne des BlackBerry-Herstellers ungebremst weiter.

RIM-Gründer Mike Lazardis sieht seine Aufgabe darin, Daten automatisiert an den Mann – oder die Frau – zu bringen. Auch wenn es schöner formulierte Absichtserklärungen geben mag, ist es Lazardis doch gelungen, einen »White Space« zu einem »Hot Spot« zu machen, an dem sich schon viele Mitbewerber die Finger verbrannt haben.

Anwendung 7.1 Innovationswegweiser

Wie verbessern Sie Ihre Innovationsfähigkeit? Wie kreativ können Sie werden, und wann ist der Punkt erreicht, an dem Sie sich an die Auswahl realistischer Optionen machen sollten? Wie filtern Sie aus vielen innovativen Möglichkeiten die besten heraus? Wie können Sie sicher sein, dass der Markt für Ihre Innovationen reif ist?

1. Definieren Sie, woraus die Schwierigkeiten bestehen.
Welche Hürden oder Chancen sind mit Ihrer Innovation in Bezug auf Zielsetzung, Problematik und zeitlicher Umsetzung verbunden?

2. Lassen Sie Ihrer Kreativität freien Lauf.
Sammeln Sie möglichst viele kreative Ideen, die sich auf einen definierten Kontext anwenden lassen.

3. Spielen Sie mit den Ideen.
Verknüpfen Sie Ihre Ideen oder Teilsaspekte so, dass sie Gestalt annehmen und aussagekräftig formuliert werden können.

4. Prüfen Sie die Ideen auf ihren wirtschaftlichen Wert.
Filtern Sie die Ideen anhand verschiedener festgelegter Kriterien aus. Zum Beispiel nach potenzieller Attraktivität, Risiken, Kosten und Rentabilität.

5. Wählen Sie die besten Ideen aus.
Einigen Sie sich über die besten Ideen, über mögliche Prototypen und realistische Profitpotenziale.

6. Überlegen Sie sich innovative Marktauftritte.
Welche Möglichkeiten haben Sie, um auch die Markteinführung und die Anwendung durch den Kunden innovativ zu gestalten (wiederholen Sie hierfür Schritte eins bis fünf).

Konzept 7.1 Kreative Störungen

Ein Staubsauger ohne Staubbeutel? Undenkbar! Bis sich James Dyson darüber Gedanken machte. Passagiere, die einen Langstreckenflug bequem im Bett verschlafen? Absolut unrealistisch, bis sich British Airways mit einem Yachtdesigner unterhielt. Geld verdienen, indem man

Informationen kostenlos zur Verfügung stellt? Jeder Analyst konnte darüber nur den Kopf schütteln, bis Google ein radikal innovatives Geschäftsmodell erfand.

Innovationen sprengen den Rahmen von Konventionen.

Innovationen rütteln an Konventionen oder stellen sogar völlig auf den Kopf, was als allgemein gültiger Standard gilt. Dies kann sich auf die Art und Weise beziehen, wie Unternehmen Gewinne erwirtschaften, auf die angenommenen Bedürfnisse der Kunden sowie auf die für geeignet befundenen Lösungen.

Die größte Explosionsgefahr besteht überall dort, wo der Frustrationspegel der Kunden sehr hoch ist (man denke nur an Umschuldungen), extreme Produktkomplexität herrscht (wie soll der Computer mit all seinen Zusatzgeräten eigentlich konfiguriert werden?) oder paradoxe Angebote gemacht werden (im Dutzend wäre es zwar billiger, aber wohin mit dem ganzen Kram?).

Der Harvard-Professor Clay Christensen beschreibt in seinem Buch *The Innovator's Dilemma*, weshalb unsere heutigen Märkte so häufig Schauplatz so genannter »disruptiver Innovationen« sind, denen angesehene und erfolgreiche Marktführer zum Opfer fallen, weil neue Billiganbieter mit qualitativ minderwertigen Produkten das Rennen machen. Ganz typisch für dieses Phänomen ist, dass der neue Anbieter besser auf die Prioritäten der Kunden eingeht und Bedürfnisse zu niedrigeren Preisen erfüllt, weil er im Gegensatz zu den großen Marken nicht den Anspruch hat, mehr als unbedingt notwendig zu leisten.

Vermutlich haben auch Ihr DVD-Player, Ihre Kamera, Ihr Telefon und Ihr Computer wesentlich mehr Funktionen als Sie eigentlich benötigen, um mit den Geräten zufrieden zu sein. Wie fänden Sie es, wenn diese Geräte nur mit den wichtigsten Grundfunktionen ausgestattet, kostengünstiger produziert und somit wesentlich billiger verkauft würden?

Vor 1960 waren elektrische Bohrmaschinen und ähnliche Geräte schwergewichtig, umständlich zu bedienen und teuer, da sie ausschließlich für die Bauindustrie hergestellt wurden. Dann brachte Black & Decker leichtgewichtige Heimwerkergeräte im Plastikgehäuse zu einem Zehntel des Preises der alten Modelle heraus – deren Motoren auf eine Lebensdauer von 25 bis 30 Stunden ausgelegt waren, was jedem Hobbyhandwerker und Freizeitgärtner völlig genügt.

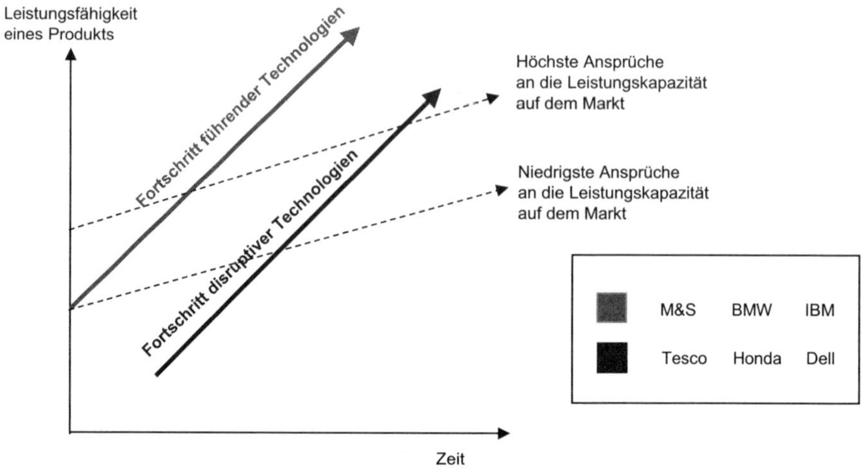

Quelle: In Anlehnung an *The Innovators Dilemma* von Professor Clayton Christensen.

Technologische Innovationen können sich durchaus als Schuss nach hinten erweisen. Sobald sich ein Unternehmen nur noch darauf konzentriert, Produkte für immer speziellere Anwendungen zu entwickeln, besteht die Gefahr, dass es im Wettrennen mit der Konkurrenz um größere, bessere und schnellere Lösungen den Kunden und seine eigentlichen Bedürfnisse aus den Augen verliert.

Der technologische Fortschritt ist in dieser Hinsicht nicht unbedingt hilfreich. Unternehmen fühlen sich dazu genötigt, die immer schnelleren Prozessoren, kleineren Komponenten und größeren Speicherkapazitäten in die jeweils nächsten Gerätegeneration zu integrieren, obwohl Kunden die neuesten technologischen Möglichkeiten selten voll ausschöpfen. Die meisten Geräte verfügen über mehr Funktionen als der Benutzer jemals benötigt, auf vielen Computern sind Programme installiert, die der Anwender nicht nutzt und der neueste technische Schnickschnack hat häufig mehr ästhetischen als praktischen Wert.

Die »zerstörerische« Kraft entfaltet sich, wenn der technologische Fortschritt Möglichkeiten eröffnet, die weit über dem liegen, was Kunden wollen und brauchen. Dieser »Leistungsüberschuss« ist eine gute Chance für Firmen, den betreffenden Markt mit billigeren und einfacher anwendbaren Produkten zu betreten, die für die Masse der Kunden »gut genug« und daher interessanter sind als das Neueste vom Neuen.

Gelingt es dem Marktneuling, sich im unteren Preisspektrum des Marktes eine Nische zu erobern, werden sich bald immer mehr Kunden davon überzeugen lassen, dass das Billigprodukt ihren Ansprüchen völlig genügt. Disruptive Innovationen können sich auf ein Produkt auswirken, wie es bei Computern von Dell der Fall war, oder einen neuen Markt entstehen lassen, wie eBay bewiesen hat.

Dieses Phänomen ist in der Tat weit verbreitet und zeigt sich im Markt der Speichermedien, in dem immer kleinere und billigere Massenspeichergeräte entwickelt werden, im medizinischen Bereich, in dem gut ausgebildete Pflegekräfte mittlerweile Aufgaben übernehmen, die früher ausschließlich in die Verantwortung von Ärzten fielen, bei Fluggesellschaften ebenso wie in der Versicherungsbranche.

Für die kommerzielle Nutzungsfähigkeit einer Innovation spielt das Geschäftsmodell eines Unternehmens eine wichtigere Rolle als der technologische Fortschritt. Kleine und agile Firmen können mit innovativen Geschäftsmodellen erfolgreicher auftreten als große Konzerne, für die ein neues Produkt vielleicht nur dann in Frage kommt, wenn Gewinnspannen von 40 Prozent zu erwarten sind, während für einen klein- oder mittelständischen Betrieb schon 20 Prozent extrem lukrativ sind.

Großkonzerne scheuen nicht nur aus finanziellen Gründen vor innovativen Wagnissen zurück, auch Leistungsstandards und Unternehmenskultur können sich als hinderlich erweisen. Wenn BMW zum Beispiel sehr stolz auf sein herausragendes Produktdesign und seine hohen Qualitätsstandards ist, steht wohl kaum zur Debatte, »minderwertige« Produkte zu fertigen, und zwar nicht, weil diese nicht gut wären, sondern weil sie nicht das Beste wären, was BMW zu bieten hat. Aus einem ähnlichen Grund ist der Wettbewerb mit Billigfluganbietern wie Ryanair und easyJet für British Airways ein harter Brocken. Einer Fluglinie, die so stolz auf ihren besonderen Service für die Fluggäste ist, fällt es ungemein schwer, sich mit dem Gedanken an eine eingeschränkte Servicekultur anzufreunden.

Das heißt jedoch nicht, dass nicht auch große Unternehmen erfolgreich als »Zerstörer« aufmarschieren können, was sich an der wachsenden Bedeutung des Corporate Venturing und der zunehmenden Zahl der »Intrapreneurship«-Programme zeigt, die Mitarbeiter zu unternehmerischem Denken anleiten sollen. Diese Entwicklungen ersetzen langfristig nicht nur die alten Geschäftsmodelle, sondern fördern innovative Ansätze bei der Ausnutzung des intellektuellen Kapitals und der bestehenden Kapazitäten. Jack Welchs Abschiedsgeschenk an GE war das als »Destroy your Business« bezeichnete Programm, in dem er alle Mitarbeiter dazu aufforderte, wie Geschäftsführer eines Internetunternehmens zu denken und die eigene Geschäftsgrundlage zu zerstören, bevor es ein anderer tut.

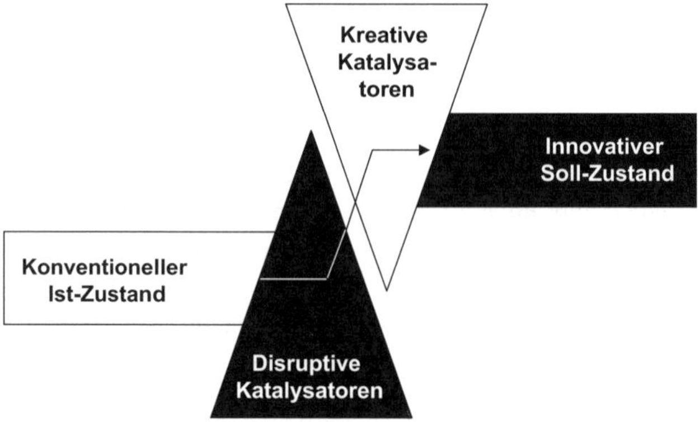

Wer eine zerstörerische Wirkung entfesselt, muss jedoch auch über die erforderliche Kreativität verfügen, um auf innovative Weise daraus Nutzen ziehen zu können. Dazu gehört, radikal zu überdenken, weshalb Märkte in ihrer aktuellen Form bestehen, welche Bedingungen nicht akzeptabel sind, wie künftige Märkte aussehen und funktionieren könnten. Es macht Spaß und wirkt belebend, der Kreativität freien Lauf zu lassen, allerdings sollte dies strukturiert erfolgen, damit die Ergebnisse sinnvoll umgesetzt werden können.

Disruptive Katalysatoren

Wertanalyse	Wo entsteht Wert für Unternehmen und Kunden, wo wird er zerstört? Wie, wo, wodurch, wann und warum entsteht Wert?
Hot Spot-Suche	Wo erkennen Sie Überschneidungen, wo Verschwendung? Wo und weshalb entstehen Komplexität oder Verwirrung? Wo versickern Zeit und Geld?
Erbschaften	Was machte Sie groß? Wofür sind oder waren Sie bekannt? Woraus bestehen Ihre Verdienste? Besteht die Möglichkeit, ein »neues Erbe« aufzubauen?
Regeln übertreten	Welche expliziten und impliziten Regeln herrschen innerhalb und außerhalb Ihres Unternehmens? Gibt es noch weitere Regeln? Wie groß ist Ihr Handlungsspielraum tatsächlich?
Neue Perspektiven	Nehmen Sie die Perspektive Ihrer Interessengruppen, Mitbewerber und möglichst viele andere Blickwinkel ein. Ließen sich manche Sichtweisen auch ins Gegenteil umkehren?
Eingrenzung	Betrachten Sie nur die Komponenten Ihres Produkts. Gibt es Gemeinsamkeiten? Streichen Sie willkürlich verschiedene Aspekte. Sind sie wirklich nötig? Wäre es ohne sie nicht besser?
Heilige Gebote	Was ist Ihnen lieb und teuer? Woraus bestehen die Vorteile und Nachteile Ihrer Überzeugungen? Könnten Sie zu einem anderen Glauben überschwenken?
Disruptive Technologien	Auf welche Weise könnten neue technologische Entwicklungen Ihre momentanen Geschäftsaktivitäten gefährden, überflüssig machen, ändern oder verbessern?
Denkdimensionen	Verlassen Sie die festgefahrenen Bahnen, in denen Sie momentan denken, planen und arbeiten.
Spielen Sie Hofnarr	Stellen Sie Fragen, die keiner zu stellen wagt, stellen Sie die Logik auf den Kopf und durchgesetzte Meinungen in Frage, ignorieren Sie die Beweislage. Fragen Sie immer und überall nach dem »Warum«.

Kreative Katalysatoren

Trendarchitekten	Nehmen Sie sich alle gesellschaftlichen, wirtschaftlichen, politischen und technologischen Trends vor, um sie weiterzuführen, anzuwenden und auf ihnen aufzubauen.
Zukunftsvisionen	Welche Zukunftsszenarien sind, ausgehend vom heutigen Stand, denkbar? Welche Gemeinsamkeiten und welche Unterschiede erkennen Sie?
Neue Horizonte	Beschreiben Sie in Worten, Bildern und mehreren Dimensionen eine rosige Zukunft. Simulieren Sie, wie es hinter dem Horizont aussehen könnte.
Parallelwelten	Lernen Sie von anderen Industriezweigen, Märkten und Sphären jenseits der Geschäftswelt (Bildungswesen, Gesetzgebung, Natur und so weiter).
Kreative Verschmelzung	Kombinieren Sie neue Ideen auf möglichst ungewöhnliche Art und Weise mit gültigen Konventionen. Nutzen Sie positive Spannungen und Zweigleisigkeit zu Ihrem Vorteil.
Besser geht's nicht	Sammeln Sie die besten aller tollen Ideen aus verschiedenen Unternehmen, Ihrem Unternehmen, aus der Vergangenheit und von anderen Standorten.
Kreativitätstechniken	Nutzen Sie sämtliche Kreativitätstechniken wie das laterale Denken, Denkhüte von de Bono, Brainstorming, Mindmapping und so weiter.
Kollektive Genialität	Bringen Sie Ihre klügsten Köpfe zusammen, um interaktiv kreative Ideen weiterzuentwickeln, zum Beispiel mithilfe der so genannten Brain Writing-Methode, die auf dem Brainstorming aufbaut.
Extremsport betreiben	Übertragen Sie Ihren kreativen Ansatz auf Extremsituationen. Wenn Sie Bremsen für Kraftfahrzeuge herstellen, stellen Sie sich die Bremsen in einem Space Shuttle vor, um sich kreativ mit ihrer Leistungsfähigkeit und Anwendungsmöglichkeit zu befassen.
An Widersprüchen wachsen	Den konventionellen Rahmen zu akzeptieren, ist nicht hinnehmbar. Erkennen Sie Widersprüche und wachsen Sie an ihnen, schnappen Sie sich Ihr Stück vom Kuchen.

Das Spektrum an kreativitätsfördernden Methoden reicht von höchst ausgefeilten Techniken, die aufwändige Vorbereitungen und teure Gerätschaften erfordern, bis hin zu einfachen Techniken, die ganz ohne Hilfsmittel auskommen. In jedem Fall müssen kreative Sitzungen aber angeleitet und strukturiert werden. Die Auflistung möglichst vieler kreativer Ideen mag zwar hilfreich sein, lässt aber wenig Zusammenhang erkennen, und möglicherweise schlägt die Stimmung der Ideenlieferanten in Verärgerung um, wenn ihre Ideen nicht schnell genug verstanden, verknüpft und weitergeleitet werden. Im schlimmsten Fall beurteilt das Topmanagement die Ideensammlung als »der Sache nicht dienlich« und entscheidet sich für einen faulen Kompromiss, sofern überhaupt etwas unternommen wird.

Jede Innovation braucht vor allem sowohl disruptive als auch kreative Katalysatoren, um die Konventionen zu sprengen und neue Möglichkeiten zu erforschen. Edward de Bono, einer der bekanntesten Lehrmeister für kreatives Denken, hat eine Vielzahl von Techniken entwickelt, die helfen sollen, neue Ideen zu finden und aus eingefahrenen Denkmustern auszubrechen. Eine der Techniken ist, dass sich die Mitglieder eines Teams verschiedenfarbige »Denkhüte« aufsetzen, wobei jede Farbe für eine bestimmte Denkweise steht, an die sich der Teilnehmer halten muss. Eine andere Technik von de Bono besteht daraus, dass ein Teilnehmer einen beliebigen Gegenstand aus seiner Hosentasche, Handtasche oder Aktentasche nimmt. Anschließend denkt sich jeder möglichst viele Lösungen zu einem Problem aus, die sich aber irgendwie auf den Gegenstand beziehen müssen. Die Aufgabenstellung könnte also lauten: »Lösen Sie das Problem einer ineffizienten Lagerhaltung in einem Supermarkt, indem Sie sich ein Streichholz ansehen.«

Je nach Problemstellung, Zusammensetzung des Teams und möglichen weiteren Zielen – wie Teambildung oder Entscheidungsträger zu überzeugen –, die neben der Problemlösung erreicht werden sollen, stehen noch viele andere Kreativitätstechniken zur Auswahl, die bei Bedarf auch kombiniert werden können.

Inspiration 7.2 3M

Als 1969 Neil Armstrong als erster Mensch den Mond betrat, trug er Moonboots mit synthetischen Sohlen von 3M. Als sich Michael Johnson bei den Olympischen Spielen im Jahr 2000 wieder einmal eine Medaille im 400-Meter-Lauf holte, trug er goldene Laufschuhe, die mit der Scotchlite Reflexionsfolie von 3M beschichtet waren.

3M hat sich dem »Spirit of Innovation« verschrieben. Ursprünglich als Minnesota Mining and Manufacturing Company gegründet, ist 3M heute ein um die 20 Milliarden US-Dollar schwerer globaler Konzern, bei dem nachhaltiges wirtschaftliches Wachstum oberste Priorität genießt. Das 3M-Portfolio besteht aus rund 55.000 Produkten für das Gesundheitswesen, die Arbeits-, Personen- und Verkehrssicherheit, Elektro-, Bauindustrie, das Handwerk und viele weitere Branchen.

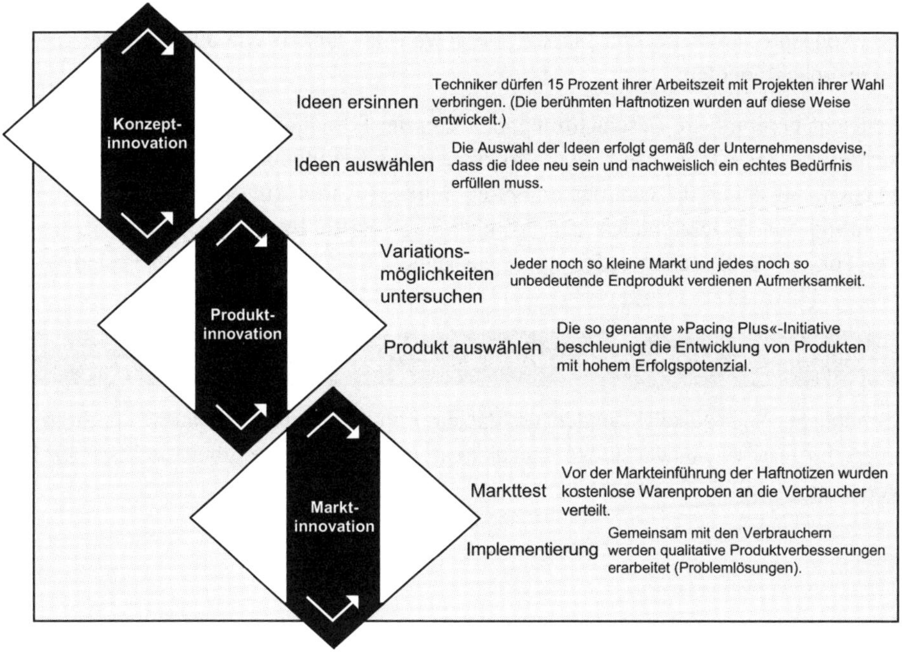

Die knapp 70.000 3M-Mitarbeiter entwickeln ständig neue innovative Produkte, um mit »praktischen und einfallsreichen Lösungen einen Beitrag zum Erfolg der Kunden zu leisten«. Die Innovationsfreude der Mitarbeiter wird durch diverse Methoden gefördert, zu denen gehört, dass jeder Angestellte zehn Prozent seiner wöchentlichen Arbeitszeit darauf verwenden darf, wahnwitzige Ideen weiterzuspinnen. Außerdem erwartet das Unternehmen, dass jährlich 30 Prozent der Betriebsgewinne über neue Produkte erwirtschaftet werden.

3M blickt auf eine langjährige Innovationstradition zurück und investiert nicht nur in revolutionäre neue Lösungen, sondern verändert auch seine Märkte und das Verbraucherverhalten. Damit wird sichergestellt, dass die Erfindungen, ob nun Schmirgelpapier oder Klebeband, den besten praktischen Nutzen bieten und zu Verkaufsschlagern werden. Der Innovationsprozess bei 3M umfasst Konzepte, Produkte und Märkte, die sowohl als Einheit wie auch parallel zueinander kreativ überdacht werden.

Die vielleicht berühmteste Geschichte handelt von der Erfindung der Haftnotizen: Ein Forscher beobachtete in der Kirche, wie einem Chorknaben das Gesangbuch aus der Hand fiel und alle Lesezeichen, mit denen die wichtigsten Seiten markiert waren, auf den Boden flatterten. Diese Beobachtung führte letztendlich zur Erfindung der Haftnotizen, die in ihrer kunterbunten Farben-, Formen- und Größenvielfalt heute aus keinem Büro mehr wegzudenken sind.

Anwendung 7.2 Kreative Katalysatoren

Wie ermöglichen Sie radikales Umdenken, das die Konventionen Ihres Marktes in ihren Grundfesten erschüttert? Wie bewerten Sie radikal kreative Ideen, die Ihre Arbeitsprozesse auf innovative Weise umgestalten können?

1. Definieren Sie, worum es gehen soll.

Was genau möchten Sie innovativer gestalten?

2. Ist-Zustand

Beschreiben Sie den Ist-Zustand eines Produkts oder Prozesses.

3. Stören Sie!

Stören Sie den Ist-Zustand, indem Sie einen oder mehrere disruptive Katalysatoren einsetzen. Überlegen Sie, wie sich diese Störungen fortsetzen ließen.

4. Soll-Zustand

Wählen Sie die Störung aus, die Sie bewirken möchten, und machen Sie sich die Auswirkungen klar.

5. Strecken Sie Ihre Fühler aus.

Malen Sie ein Szenario, das den zukünftigen Zustand beschreibt, indem Sie einen oder mehrere kreative Katalysatoren einsetzen. Verfolgen Sie verschiedene neue Möglichkeiten.

6. Stellen Sie sich den neuen Zustand vor.

Entscheiden Sie sich, welchen neuen Zustand Sie verwirklichen wollen und machen Sie sich die Auswirkungen klar.

Konzept 7.2 Innovative Entwicklungen

Innovationen erfolgen üblicherweise auf Produktebene, wobei sich eine nachhaltige Produktinnovation als zunehmend schwierig erweist, da die Neuerungen immer häufiger schon wieder überholt sind, bevor sie überhaupt auf den Markt gebracht werden.

Radikalere Innovationen erfordern einen ganzheitlichen Denkansatz:

- Nicht nur das Produkt, sondern auch das Drumherum muss erneuert werden. Eine Brauerei könnte zum Beispiel eine innovative Flasche oder Zapfanlage erfinden, wodurch dem Kunden subjektiv mehr Wert geboten wird, wie die erfolgreiche Zusammenarbeit von IMI Cornelius und diversen Getränkeherstellern belegt.
- Der gesamte Kontext des Produkts, innerhalb dessen die Kundenerfahrung vermittelt wird, sollte innovativ überdacht werden. Zum Beispiel könnte man sich fragen, weshalb der Kunde eigentlich gerne Bier trinkt, ob eine Kneipe als Restaurant nicht attraktiver wäre, ob Biertrinker gerne direkt am Tisch ihr eigenes Bier zapfen würden oder ob sich ein Café zur Abwechslung auch als vorübergehender Arbeitsplatz eignen könnte, wie es die Nachrichtenagentur Reuters einmal ausprobiert hat.
- Die Innovation kann auch auf das gesamte Geschäftsmodell übergreifen, das Wert für Unternehmen und Kunden schafft. Dell hatte damit in der PC-Branche großen Erfolg, und auch Virgin Mobile setzte auf ein innovatives Geschäftsmodell als virtueller Mobilfunkanbieter, der auf große Investitionen in die Infrastruktur verzichten kann, weil er die vorhandenen mitbenutzt.

Seit einigen Jahren hat sich Newcastle als Spielplatz kreativer Köpfe einen Namen gemacht, die sich mit architektonischen Wunderwerken wie dem »Angel of the North« und der »Millenium Bridge« verewigt haben. Etwas weiter nördlich im ländlichen Northumbria liegt Belsay Hall, ein Herrenhaus im neoklassizistischem Stil, in dem einige der radikalsten neuen Arbeiten von Designern wie Alexander McQueen und Zandra Rhodes bewundert werden können.

Auch Stella McCartney ist dort vertreten. Sie wählte den großen Saal von Belsay Hall als geeignetes Ambiente für ihre anspruchsvollste Kreation, die niemand je auf einem Laufsteg zu sehen bekommen wird: Das kristallene Pferd, das funkelnde Lichtblitze auf die altehrwürdigen steinernen Wände des Saals wirft.

Hier verbindet sich die englische Geschichte auf radikal innovative Weise mit kreativem Talent, was selbst den Besuchern, die sich keinen Deut um historische Gebäude scheren, eine außergewöhnliche, provokative und inspirierende Erfahrung vermittelt.

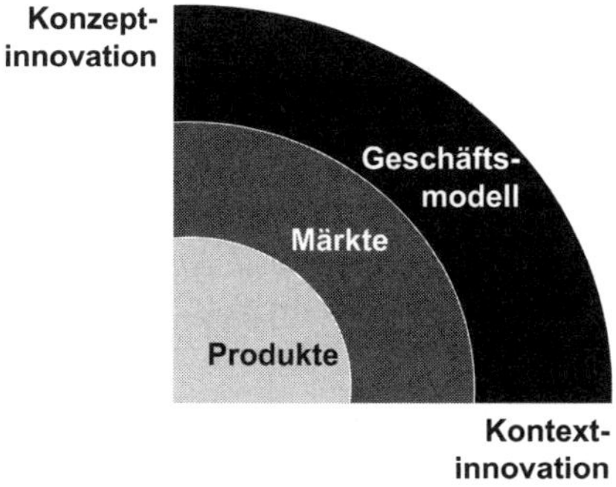

Belsay Hall beweist, dass auch in der Kunst Potenzial vorhanden ist, Neuland zu erschließen und ein neues Publikum zu erreichen, neue Erfahrungen zu vermitteln, die Interessierte ansprechen und inspirieren und die Kunst trotz aller Hektik und Veränderungen im Alltag am Leben zu erhalten. Dies ist eine Lektion, die sich jedes Unternehmen zu Herzen nehmen sollte.

Wie gelingt es Unternehmen, neue Zielgruppen anzusprechen, neue Angebote zu entwickeln, ihre Trägheit zu überwinden und nicht in Bedeutungslosigkeit zu verfallen? Wie gelingt es, neue und gewinnträchtige Kapitalströme anzuzapfen, sei es, um die Erträge der Aktionäre zu erhöhen oder um in Verbesserungen zu investieren?

Wer nach etwas wirklich Neuem sucht, muss die vertraute Umgebung verlassen.

Dies gilt für Unternehmen und ihren Innovationsprozess ebenso wie für Zielgruppen und deren Denkweise. Die Weiterentwicklung bereits vorhandener Produkte führt zu Verbesserungen, die jedoch nicht unbedingt von viel Inspiration zeugen. Wer sich dagegen in Neuland vorwagt, das der vertrauten Umgebung durchaus ähneln kann, verschafft sich genügend Spielraum, um sich von anderen abzuheben.

Die Innovationsfähigkeit von Zahnbürsten und Haarshampoos zum Beispiel geht gegen Null. Kommt eine Zahnbürste mit abgewinkeltem Kopf auf den Markt, ziehen die anderen Marken nach. Ist die eine in schrillen Farben erhältlich, werden auch die anderen immer bunter. Bietet ein Haarshampoo bessere Pflege dank Formel X, pflegen die anderen bald dank Formel Y mindestens genauso gut.

Letztendlich verschafft sich jeder Mitbewerber immer wieder dieselben Chancen, aber etwas radikal Neues kommt dabei nicht heraus. Jeder Schritt nach vorne endet im Stillstand.

Die drei üblichsten Innovationsstufen sind:

1. **Kosmetischer Eingriff** – Die einfachste Art der Innovation, bei der normalerweise ein Produkt oder eine Dienstleistung modifiziert wird. Automobilhersteller bringen ständig neue Modelle heraus, wie den VW Golf, der auch 30 Jahre nach seiner Markteinführung nur als Weiterentwicklung bezeichnet werden kann. Weitere Beispiele sind etablierte Getränkemarken in verschiedenen Geschmacksrichtungen oder Betriebssysteme wie Windows NT.

2. **Kontextveränderung** – Die Variation eines bestehenden Themas ist schon eher eine echte Innovation. Die Ausdehnung eines Produkts auf einen neuen Markt kann den Marktkontext grundlegend verändern. So gelang es zum Beispiel Gillette, die neue Zielgruppe der weiblichen Verbraucher zu erreichen, und die Marke Bacardi Breezer schaffte den Sprung aus dem Supermarktregal in die Clubs, in denen sie sich als angesagter Drink etablierte.

3. **Konzeptveränderung** – In der höchsten Innovationsstufe steht das gesamte Geschäftsmodell auf dem Prüfstand, um die Geschäftstätigkeit als Ganzes neu zu definieren. IKEA revolutionierte das »Do it yourself«-Modell, easyJet das Geschäftsmodell der Fluggesellschaften und Virgin Mobile strafte die konventionelle Denkweise Lügen, als Mobilfunkanbieter ein eigenes Netzwerk betreiben zu müssen.

Am Anfang stehen natürlich immer eine Idee und ein Bedürfnis. Innovationsfähigkeit zeichnet sich nicht nur durch Kreativität aus, sondern vor allem auch dadurch, Ideen auf lukrative Weise umsetzen zu können. Relativ unspektakuläre Ideen werden allerdings sehr schnell kopiert – Pepsi mit Zitronengeschmack, Smirnoff Ice –, daher ist es wichtig, sie möglichst so innovativ umzusetzen, dass sie als deutliches Alleinstellungsmerkmal schwer zu kopieren sind und sowohl das Unternehmen wie auch die Zielgruppe inspirieren.

Im idyllischen Northumbria definieren die Markendesigner das historische Erbe Großbritanniens neu, und auch die Designermarken lassen sich auf neuartige Weise auf die schönen Künste ein. Wer das Herrenhaus betritt, wird im Treppenaufgang von Konfetti umwirbelt und auf bezaubernde Weise nach oben gelockt. In jedem der sieben oberen Schlafräume werden faszinierende, sinnliche Illusionen vermittelt. Optische und akustische Effekte gaukeln dem Besucher zum Beispiel ein im Liebesspiel versunkenes Paar vor. Und auch wenn die Reizwäsche nicht echt ist, ist es durchaus aufreizend.

Wer Neuland betritt, muss nur eine Grenze überschreiten: Die der eigenen Fantasie.

Der Entwicklungsprozess, der eine radikale Idee zu einer Innovation und eine Innovation zur Realität werden lässt, hängt davon ab, welche Herausforderungen dabei zu bewältigen sind. Der klassische Produktentwicklungsprozess besteht aus verschiedenen Stadien, in deren Verlauf das Konzept immer konkreter ausgearbeitet, geprüft und modifiziert wird, bis es sich optimal für den Verbraucher und die Vermarktung eignet. Die Kriterien, nach denen das Konzept ausgearbeitet wird, sollten jedoch nicht den durchgesetzten Konventionen folgen, sondern innovative Lösungen ermöglichen, um auf die stillschweigenden Bedürfnisse der Verbraucher einzugehen und neue Quellen der Wertschöpfung zu eröffnen.

Produktentwicklung

Die Neuproduktentwicklung (NPE) sollte eigentlich in jedem Unternehmen auf Hochtouren laufen, eine Consensus-Umfrage ergab jedoch, dass die Angst vor dem Unbekannten und das als hoch eingestufte Fehlschlagrisiko eine extrem starke Bremswirkung ausüben. Des Weiteren erbrachte die Umfrage, dass 46 Prozent aller Produktentwicklungsressourcen US-amerikanischer Unternehmen in Produkte fließen, die bei ihrer Markteinführung entweder schon veraltet sind oder von den Verbrauchern nicht akzeptiert werden. Die Mehrheit der Unternehmen gab an, auf derartige Fehlschläge mit Schuldzuweisungen zu reagieren, anstatt die Fehlschlagquote als unvermeidliches Risiko zu akzeptieren, da die restlichen 54 Prozent der Investitionen ja den gewünschten Erfolg nach sich ziehen.

»Probleme kann man niemals mit der gleichen Denkweise lösen, durch die sie entstanden sind«, erkannte schon Albert Einstein. Einer ähnlichen Ansicht ist Tom Kelley von IDEO, der weltbekannten Ideenschmiede, für den die Produktentwicklung aus einer Portion Kreativität, einer Portion Logik und einem geglückten Abschlag besteht. Ein neues Produkt kann nur dann die

Konventionen durchbrechen und Sponsoren und Kunden überzeugen, wenn ihm eine radikale Vision zugrunde liegt. Laut Kelly ist die kreative Komponente dieser Vision die neue Idee, die Logikkomponente hingegen umfasst Markenausrichtung, Verbraucherforschung und wirtschaftliche Rentabilität. Anschließend muss die Vision auf überzeugende Weise artikuliert werden.

Im Zuge des »Dotcom«-Booms etablierte sich die Regel, Produktentwicklungszyklen dürften nicht länger als 90 Tage dauern, denn jede neue Idee, die es nicht innerhalb von drei Monaten auf den Markt schafft, ist keine neue Idee mehr. Dies führte dazu, dass die Entwicklungsprozesse selbst weiterentwickelt wurden. Ein Ansatz bestand aus der Einführung effizienterer Managementtechniken, der besseren Absicherung kritischer Pfade und der Einrichtung paralleler Arbeitsabläufe. Ein anderer Ansatz war, die Anzahl der Produkte zu reduzieren und sich auf spezielle Lösungen zu konzentrieren. Ein dritter Ansatz, den besonders innovative Firmen wie Capital One verfolgten, war, Ideen sehr schnell umzusetzen, zu testen und zu verbessern, um kontinuierlich neue Produkte auf den Markt zu bringen.

Der vielleicht größte Fehler, den man Produktentwicklern vorwerfen kann, ist, dass das Projekt üblicherweise mit der Markteinführung des Produkts als abgeschlossen gilt. Dabei markiert die Markteinführung in den sich rapide verändernden Märkten oft nur den Anfangspunkt einer erfolgreichen Produktentwicklung. Erstens stellen die technikbegeisterten Käufer eines neuen Produkts meist die höchsten Ansprüche und können wertvolle Hinweise zu Verbesserungen liefern. Zweitens kommt es Kunden vor allem auf den praktischen Nutzen eines Produkts an, weshalb bei der Entwicklung eines neuen Produkts vor allem seine Anwendung berücksichtigt werden muss. Und drittens müssen die Märkte selbst weiterentwickelt und hinsichtlich ihrer Kapazitäten, Vertriebskanäle und Infrastruktur über das neue Produkt informiert und darauf vorbereitet werden, um die Weichen für den erfolgreichen Marktauftritt zu stellen.

Inspiration 7.3 Cirque du Soleil

Den riskantesten Hochseilakt außerhalb eines Zirkuszeltes wagte Cirque du Soleil 1987, als sich die Truppe mit dem neuen Programm *We Reinvent the Circus* für das Zirkusfestival in Los Angeles anmeldete und zusicherte, das finanzielle Risiko alleine zu tragen, wenn sie nur auftreten dürfe.

Die begeisterten Besucher des Zirkusfestivals kamen so in den Genuss einer ganz neuen Art von Zirkus, in dem auf einzigartige und geradezu magische Art und Weise akrobatische Darbietungen, Theater, Tanz und Musik miteinander verschmolzen. Schon im ersten Anlauf gelang es der kanadischen Künstlertruppe, den US-amerikanischen Markt für sich zu gewinnen und ganz nebenbei den Zirkus neu zu erfinden.

In ihrem Buch *Der Blaue Ozean als Strategie* beschreibt Renée Mauborgne, wie Cirque du Soleil den Markt, die Konkurrenz und das Publikum von Grund auf neu definierte. Bietet Cirque du Soleil eine Show? Ist es Kunst? Oder Unterhaltung? Laut Mauborgne hat sich die Künstlertruppe einen ganz eigenen Platz geschaffen und eine neue Form der darstellenden Kunst kreiert, die den Nervenkitzel der Zirkusakrobatik mit anspruchsvollem Theater und Ballett kombiniert.

Die Erfolgsgeschichte von Cirque du Soleil begann 1984 in der kanadischen Provinz Quebeck, als der Akkordeon spielende, Stelzen laufende und Feuer spuckende CEO Guy Laliberté einige Artisten, die unter dem Namen »Le Club des Talons Hauts« (der High Heels-Club) auftraten, um sich scharte. Heute ist Cirque du Soleil ein weltbekanntes und 18-Millionen US-Dollar schweres Unternehmen, das mit 15 völlig unterschiedlichen Tourneeprogrammen an die 40 Millionen Zuschauer rund um den Erdball verzaubert und in den USA einen Bekanntheitsgrad von 50 Prozent erreicht.

Innovation ist ein ständiger Begleiter des Unternehmens und maßgeblich für sein rapides Wachstum und sein Image verantwortlich. Auf der Website *Lovemarks* schreibt ein begeisterter Cirque du Soleil-Fan:

> »Die kreativen Darbietungen von Cirque du Soleil verzaubern mich immer wieder aufs Neue. Die Musik, die Kostüme, Charaktere und Darbietungen versetzen mich in das Reich der Magie, an einen Ort des Staunens. Cirque du Soleil ist Balsam für die Seele und ein sinnliches Erlebnis. Es ist faszinierend, wozu der menschliche Körper und der menschliche

Geist in der Lage sind. Die fantasievolle Darbietung ist eine Bereicherung, die noch lange nachwirkt.«

Anfang der 1990er Jahre schloss Cirque du Soleil mit MGM und Disney langfristig ausgelegte Verträge ab und ist seitdem fester Bestandteil des Programms des Mirage-Hotels in Las Vegas und in der World Disney World in Orlando. Somit war die finanzielle Grundlage für internationale Auftritte – in Europa, Japan und Australien – geschaffen. Die Shows wurden nicht nur kreativer, sondern auch gewagter, und die originelle Musik sowie die handgefertigten Kostüme sorgten für blühende Geschäfte mit Lizenzen und Merchandisingartikeln.

Die für das kanadische und amerikanische Fernsehen produziert TV-Serie »Cirque du Soleil: Fire Within« wurde 2001 in der Kategorie Bester Dokumentarfilm mit dem Emmy ausgezeichnet, und auch die Website von Cirque du Soleil hat schon viele Preise erhalten. Ein weiteres Highlight war die sehr erotische und absolut nicht jungendfreie Show *Zumanity*, die 2003 Premiere hatte.

Über die Werbung für seine Shows muss sich Cirque du Soleil angesichts des begeisterten Publikums und des immensen Medieninteresses kaum noch Gedanken machen.

Das Unternehmen wählt an jedem Standort Marketingpartner aus, die die Werbebotschaften gemeinsam finanzieren und vermitteln. Über 15 Prozent der Eintrittskarten werden an die über 750.000 Mitglieder des Cirque Clubs verkauft, dem man auf der Website kostenlos beitreten kann, um den regelmäßig erscheinenden Newsletter und Einladungen zu exklusiven Veranstaltungen zu erhalten. Die anspruchsvolle und unterhaltende Darbietung der Artisten ist auch für prestigeträchtige Marken wie IBM, American Express und BMW interessant, die Cirque du Soleil problemlos als Sponsoren gewinnt, was nicht nur die eigene hervorragende Marke weiter stärkt, sondern ganz generell ein harmonisches betriebliches Miteinander fördert.

Wie jeder Hochseilartist muss auch Cirque du Soleil seine Schritte vorsichtig abwägen, um das Gleichgewicht zwischen der Notwendigkeit, Gewinne zu erwirtschaften und der Notwendigkeit, in künstlerische Kreativität zu investieren, zu wahren. Bis jetzt hat sich das Unternehmen nicht aus dem Gleichgewicht bringen lassen, weshalb die Marke ihr internationales Publikum immer wieder zu Begeisterungsstürmen hinreißt.

Anwendung 7.3 — INNOVATION NEU DEFINIERT

Wie können Sie Innovationen in einem neuen Licht betrachten? Wie bereiten Sie Ihren Kontext auf Veränderungen vor? In welchen Dimensionen können Sie Ihr Angebot innovativ gestalten und Veränderungen bewirken?

1. Definieren Sie, worum es gehen soll.

Was genau möchten Sie innovativer gestalten?

2. Welche Innovationsstufen eignen sich für Ihr Vorhaben?

Untersuchen Sie, inwiefern sich Produkt, Kontext und Geschäftsmodell innovativ umgestalten lassen.

3. Verändern Sie das Produkt.

Wie ließen sich das Produkt oder die Dienstleistung, interne Prozesse oder die Kundenerfahrung verbessern?

4. Verändern Sie die Anwendung.

Wie ließe sich dasselbe Produkt auf neue Weise anwenden (einschließlich neuer Märkte und neuer Anwendungsbereiche)?

5. Verändern Sie die Lösungen.

Wie ließe sich ein Bedürfnis mithilfe verschiedener Produkte erfüllen? Ziehen Sie hierbei auch Produktkombinationen und neue Partner in Erwägung.

6. Geschäftsmodell

Ließe sich Ihre Idee über ein neues Geschäftsmodell wirtschaftlich effizienter umsetzen?

Konzept 7.3 Geschäftsmodelle

Geschäftsmodelle sind in der Unternehmenswelt ein allseits beliebtes Gesprächsthema, über das man wahlweise verständnisvoll mit dem Kopf nicken oder die Stirn in tiefe Falten legen kann, auch wenn man eigentlich nicht so recht weiß, worum es genau geht und was Geschäftsmodelle tatsächlich sind.

Mit der Zeit haben sich ausgefeilte Geschäftsmodelle entwickelt, um der launischen Natur der Märkte, den immer neuen Wettbewerbsbedingungen und der Wertmigration zwischen Industriezweigen und innerhalb der Lieferkette Rechnung zu tragen. Geschäftsmodelle auf der Basis von Koppelprodukten – auch Köderprodukte genannt – gibt es schon seit hundert Jahren. Dabei wird der Verbraucher mit einem sehr preiswert angebotenen Grundartikel geködert, an den allerdings gar nicht mehr so preisgünstige Nachfüll- oder Zusatzprodukte gekoppelt sind. Das klassische Beispiel ist der Rasierer. Die Klingenhalterung ist spottbillig, die speziellen Ersatzklingen sind dafür umso teurer. Hersteller von Druckern folgen mit ihren preisgünstigen Druckern und entsprechend teuren Druckerpatronen diesem Modell ebenso wie viele Mobilfunkanbieter, die mit kostenlosen Mobiltelefonen ködern, dafür aber satte Telefongebühren einkassieren.

Um 1950 ließ McDonald's neue Geschäftsmodelle in Form von Fast Food und Toyota in Form der Massenproduktion entstehen, in den 60ern kamen mit Wal-Mart und Konsorten die Einkaufstempel auf, während FedEx und Toys R Us in den 70ern neue Geschäftsmodelle für Kurierdienste und die Spielzeugindustrie etablierten. In den 80ern setzten die kundenfreundlichen Videotheken von Blockbuster und die von Geschäftskunden auf Privatkunden umschwenkende Marke Intel neue Standards, in den 90ern begann der Höhenflug der Billigfluglinien, allen voran Southwest Airlines. Starbucks machte Kaffeebars endgültig salonfähig, und Amazon und eBay setzten Maßstäbe für Online-Geschäftsmodelle.

Ein Geschäftsmodell definiert die Geschäftstätigkeit des Unternehmens, den Waren- und Geldfluss zwischen den Beteiligten – Kunden, Zulieferern, Geschäftspartnern und so weiter –, die Wertschöpfung sowie die Werterhaltung. Das Geschäftsmodell beschreibt die Art der Geschäftstätigkeit und die Strukturen, die Menschen und Finanzen zusammenbringen. Unternehmen agieren typischerweise strikt innerhalb ihres Geschäftsmodells, es ist jedoch möglich, es zu modifizieren, um sich fantastische Chancen zu eröffnen, die echte und nachhaltige Wettbewerbsvorteile sichern.

Unternehmen hatten natürlich schon immer Geschäftsmodelle. Bei Coca-Cola sieht es zum Beispiel so aus, dass die Zutaten für die Getränke von Zulieferern gekauft werden, das Unternehmen die Getränke herstellt und diese anschließend gewinnbringend über Zwischenhändler verkauft. In seiner einzigartigen Eigenschaft als Vermittlungsmedium stellt das Internet eine Chance dar, ohne großes Risiko neue Arten der Geschäftstätigkeit zu erforschen, zum Beispiel Käufer und Verkäufer auch über weite Entfernungen zusammenzubringen, wie es das Online-Auktionshaus eBay ermöglicht oder Kunden selbst nach den günstigsten Hotelzimmern suchen zu lassen, wie es Priceline anbietet.

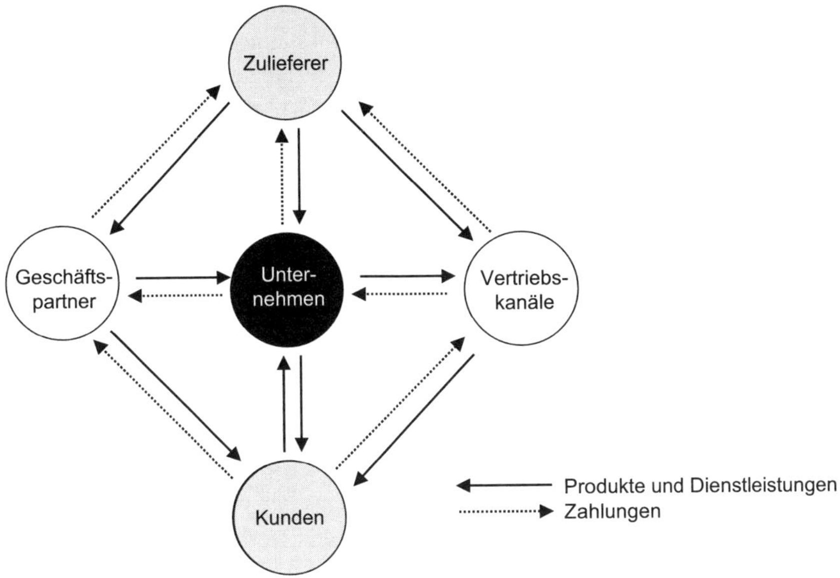

Im Prinzip ist ein Geschäftsmodell der Plan für die Wertschöpfung. Es regelt auf die eine oder andere Weise, wie Wert ausgetauscht wird, das heißt, wie der Fluss der Waren und Gelder zwischen Unternehmen, Kunden, Zulieferern und Geschäftspartnern geregelt ist. Konventionelle Geschäftsmodelle beschränken sich hauptsächlich auf den Austausch von Waren gegen Geld, wobei aber auch unkonventionellere Formen des Wertaustauschs möglich sind. Zum Beispiel, Informationen zu verkaufen und das »Produkt« kostenlos bereitzustellen oder dem Kunden etwas zu bezahlen, wenn er ein Produkt verwendet und über Gebühren für andere Dienste an ihm zu verdienen.

Regus, führender Vermieter komplett ausgestatteter Büroräume, hat sich mithilfe eines innovativen Geschäftsmodells, das sich deutlich von denen seiner Mitbewerber unterscheidet, an die Spitze eines schnell wachsenden Markts platziert. Die Miete ist von der angeforderten Einrichtung abhängig, und jeder, der bei Regus Büroräume mietet, holt sich einfach den Schlüssel ab und kann sich sofort an die Arbeit machen – jederzeit und überall. Ein überzeugendes Angebot für jeden, der Projekte rund um den Erdball betreut und häufig auf Reisen ist, da es hierbei weniger auf Gemütlichkeit, sondern vielmehr auf die geeignete Büroausstattung, Zeit- und Kostenersparnis ankommt. Wie attraktiv dieses Angebot ist, zeigt sich in der unglaublichen Geschwindigkeit, mit der Regus wächst und immer neue Räume an Topstandorten mietet, an denen der Bedarf enorm ist, und die für ebenso enorme Gewinnspannen sorgt.

ARM Holdings überstand im Gegensatz zu allen anderen Halbleiter-Herstellern die Höhen und Tiefen der Technologiebranche bisher unbeschadet, da sich sein Geschäftsmodell stark von denen seiner Hauptmitbewerber wie Intel und Motorola unterscheidet und das Unternehmen vor dem unausweichlichen Auf und Ab in den High Tech-Märkten schützt. ARM produziert selbst keine physischen Halbleiter-Bauelemente, sondern entwickelt innovative »Chip-Baupläne«, für deren Nutzung Lizenzgebühren erhoben werden. Als ARM-CEO Robin Saxby 2001 den beträchtlichen Einnahmezuwachs von 58 Prozent verkündete, behauptete er, 75 Prozent aller weltweit benutzen Mobilfunktelefone nutzten Chips von ARM. Trotz der Konjunkturabschwächung in der Handy-Branche sind die Hersteller nach wie vor auf billigere und leistungsstärkere Mikroprozessoren angewiesen, um sich Wettbewerbsvorteile zu sichern, mit dem Fortschritt der drahtlosen Kommunikationstechnologie mithalten zu können und die Ausgaben für die Mobilfunkgeräte der »Dritten Generation« wieder hereinzuholen.

Die wenigsten Geschäftsmodelle sind auf Dauer in unveränderter Form haltbar, und selbst die solidesten Industriezweige müssen sich und ihre Modelle hin und wieder den veränderten Bedingungen anpassen. Wenn sich in einer Branche neue Geschäftsmodelle etablieren, erwarten Verbraucher und Zulieferer auch branchenübergreifend neue Modelle. Wer sich daran gewöhnt, über das Internet kostenlos auf alle nur erdenklichen Informationen zugreifen zu können, kann über den Preis einer eintägigen Fortbildungsmaßnahme nur staunen. Wer sich dank eines Leasingvertrags ein schönes neues Auto leisten kann, will die nächste Waschmaschine vielleicht auch nicht mehr kaufen, sondern leasen. Zuzugeben, dass das eigene Geschäftsmodell nicht mehr wie geplant funktioniert, ist allerdings eine heikle Angelegenheit. Als Paul Allaire, ehemaliger CEO von Xerox, verlauten ließ, sein Geschäftsmodell sei nicht mehr tragbar, brach der Aktienkurs dramatisch ein und bescherte den Anlegern einen Verlust in Höhe von 38 Milliarden US-Dollar.

Inspiration 7.4 IKEA

Das schwedische Möbelhaus IKEA ist mit über 200 großen Möbelhäusern in mehr als 30 Ländern vertreten, und der jährlich in einer Auflage von 100 Millionen Exemplaren gedruckte IKEA-Katalog mit seinen rund 12.000 IKEA-Produkten ist angeblich das am weitesten verbreitete Druckwerk nach der Bibel.

Das Unternehmen wurde 1943 vom damals erst 17-jährigen Ingvar Kamprad gegründet. Der Name IKEA setzt sich aus den Anfangsbuchstaben von Ingvar Kamprad, des elterlichen Bauernhofs Elmtaryd und des dem Hof nächstgelegenen Ortes Agunnaryd zusammen. Ursprünglich verkaufte Kamprad in seiner Firma Kugelschreiber, Brieftaschen, Bilderrahmen, Uhren, Schmuck und Nylonstrümpfe – im Prinzip alles, wofür Bedarf bestand, den er mit preiswerten Produkten decken konnte. 1947 wurden die ersten Möbel in die Produktpalette mit aufgenommen, 1955 bot Kamprad erstmals eigens für IKEA entworfene Möbel an. Damals war IKEA ein reiner Versandhandel, doch es dauerte nicht lange, bis der erste Laden in der nahegelegenen Stadt Älmhult eröffnete.

IKEA-Möbel sind zum einen für ihr modisches Design bekannt, für das junge Designer aus Schweden verantwortlich zeichnen, zum anderen dafür, dass der Kunde sie in flachen Kartons verpackt selbst abholt und nach Anleitung zusammenbaut, was nicht nur die Kosten, sondern auch den Verpackungsaufwand senkt. IKEA leistete zudem Pionierarbeit bei Ansätzen, sich dauerhaft als Kultmarke im Massenmarkt zu etablieren. Laut Kamprad ist sein »demokratisches Modell« ausgezeichnet in der Lage, die Vorteile der Massenproduktion effizient auszunutzen, da Ressourcen schonende Materialketten und Herstellungsprozesse dauerhafte Niedrigpreise gewährleisten. Das Ergebnis sind miteinander kombinierbare und erweiterbare Einrichtungsgegenstände für die breite Masse der Bevölkerung, egal ob ein geräumiges Haus oder eine kleine Studentenbude eingerichtet werden soll.

IKEA ist stolz darauf, ein ganz neues Konsumdenken geschaffen zu haben, denn die trendigen IKEA-Möbel sind gleichzeitig günstige Modeartikel, von denen sich der Verbraucher leicht trennen kann, wenn ein neuer Modetrend angesagt ist. Mittlerweile ist im Flachkarton sogar BoKlok zu haben, ein komplettes Fertighaus im IKEA-Stil zum IKEA-Preis, mit dem sich der Traum vom Eigenheim auch für Wenigverdiener erfüllen kann.

Das Innere der mehr oder weniger fensterlosen, kastenförmigen blauen IKEA-Möbelhäuser ist üblicherweise als Parcours angelegt, der sich durch alle Abteilungen schlängelt und nur wenigen eingeweihten Kunden die Chance bietet, den langen Weg zu den Kassen abzukürzen. Fester Bestandteil des IKEA-Parcours sind die den Möbelabteilungen folgenden Haushalts- und Küchenaccessoires und der Schnäppchenmarkt, und erst danach geht es üblicherweise in die Lagerhalle, in der die verpackten Möbel abgeholt und zu den Kassen transportiert werden können.

Anwendung 7.4 Neue Geschäftsmodelle

Was genau ist ein Geschäftsmodell? Wie können Sie sich Ihr momentanes Geschäftsmodell bildlich vorstellen? Welche Alternativen stehen für Ihre Geschäftstätigkeit zur Auswahl? Mit welchen innovativen Geschäftsmodellen sichern Sie sich Ihren Erfolg?

1. Welche Interessengruppen sind an Ihrem Unternehmen beteiligt?

Listen Sie alle Interessengruppen auf, die aktuell an Ihren Geschäftsaktivitäten beteiligt sind.

2. Skizzieren Sie den Warenfluss.

Skizzieren Sie den Warenfluss zwischen den Interessengruppen (zum Beispiel von Ihrem Unternehmen zum Kunden, von Zulieferern an Sie und so weiter).

3. Skizzieren Sie den Geldfluss.

Skizzieren Sie den Geldfluss zwischen den Interessengruppen (zum Beispiel vom Kunden an Sie, von Ihrem Unternehmen an Zulieferer und so weiter).

4. Suchen Sie nach Umleitungsmöglichkeiten.

Überlegen Sie, wie sich der Waren- und Geldfluss alternativ gestalten ließen und welche Konsequenzen daraus entstünden (prüfen Sie andere oder umgekehrte Fließrichtungen).

5. Besteht die Möglichkeit, eine beteiligte Partei zu streichen?

Überlegen Sie, wie sich die Streichung einer oder mehrer Interessengruppen (zum Beispiel Geschäfts- oder Vertriebspartner) auswirken würde.

6. Bewerten Sie Ihre Optionen.

Werten Sie die sich daraus ergebenden optionalen Geschäftsmodelle nach ihrem wirtschaftlichen Wertschöpfungspotenzial aus.

Wettbewerb: Die Handschrift eines Marketinggenies

Teil 3

Wettbewerb: Die Handschrift eines Marketinggenies

- Wie schaffen Sie heute den besten Wert für Ihre Kunden? Wie setzen Sie sich erfolgreich im Wettbewerb durch und sichern sich eine markante Position? Wie berücksichtigen Sie bei Ihrer Geschäftstätigkeit, was Kunden wirklich wollen?
- Wie können Sie die Perspektive Ihrer Kunden einnehmen? Wie formulieren Sie auf überzeugende, logisch nachvollziehbare und nachhaltige Weise Ihr Angebot und maximieren seinen subjektiven Wert für die Kunden?
- Wie vermitteln Sie einzigartige Erfahrungen, die Ihre Kunden auf emotionaler Ebene ansprechen und Ihre Marke in einem ganz neuen Licht erscheinen lassen? Wie nutzen Sie ihre emotionale Wirkung als Alleinstellungsmerkmal?
- Was bedeutet es, Geschäfte nach den Regeln der Kunden abzuwickeln – wie, wo, wann und womit es den Kunden gefällt? Wie richten Sie Kommunikations- und Vertriebkanäle entsprechend aus? Wie errichten und integrieren Sie ein Verbindungsnetzwerk?
- Wie bauen Sie Beziehungen auf, die Kunden gerne eingehen? Wodurch zeichnet sich eine starke zweiseitige Beziehung überhaupt aus? Was wäre wichtig, um Kunden stärker zu binden und als Partner zu gewinnen?

»Wir müssen gründlicher nachdenken, um Informationen, die auch der Konkurrenz zur Verfügung stehen, besser zu nutzen als sie.«

Edward de Bono

Unternehmen aus der Sicht der Kunden

»Kunden müssen erkennen, dass man etwas Besonderes für sie darstellt.«

Howard Schultz

»Probleme kann man niemals mit der gleichen Denkweise lösen, durch die sie entstanden sind.«

Albert Einstein

Wie aktuelle neurologische Studien herausgefunden haben, werden die meisten Kaufentscheidungen innerhalb von 2,6 Sekunden getroffen. In seinem Buch *Blink! Die Macht des Moments* vertritt Malcolm Gladwell die These, dass die besten Entscheidungen meist innerhalb kürzester Zeit getroffen werden, da die Aufnahme zu vieler Informationen das Urteilsvermögen und die Entscheidungsfreudigkeit beeinträchtigt. Eine schnelle Auffassungsgabe zeugt sowohl von Intelligenz als auch von Fantasie.

Spielen die ausgefeilten Marketingstrategien denn überhaupt eine Rolle, wenn Sie im Supermarkt den einen oder anderen Artikel in den Einkaufswagen legen oder sich zwischen zwei Konferenzen für das Angebot des einen oder anderen Zulieferers entscheiden sollen? Ja, die Werbung wirkt, allerdings schon vor der eigentlichen Kaufentscheidung. Gute Werbung verankert die Marke bereits lange vorher im Bewusstsein – sozusagen im ROM – des Verbrauchers. Die Herausforderung besteht darin, die Marke dort abzuspeichern und sicherzustellen, dass sie nicht wieder gelöscht wird, schnell abrufbar ist und im Moment der Entscheidung überzeugt.

Intelligentere Markenversprechen	Fantasievollere Markenversprechen
... sind wertvoll für Kunden. Der Markenwert wird für jede Zielgruppe, jedes Marktsegment und jede spezifische Lösung explizit ausgedrückt.	**... bringen Wettbewerbsvorteile**, die Ihr Unternehmen im geeigneten Kontext positionieren und sie im Vergleich mit der Konkurrenz hervorstechen lassen.
... machen verlockende Angebote. Der Wert der Marke wird als überzeugender praktischer und finanzieller Vorteil artikuliert und auf gewinnbringende Weise vermittelt.	**... werden wahrgenommen**. Sie gehen mit Ihrem Angebot auf die Bedingungen der Verbraucher ein, nicht auf die des Unternehmens und bieten ein nachvollziehbares Preis-Leistungsverhältnis.
... sorgen für harmonische Ausrichtung. Sie richten die Geschäftstätigkeit aus, damit sich das Markenversprechen im Hinblick auf Produkte, Dienstleistungen und Erfahrungen bewahrheitet.	**... haben etwas zu sagen**. Das Markenversprechen wird in einer Sprache vermittelt, die überzeugt, in Erinnerung bleibt und den Absatz fördert.

Der Begriff »Customer Value Proposition« (CVP) beschreibt das kundenspezifische Wertversprechen und ist das Herzstück jeder fokussierten Marketingstrategie, die Kunden differenziert und überzeugend ansprechen will. Jedes Unternehmen sollte auf seinen Wertversprechen aufbauen und diese aneinander ausrichten, um die Bedürfnisse seiner Zielgruppe zu erfüllen, ganz unabhängig davon, welche Form das CVP in der jeweiligen Branche annimmt.

Die Marke American Express zum Beispiel macht ihren Kunden das generelle Angebot, mit ihrem guten Namen bezahlen zu können, wendet sich aber gleichzeitig mit jeweils spezifisch definierten Vorteilen an verschiedene Segmente innerhalb der Zielgruppe. Diese Wertangebote dienen in ihrer Gesamtheit als Richtlinien für die Geschäftstätigkeit und richten das Unternehmen an seinem Umfeld aus.

Ein Markenversprechen geht auf die Wünsche der Kunden ein. Die Kernaussage des Markenversprechens dient als übergeordnete Verhaltensregel für alle Produkte, Dienstleistungen, Abteilungen und Prozesse, die für seine Einhaltung verantwortlich sind.

Im Gegensatz zu Marken müssen sich die Markenversprechen natürlich den geänderten Bedürfnissen der Verbraucher, aufholenden Mitbewerbern und der Marktentwicklung anpassen. Sie können daher immer nur vorübergehend gelten – vielleicht einige Jahre, wie es bei IBM und dem »On Demand Business«-Angebot der Fall ist –, gehen auf die aktuellen Bedürfnisse ihrer Zielgruppe ein, formulieren explizit ihren momentanen Wettbewerbsvorteil und gewinnen dadurch Kunden für sich.

Was aber bleibt Kunden im Gedächtnis haften?

Sicherlich nicht die technischen Spezifikationen und unverständlichen Fachausdrücke wie die Prozessorleistung des neuesten Computers, die aktive Formel in der Zahnpasta oder die Seriennummer ihres Handys, die Auskunft über das Herstellungsjahr gibt, wie das alles in so vielen uninspirierten Werbeaktionen angepriesen wird.

Menschen erinnern sich besser an Dinge, die ihnen wichtig sind und die in einer ihnen geläufigen Sprache beschrieben werden. Verbraucher wollen wissen, weshalb gerade dieses Angebot ihr Problem am besten lösen kann, daher müssen die Vorteile verständlich und eindringlich geschildert werden.

Wie überzeugen Sie einen Kunden innerhalb von 2,6 Sekunden?

- mit Markenversprechen, die den Wert für den Kunden spezifizieren
- mit echten, besonderen Vorteilen
- mit einem fairen Preis-Leistungsverhältnis
- mit einem Text, der direkt auf das Problem zu sprechen kommt und die Lösung erklärt
- mit verständlichen und zweckmäßigen sprachlichen Formulierungen
- mit überzeugenden Memen (Ideen), die im Gedächtnis haften bleiben
- mit Dialogen, die sich durch hervorragendes Timing auszeichnen
- mit Beziehungen, in denen es auf sie ankommt

Anwendung 8.1 Wertempfinden

Wie nimmt der Kunde den Wert einer Lösung wahr? Welchen zusätzlichen Wert schafft Ihr Angebot? Wie gestalten Sie den Preis, um den empfundenen Wert maximal auszuschöpfen und gleichzeitig ein vernünftiges Preis-Leistungsverhältnis zu bieten?

1. Ermitteln Sie den Kundennutzen.

Stellen Sie fest, welchen Vorteil Kunden in Ihrem Angebot und in dem Ihrer Mitbewerber erkennen.

2. Vergleichen Sie den Kundennutzen.

Inwiefern empfinden Kunden Ihr Angebot als besser (oder schlechter) als das der Konkurrenz? Wie groß ist der Unterschied?

3. Wie wird der Wert empfunden?

Vergleichen Sie das Wertempfinden verschiedener Peer-Gruppen, um den empfundenen Wert maximal auszuschöpfen (zum Beispiel Audi im Vergleich mit BMW oder Ford).

4. Gestalten Sie den Preis.

Setzen Sie den Preis knapp unterhalb des empfundenen Werts an, um ein als gut empfundenes Preis-Leistungsverhältnis – ein gutes Geschäft – zu bieten.

5. Prüfen Sie die Wirtschaftlichkeit.

Stellen Sie sicher, dass der festgelegte Preis wirtschaftlich profitabel ist.

6. Behalten Sie das Wertempfinden der Kunden im Auge.

Richten Sie geeignete Nachverfolgungsmaßnahmen ein, um kontinuierlich Informationen über das Wertempfinden der Kunden zu sammeln und rechtzeitig neue Markenversprechen anbieten zu können.

Konzept 8.1 Der empfundene Wert

»Sex-Appeal hast du zu 50 Prozent – der Rest liegt in der Fantasie des Betrachters«, meinte Sophia Loren zu der Tatsache, dass die Realität stark von der subjektiven Wahrnehmung abhängt.

Kunden empfinden den Wert einer Lösung ebenfalls subjektiv, je nachdem wie wichtig und nützlich die Lösung für sie ist, das heißt, wozu sie durch diese Lösung befähigt werden oder welche Vorteile sie in Form von Kosten- oder Zeitersparnis bietet.

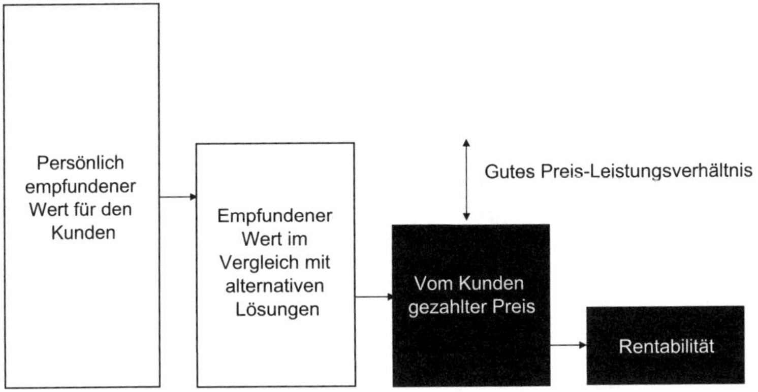

Das schöne und leistungsstarke Mcintosh-Notebook Apple PowerBook ist zum Beispiel der Liebling der Grafikdesigner und vieler anderer cooler Typen, weil es unschlagbare Vorteile zu bieten hat:

- Objektive Vorteile, weil der Kunde mit ihm überall und jederzeit, und dank der Software und Funktionalität auch schneller und effizienter arbeiten kann. Außerdem stehen je nach betrieblichen Anforderungen eine Vielzahl von Erweiterungsmöglichkeiten und Peripheriegeräten zur Auswahl.

- Relative Vorteile, die berücksichtigen, dass der Kunde zwischen den Angeboten von Sony, Dell, IBM und vielen anderen auswählen kann und die sich im Vergleich mit Wettbewerbsprodukten durchsetzen können.
- Im Preis spiegeln sich die kleinen, aber feinen Vorteile wider, wobei der höhere Preis aber auch tatsächlich durch einen höheren Nutzen gerechtfertigt sein muss.

Ein höherer Preis sollte sich direkt in den Unternehmensbilanzen zeigen, da mehr Wert für den Kunden auch dem Unternehmen mehr Wert verschaffen sollte.

Mit kundenspezifischen Wertversprechen bringt ein Unternehmen den Wert, den es dank seiner besonderen Kenntnisse über seine Kunden und den Wettbewerb einer bestimmten Zielgruppe zu bieten hat, auf den Punkt. Dabei bezieht sich der Inhalt des Wertversprechens immer darauf, was den Kunden wichtig ist – ihre Situation, ihre Probleme und Optionen, ihre Bedürfnisse und Wünsche. Je besser die angebotene Problemlösung von den Kunden empfunden wird, umso weniger interessieren sie sich für den Preis.

Produkte weisen Eigenschaften auf, (die helfen, ein Problem zu lösen)	**Versprechen nennen Vorteile,** (die sich aus der Problemlösung ergeben)
»Reparaturservice rund um die Uhr«	»Ein beruhigendes Gefühl«
»Internetfähige Mobilfunktelefone«	»Jederzeit erreichbar«
»Neue Sportschuhe«	»Persönliche Bestleistungen erzielen«

Obwohl die Versuchung, sich schnell auf einen Slogan festzulegen, ziemlich groß ist, sollte ein Wertversprechen in sechs Schritten sorgfältig aufgebaut und analysiert werden.

1. Definieren Sie die Zielgruppe. Aus welchem Personenkreis oder Segment besteht Ihre Zielgruppe? Weshalb ist Ihr Angebot interessant für sie? Welche Bedürfnisse und Wünsche, Probleme und Ziele hat Ihre Zielgruppe?

2. Welche Art von Lösungen werden von der Zielgruppe benötigt? Einfache wie zum Beispiel Erfrischungsgetränke, die den Durst besser löschen oder Softwarelösungen, die anwenderfreundlicher sind?

3. Weshalb sollte die Zielgruppe Ihre Lösung wählen? Woraus bestehen deren Alleinstellungsmerkmale? Inwiefern sind sie anders oder besser als andere Anbieter? Welche einzigartigen Vorteile haben sie zu bieten?

4. Wie lösen Sie Ihr Versprechen ein? Mit welchen Produkten, Dienstleistungen oder Prozessen stellen Sie sicher, dass sich die versprochenen Vorteile bewahrheiten und tatsächlich einzigartig sind?

5. Welchen Preis würden die Kunden bezahlen? Zehn Prozent mehr als der Branchendurchschnitt? Denselben Preis, den die Marktführer verlangen? Fünf Prozent ihres Monatsgehalts?

6. Was können Sie Ihrer Zielgruppe nicht bieten? Gibt es Ihre Lösung nicht überall zu kaufen, ist das Notebook nur in einer Farbe zu haben, ist die Software nicht mit jedem Betriebssystem kompatibel, kann sie vielleicht nicht online aktualisiert werden?

Es empfiehlt sich, das Wertversprechen nach diesem Schema zu strukturieren. Ist es erst einmal in den Grundzügen definiert, kann es in der Marketingabteilung natürlich kreativer und eingängiger umformuliert werden.

Wertversprechen können für jeden Markt, für jedes Segment und in Einzelfällen sogar für jeden Kunden erstellt werden, da es keinen großen Aufwand darstellt, sie zu prüfen, anzupassen und weiterzuentwickeln. In dieser Hinsicht sind sie deutlich flexibler und wichtiger als Marken und Produkte.

Am wichtigsten ist vielleicht, dass dieselben Produkte oder Dienstleistungen gleichzeitig mehrere Wertversprechen abgeben können, indem sie verschiedene Zwecke erfüllen und unterschiedliche Vorteile bieten, für die auch eine andere Preisgestaltung gilt. Ebenso ist es in bestimmten Fällen möglich, dass verschiedene Produkte oder Dienstleistungen dasselbe Wertversprechen untermauern.

Kundenspezifisches Wertversprechen

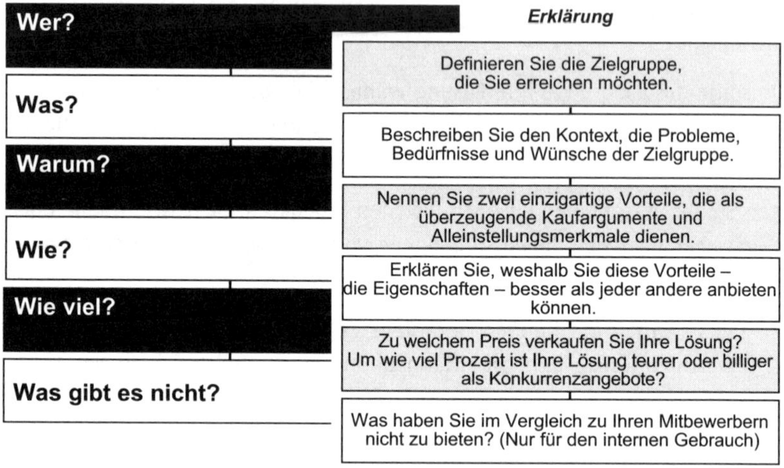

Effektive Kommunikation ist eine lebhafte Unterhaltung, an der sich zunehmend mehr Gesprächspartner beteiligen und an die man sich gerne erinnert.

Eine Unterhaltung zeichnet sich dadurch aus, dass sich alle Gesprächspartner in sie einbringen, dass sie sich weiterentwickelt und gerne geführt wird. Für das Marketing bedeutet das, dass die Kommunikation sich nicht am Unternehmen, sondern am Kunden orientieren und interaktiv, bilateral und interessant sein muss, damit sie nicht in Vergessenheit gerät.

Die Kommunikation von Disney regt die Fantasie an und lässt Ihren Traumurlaub – zumindest den Ihrer Kinder – Wirklichkeit werden. Orange reicht Ihnen die Hand für den Sprung in die Zukunft, in eine bessere Welt dank drahtloser Kommunikation. BMW verspricht Ihnen das ultimative Erlebnis, ob in den Ausstellungsräumen oder im Fahrersitz.

Damit das Marketing eine lebhafte Unterhaltung führen kann, sind unverwechselbare und möglichst individuell formulierte Wertversprechen erforderlich, die – über sorgfältig gewählte

Medien vermittelt und in überzeugende Botschaften verpackt – von jedem Einzelnen als persönliche Bereicherung empfunden werden. Dass dies mit Fernsehspots und Postwurfsendungen schwer zu erreichen ist, dürfte klar sein.

Das Marketing des Audi TT rückt den offenen Dialog mit den Kunden vor und nach dem Kauf in den Vordergrund und lädt explizit dazu ein, sich telefonisch, schriftlich oder auch persönlich jederzeit und über jedes beliebige Lifestyle-Thema auszutauschen.

Seth Godin vertritt die Auffassung, dass es in der Regel die Unternehmen sind, die den inhaltlichen und zeitlichen Rahmen ihrer Kommunikation mit ihren Kunden vorgeben. Verbraucher und Datenschützer machen gemeinsame Sache dagegen und möchten erreichen, dass ein Unternehmen erst die Erlaubnis des Kunden einholen muss, bevor es auf irgendeine Weise mit seiner Zielgruppe in Kontakt tritt. Sollten sie sich durchsetzen, wäre das doch genau der richtige Moment, mit der Kundenbindung anzufangen.

Der Dialog mit dem Kunden lebt typischerweise von einem überzeugenden Wertversprechen, das hinsichtlich der Erwartungen und Beweggründe der Kunden ins Schwarze trifft. Voraussetzungen hierfür sind umfassende und mit der Zeit weiter vertiefte Erkenntnisse über den Kunden sowie aktuelle Informationen über die neuesten Trends, um zu wissen, wie Kunden momentan denken und anzusprechen sind.

Rolf Jensen, ehemaliger Direktor des Copenhagen Institute of Future Studies, hat behauptet, dass der Erfolg eines Unternehmens in Zukunft stark davon abhängen wird, wie interessant die Geschichten und Legenden sind, die sich um seine Existenz ranken. Der bekannte Spaßvogel und Southwest-Gründer Herb Kelleher hätte demnach seinem Unternehmen einen ebenso großen Dienst erwiesen wie Jack Welch mit seiner Aufsehen erregenden Aufforderung, das Geschäft zu zerschlagen, bevor es ein anderer tun kann. In dem Maß, in dem Intelligenz durch automatisierte Prozesse zur Massenware wird, gewinnen Emotionen, Fantasie und Rituale an Wert. Jensen ist davon überzeugt, dass sich diese Entwicklung auf das gesamte Marketing – angefangen bei der Kaufentscheidung bis hin zur Kundenloyalität – auswirken wird, weshalb die erfolgreichsten Marketingexperten diejenigen sein werden, die Werbebotschaften als spannende Geschichten erzählen können, die man sich immer wieder gerne erzählt.

Inspiration 8.1 Tesco

Tesco ist die größte Supermarktkette in Großbritannien. Ursprünglich gab es bei Tesco ausschließlich Lebensmittel, doch inzwischen hat das Unternehmen sein Angebot um Bekleidung, Haushaltselektronik, Finanzdienstleistungen, Internet- und Telekommunikationsdienste erweitert.

Mit Gewinnen in Höhe von zwei Milliarden und Umsätzen von rund 24 Milliarden britischen Pfund hat sich Tesco 30 Prozent des britischen Lebensmittelmarkts erobert. Der Konzern dominiert seinen heimischen Markt deutlich stärker als sein US-amerikanisches Gegenstück Wal-Mart, denn immerhin wandert von jeweils acht für Lebensmittel ausgegebenen britischen Pfund eines in die Kasse von Tesco. Die Supermarktkette ist auch außerhalb Großbritanniens erfolgreich. Für das am 26. Februar 2005 abgeschlossene Geschäftsjahr 2004 betrugen die Gewinne der Auslandsgeschäfte 20 Prozent der Gesamteinnahmen.

Tesco wurde von Jack Cohen gegründet, der im London der 1920er Jahre an einem Marktstand Lebensmittel im East End verkaufte. Die Marke Tesco wurde 1924 geboren, als Cohen eine große Menge Tee von T. E. Stockwell kaufte. Er entwarf neue Etiketten für den Tee und setzte einfach die ersten drei Buchstaben vom Namen des Lieferanten mit den ersten zwei Buchstaben seines eigenen Nachnamens zusammen: »TESCO«.

1929 eröffnete er den ersten Tesco-Laden, 1948 folgte der erste Selbstbedienungsladen in St. Albans. Der erste Tesco-Supermarkt wurde 1956 in einem ehemaligen Kino in Maldon, Essex, eröffnet. Es dauerte nicht lange, bis Tesco auf die Idee kam, Obst vom nahe gelegenen Landwirtschaftsbetrieb Goldhanger einzukaufen und unter der eigenen Marke als Dosenobst ins Sortiment aufzunehmen. Der erste Tesco-Großmarkt wurde 1968 in Crawley, West Sussex, eröffnet. Das Unternehmen ist seitdem beträchtlich gewachsen und hat sich nach diversen Akquisitionen auch außerbritische Märkte erschlossen.

Tesco definiert sein Unternehmensziel als »Wert für die Kunden zu schöpfen, um ihre lebenslange Treue zu verdienen«. Das Fundament dieses Unternehmensziels bilden die Unternehmenswerte, die lauten, keiner setzt sich mehr für seine Kunden ein als wir, und wir behandeln jeden Menschen so, wie wir gerne selbst behandelt werden möchten.

Tesco hat für den britischen Markt fünf Wertversprechen definiert, die auf die unterschiedlichen Bedürfnisse der Verbraucher zugeschnitten sind und über verschiedene Submarken und Formate, die in Größe und Sortiment variieren, eingelöst werden:

- *Tesco Extra* heißen die großen Einkaufsmärkte außerhalb der Stadtgrenzen, in denen das gesamte Tesco-Sortiment zu haben ist. Die rund 600 Tesco Extra-Märkte haben jeweils eine Ladenfläche von durchschnittlich 600.000 Quadratmetern, was sich zu 27 Prozent der Tesco-Gesamtladenfläche summiert.
- *Tesco* ist der Name der normalen Supermärkte, in denen neben einer kleinen Auswahl an Non-Food-Artikeln hauptsächlich Lebensmittel verkauft werden. Der Einfachheit halber werden sie intern als »Superstores« bezeichnet, zu sehen ist dieses Wort jedoch nirgends. Die Tesco-Supermärkte nehmen den größten Teil der Gesamtladenfläche ein. Sie sind meist in den Vorstädten oder Randbezirken großer und mittelgroßer Städte angesiedelt.
- *Tesco Metro* führt neben einigen Artikeln des täglichen Bedarfs hauptsächlich Lebensmittel im Sortiment, die aufgrund des eingeschränkten Angebots und der relativ kleinen Ladenfläche vergleichsweise teuer sind. Diese Läden befinden sich hauptsächlich in den Zentren und Einkaufsstraßen kleinerer Städte.
- *Tesco Express* bezeichnet die Convenience-Shops in Stadtzentren, kleineren Einkaufszentren, Wohngegenden und an Tankstellen.
- *One Stop* ist die einzige Kategorie, die nicht die Marke Tesco im Namen führt. One Stop sind die kleinsten Tesco-Läden und gehörten früher zu der Convenience Store-Kette T&S. Im Gegensatz zu vielen anderen aufgekauften Convenience-Shops, die unter der Marke Tesco Express geführt werden, darf One Stop seinen alten Namen behalten.

Während der Wachstumsphase der letzten drei Jahrzehnte hat der Konzern auch die ursprüngliche Unternehmensstrategie, möglichst viel billig zu verkaufen, von Grund auf verändert. In den späten 1970er Jahren war das Markenimage von Tesco so angeschlagen, dass dem Unternehmen sogar nahe gelegt wurde, den Namen seiner Supermärkte zu ändern. Allerdings lehnte Tesco diesen Rat ab und verfolgte stattdessen eine eigene Strategie, die sich durchaus als erfolgreich erwies:

- Die Angebote werden für Kunden aller Einkommensklassen attraktiv gestaltet.
- Eigene Marken decken sowohl das obere als auch das untere Preisniveau ab. Dadurch veränderte sich das bis dahin gültige Urteil der Verbraucher, Tesco-Marken wären qualitativ minderwertig.
- Das Unternehmen orientiert sich ausschließlich an den Verbrauchern, da dies die einzige Möglichkeit ist, langfristigen Wertzuwachs für die Aktionäre zu erreichen.
- Zusätzlich zum Kerngeschäft auf dem britischen Lebensmittelmarkt weitet sich Tesco auf neue Bereiche oder neue geografische Märkte aus, um den besten Wert für die Kunden zu schaffen.

Quelle: Die Angaben können in englischer Sprache unter www.tesco.com nachgelesen werden.

Der kontinuierliche finanzielle Höhenflug lässt CEO Sir Terry Leahy dennoch nicht abheben. Leahy hält an den vier Säulen seiner Geschäftsstrategie fest, die auf der Tesco-Website unter www.tesco.com im englischen Original nachzulesen sind.

- »Kerngeschäft Großbritannien« – Lebensmitteleinzelhandel im britischen Binnenmarkt. Innovativ und dynamisch werden immer neue Expansionsmöglichkeiten erschlossen, wie zum Beispiel der großangelegte Einmarsch in den Convenience Store-Sektor.
- »Non-Food-Artikel« – Im Gegensatz zu vielen Mitbewerbern ist es Tesco außerordentlich schnell gelungen, sein Portfolio zu erweitern und sich höchst erfolgreich Spitzenpositionen in so unterschiedlichen Kategorien wie Bekleidung, Haushaltselektronik, Gesundheit, Kosmetik, Druckerzeugnisse und vieles mehr zu sichern.

- »Privatkunden-Geschäfte« – Tesco war eines der ersten Unternehmen seiner Branche, das seine Produktpalette um Finanzierungs- und Telekommunikationsdienste sowie die Gas- und Elektrizitätsversorgung erweitert hat. Ermöglicht wird dies häufig durch Partnerschaften mit anderen Marktführern, wobei sich Tesco durch effektives und lukratives Implementierungsgeschick auszeichnet.
- »Globale Geschäfte« – Die globale Geschäftstätigkeit von Tesco begann 1994 und erwirtschaftet heute 20 Prozent des Gesamtgewinns. Tesco konzentriert sich hauptsächlich auf die mitteleuropäischen und asiatischen Märkte, die ein großes Entwicklungspotenzial für den Einzelhandel bieten. Das mittelfristige Unternehmensziel lautet, 50 Prozent der Einnahmen außerhalb Großbritanniens zu erwirtschaften.

Quelle: www.tesco.com

Im Großen und Ganzen besteht Tescos Erfolgsrezept darin, die Grundregeln des Einzelhandels ein wenig besser zu beherrschen als die meisten seiner Gegenspieler.

Und genau das behauptet Tesco auch in seiner Marketingkampagne »Every little helps«.

Anwendung 8.2 Wertversprechen

Wie entwickeln Sie für eine bestimmte Zielgruppe ein kundenspezifisches Wertversprechen (Customer Value Proposition – CVP), das aus Ihrer Marke etwas Besonderes, Wichtiges und Greifbares macht? Wie formulieren Sie die Bestandteile des Werts für Ihre Kunden – die allgemeinen Vorzüge, die einzigartigen Pluspunkte? Wie legen Sie den Preis fest, und wie entscheiden Sie, welche Abstriche eventuell notwendig sind?

1. Zielgruppe

Definieren Sie Ihre Zielgruppe und deren wichtigste Bedürfnisse (zum Beispiel die Lösung eines dringenden Problems).

2. Vorteile

Welche Vorteile können Sie dieser Zielgruppe bieten, und inwiefern sind diese etwas Besonderes?

3. Alleinstellungsmerkmale

Formulieren Sie die zwei größten Vorteile, mit denen Sie Ihre Mitbewerber übertrumpfen.

4. Beweisführung

Beweisen Sie, dass Ihre Vorteile tatsächlich besser sind (zum Beispiel anhand von Produkten mit eindeutigen Alleinstellungsmerkmalen).

5. Preis

Legen Sie fest, wo Sie sich preislich positionieren möchten und welche Abstriche eventuell erforderlich sind (das heißt was Sie nicht anbieten werden).

6. Formulieren Sie Ihr Angebot für ein externes Publikum.

Formulieren Sie das Wertversprechen so, dass es für die Zielgruppe unverwechselbar und unwiderstehlich ist.

Konzept 8.2 Botschaften an den Kunden

Irgendwie kommen sie oft nicht so an, wie man es gerne hätte.

Da sitzt man dem Kunden gegenüber und beschreibt Herausforderungen und Chancen, allerdings nicht aus der Perspektive des Kunden. Man glaubt, sich verständlich auszudrücken, doch der Kunde spricht eine ganz andere Sprache.

Dabei ist doch allgemein bekannt, dass der Ausgangspunkt immer darin besteht, zuzuhören und zu verstehen, oder doch zumindest daraus, sich über die Zielgruppe Gedanken zu machen, sich zu überlegen, was sie wohl beschäftigt und was ihr wichtig ist.

Ob nun ein 30 Sekunden langer Werbespot, eine halbseitige Presseerklärung zu den neuesten Neuigkeiten, ein Werbeplakat, das im Vorbeifahren auffallen soll, eine vierseitige Broschüre, die man zuhause in Ruhe durchblättern kann, ein Diavortrag für die Vertriebspartner oder eine 45 Minuten lange Rede eines Unternehmenschefs ... allen ist eines gemein: Zuschauer, Zuhörer oder Leser sollen gefesselt werden, ein Ziel soll erreicht und eine wichtige Botschaft vermittelt werden.

Wer sein Publikum in seinen Bann ziehen möchte, muss ihm auf nachvollziehbare und verständliche Weise etwas Bedeutsames bieten, etwas, mit dem es sich emotional identifizieren kann und dem es aus vollem Herzen zustimmt, weil es eine Verbesserung darstellt. Ein Publikum braucht eine gut strukturierte Geschichte.

Um Kunden ein Wertversprechen überzeugend und eindringlich zu vermitteln, ist ein gut durchdachtes »Drehbuch« – ein Werbetext – erforderlich. Ein guter Werbetext fällt nicht mit der Tür ins Haus und verkündet einfach nur »Hallo Kunde, hier sind wir, und das können wir dir bieten«, sondern versetzt sich in die Lage des Kunden und vermittelt ihm logisch nachvollziehbar eine Botschaft, die ihn hoffentlich begeistert und dazu motiviert, sich wie erwünscht zu verhalten.

Ein gutes »Drehbuch« beschreibt:

- Kontext – In welcher Situation befindet sich der Kunde, welche Möglichkeiten hat er, und welchen Herausforderungen muss er sich stellen.

- Komplexität – Woraus bestehen die größten Schwierigkeiten, weshalb sind die verfügbaren Lösungen im Kontext des Kunden mangelhaft?
- Herausforderung – Woraus besteht die Herausforderung, die komplexen Schwierigkeiten zu überwinden, welche Lösungen werden dem Kunden geboten?
- Schlüsselbotschaft – Die Formulierung einer großartigen Idee, die dem Kunden als beste Lösung vorgestellt wird.

Die Schlüsselbotschaft vermittelt üblicherweise das Angebot an den Kunden, das Ihrer Meinung nach die beste Lösung für ihn darstellt. Dabei kommt es darauf an, diese Idee im Gedächtnis des Kunden dauerhaft zu verankern.

Das Drehbuch einer Werbebotschaft kann außerdem einer Reihe von Nebenbotschaften enthalten, die den logisch strukturierten Nachweis erbringen, »weshalb« die Lösung die beste ist, oder detaillierte Informationen darüber liefern, »wie« die Lösung realisiert wird.

Struktur eines Werbetexts

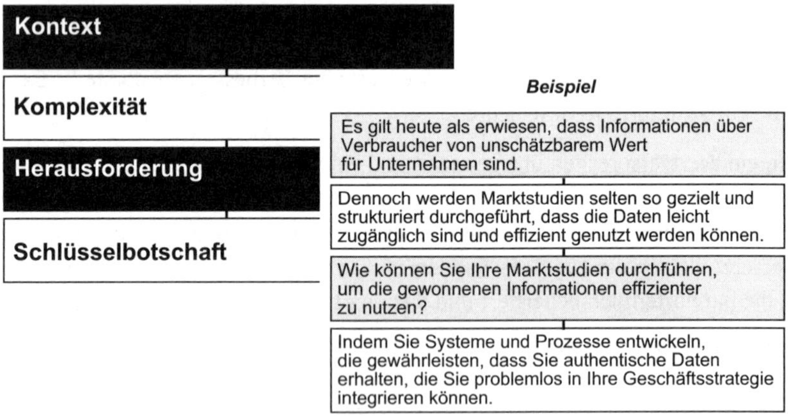

Diese Struktur eignet sich für das Drehbuch eines Fernsehspots ebenso wie für eine Werbebroschüre oder eine Präsentation. Die Länge des Drehbuchs ist beliebig, der wesentliche Inhalt aber sollte sich auf einer Seite zusammenfassen lassen.

Inspiration 8.2 Club World

British Airways leistete in seiner Branche Pionierarbeit in der Markenentwicklung, da es eines der ersten Unternehmen war, das das Markenmanagement der Konsumgüterindustrie auf die Erfahrungsvermittlung im Dienstleistungssektor anwendete.

Das Portfolio der Submarken First Class, Club World, Club Europe, World Traveller und Euro Traveller löst das Versprechen der Hauptmarke sehr gekonnt bei den verschiedenen Kundengruppen ein.

British Airways verspricht seinen Kunden im Hinblick auf die gebotenen Vorteile und die vermittelte Erfahrung einzigartigen Wert, der sich zu jedem Zeitpunkt der Reise auf unterschiedliche Arten realisieren kann – bei der Buchung des Flugs, der Anreise zum Flughafen, dem Check-in, in den Lounges, beim Abflug, beim Kabinenservice, bei der Ankunft, bei Anschlussflügen und beim Transfer zum Hotel.

Die Reiseklasse der Marke Club World setzt nun seit fast zwei Jahrzehnten Standards im transatlantischen Business Class-Flugverkehr. Das Angebot könnte mithilfe eines »Drehbuchs« aber noch überzeugender und reizvoller formuliert werden:

- Kontext: Kennen Sie das? Sie müssen geschäftlich am Dienstagmorgen um 9.00 Uhr in New York sein, den Montag und Mittwoch dagegen müssen Sie in London arbeiten.
- Komplexität: Eine Nacht unbequem auf einem engen Sitzplatz im Flugzeug zu verbringen, ist nicht die beste Möglichkeit, sich auf eine wichtige Besprechung vorzubereiten: Übermüdet und im verknitterten Anzug raus aus dem Flugzeug, rein in die Besprechung ... keine verlockende Vorstellung!

- Herausforderung: Wie könnte das gehen: über Nacht reisen und am nächsten Morgen in Bestform sein?
- Schlüsselbotschaft: Mit Club World erreichen Sie Ihr Reiseziel ausgeruht und entspannt, damit Sie in Topform sind, um Ihr geschäftliches Ziel zu erreichen.
- Wie?
- Beweis 1: British Airways bietet die besten Flugpläne, damit Sie auch nach einem anstrengenden Arbeitstag in der Londoner City rechtzeitig zur Eröffnung der Börse in New York sind.
- Beweis 2: Vor Ihrem Abflug können Sie in unserer Supper Lounge zu Abend essen. An Bord erwartet Sie ein komfortables Bett, in dem Sie so lange ungestört schlafen können, bis wir zur Landung ansetzen.
- Beweis 3: In unserer Arrivals Lounge können Sie eine heiße Dusche genießen, während wir Ihren Anzug bügeln. Danach servieren wir Ihnen ein Frühstück, und wenn Sie möchten, können Sie noch eben Ihre E-Mails abholen, bevor Sie erholt, geduscht und rundum knitterfrei zu Ihrem Geschäftstermin fahren.

Anwendung 8.3 Drehbuch für Werbetexte

Wie formulieren Sie Ihr Versprechen in einer für den Kunden verständlichen Sprache und aus seiner Perspektive? Wie bauen Sie das Drehbuch – die Argumentationskette oder die Geschichte – so auf, dass es sich auf Anschreiben ebenso anwenden lässt wie auf Werbebroschüren, Präsentationen und Vorträge?

1. Kunde

Beschreiben Sie den »Kunden« und seine aktuelle Situation, seine typischen Aktivitäten und Aufgaben sowie die damit verbundenen Schwierigkeiten.

2. Komplexität

Beschreiben Sie die »Komplexität«, das heißt die komplexen Anforderungen, für die es bisher nur suboptimale Lösungen gibt.

3. Herausforderung

Formulieren Sie die größte »Herausforderung«, mit der Ihr Kunde innerhalb seiner Situation und aufgrund der komplexen Anforderungen konfrontiert ist.

4. Schlüsselbotschaft

Formulieren Sie die »Idee«, wie der Kunde seine Herausforderung am besten bewältigen kann (dies ist dem kundenspezifischen Wertversprechen sehr ähnlich).

5. Details

Beschreiben Sie über eine Reihe von Nebenbotschaften detaillierter, weshalb und wie Sie die beste Lösung anbieten können.

6. Kommunikation

Vermitteln Sie das »Drehbuch« über Sprache, Bilder und geeignete Medien (zum Beispiel in einem Vortrag, einem Anschreiben, einer Präsentation oder Broschüre).

Konzept 8.3 Neuromarketing

Nike-Chef Phil Knight schwört auf Sportikonen als Zugpferde für das Marketing, da er der Überzeugung ist, dass ein Bild von Michael Jordan die Botschaft besser vermittelt als ein einminütiger Werbespot.

Kluge Angebote und sorgfältig strukturierte Geschichten bringen nur dann etwas, wenn sie in den 2,6 Sekunden überzeugen, in denen die Kaufentscheidung getroffen wird. Hier kommt die Memetik ins Spiel.

Richard Dawkins hat in seinem Buch *Das egoistische Gen* als Erster den Begriff der »Memen« geprägt, die analog zur Genetik und den Genen die Erbgutträger der kulturellen Entwicklung bezeichnen, da auch unsere sprachlichen Gepflogenheiten, Symbole und Verhaltensweisen durch Reproduktionen und Mutationen gekennzeichnet sind. Vereinfacht beschreibt Dawkins ein Mem als eine Gedankeneinheit.

So gesehen sind Memen keine Seltenheit. Volksmärchen vermitteln sie ebenso wie Popsongs, moralische Werte und die neueste Mode. Memen zeichnen sich durch Muster und Formen aus, die nicht schnell vergessen, dafür aber schnell verstanden und weitergegeben werden können. Memen sind die Grundlagen für die Lieder, die den Eurovision-Schlager-Wettbewerb gewinnen, für E-Mail-Witze, die sich massenweise verbreiten und für die neueste Laufstegmode, die urplötzlich jeder modebewusste Mensch unbedingt braucht.

Memen sind daher für jeden Marketingexperten wichtig, um Marken und Symbole, Angebote und Botschaften zu entwickeln, die Aufmerksamkeit erregen und im Gedächtnis haften bleiben, die sich über Beobachtung oder Erfahrung, über Mundpropaganda oder schriftlich wie ein Lauffeuer verbreiten. Wertversprechen und Werbung ganz allgemein müssen die Gesetze der Memetik nutzen lernen, um ein Zielpublikum wirkungsvoll anzusprechen, um die Wirkung virtueller oder realer Netzwerke auszunutzen und im Augenblick der Kaufentscheidung mental präsent zu sein.

Memen sind fest verankerte Gedankeneinheiten, die schnell abrufbar sind. Sie sind Konstrukte des Gedächtnisses, die immer präsent und erkennbar sind und wahre »Gedankenepidemien« auslösen können.

Memen aus unserem Alltagsleben sind zum Beispiel:

- Märchengestalten, die Disney übrigens sehr gewinnbringend nutzt,
- Volksmärchen und Legenden, die über Generationen weitergegeben und weiterentwickelt werden,

- »Ohrwürmer«, deren Melodien man zwangsläufig immer wieder vor sich hinsummt, wie zum Beispiel die Lieder von Kylie Minogue,
- der Duft von frisch gebackenem Brot, Heu, Kaffee oder Erdbeeren.

Zu den Memen aus der Welt der Werbung, die alle unsere Sinne ansprechen, gehören:

- Slogans wie »Just do it« von Nike,
- Farben, wie zum Beispiel das charakteristische lachsfarbene Zeitungspapier der Financial Times,
- Musik, wie zum Beispiel der eingängige Jingle von Intel,
- der typische Klingelton aller Nokia-Mobilfunktelefone,
- Designs, wie das der farbenfrohen iMacs von Apple,
- Nummern, wie die patentierte Ziffer-Null-Ziffer Bezeichnung der Peugeot-Modelle,
- Verpackungen, wie die originellen Gateway-Kartons im Kuhdesign,
- Wohlgerüche, zum Beispiel der von Singapore Airlines speziell für die Flugkabinen entwickelte Duftstoff,
- E-Mailangebote, die innerhalb kürzester Zeit in großen Netzwerken weitergeleitet werden,
- Schriftzüge, wie der von Coca-Cola,
- Personifizierungen, wie Tiger Woods für Nike.

Ein Mem sollte:

- einprägsam, leicht auszudrücken und einfach abzurufen sein,
- einen wichtigen Vorteil bieten, der seiner Beschreibung dient,
- irgendwie anders, originell und leicht unterscheidbar sein,
- emotionell wirken und ein gutes Gefühl auslösen,
- persönlich als zutreffend empfunden werden,

- ein unverwechselbares Format aufweisen, zum Bespiele einen eingängigen Rhythmus haben oder sich reimen,
- einfach, kurz und verständlich sein,
- ansteckende Wirkung haben, damit es sich schnell ausbreitet.

Zu den revolutionärsten wissenschaftlichen Arbeiten über die Funktionsweise des menschlichen Denkens zählt die »Theorie der multiplen Intelligenz« von Harvardprofessor Dr. Howard Gardner, die zwar insbesondere die schulischen Lehr- und Lernmethoden untersucht, die sich aber auch auf Verbraucherforschung und Marketing anwenden lässt.

Gardner vertritt die Auffassung, dass die klassischen Erklärungsversuche und Messmethoden der Intelligenz – konventionelle Intelligenztests und die vereinfachte Darstellung der Funktionsweise von rechter und linker Gehirnhälfte – nicht ausreichen, um den Lernprozess in all seinen Feinheiten zu erklären. 1983 beschrieb er acht Arten der Intelligenz: sprachlich-linguistische, logisch-mathematische, bildlich-räumliche, körperlich-kinästhetische, musikalisch-rhythmische, interpersonale, intrapersonale (emotionale) und naturalistische Intelligenz.

Er kritisierte, dass in unserer Gesellschaft zu viel Wert auf strukturierte, logische Intelligenz und zu wenig Wert auf die künstlerischen Aspekte gelegt werde. Wenn wir uns die »Merkmale eines Genies« noch einmal in Erinnerung rufen, wird die Ähnlichkeit mit Gardners acht Kategorien und den Eigenschaften eines wirkungsvollen Mems deutlich.

Inspiration 8.3 Mini

Der Mini Cooper war ein Kultobjekt der 1960er Jahre und brachte den Zeitgeist einer ganzen Generation zu Ausdruck. Klein, kompakt und auf bloße Funktionalität beschränkt, mit einem scheußlichen Armaturenbrett und kaum gefedert, verkörperte der alles andere als geräumige und zudem schnell rostende Mini alle Ikonen dieser Zeit, angefangen bei den Sex Pistols bis hin zu Mr. Bean.

Als BMW in den späten 1990ern den Mini-Besitzer Rover kaufte, war die Marke Mini nur noch der Hauch einer Erinnerung. Der winzige Mini-Motor faszinierte die Bayerischen Motoren Werke jedoch so sehr, dass er unter den Fittichen von BMW für die modernen Zeiten mobil gemacht wurde, während man sich von Rover wieder trennte. In der Beliebtheitsskala der britischen Autofahrer hat der Mini Cooper mittlerweile den wiederbelebten VW-Käfer und viele seiner teureren Konkurrenzmodelle überholt. Der Mini ist wieder in Mode gekommen, dank deutscher Gründlichkeit und einem Design, das den Zeitgeist der Sechziger Jahre auf zeitgemäße Weise wieder aufleben lässt.

Bei seiner Wiedereinführung im Jahr 2001 begeisterte der Mini Cooper, weil der Geist des Originals von 1959 eingefangen war, die Neuauflage jedoch sämtliche Ansprüche an Komfort, Qualität und Stil mehr als erfüllt. Der neue alte Mini schlägt gekonnt eine Brücke zwischen Vergangenheit und Zukunft. Bei der Kommunikation für den Mini Cooper wurde besonders darauf geachtet, dass sich sein Image als quirliger, cooler, sportlicher Flitzer deutlich von allen aktuell auf dem Markt befindlichen Konkurrenzgefährten abhebt.

Das Ziel bei der Markteinführung lautete, sich mit dem Mini 4,6 Prozent des britischen Kleinwagensektors zu erobern, erreicht wurde ein fast doppelt so großer Anteil, obwohl das Marketingbudget des ersten Jahres mit 14 Millionen britischen Pfund deutlich unter dem der wichtigsten Mitbewerber lag. Dank eines geschickten Marketings, das im Vorfeld der Markteinführung für eine hohe Markenbekanntheit sorgte, wurde der Mini Cooper auf dem Markt sehnlichst erwartet. Anders als der neue VW Käfer fährt der Mini Cooper nicht nur auf einer vorübergehenden Nostalgiewelle mit, sondern hat sich in seinem Markt eine Spitzenposition gesichert.

Eine besonders originelle Marketingidee waren die regelmäßigen Comicstrips in Zeitungen und Zeitschriften über die Abenteuer des Mini Cooper, die er im Stadtverkehr, in der Wüste oder bei Autorennen zu bestehen hatte. Die Comics verliehen dem Auto auf humorvolle und kreative Weise Charakter und machten es sowohl bei den Verbrauchern, denen die Marke noch in Erinnerung war, als auch bei denjenigen, denen der Mini kein Begriff war, bekannt und beliebt.

Der Mini gewann somit das Image eines modernen, coolen Autos für junge und jung gebliebene Autofahrer, die zum Teil sogar zusätzlich zum normalen Verkaufspreis eine Gebühr bezahlten, um sich einen neuen Mini Cooper reservieren zu lassen. Für BMW erwies sich das riskante Unterfangen, eine separate Marke in die BMW-Gruppe mit aufzunehmen, als voller Erfolg, da die starke Marke ein echter Renner auf den Straßen ist.

Anwendung 8.4 Kundenmemetik

Wie stellen Sie sicher, dass Ihre Botschaft einprägsam genug ist, um sich wie ein Lauffeuer zu verbreiten? Wie integrieren Sie Memen – Träger der menschlichen Erinnerung – in Ihre Botschaft, um sie so einprägsam und verständlich wie möglich zu gestalten?

1. Formulieren Sie die Schlüsselbotschaft.

Schließen Sie die Augen, und formulieren Sie Ihre Schlüsselbotschaft – Ihr Angebot oder Wertversprechen – in eigenen Worten in 20 Sekunden.

2. Welche Schlüsselworte sind darin enthalten?

Schreiben Sie die besonders markanten und überzeugenden Schlüsselworte auf, die in Ihrer Formulierung enthalten sind.

3. Formulieren Sie eine Überschrift.

Stellen Sie sich vor, Sie müssten Ihre Schlüsselbotschaft als kurze Überschrift in einer Zeitung formulieren. Wie könnte sie lauten? Was wäre das wichtigste Schlagwort?

4. Stellen Sie sich die Schlüsselbotschaft als Bild vor.

Stellen Sie sich vor, Sie müssten Ihre Schlüsselbotschaft grafisch umsetzen. Was wäre die Kernaussage der Grafik, welcher Stil wäre geeignet?

5. Formulieren Sie die Botschaft um.

Betrachten Sie objektiv Ihre Ergebnisse. Was sagen sie aus? Welche Begriffe und Bilder drücken die Botschaft am besten aus?

6. Feilen Sie die Botschaft aus.

Stellen Sie die Schlüsselbegriffe möglichst harmonisch zusammen. Ließe sich daraus ein Lied oder ein Gedicht erstellen, sodass die Botschaft einen Rhythmus oder Reim erhält?

In der Haut des Kunden stecken

»Erfahrungen haben mit Dienstleistungen ebenso wenig gemeinsam wie Dienstleistungen mit Verbrauchsgütern.«

Joseph Pine

»Wir sehen unsere Kunden wie die geladenen Gäste einer Party, und wir sind die Gastgeber. Es ist unsere Aufgabe, alle wichtigen Aspekte der Kundenerfahrung Tag für Tag noch ein wenig zu verbessern ... Kunden, die etwas Großartiges erlebt haben, reden darüber, und Mundpropaganda ist unglaublich wirkungsvoll.«

Jeff Bezos

»Es ist eine Sache, wenn die Leute Ihre Produkte kaufen. Es ist eine andere, wenn sie sich Ihren Namen auf den Körper tätowieren«, erklärte Harley Davidson-CEO David Bleustein auf einer Aktionärsversammlung.

Das Harley Davidson-Gefühl versuchte Bleustein damit zu erklären, dass sich jeder, der tagsüber einer langweiligen Bürotätigkeit nachgeht, nach Feierabend in einen gefährlich aussehenden Motorradfreak verwandeln kann, und genau diese Verwandlungsfähigkeit macht einen großen Reiz der Harley-Erfahrung aus.

Intelligentere Erfahrungen	Fantasievollere Erfahrungen
... erfordern logisches Denken. Alle objektiven und subjektiven Interaktionen des Kunden mit dem Unternehmen oder der Marke müssen zusammenspielen.	**... wirken auf emotionaler Ebene**. Neue Formen und Formulierungen optimieren die objektiven und subjektiven Kundenerfahrungen.
... schaffen Produkte. Erkenntnisse und technologischer Fortschritt ermöglichen es, geeignete und neuartige Produkte mit großem Gewinnpotenzial zu entwickeln.	**... durch Dienstleistungen**. Intuitivere und einfühlsamere Kundenkontakte, die nicht durch Prozesse geregelt werden, vermitteln verbesserte Erfahrungen beim Dienst am Kunden.
.. durch gutes Design. Die ästhetische Verbindung von Funktionalität und Form, von praktischem Nutzen und Anwendbarkeit spricht die Sinne an.	**... durch Spezialeffekte**. Kundenerfahrungen können mithilfe schriftlicher oder spontaner Interaktionen bereichert werden.

Ob Café oder Fluggesellschaft, ob Disneyland oder London Eye – überall wird versucht, Kunden und Geschäftspartnern Erfahrungen zu vermitteln, die den Wert des eigentlichen Produkts übertrumpfen. Erfahrungen sind viel mehr als Produkte und Dienstleistungen, technischer Support und Zubehör, da sie den Kunden nicht nur neue Horizonte und neue Chancen erschließen, sondern auch beeinflussen können, wie der Wert eines Produkts empfunden wird.

Die einfachste Methode, sich mit der Kundenerfahrung auseinanderzusetzen, besteht darin zu unterscheiden, welche Funktion ein Produkt bietet und welche Erfahrung der Gebrauch des Produkts dem Kunden vermittelt. BMW verkauft Fahrzeuge, die Kunden aber kaufen das ultimative Fahrerlebnis. Ikea verkauft Einrichtungsgegenstände an Kunden, die damit ein bestimmtes Lebensgefühl erleben wollen. Ein Buch vermittelt ein Leseerlebnis, eine Pfanne ein Kocherlebnis und Nahrung Genuss.

Unterschiedliche Erfahrungen kosten unterschiedlich viel. Wer zum Beispiel selbst einen Kuchen für eine Geburtstagsfeier backt, gibt dafür vielleicht rund fünf Euro aus, wer einen Kuchen beim Bäcker kauft, bezahlt fünfzehn Euro oder mehr dafür, und wer einen Partydienst beauftragt, lässt sich den Spaß an die 150 Euro kosten. Die vermittelte Erfahrung beeinflusst das Wertempfinden. Eine großartige Erfahrung kann teurer verkauft werden und bietet dem Unternehmen eine gute Möglichkeit, sich dauerhafte Alleinstellungsmerkmale und Wachstumschancen zu sichern.

Kundenerfahrungen können aus verschiedenen Perspektiven betrachtet und auf verschiedenen Ebenen vermittelt werden. Auf unterster Ebene stehen all die tatsächlichen Erfahrungen, die Kunden bei allen Interaktionen mit einem Unternehmen oder einer Marke machen. Zur nächst höheren Ebene gehören die Versuche, diesen Interaktionen durch zusätzliche Dienste oder spezielle Effekte einen »experientiellen« Charakter zu verleihen, das heißt, die Erfahrungen zu bereichern. Auf der schwierigsten Ebene der Erfahrungsvermittlung geht es darum, Kunden ein echtes Erlebnis zu bieten, das sich aus der optimalen Ausnutzung der gekauften Produktvorteile ergibt. Allerdings ist die Vermittlung großartiger Kundenerfahrungen im Allgemeinen noch nicht über die erste Ebene hinausgelangt, auch wenn die meisten Unternehmen ihre Bedeutung bereits erkannt haben.

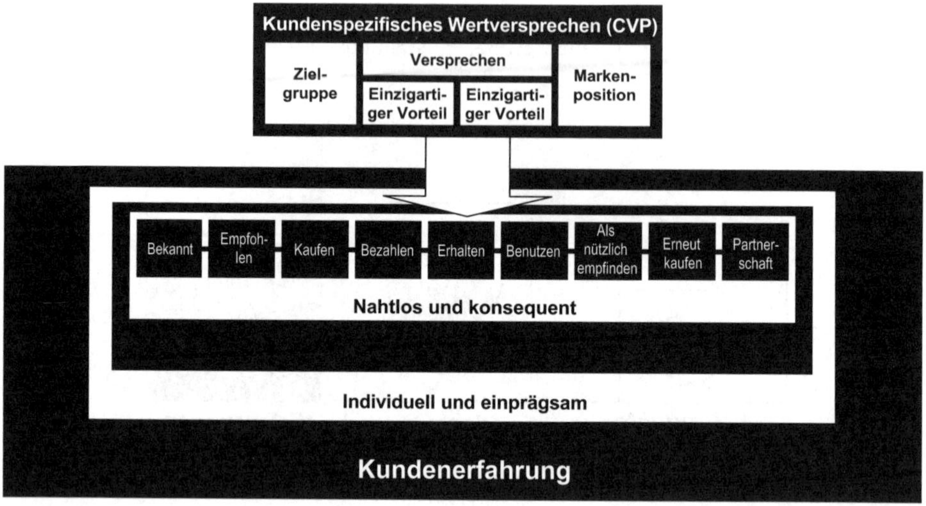

Die Analyse der Kundenerfahrung versetzt uns in die Lage des Kunden. Um die gewünschte Erfahrung tatsächlich zu vermitteln, ist mehr als der wiederholte Kauf und Gebrauch eines Produkts erforderlich, damit der Kunde die damit verbundene Erfahrung verinnerlicht. Die Analyse erfolgt in neun Schritten:

1. Wo und wann kommt der Kunde über das Unternehmen oder seine Partner mit der Marke – ob nun Produkt oder Dienstleistung – in Kontakt?
2. Wie lassen sich diese Kontakte zu einer in sich schlüssigen Erfahrungssequenz verbinden? Von der ersten Begegnung mit der Marke bis zu einem Wiederholungskauf kann die Sequenz aus 30 bis 40 Interaktionen bestehen.
3. Wie lassen sich diese Kontakte aus der Sicht des Kunden und in seiner Sprache beschreiben? Das Unternehmen »verkauft« zum Beispiel, während der Kunde »kauft«, es »unterstützt«, während der Kunde »Unterstützung benötigt«.

4. Bei welchen Interaktionen haben Sie im Vergleich zu Mitbewerbern etwas Besonderes oder Besseres zu bieten?
5. Welche Interaktionen sind praktisch für das Unternehmen, schaffen aber keinen Wert für den Kunden? Könnten Sie sich eventuell davon trennen?
6. Wie lässt sich die Erfahrungssequenz verbessern – verkürzen, verstärken, umordnen –, um den Ablauf reibungsloser, schneller oder effizienter zu gestalten?
7. Wie lassen sich die einzelnen Interaktionen verbessern, um Alleinstellungsmerkmale deutlicher hervorzuheben und die Interaktion persönlicher zu gestalten?
8. Ist das Wertversprechen in der Praxis gut umsetzbar, wird es dem Kunden gegenüber eingehalten, um seine Treue zu gewinnen und die Marke zum Leben zu erwecken?
9. Lässt sich die Erfahrung lukrativer gestalten? Zum Beispiel durch einen höheren Preis, wirtschaftlichere Umsetzung oder zusätzliche Profitströme?

Nach dieser Analyse können Sie tatsächlich die Erfahrungen Ihrer Kunden nachempfinden. Manche Unternehmen haben diesen Ansatz sogar schon soweit formalisiert, dass er in finanzielle Leistungsmessungen und Verbraucheranalysen einfließt und so genannte Customer Experience Manager ernannt, die abteilungsübergreifend die Erfahrungsvermittlung innerhalb des Unternehmens optimieren.

Wie schon Walt Disney erkannte, können Träume wahr werden.

Inspiration 9.1 Jones Soda

»Run with the little guy«, fordert der Slogan von Jones Soda auf, doch von »klein« kann längst nicht mehr die Rede sein. Jones Soda ist eine Kultmarke, deren enge Kundenbeziehung ganz revolutionäre Marketingansätze ermöglicht.

Wer sich mit Erfrischungsgetränken gegen globale Marktführer wie Coca-Cola erfolgreich durchsetzen will, verwirft am besten sofort jeglichen Gedanken an Nachahmung. Jones hat sich daher auf einen radikal neuen Weg begeben.

Quelle: www.jonessoda.com

Jones-Gründer und CEO Peter van Stolk arbeitete früher als Skilehrer. Zu seinem Bedauern musste er aber feststellen, dass trotz aller Begeisterung für die weiße Pracht in diesem Beruf kein Vermögen zu machen war. Mit dem Geld, das er für seinen geliebten Scirocco erhielt, kaufte er 1440 Kästen Orangensaft, die als Geschäftsgrundlage für seine Idee dienten, den Westen Kanadas mit »New Age«-Limonade zu beglücken.

1995 schmiedete er neue Pläne: Statt die Getränke anderer Hersteller zu verkaufen, wollte er eigene Produkte auf den Markt bringen. Auch wenn die Welt nicht unbedingt eine weitere Limonadensorte *brauchte*, bestand doch eine gute Chance, Kunden mit etwas völlig Anderem zu begeistern.

In einem Interview mit der Zeitschrift *Fast Company* äußerte sich van Stolk kürzlich über den Unterschied zwischen dem, was Kunden brauchen, und dem was Kunden wollen. Dabei gab er unverblümt zu, dass Verbraucher seinen Sch*** eigentlich nicht wirklich brauchen, ihn aber *haben wollen* und mit der Zeit sogar toll finden.

Mit WhoopAss brachte er seinen ersten eigenen Energy Drink auf den Markt, danach folgten das Mineralwasser Wazu und die ersten Jones-Säfte in sechs Geschmacksrichtungen. Die Zielgruppe war seine eigene Generation, die Generation X, die den Medien sowie den gesellschaftlichen Konventionen kritischer gegenüberstand als jede andere Generation vor ihr und zudem großen Wert auf Individualität legte. Die Generation X zog es nicht in die gepflegten Wohngegenden der Vorstädte, sondern eher in die oft heruntergekommenen Zentren der Großstädte, wie van Stolk erkannte. Daher war eine Marke erforderlich, die diese Einstellung verkörpern und ihre Zielgruppe auf andersartige Weise erreichen konnte.

Im Jahr 2000 taufte van Stolk sein Unternehmen in Jones Soda Co. um

Sein ehrgeiziges Ziel lautete, eine unglaubliche Marke zu erschaffen, die emotional mit ihren Kunden verbunden ist, erklärte er kürzlich auf der *European Marketing Conference*. Eine solche Marke muss seiner Meinung nach geerdet, echt, konsequent und kapriziös sein und den Kunden etwas zurückgeben können.

Er ist auch davon überzeugt, dass eine starke Marke immer polarisiert: Die einen lieben, die anderen hassen sie. Eine großartige Marke kann es unmöglich jedem recht machen, doch je besser sie auf ein ganz bestimmtes Publikum zugeschnitten ist, umso wichtiger ist sie für diese Zielgruppe.

Van Stolk hat sein Unternehmen ausschließlich für seine Klientel geschaffen. Im Interview mit *Fast Company* erzählte er, dass sein Erfolg darauf beruht, dass seine Kunden Jones Soda tatsächlich als »ihre« Marke empfinden. Doch auch gute Ideen und Urteilsvermögen sind wichtig. Es ist nicht einfach damit getan, zu machen, was immer die Kunden verlangen. Van Stolk ist der vernünftigen Ansicht, dass auch Kunden sich hin und wieder irren, und dass die eigene Persönlichkeit verloren geht, wenn man immer nur macht, was andere sagen.

Die eigene Persönlichkeit drückt Jones Soda mit seinem Motto aus, das in etwa lautet: »Verkaufe Limo, verdiene Geld, geh' deinen eigenen Weg und hab' Spaß dabei.«

Mit unkonventionellen Vertriebskanälen und Außenseiteridolen, der breiten Palette verrückter Produkte, dem revolutionären Etikettendesign, der außergewöhnlich engen Kundenbeziehung und der Betonung der sozialen Verantwortung geht das Marketing von Jones Soda wirklich ganz eigene Wege:

- Als Vertriebskanäle dienen Musikgeschäfte, Surfbretter-Verleih- und Tätowierungsstudios, in denen die auffälligen Getränkekühler im Flammendesign schnell auf sich aufmerksam machen. Jones Soda will sich nicht aufdrängen, sondern entdeckt werden. Es erreicht Zielgruppen und Märkte, die anderen Erfrischungsgetränken verschlossen bleiben, aber auch die breite Masse der Verbraucher, da Jones Soda bei Starbucks und Barnes & Nobel ebenfalls erhältlich ist.

- Als Personifizierungen dienen Idole aus Extremsportarten, wie zum Beispiel der legendäre Windsurfer Benji Weatherly. Das BMX-Team von Jones radelt in den Unternehmensfarben quer durchs Land. Bunt gestylte Jones-Autos verbreiten die Botschaft in den Fangemeinden, und die Mitarbeiter hören zu, was Verbraucher zu sagen haben – vor allem sprechen sie dieselbe Sprache.

- Die Limonade selbst ist in ziemlich ungewöhnlichen Geschmacksrichtungen zu haben, wobei nicht immer klar ist, welcher Geschmack sich unter welcher Bezeichnung verbirgt. Grape Soda lässt vermuten, dass es sich um Weintraubenlimonade handelt, und Twisted Lime – die Bezeichnung einer Skating-Figur – schmeckt vermutlich nach Limette. Fufu Berry, so heißt es, schmeckt nach fruchtigen Beeren, und Blue Bubblegum wahrscheinlich nach Kaugummi. 2004 brachte Jones Soda rechtzeitig zum Erntedankfest ein komplettes Thanksgiving-Menü in flüssiger Form auf den Markt. Es bestand aus Truthahn-mit-Soße-, Kartoffelpüree-mit-Butter-, Grüne-Bohnen-, Preiselbeeren- und Früchtekuchen-Limonade. Innerhalb einer Stunde war das flüssige Komplettmenü ausverkauft und konnte dann nur noch über eBay für 100 US-Dollar und mehr ersteigert werden.

- Auf der Website myjones.com werden die Fans immer wieder in neue Werbeaktionen einbezogen. Eine ist, deren schlaue Sprüche zu sammeln, um diese auf der Innenseite der Schraubverschlüsse abzudrucken. »76,4 Prozent aller Statistiken sind nutzlos«, zum Beispiel. Van Stolk ist ein fürsorglicher Unternehmenschef, der sich stark für den Umweltschutz und für Obdachlose engagiert und aktiv Spenden für Wohltätigkeitsverbände sammelt.

- Besonders ins Auge stechen die außergewöhnlichen Schwarzweißfotos auf den Flaschenetiketten. Wer will, kann sein Lieblingsfoto einschicken, und mit etwas Glück wird es auf den Flaschenetiketten abgedruckt. Eine wahre Flut süßer Babyfotos brach über die Website herein. Wer eine 12er-Kiste Limonade bestellt, kann sich die Fotos auf den Etiketten aussuchen, ansonsten werden sie nach dem Zufallsprinzip ausgewählt. Auf der Jones Soda Website sind die besten Fotos in einer Online-Galerie zusammengestellt. Klar, dass diese Aktion für Gesprächsstoff sorgt.

Der Geschäftsmann van Stolk und seine Zielgruppe sind auf einer Wellenlänge. Im Vergleich zu den viele Millionen US-Dollar, die Coca-Cola und Pepsi für Marketing ausgeben, reicht Jones Soda ein geradezu winziger Werbeetat, um auf dem US-amerikanischen Markt ganz groß rauszukommen.

Jones Soda hat es in weniger als zehn Jahren geschafft, sich zu einem 30 Millionen US-Dollar schweren Unternehmen zu entwickeln – was es letztlich der Vertrautheit mit seinen Kunden und dem Mut seiner Marketingleute und ihren außergewöhnlichen Ideen zu verdanken hat.

Quelle: jonessoda.com

Anwendung 9.1 Erfahrungsanalyse

Wie gestalten Sie die Kundenerfahrung – wie Kunden Ihr Unternehmen empfinden – in der Sprache Ihrer Kunden? Wie verhelfen Sie Ihren Kunden zu besseren, persönlicheren, effizienteren und wertvolleren Erfahrungen, um Ihre Marke zum Leben zu erwecken?

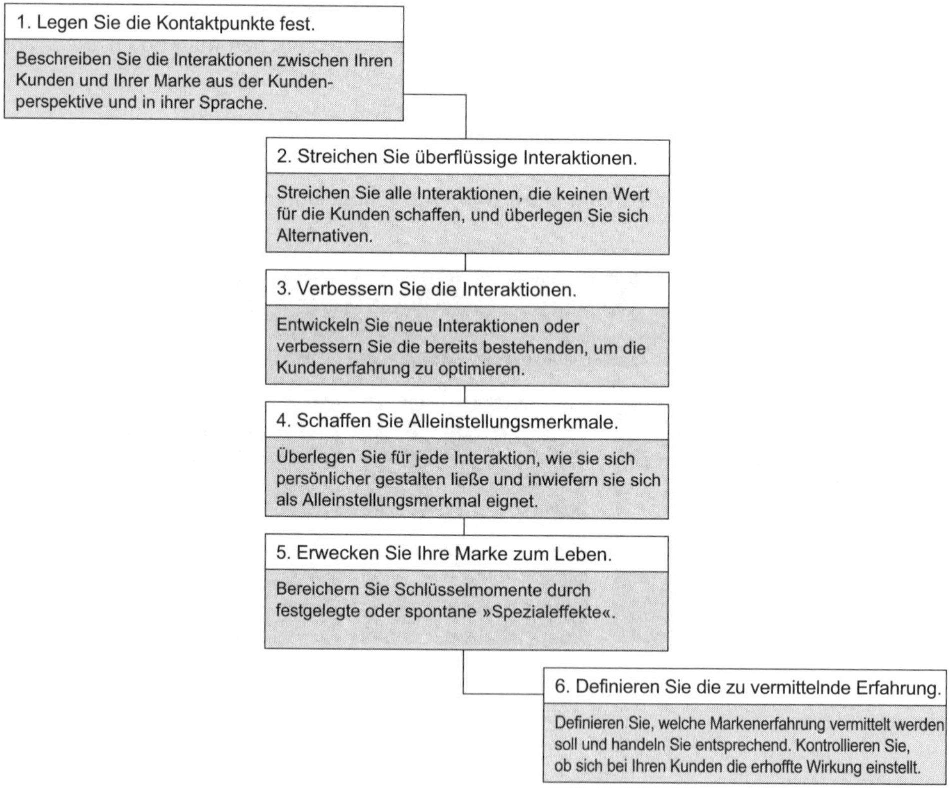

Konzept 9.1 Cooles Design

Mit seiner Begeisterung für Oldtimer und guten Wein war Sir Harry Kroto schon immer ein wenig anders als andere Wissenschaftler und Professoren. Sein Faible für ästhetisches Design und Kunst trug seinen Teil dazu bei, dass er eine neue Kohlenstoffform entdecken konnte, die dem Tunnelblick anderer Wissenschaftler entgangen war. Seine Entdeckung, die sich im Gegensatz zu einem Diamanten durch deutlich größere Moleküle auszeichnet, taufte er C60 Buckminsterfullerene. Namenspate war der Philosoph Buckminster Fuller, der einmal gesagt hat, er denke bei einem Problem nie über Schönheit, sondern nur über die beste Lösung nach. Falls die gefundene Lösung jedoch nicht schön sei, wisse er, dass sie nicht richtig sein könne. Dieser schlichte Gedanke definiert das Wesen des Designs.

Im Design folgt die Form der Funktion, um den Anforderungen der Kunden und Lösungen nach praktischer Anwendbarkeit gerecht zu werden. Das äußere Erscheinungsbild wird nach ergonomischen Überlegungen so gestaltet, dass das Produkt sowohl optisch als auch emotional Aufmerksamkeit erregt.

Norio Ohga, verantwortlich für das globale Innovationsprogramm bei Sony, erklärte, dass sich die Produkte seiner Branche in Technologie, Preis, Leistung und Funktionalität kaum unterscheiden lassen, weshalb einzig das Design Alleinstellungsmerkmale schaffen kann. Steve Jobs von Apple behauptet sogar: »In unserer Sprache gibt es kaum die passenden Ausdrücke, um über Derartiges zu reden. Die meisten Menschen verstehen unter Design eine Fassade ... für mich ist gutes Design aber alles andere als eine Äußerlichkeit. Das Design ist der Grund, weshalb ein von Menschenhand geschaffenes Objekts geliebt oder gehasst wird.«

Design schafft Unterscheidungsmöglichkeiten und löst Emotionen aus. Ein großartiges Design lässt jedes Produkt optisch und funktionell aus dem Wettbewerb herausragen. Ein großartiges Design bleibt in Erinnerung und sorgt für Gesprächsstoff, es berührt emotional und gewinnt treue Anhänger. Es hilft dabei zu definieren, wer man ist oder sein will, da sich im Design persönliche Werte und persönlicher Stil widerspiegeln. Anita Roddick hält es für zwingend erforderlich, einen Stil zu entwickeln, der als kulturelles Bindeglied zur eigenen Zielgruppe fungiert, was nur über gutes Design möglich ist.

Design geht weit über das Produkt hinaus. Früher verstand man unter Design eher die Hülle eines Produkts, heute aber umfasst es auch das gesamte so genannte Service Environment, das Kommunikationsmaterial und sogar die Art und Weise, wie der persönliche Kontakt mit dem Kunden gestaltet ist. Die gesamte Kundenerfahrung sollte in der Tat als in sich stimmige Interaktionsabfolge gestaltet werden, in der alle Vorteile realisiert werden.

Designer sind häufig Architekten und Künstler zugleich. So auch der italienische Architekt und Designer Ettore Sottsass, der für sein Anti-Design weltweit berühmt wurde. Als Humanist stellt er in seinen Werken immer den Menschen in den Mittelpunkt, nicht das Objekt. Humanistische Kunst – Design – sollte seiner Ansicht das Ziel haben, die Lebensqualität zu verbessern, Zeit zu verschaffen und den Blick auf das Schöne im Leben richten. Design spricht die Sinne an.

Design lässt uns Möglichkeiten in einem neuen Licht erscheinen. Der Audi TT-Designer Freeman Thomas hegt ganz offensichtlich eine Leidenschaft für gutes Design, doch was inspiriert ihn zu seiner Arbeit? Seine Antwort lautet, dass jeder Automobildesigner eine Geschichte erzählen sollte, da jedes Auto die Möglichkeit zu einem neuen Abenteuer bietet. Thomas wirkte auch beim Design des neuen VW Käfers mit, dessen Armaturenbrett eine kleine Blumenvase ziert. Der Käfer macht gute Laune! Warum? Weil er weiß, was er will. Er hat seine eigene Geschichte, einen Lebenszweck, den er voller Leidenschaft zum Ausdruck bringt. Design ist eine der am stärksten unterschätzten und am wenigsten genutzten Disziplinen der Geschäftswelt, obwohl es für jedes Unternehmen eine der äußerst seltenen Gelegenheiten darstellt, über sich hinauszuwachsen.

Für großartiges Design gibt es keine Faustregel. Gutes Design zeichnet sich durch künstlerische und wissenschaftliche Komponenten aus, wobei der sozialwissenschaftliche Aspekt dabei eine wichtigere Rolle spielt als der naturwissenschaftliche. Bei gutem Design folgt die Form der Funktion, doch womit soll man beginnen, und wie kann die Form die Funktion optimieren?

Designer arbeiten üblicherweise eng mit Forschern, Strategen und Entwicklern zusammen, um die Lösungen zu gestalten, und nicht die Produkte und Prozesse, die zu einer Lösung führen. Designer provozieren dazu, neue Sichtweisen einzunehmen und arbeiten darauf hin, den Kunden bestmöglichen Produktnutzen zu bieten. Sie versuchen, radikal Neues zu verwirklichen.

Der Designer Richard Seymour betrachtet es als die Aufgabe des Designs, das Leben der Menschen zu verschönern und zu vereinfachen.

Er argumentiert, dass Wissenschaftler Neues erfinden und Hersteller Produkte herstellen können, dass Ingenieure und Marketingexperten dafür sorgen können, dass die Produkte funktionieren und gekauft werden, dass aber nur Designer über das Wissen und Können verfügen, ein Produkt in etwas zu verwandeln, das jeder haben will, das praktisch, nützlich und kommerziell erfolgreich ist und das Leben der Menschen bereichert.

Ein Designprozess besteht unter anderem aus:

- Erkenntnissen – Es ist notwendig, die gesellschaftlichen und wirtschaftlichen Bedingungen sowie den Stand der Technik zu kennen, um ein Design zu entwickeln, das auf dem Markt Erfolg haben kann.
- Provokationen – Die Zielsetzungen und Ergebnisse müssen immer wieder in Frage gestellt und geformt werden, um geschäftliche Überlegungen mit den tatsächlichen Möglichkeiten in Einklang zu bringen.
- Ideen – Die Darstellung und Weiterentwicklung verschiedener Ideen erfolgt mithilfe von Zeichnungen und CAD-Werkzeugen.
- Konzepten – Die besten Ideen nehmen in der Form von Modellen oder Prototypen konkrete Gestalt an.
- Entwicklungsschritten – Parallel zum Produktentwicklungsprozess können weitere Modelle und CAD-Versionen erstellt werden.

Bei »Design« denkt meist jeder sofort an Produktdesign, doch auch Dienstleistungen und Kundenerfahrungen werden nach den Regeln des guten Designs gestaltet. Der Einrichtungsstil von Geschäften, Cafés, Hotels und Flughäfen beeinflusst schließlich stark, ob sich der Kunde gut zurecht findet und wohl fühlt, positive Erfahrungen macht und gerne wiederkommt, was sich letztendlich auch im finanziellen Ergebnis des jeweiligen Anbieters bemerkbar macht.

Inspiration 9.2 Paul Smith

Mit 16 Jahren wollte der heute weltberühmte Modedesigner Paul Smith unbedingt Radrennprofi werden, doch ein schlimmer Unfall machte seinen Traum zunichte. Während seines Krankenhausaufenthaltes lernte er aber einige Kunststudenten aus dem Londoner Stadtteil Nottingham kennen, die sich wenig für Rennräder und die Tour de France, umso mehr aber für Andy Warhol, David Bailey und die Rolling Stones interessierten.

Schon zwei Jahre später war Paul aus der Welt der kreativen Köpfe nicht mehr wegzudenken und eröffnete mit seiner modebegeisterten Freundin Pauline (heute seine Frau) seine erste Boutique. Nachdem er den Umgang mit einer Nähmaschine in Abendkursen erlernt hatte, stellte er im zarten Alter von 19 Jahren seine eigene Herrenkollektion auf den Laufstegen der Pariser Modewelt vor.

Innerhalb von 20 Jahren etablierte sich Paul Smith als erfolgreichster Modedesigner Großbritanniens, der für seinen witzigen und fantasievollen Mix aus klassischem Stil und allerneuesten Trends berühmt ist. Das Unternehmen erweiterte sich um das Designerlabel Paul Smith Woman und die Marke R. Newbold in Japan. Zum Produktportfolio gehören heute außerdem Schuhe und Uhren, Parfums und Designermöbel.

Das Designerlabel Paul Smith ist weltbekannt, und seine Kollektionen sind in den Boutiquen der Modemekkas London, Paris, New York, Hongkong und Singapur zu haben. Sogar in Japan gibt es 300 Paul Smith-Boutiquen, die ganz im britischen Stil gehalten sind und nicht nur die eigene quicklebendige Marke stärken, sondern gelegentlich auch andere britische Designerlabels vorstellen.

Der Moderebell Paul Smith liebt es, Stilrichtungen zu mischen und Konventionen zu übertreten.

In seinen Herrenanzügen zum Beispiel vereint sich der klassische europäische Anzugschnitt mit farbenfrohen Blumenmustern – und zwar nicht nur im Futter. Er kombiniert leuchtende Farben mit elegantem Grau, strenge Tradition mit zeitgenössischem Design, britische Gediegenheit mit orientalischer Lebensfreude, Bekleidung mit Möbeln.

Smith schreibt Bücher über Mode und Kunst, unter anderem *You Can Find Inspiration in Everything*, und er stellt seine Werke Museen als Ausstellungstücke zur Verfügung. Zum 25. Geburtstag der Designermarke Smith fand im Londoner Design Museum eine Ausstellung mit dem passenden Titel »True Brit« statt, in der Smiths künstlerischer Werdegang nachvollzogen wurde.

Paul Smith, der sich seinen persönlichen Stil ebenso bewahrt hat wie seinen rebellischen Übermut, ist CEO und noch immer Chefdesigner in seinem Unternehmen.

Anwendung 9.2 Funktion und Form

Wie können Sie intelligentere Designs kreieren, die auf innovative, ästhetische und einprägsame Weise den Ansprüchen Ihrer Kunden gerecht werden? Wie kombinieren Sie geschickt die zwei Säulen jedes guten Designs – Funktion und Form?

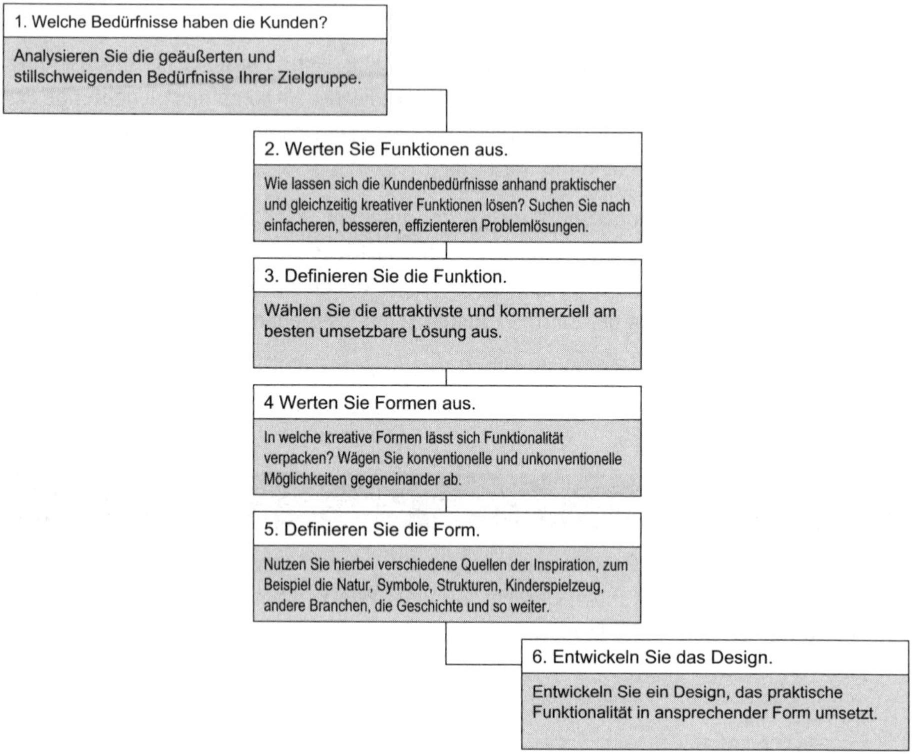

Konzept 9.2 Persönlicher Dienst am Kunden

Jeder weiß, wie wichtig ein guter Kundendienst ist. Es ist doch auch wirklich nett, »Ich wünsche Ihnen noch einen schönen Tag« zu hören, besonders, wenn der freundliche Wunsch von einem Blickkontakt und einem aufrichtigem Lächeln verstärkt wird. Doch manchmal bin ich nicht in der richtigen Stimmung dafür.

Starbucks schult seine Mitarbeiter einige Wochen darin, wie guter Kaffee gemacht und die Markenphilosophie verwirklicht wird. In einer Branche mit relativ hoher Personalfluktuation ist das eine beträchtliche Investition, die sich im Falle von Starbucks allerdings lohnt. Da sich die Markenphilosophie ausschließlich um hervorragenden Kaffee dreht, kommt es natürlich darauf an zu lernen, wie hervorragender Kaffee gemacht wird. Wer ein Profiläufer werden will, muss auch erst lernen, Kräfte sparend zu laufen, bevor er schneller laufen lernt, und wer eine Fremdsprache lernen will, muss sich erst einmal mit der Grammatik abplagen, bevor er seinen Wortschatz erweitert.

Das Wichtigste ist die Philosophie der Marke. Da Starbucks der »drittwichtigste Ort« im Leben seiner Kunden sein will, kommt es darauf an, dass sich Kunden bei Starbucks wohl fühlen, dass sie sich gemütlich unterhalten können und wissen, dass sie so lange bleiben können wie sie möchten. Aus einem Schulungshandbuch kann dies nicht erlernt werden, da es keine konkreten Verhaltensmaßregeln gibt, wie dieses heimelige Gefühl zu vermitteln ist. Es sind die Mitarbeiter bei Starbucks, denen dies gelingt, da sie wissen, worauf es beim »drittwichtigsten Ort« neben Arbeitsplatz und Zuhause ankommt, und die individuell auf jeden Kunden eingehen und in der jeweiligen Situation die richtige Entscheidung treffen.

Obwohl an einer typischen Kundendienstleistung normalerweise viele relativ schlecht bezahlte Mitarbeiter in unterschiedlichen Funktionen beteiligt sind, sollte der Kundendienst nicht als Prozess organisiert werden, und schon gleich gar nicht als einer, dessen Erfolgskriterien der Grad der Standardisierung und ein möglichst effizienter Durchsatz sind. Kundendienst ist nie das Ergebnis einer Schulung, eines Regelwerks oder eines Prozessablaufdiagramms. In einer durch Automatisierung geprägten Welt kommt es mehr denn je darauf an, dass Mitarbeiter Wert in die Leistung einbringen.

Mitarbeiter und Kunden vermitteln durch ihre Haltung und ihr Verhalten persönliche, emotionale und einprägsame Erfahrungen, die aus Produkten Erlebnisse, aus Transaktionen Beziehungen und aus Fremden Freunde machen können. Innerhalb der gesamten Erfahrungssequenz können viele verschiedene Dienste geleistet werden:

- Potenzielle Kunden hinsichtlich der für sie besten Lösung ihrer Probleme oder Anforderungen beraten. Hilfe bei der Auswahl der besten Komponenten für eine Do-it-yourself-Lösung oder der Zutaten für ein Festmahl leisten.
- Praktische Unterstützung bei der Zusammenstellung einer Lösung leisten und technische Spezifikationen erklären, zum Beispiel bei der Hard- und Software für einen neuen Computer, um Kunden zu helfen, sich in der verwirrenden Vielzahl der Angebote zurecht zu finden.
- Bei Verkaufsgesprächen nicht nur auf einen Abschluss hinarbeiten, sondern auch über Öffnungszeiten, Filialen und Lagerbestände informieren und hilfreiche Tipps geben.
- Umfassende Lösungen anbieten wie die Installation oder Konfiguration von Geräten, damit gewährleistet ist, dass die neue Home Entertainment-Anlage oder die Netzwerkinstallation einwandfrei funktionieren.
- Die Lösung um zusätzliche Werte bereichern, zum Beispiel auf Flugreisen interessante Zeitschriften und neue Spielfilme anbieten und auf Sonderwünsche eingehen.
- Den Servicestandard aufrechterhalten, damit die gute Kundenerfahrung zum Beispiel nicht nur im Ausstellungsraum eines Autohändlers, sondern auch in der Reparaturwerkstatt vermittelt wird und sich das Markenversprechen jeden Tag aufs Neue bewahrheitet.
- Die nach dem Verkauf einer Lösung mit Sicherheit auftretenden Probleme unverzüglich lösen und Reklamationen freundlich und aufmerksam entgegennehmen. Beim Verkauf bereits nützliche Anwendungstipps geben, zum Beispiel Stadtpläne oder Landkarten bei der Vermietung eines Autos kostenlos anbieten und generell jede Gelegenheit nutzen, einen hervorragenden Service zu bieten.
- Persönliche Beziehungen aufbauen, sich Gesichter und Namen einprägen, damit Kunden nicht nur eine unpersönliche Markenbeziehung eingehen, sondern persönliche Kontakte mit Mitarbeitern pflegen können.

Der Dienst am Kunden vermittelt immer eine persönliche Erfahrung. Doch wie lässt sich beurteilen, was sich jeder einzelne Kunde wünscht? Während ein Gast sich bei einer Tasse Kaffee gemütlich mit einem Freund unterhalten möchte, braucht der nächste vielleicht nur einen starken Wachmacher, bevor er zu einem wichtigen Termin eilt, ein anderer hat sich gerade gestritten und ist entsprechend schlecht gelaunt, und wieder ein anderer würde mit der netten Bedienung gerne ein paar Takte plaudern.

Menschliche Verhaltensweisen und Stimmungen lassen sich nicht vorhersehen. Jeder hegt andere Vorstellungen, was er sich von einem Produkt und der mit ihm verbundenen Erfahrung erwartet, und nur, wer über ein Gespür für diese individuellen Wünsche verfügt, ist in der Lage, einen hervorragenden Kundendienst zu leisten.

Doch wie gelingt es Ihnen, immer das Richtige zu tun?

Es gibt drei Ebenen, in denen Sie das Richtige tun können: die Prozessebene, in der Sie über »Wissen» verfügen müssen, die operative Ebene, in der Ihr »Handeln« zählt und die persönliche Ebene, in der Sie im Umgang mit Kunden sensibel auf seine Wünsche reagieren und für ihn »da sein« müssen.

- *Wissen – Was muss ich machen?* Die Standardprozeduren und die Vorgaben kennen, das Versprechen einlösen, die Mindestanforderungen des Kundendienstes erfüllen. Wissen, wie Kaffee richtig gemahlen wird, wie hoch die Wassertemperatur, und wie schaumig die Milch sein muss.
- *Handeln – Wie mache ich es richtig?* Speziell auf geäußerte oder erkannte Bedürfnisse und Vorlieben des Kunden eingehen. Das Lieblingsgetränk eines Stammkunden kennen, auf Sonderwünsche eingehen, und immer ein bisschen mehr leisten als notwendig ist.
- *Da sein – Warum mache ich es?* Das ist die schwierigste Übung, da sich das Verhalten der Kunden nie vorhersehen lässt. Einfühlungsvermögen ist notwendig, um zu spüren, ob ein Kunde in Plauderlaune ist oder nicht. Lässt sich ein erschöpfter Kunde vielleicht durch einen kleinen Extraschuss Espresso aufmuntern? Das könnte seine Laune deutlich bessern, genauso gut könnte er sich darüber ärgern. Wer weiß.

Anwendung 9.3 Intuitiv das Richtige tun

Wie gestalten Sie die Beziehung zu Ihren Kunden persönlicher? Wie können Sie einschätzen, welche individuellen Ansprüche jeder einzelne Kunde an den Kundendienst stellt? Wie setzen Sie Ihre persönlichen Fähigkeiten besser ein, um Ihren Kunden einprägsame und positive Kundendiensterfahrungen zu vermitteln?

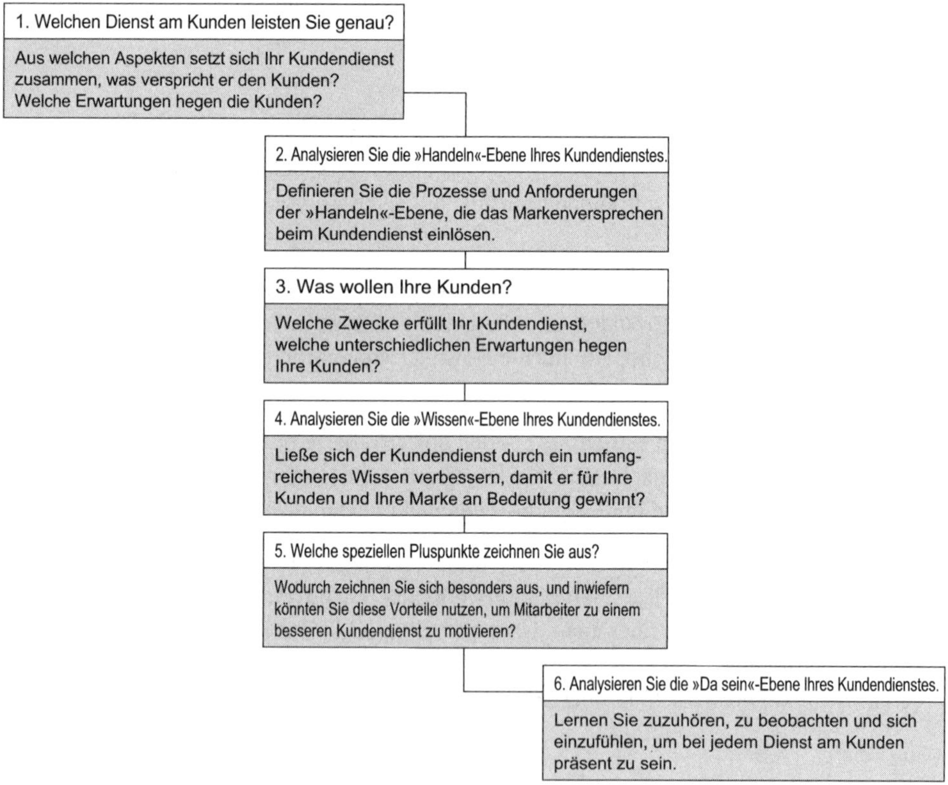

Konzept 9.3 Inszenierungen für den Kunden

Niketown ist nicht einfach nur ein Sportartikelgeschäft.

Klar, Sie können dort Sportschuhe kaufen, doch das ist nicht das Wichtigste. Alle 15 Minuten verwandelt sich Niketown in eine gigantische Werbeplattform, aus der es kein Entrinnen gibt. Nebenbei finden so genannte Five-a-side-Fußballspiele statt, bei denen die Mannschaften aus jeweils nur fünf Spielern bestehen, und es gibt Umkleidekabinen mit Schließfächern für alle, die sich aktiv sportlich betätigen möchten. Niketown ist ein Markentempel, in dessen Schreine man Heiligtümer in der Form der ersten Nike-Sportschuhe bestaunen kann. Niketown ist die Verkörperung der Markenerfahrung, ein Tempel der Göttin des Sieges, in dem die mitreißende Persönlichkeit der Marke und der sportliche Ehrgeiz eingeschworener Markenfans lebendig sind.

Harley Davidson veranstaltet das weltweit größte Bikertreffen. Wer eine Harley sein Eigen nennt, kann dem Harley Owners Club beitreten. Harley-Fans können sich über den unternehmenseigenen Reiseveranstalter Harley Holidays ihren Traum von der großen Freiheit wenigstens einige Urlaubstage lang verwirklichen. Wie tief würden Sie in die Tasche greifen, um als Peter Fonda das *Easy Rider*-Feeling auf einer silbern verchromten Harley nachzuempfinden?

Nike und Harley Davidson inszenieren die Erfahrungen, die ihre Marken vermitteln.

Die besten Inszenierungen sind jedoch selten die, in deren Drehbüchern jedes Wort und jede Geste perfektioniert und jederzeit reproduzierbar festgelegt sind. Da könnte man sich *Easy Rider* ja auch gleich auf DVD kaufen. Das Publikum einer Live-Aufführung erwartet spontane und impulsive Erlebnisse, die meist auch lebhafter in Erinnerung bleiben als Szenen, die ganz nach Plan abgelaufen sind.

Improvisierte Vorführungen und Straßentheater fesseln ihr Publikum viel stärker. Keine Vorstellung ist wie die andere, jede bietet irgendetwas Neues, Kreatives und Inspirierendes. Das Publikum weiß nie, was als Nächstes geschieht, und den Schauspielern geht es vielleicht ebenso. Dasselbe gilt für Humor: Im Vergleich zur Situationskomik, die völlig unvorhersehbare Reaktionen auslöst, ist jeder auch noch so sorgfältig konstruierte Witz nur mäßig lustig. Die urkomischen Ereignisse, über die man Tränen lachen kann, sind selten das Ergebnis einer geplanten Inszenierung.

Disneyland – Schon allein der Name regt die Fantasie zum Träumen an.

Woraus genau besteht diese für Kinder so faszinierende Erfahrung? »Ein Land, in dem Ihre Träume wahr werden«, verspricht die Werbung, und für viele bewahrheitet sich dieses Versprechen. Für Kinder sind Winnie Puuh, Micky Maus und Aschenputtel Freunde, die sie aus Büchern und Filmen kennen, und in Disneyland, dem Königreich der Fantasie, können sie ihnen leibhaftig begegnen! Doch es sind nicht die traumhaften Anlagen und Märchenschlösser, die Kinderträume wahr werden lassen, sondern die Mitarbeiter, die als Fantasiegestalten auf die Kinder zugehen, sie umarmen und für einen Tag ihr bester Freund sein möchten.

Balu der Bär, der Ihre dreijährige Tochter so herzlich an sich drückt, dass sie es ihr Leben lang nicht mehr vergessen wird. Die Fee Tinkerbell, die wirklich fliegt und aus ihrem Zauberstab magische Sternchen auf Ihr Kind herabregnen lässt. Aschenputtel, die in ihrem prächtigen Ballkleid und perfekt passenden gläsernen Schuhen zu ihrem märchenhaften Ball eilt. (Das »Cinderella«-Ballkleid ist übrigens eine geschützte Marke von Disney, dem das Aussehen der Märchengestalt »gehört«, obwohl Aschenputtel, im englischen Sprachraum Cinderella genannt, keinesfalls geistiges Eigentum von Disney ist. Ein ziemlich genialer Marketingschachzug!)

Es sind aber nicht nur die Charaktere, die eine so faszinierende Wirkung ausüben. Es ist auch die Musik, die die Besucher schon am Eingang empfängt. Es sind die Speisen, die in den vielen Restaurants angeboten und manchmal sogar von Micky Maus persönlich serviert werden. Es ist die ansteckende Begeisterung, die jeder Mitarbeiter versprüht, obwohl er Tag für Tag hart dafür arbeitet, Träume wahr werden zu lassen. Es sind die liebevoll gestalteten und beidseitig beschrifteten Wegweiser, und natürlich auch die unzähligen Geschäfte, in denen sich jeder Besucher etwas aus dem Königreich der Fantasie mit nach Hause nehmen kann.

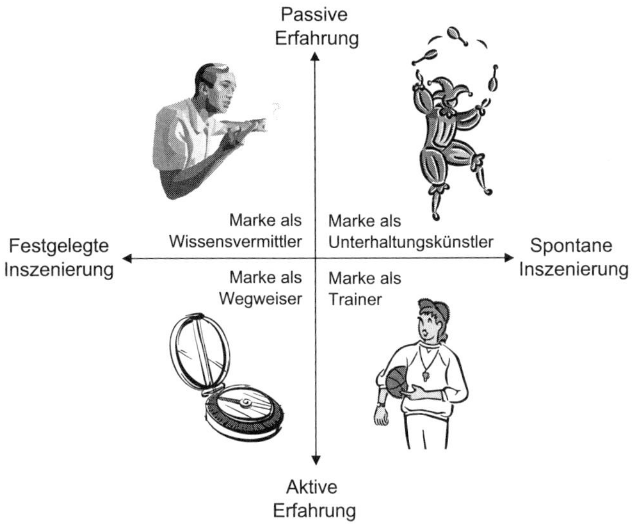

Erfahrungen kann man sowohl durch aktive Beteiligung wie auch durch passive Beobachtung gewinnen:

- Unterhaltsame Erfahrungen werden über eine aktive Beteiligung des Kunden an Sportveranstaltungen, Konzerten und so weiter ausgezeichnet vermittelt.
- Informative Erfahrungen werden beispielsweise durch Mittelalterspiele in historischen Gebäuden oder Rollenspielen bei Schulungen lebendig und nachvollziehbar.
- Wegweisende Erfahrungen werden in Kunstgalerien oder auch in Schönheitsfarmen vermittelt, indem alle Sinne angesprochen und die Erfahrungen in einer bestimmten Reihenfolge vermittelt werden.
- Angeleitete Erfahrungen werden zum Beispiel bei Extremsportarten und Videospielen vermittelt, bei denen die Teilnehmer an echte oder virtuelle Grenzen geführt werden.

Alle Marken können jede dieser Möglichkeiten nutzen, um ihren Kunden ganz besondere und unvergessliche Erfahrungen zu vermitteln und für jeden Einzelnen für diesen Moment tatsächlich lebendig zu werden.

Anwendung 9.3 Agent Provocateur

Als Joseph Corre und seine Frau Serena Rees 1994 die erste Agent Provocateur-Boutique in London eröffneten, lösten sie damit eine Art sexuelle Revolution aus, die erotische Dessous gesellschaftsfähig machte.

Corre und Rees träumen davon, bezaubernde Dessous mit erotisierender Wirkung auf die weiblichen Trägerinnen und die männlichen Betrachter zu kreieren. Bei der Verwirklichung ihrer Vision gehen sie alles andere als prüde vor und stellen die konventionelle Ansicht auf den Kopf, dass alles, was mit Sexualität zusammenhängt, entweder tabu oder schlüpfrig sein muss. In der heutigen Welt, in der deutlich mehr toleriert und auch mehr erwartet wird als früher, muss Agent Provocateur seinem Namen alle Ehre machen, um immer einen Schritt voraus zu bleiben.

Für die einen sind die Dessous von Agent Provocateur eine kostspielige Möglichkeit, erotische Fantasien zu verwirklichen, für die anderen sind sie Unterwäsche, die ihren Zweck erfüllt, eine besondere Erfahrung vermitteln sie jedoch jedem – zum Teil durch das aufreizende Produktdesign, zum Teil durch die knisternde Erotik, die die Marke überall verbreitet.

Wenn Sie eine der Agent Provocateur-Boutiquen in London, New York oder Los Angeles betreten, werden Sie von einer umwerfenden Schönheit im figurbetonten rosafarbenen Outfit begrüßt, deren Bluse mehr ent- als verhüllt. Zum Standardoutfit gehören außerdem Stöckelschuhe und schwarze Netzstrümpfe – sexy, provokant und für manche sogar etwas einschüchternd, laden die Boutiquen dazu ein, für einige Zeit aus der Realität zu fliehen.

Eine Frau in türkisfarbenen Spitzenhöschen ist das Sinnbild der erotischen Verführerin und strahlt sexuelle Lust und Selbstbewusstsein aus.

So oder so ähnlich lädt Agent Provocateur dazu ein, erotischen Fantasien nachzuhängen.

Agent Provocateur legt großen Wert darauf, Kunden bei der Auswahl und beim Tragen der Dessous intime und persönliche Erfahrungen zu vermitteln. Massenwerbung kommt daher überhaupt nicht in Frage. Stattdessen setzt das Marketing auf verführerische und extravagante Auslagengestaltung, Kunst- und Fotoausstellungen und Kinowerbung. Beim Durchblättern des Dessouskataloges denkt man eher an die für das 19. Jahrhundert so typischen Guckkästen.

Die Website von Agent Provocateur macht den Besucher zum Voyeur und vermittelt ihm den Eindruck, heimlich einen Blick ins Schlafzimmer, Badezimmer, den Empfangsraum und die Küche werfen zu können, wobei in der Küche am meisten passiert. Seit kurzem hat sich die Marke um Accessoires wie Schuhe und Schmuck, Parfums und Musik erweitert. Um auch über das eher konventionelle Kaufhaus Marks & Spencers Kunden zu erreichen, wurde eine spezielle Kollektion namens »Salon Rose« entwickelt. 2004 brachte Agent Provocateur sein erstes Album namens »Peep Show« auf den Markt, das eine Auswahl von 14 Titeln enthielt, die den Zuhörer auf eine sexuelle Entdeckungsreise entführen.

Zweifellos wird Agent Provocateur auch weiterhin provozieren und die Gemüter erregen, sexuelle Tabus übertreten und modische Trends ignorieren, Sinnlichkeit und Sexualität lustvoll zelebrieren.

Anwendung 9.4 Spezialeffekte für Ihre Inszenierung

Wie vermitteln Sie lebhafte, ungewöhnliche und spontane Erfahrungen, die Aufmerksamkeit erregen und Ihren Kunden etwas absolut Neues und Unvergessliches bieten?

1. Was sind die Schlüsselmomente Ihrer Inszenierung?

Bei welchen Gelegenheiten könnten Sie die Kundenerfahrung durch spezielle Effekte bereichern?

2. Auf welche Weise?

Überlegen Sie mit Ihren Mitarbeitern und Kollegen, welche Möglichkeiten es gibt, diese Spezialeffekte umzusetzen.

3. Nach Drehbuch oder spontan improvisieren?

Wägen Sie ab, ob die Interaktionen mit den Kunden nach schriftlich festgelegen Regeln erfolgen sollen, oder ob Sie Ihre Mitarbeiter darin schulen sollten, improvisieren zu lernen.

4. Passive oder aktive Erfahrungsvermittlung?

Überlegen Sie, ob Ihre Kunden aktiv beteiligt werden möchten oder lieber passiv beobachten.

5. Planen Sie die Erfahrungsvermittlung.

Überlegen Sie, ob eine speziell gestaltete »Bühne«, eine Umgebung, geschaffen werden muss, oder ob die Erfahrung jederzeit und überall vermittelt werden kann.

6. Vorhang auf!

Starten Sie die Inszenierung und stellen Sie sicher, dass sich der zusätzliche Wert auch im Verkaufspreis widerspiegelt.

Geschäfte nach den Bedingungen der Kunden

»Wir sehen die Welt nicht so wie sie ist, sondern so wie wir sind.«

Anaïs Nin

»Ich wanderte im Land umher und suchte Antworten auf Dinge, die ich nicht verstand. Warum sich Muscheln auf den Berggipfeln finden, zusammen mit Abdrücken von Korallen und Pflanzen und Meeresalgen, die für gewöhnlich im Meer vorkommen. Warum der Donner eine längere Zeit dauert als das, was ihn verursacht, und warum der Blitz dem Auge unmittelbar nach dem Zeitpunkt seiner Erzeugung sichtbar wird, während der Donner hundert Mal länger für seinen Weg braucht. Wie die verschiedenen Kreise im Wasser sich um die Stelle formen, die von einem Stein getroffen wurde, und warum sich ein Vogel in der Luft hält. Diese Fragen und andere merkwürdige Phänomene haben mein Denken während meines ganzen Lebens beschäftigt.«

Leonardo da Vinci

Distributionskanäle und Kommunikationsmedien stellen die physischen Bindeglieder zwischen Unternehmen und ihren Kunden dar. Die Kommunikation war lange das Lieblingskind der Marketingabteilungen, da sie mit der spannenden Zusammenarbeit mit Werbeagenturen assoziiert wird, während die Distribution an die eher langweilige Verwaltung von Lagerbeständen und die Beauftragung von Speditionsgesellschaften denken lässt, obwohl es mittlerweile faszinierende neue Technologien gibt, die jeder Marketingexperte fantasievoll nutzen kann.

Intelligentere Verbindungen	Fantasievollere Verbindungen
... über Medien. Überzeugender, konsequenter und effizienter kommunizieren, indem alle Medien nach objektiven Kriterien bewertet und eingesetzt werden.	**... durch Umkehrung**. Vertriebskanäle umkehren, damit die Kunden selbst bestimmen können, wann, wie und wo sie geschäftlich mit einem Unternehmen interagieren.
... über Kanäle. Vertriebskanäle entwickeln, die Zielgruppen besser erreichen und sowohl den Kundendienst als auch den Vertrieb lukrativer gestalten.	**... durch Verschmelzung**. Nur die besten Komponenten der bestehenden Medien und Vertriebskanäle miteinander verschmelzen, um bessere Verbindungen mit den Kunden einzugehen.
... über Netzwerke. Physische und virtuelle Netzwerke aufbauen, die die Markenerfahrung beliebig reproduzieren und die Wirtschaftlichkeit erhöhen können.	**... durch Konnektivität**. Die Leistungsfähigkeit von Netzwerken für Kunden und Partner ausnutzen, um Wissen zu teilen und von Beziehungen zu profitieren.

Der revolutionäre Siegeszug der digitalen Medien in der Form von Websites, E-Mail- und SMS-Werbung und interaktives Fernsehen dauert noch immer an, doch sind einige der Veränderungen im traditionellen Marketing trotzdem der Erwähnung wert:

- Werbung gilt nicht mehr als die notwendige Voraussetzung oder gar optimale Maßnahme, um den Absatz zu steigern und Marken aufzubauen.
- Direktwerbung, vor allem in der Form von Postwurfsendungen und Telemarketing, erlebt zwar noch einen Aufschwung, wird aber von immer mehr Verbrauchern als Belästigung empfunden und setzt in zunehmendem Maß deren ausdrückliche Erlaubnis voraus.
- Öffentlichkeitsarbeit, Patenschaften, Sponsoring, große Veranstaltungen und persönliche Verkaufstaktiken ermöglichen es, besser auf die Verbraucher einzugehen, ihre Bedürfnisse zu erfahren und Marken zum Leben zu erwecken.

- Große Supermarktketten gewinnen beträchtlichen Einfluss, geben Zulieferern ihre Bedingungen vor, führen starke eigene Markenprodukte im Sortiment und setzen auf Treueprämien, um ihre Kunden an sich zu binden.
- Die Bedeutung direkter Vertriebswege nimmt zu, traditionelle Vertriebskanäle verschwinden, während sich zugleich neue Vertriebsformen entwickeln.
- Der Online-Vertrieb beschleunigt die Globalisierung der Märkte und lässt die markt- und branchenspezifischen Produkt- und Preisunterschiede verschwinden.
- In den Medien können alle Marketingmaßnahmen – angefangen von Werbeanzeigen bis hin zu Events – ausgewogener und harmonischer integriert werden, was sich auch positiv auf die Vertriebskanäle auswirkt.
- Die Verschmelzung von Kommunikationsmedien und Vertriebskanälen eröffnet den Verbrauchern eine Vielzahl neuer Möglichkeiten, mit Marken zu interagieren.

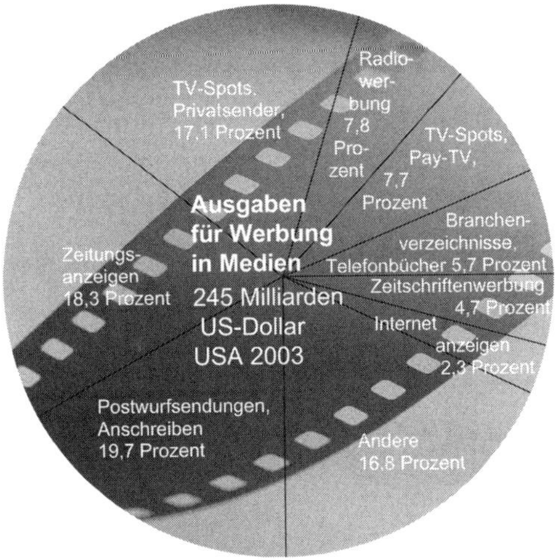

Quelle: *Advertising Age*

All das reicht aber noch lange nicht aus.

Diese Entwicklungen gehen zwar allesamt in die richtige Richtung, reichen jedoch nicht aus, um der wachsenden Macht der Verbraucher Rechnung zu tragen und die Verbindung zwischen Unternehmen und Kunden so umzugestalten, dass letztlich die Kunden bestimmen, wann, wie und wo ein Geschäft getätigt wird.

Ein so genanntes Reverse Marketing – umgekehrtes Marketing – erfordert, dass:

- die Kommunikation vom Kunden initiiert wird, indem er um Informationen bittet und angibt, auf welche Weise er informiert werden möchte;
- »Pauschalkampagnen« ein Ende haben, über die Unternehmen jedem Kunden auf dieselbe Art und zur selben Zeit einreden wollen, dass er jetzt sofort ein neues Auto braucht;
- Marktforschung auf der Grundlage individueller Präferenzen durchgeführt wird, anstatt sich auf statistische Durchschnittswerte zu stützen, die keinen Realitätsbezug haben;
- Vertriebskanäle nicht für Unternehmen, sondern für Kunden ausgelegt werden, damit individuelle Bedürfnisse besser verstanden und erfüllt werden können;
- sich die Preisgestaltung nach den Kunden und ihren Wertempfindungen richtet, da die weltweit günstigsten Preise innerhalb von Sekunden über das Internet recherchiert werden können;
- Produkte auf individuelle Kundenbedürfnisse zugeschnitten werden, indem aus den Angeboten verschiedener Zulieferer die beste Lösung zusammengestellt wird.

Das um sich greifende »Google-Fieber« hat dazu geführt, dass sich viele Kommunikations- und Distributionsprozesse mittlerweile umgekehrt haben und nun tatsächlich von den Kunden initiiert werden, obwohl kaum ein Ablaufdiagramm eines Marketingprozesses mit einem Mausklick beginnt.

Inspiration 10.1 Dell

1984, mitten in der High Tech-Revolution, gründete Michael Dell sein erstes Unternehmen. Das Geschäftsmodell, Computer nur auf Bestellung und direkt an den Endkunden zu verkaufen, wurde anfangs misstrauisch beäugt und ließ den Verdacht aufkommen, die Produkte seien qualitativ minderwertig. Alle Skeptiker wurden jedoch schnell eines Besseren belehrt, und heute gilt Dell bei Privat- und Geschäftskunden als eine der führenden Marken. Wie ist Dell diese Positionierung gelungen? Weil bei Dell alles mit dem Kunden beginnt und mit dem Kunden endet.

Der kundenorientierte Direktvertrieb von Dell ist ein hervorragendes Beispiel dafür, dass sich Unternehmen langsam aber sicher den neuen Kräfteverhältnissen stellen, dass sie die »Wertdisziplinen« beherrschen lernen, und dass es kein Widerspruch ist, sich auf die Bedingungen der Kunden einzulassen und zugleich ausgezeichnete finanzielle Erfolge zu erzielen.

Der 1965 geborene Michael Dell ist ein unternehmerisch denkender Marketingfachmann. Nach seinem Schulabschluss begann er an der University of Texas mit dem Studium der Medizin, doch statt sich auf das Studium zu konzentrieren, widmete er sich lieber seiner wahren Leidenschaft: den Computern. Schon bald bastelte er für Kommilitonen und Dozenten Computer zusammen, die er unter dem Namen »PCs Limited« verkaufte. Die stolze Summe von 180.000,- US-Dollar, die er im ersten Monat mit dem Verkauf seiner Computer verdiente, waren ein überzeugender Grund, sein Medizinstudium bereits nach einem Jahr wieder zu beenden.

Er gründete seine eigene Firma und verkaufte weiterhin Computer, führte allerdings nie Bauteile auf Lager, sondern baute die PCs ausschließlich auf Bestellung zusammen und verkaufte sie direkt an seine Kunden. Die kundenspezifische Massenfertigung erwies sich als außerordentlich effizient, da Dell nur bestellte Komponenten bei Zulieferern einkaufte und die Kunden bereits bezahlt hatten, bevor Dell seine Rechnungen bezahlen musste.

»Mir wurde klar, wie unwirtschaftlich die Computerbranche organisiert ist. Aufgrund der Materialkosten sind hohe Preisaufschläge erforderlich, und der Kundenservice ist extrem schlecht«, erklärte er einmal.

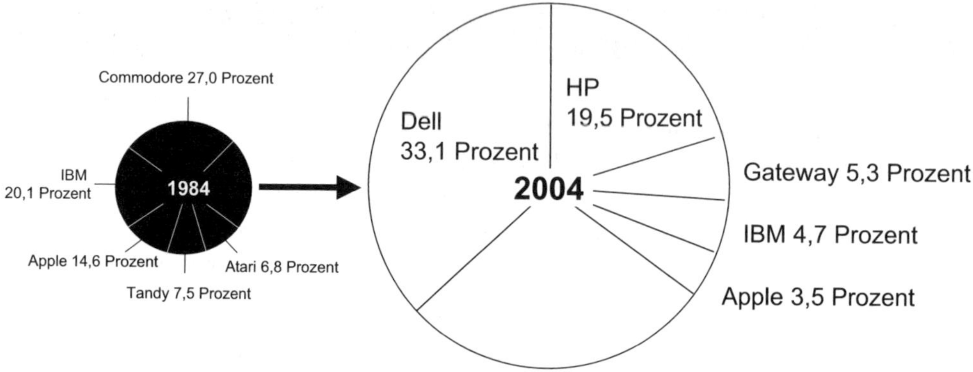

Quelle: Fortune, Business 2.0

Seine »Pizza-Lieferdienst«-Mentalität, die es Kunden ermöglichte, ihren Computer nach Belieben – auch mit »Extrabelag« –zusammenzustellen und telefonisch zu ordern, war ein durchschlagender Erfolg. Und dank des kostensparenden Direktvertriebs konnte Dell selbst billige Konkurrenzangebote um 15 Prozent oder mehr unterbieten.

Schon mit 19 Jahren war Michael Dell ein erfolgreicher Geschäftsmann. 1987 wurde aus PCs Limited die Dell Computer Corporation, deren Name später auf Dell verkürzt wurde. Dell entwickelte sich zum weltweit lukrativsten Computerhersteller und erzielte im Geschäftsjahr 2006 Umsätze in Höhe von rund 55 Milliarden und einen Betriebsgewinn in Höhe von rund 4 Milliarden US-Dollar.

2004 übergab Michael sein Amt als CEO dem damaligen COO Kevin Rollins und will nach 20 Jahren CEO-Tätigkeit jetzt weitere 20 Jahre als Chairman wirken, bevor er irgendwelche andere Pläne schmiedet.

Er sagt über sich, noch vom selben unternehmerischen Elan wie früher beflügelt zu sein. »Es gibt noch so viele Märkte zu entdecken, und für jede neue Unternehmung sind Hartnäckigkeit und Risikofreude erforderlich.«

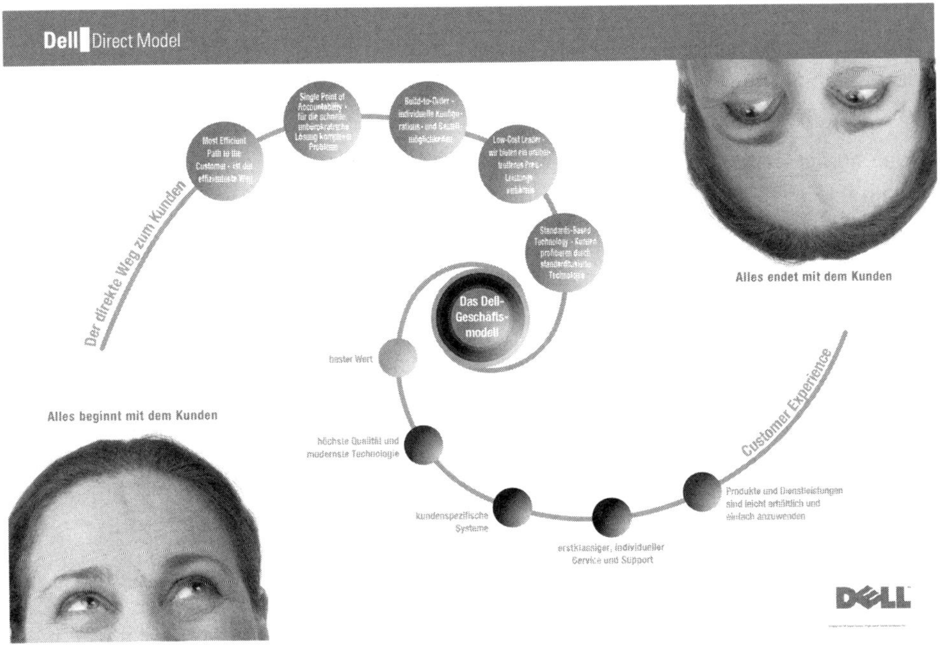

Quelle: www.dell.com

»Die Seele von Dell« wird in der Unternehmensphilosophie beschrieben, die sich auf fünf Ziele konzentriert:

1. »Kunden« – Wir wollen unsere Kunden täglich zufriedener machen. Wir glauben daran, dass loyale Kunden durch besseren Service zu attraktiven Konditionen gewonnen werden.
2. »Mitarbeiter« – Kontinuierliche Verbesserung ist ein grundlegendes Element unserer Kultur und manifestiert sich in der Entwicklung eines Teams mit vielfältigen Kompetenzen, hohen ethischen Standards, engagierten Führungskräften und hoher Verantwortungsbereitschaft bei allen Mitarbeitern.

3. »Enge Partnerschaft« – Dell strengt sich für jeden einzelnen Kunden an, um dessen Bedürfnissen mit individuellen IT-Lösungen gerecht zu werden. Ein spezialisiertes Team von Kundenbetreuern kümmert sich darum, dass die Lösungen auf die jeweiligen geschäftlichen Einsatzbereiche beim Kunden zugeschnitten sind.
4. »Nah an der Gemeinschaft« – Über das Programm »One Dell: One Community« engagieren sich Mitarbeiter von Dell einzeln und in Gruppen für Einrichtungen vor Ort.
5. »Die Besten sein« – Wir wollen nicht nur die zufriedensten Kunden der Branche haben, sondern zu den besten Unternehmen überhaupt gehören.

Quelle: www.dell.com in Auszügen.

Diese Ziele beschreiben ein Geschäftsmodell, in dem der Kunde sowie der unmittelbare Kundenkontakt im Mittelpunkt stehen. Neben dem finanziellen Nutzen dieses Modells entstehen weitere Vorteile daraus, dass ausschließlich auf Bestellung gearbeitet wird, was die Lagerhaltung und die sonst anfallenden Vorleistungen auf ein absolutes Minimum reduziert, da die Kunden üblicherweise bezahlen, bevor Dell seine Zulieferer bezahlt.

Das »Direct Model« von Dell

> Dieses Geschäftsmodell stellt den Kunden an den Anfang und das Ende jeder geschäftlichen Interaktion. Dadurch ist Dell – mit seinen hochqualifizierten Mitarbeitern – in der Lage, den Kunden erstklassige Leistungen zu bieten: hochwertige, relevante Technologien, kundenspezifische Systeme, überragenden Service und Support sowie Produkte und Dienstleistungen, die leicht erhältlich und einfach anzuwenden sind.

Aus dieser Kundenorientierung und den fünf Grundsätzen des »Direct Models« ergibt sich ein ganz neues System für den Ein- und Verkauf von Technologieprodukten. Damit hebt sich Dell nicht nur vom Mitbewerb ab, sondern bietet eine Kundenerfahrung, die ihresgleichen sucht.

Die fünf Grundsätze des Modells lauten:

1. **Most Efficient Path to the Customer**
   Wir sind der Meinung, der effiziente Weg zum Kunden ist der direkte Weg, ohne Zwischenhändler, die zusätzliche Kosten und Verwirrung schaffen. So sind unsere Organisations-

einheiten auf Kundengruppen mit ähnlichen Anforderungen spezialisiert. Unsere Teams haben einen direkten Draht zu ihren Kunden und ihren Anforderungen. Informationen erhalten wir aus erster Hand, ohne Informations- und Reibungsverluste durch Zwischenhändler.

2. **Single Point of Accountability**
   Wir wissen, dass Technologie äußerst komplex sein kann. Deshalb machen wir es unseren Kunden so einfach wie möglich. Dell ist der Single Point of Contact für unsere Kunden, damit erforderliche Ressourcen zur Lösung komplexer Probleme schnell und unbürokratisch mobilisiert werden können. Wir können die nötigen Ressourcen so schnell und effizient bereitstellen, wie es unsere Kunden verlangen.

3. **Build-to-Order**
   Wir bieten unseren Kunden individuelle Konfigurations- und Bestellmöglichkeiten an, damit der Kunde genau das bekommt, was er will. Mit Built-to-order vermeiden wir teure Lagerhaltung und Produktalterung. So erhalten unsere Kunden die neueste Technik zur Implementierung gewünschter Funktionen zum besten Preis.

4. **Low-Cost Leader**
   Wir investieren da, wo es sich für unseren Kunden auszahlt. Dank einer höchst effizienten Liefer-/Wertschöpfungskette und Produktion, der Fokussierung auf gemeinsam mit unseren Wirtschaftspartnern entwickelten Standardtechnologie sowie Kostensenkungen durch kontinuierliche Prozessverbesserungen bieten wir unseren Kunden ein unübertroffenes Preis/Leistungs-Verhältnis.

5. **Standards-Based Technology**
   Wir glauben, dass standardisierte Technologie der Schlüssel zur Belieferung unserer Kunden mit relevanten, hochwertigen Produkten und Dienstleistungen ist. Kunden profitieren durch standardbasierte Technologie, weil damit die hohen Forschungs- und Entwicklungskosten auf die gesamte Branche verteilt und nicht an die Kunden eines einzelnen Unternehmens weitergegeben werden. Im Vergleich zu firmeneigener Technologie bieten Standards mehr Flexibilität und größere Auswahl.

Quelle: www1.euro.dell.com/content/topics/topic.aspx/global/hybrid/careers/content/30544735-b6db-4104-ac70-326e8d5d01f7?c=de&l=de&s=corp

Anwendung 10.1 Verbindungswege analysieren

Wie treten Sie mit Ihren Kunden in Verbindung? Wie gut nutzen Sie Distributionskanäle und Kommunikationsmedien, um diese Verbindungen zu knüpfen? Werden die Verbindungswege effizient genutzt, und sind sie für Ihre Zwecke geeignet?

1. Identifizieren Sie die Stellen, an denen Kontakte geknüpft werden.

Stellen Sie alle Interaktionen zwischen Unternehmen, Zulieferern und Kunden dar (Beratung, Verkauf, Lieferung, Reklamationen und so weiter).

2. Welche Kanäle und Medien werden genutzt?

Identifizieren Sie alle Plattformen, Vertriebskanäle und Medien, die diese Interaktionen unterstützen.

3. Welche Partnerschaften und welche Mechanismen gibt es?

Identifizieren Sie alle zwischengeschalteten Partner und Prozesse, Systeme und Mechanismen, die diese Interaktionen begleiten.

4. Welche Funktionen und Zielsetzungen sind festgelegt?

Bewerten Sie die Funktion(en) und Zielsetzungen jeder Verbindung (Kommunikation, Vertrieb, Verkauf, Support und so weiter).

5. Welche Kosten sind damit verbunden, welcher finanzielle Nutzen entsteht daraus?

Schätzen Sie das Kosten-Nutzen-Verhältnis jeder Verbindung ein. Ist das Verhältnis wirtschaftlich tragbar?

6. Bewerten Sie die Verbindungen.

Betrachten Sie Medien und Vertriebskanäle getrennt voneinander, und ordnen Sie die einzelnen Verbindungen nach Wichtigkeit, um Ressourcen und Ergebnisse fokussieren zu können.

Konzept 10.1 Integrierte Kommunikation

Der Machtgewinn der Kunden stellt eine immense Herausforderung für das Marketing dar. Noch immer wird hauptsächlich mit Geschäftspartnern und Zulieferern kommuniziert, obwohl die Verbraucher dank des technologischen Fortschritts deutlich an Einfluss gewinnen, da sie zum Beispiel unabhängig von Ort und Zeit selbstständig Online-Buchungen und -Bestellungen durchführen können.

In seinem Buch *The New Bottom Line* schreibt Alan Mitchell, man dürfe Kunden nicht länger als Kunden, sondern müsse sie als Käufer betrachten – als Menschen, die ein Problem lösen, ein Bedürfnis erfüllen oder einen Wunsch verwirklichen möchten. Da heutzutage das Angebot auf dem Markt die Nachfrage deutlich übersteigt, kommt es nicht nur darauf an, sich vom Wettbewerb abzuheben, sondern die Geschäftstätigkeit als Ganzes einer kritischen Prüfung zu unterziehen.

In den Marketingabteilungen beherrschen noch immer »Kampagnen« das Denken, und die Kampagnen sind ihrerseits von traditioneller Werbung geprägt, obwohl es eine Vielzahl anderer Möglichkeiten gibt, Botschaften zu übermitteln. Marketingexperten verlassen sich noch immer viel zu sehr auf Werbeagenturen – in weit größerem Ausmaß, als sich eine Finanzabteilung jemals auf die Buchhaltung oder die Verwaltung auf die Rechtsabteilung verlassen würde.

Mit der Verschärfung des Wettbewerbs und den immer aggressiveren Verzweiflungstaten vieler Marketingabteilungen gewinnen die Machtkämpfe auf den Märkten an Vehemenz und Lautstärke. Und da die Verbraucher sich zunehmend offensiver um den Schutz ihrer Privatsphäre bemühen, ist die verworrene und verwirrende Wettbewerbsituation ein Problem, das hauptsächlich das Marketing betrifft.

- Kampagnen verpuffen wirkungslos, da sie ein bestimmtes Verbraucherverhalten voraussetzen. Wer lässt sich schon zum Kauf eines neuen Autos verleiten, nur weil in der Werbepause eines Films gerade ein neues Modell angepriesen wird?

- Der Medien-Mix wird viel zu stark von der Werbung dominiert, weil uns tolle Botschaften mit emotionalen Bildern so gut gefallen, weil es der Chef so will, weil Werbung Spaß macht, weil es sich gut im Lebenslauf macht und immer noch als Beweis von Risikofreude angesehen wird.

- Marketingmitarbeiter überlassen die Denkarbeit – und vor allem die Verantwortung – viel zu oft Werbeagenturen, in denen kreative Köpfe aus knappen Vorgaben (je knapper, umso besser, damit der Kreativität möglichst viel Spielraum gewährt wird) das Beste herausholen sollen.

Kommunikation muss heutzutage mit dem Kunden, oder besser gesagt, dem Käufer beginnen, der nach einer Lösung sucht und ziemlich genau weiß, auf welche Kaufbedingungen er sich einlassen will und welche objektiven und subjektiven Anforderungen das Produkt erfüllen muss. Die Kommunikation sollte daher:

- vom Kunden initiiert werden können, wann immer er sich informieren oder beraten lassen möchte;

- flexibel und individuell auf spezielle Bedürfnisse eingehen, um Kunden, die sich für technische Spezifikationen interessieren ebenso zufrieden zu stellen wie Kunden, die Wert auf schönes Design legen;

- an Bedeutung gewinnen, mitreißender werden und berücksichtigen, was Kunden wirklich wichtig ist, zum Beispiel durch Sponsoring oder Marken, die Emotionen und moralische Werte ansprechen;

- menschlicher und mitfühlender gestaltet werden, Fragen vorwegnehmen und intelligente Alternativen vorschlagen;

- Anlegern eine bessere Rendite sichern. Eine relativ kostengünstige Möglichkeit ist zum Beispiel, dass die PR-Abteilung die Marke mit aktuellen Themen in Verbindung bringt und ihr somit zu mehr Präsenz und Bedeutung verhilft;

- mit anderen Kommunikationswerkzeugen vernetzt sein, um die Botschaft in sich schlüssig zu vermitteln und Wissensinhalte zu teilen;
- andere Aspekte des Marketing-Mix ergänzen und bestärken – Marken, Markenversprechen, Distributionskanäle, Preisgestaltung, Produkte und Dienstleistungen –, um die Kunden konsequent, zielgerichtet und intelligent anzusprechen.

Die konventionellen Kommunikationswege sind als Einbahnstraßen ausgelegt. Der Absender schickt in Erwartung einer geschäftlichen Transaktion eine Botschaft an den Empfänger. Die meisten Kommunikationsmedien – allen voran Werbung und Direktwerbung per Post oder Telefon – dienen ausschließlich diesem Zweck und sind trotz ihrer Einseitigkeit und Aufdringlichkeit noch immer die Favoriten der meisten Marketingabteilungen.

Bei der integrierten Unternehmenskommunikation geht dagegen um:

- den strategischen Kontext – die Marke, das Wertversprechen, die Zielsetzung und die harmonische Integration in den Marketing-Mix;
- die vorurteilsfreie Auswahl der geeigneten Medien und Botschaften für jede Zielsetzung;
- Kommunikation über Botschaften und Medien, die sich aufeinander beziehen, sich gegenseitig verstärken und weiterentwickeln;
- Kommunikation, die sich auf den Kunden bezieht und es ihm überlässt, wann, wo und wie er den Dialog initiieren möchte.
- radikal kreative Kommunikation mit unverwechselbarem Stil und Inhalt, die ungewöhnliche Medien nutzt und neue Botschaften vermittelt;
- Kommunikation, die aktiv die Marke stärkt und selbst Teil der Kundenerfahrung ist.

Integrierte Kommunikation bleibt neutral und stellt den Kunden in ihren Mittelpunkt. Nicht die Werbeagentur, sondern der Kunde ist der Maßstab ihres Erfolgs und ihrer Effizienz.

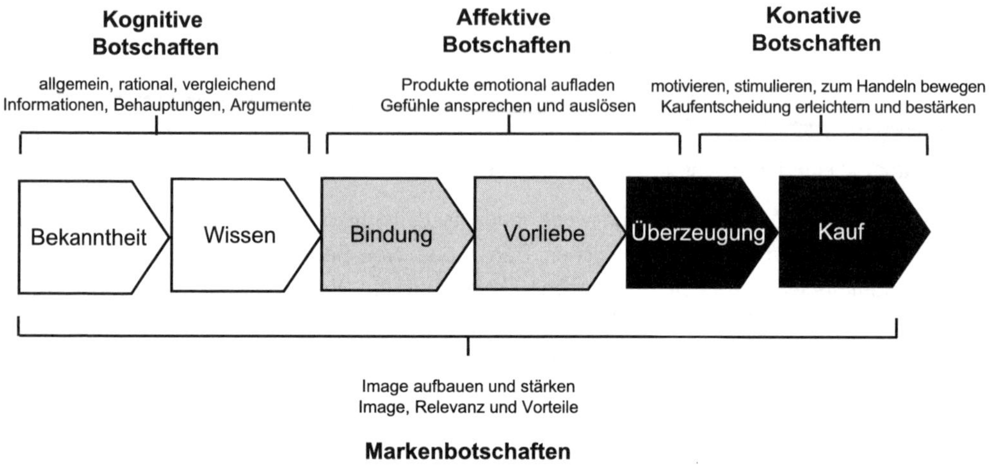

Inspiration 10.2 Amazon

1994 arbeitete Jeff Bezos an der Wall Street und konnte beobachten, wie sich die Anzahl der Internet-Nutzer jährlich um 2300 Prozent vergrößerte. Er beschloss kurzerhand, auf der »Dotcom«-Welle mitzuschwimmen, setzte sich in seinen Chevy und düste nach Seattle, wo er in seiner Garage den virtuellen Grundstein für den größten Buchladen der Welt legte. Er begann mit dem Verkauf von Büchern an Freunde, die kräftig die Werbetrommel für ihn rührten, indem sie ihn weiterempfahlen.

Im Juli 1995 ging das Unternehmen online. Bei jeder Bestellung, die bei Amazon.com einging, ertönte damals noch ein Piepston, der dem Personal aber bald gehörig auf die Nerven ging, denn innerhalb von nur drei Monaten piepste es 100 Mal am Tag, nach einem Jahr 100 Mal pro Stunde, und heute würde es wahrscheinlich 100 Mal pro Minute piepsen.

Im Mai 1997 ging Amazon an die Börse, und kurz darauf erreichte die Anzahl der registrierten Kunden die erste Million. Einer der wichtigsten Erfolgsfaktoren für Amazon war die »One-Click-Technology®«, die sich Amazon in den USA patentieren ließ. Nach der ersten Bestellung werden die persönlichen Vorlieben und Angaben samt Zahlungsart und Kontodaten jedes Kunden gespeichert, sodass er das nächste Mal sehr schnell und bequem bestellen und bezahlen kann.

Amazon achtet sehr genau auf die individuellen Vorlieben seiner Kunden. In den personalisierten Shops, die den Namen des jeweiligen Kunden tragen, wird nicht nur dokumentiert, welche Bücher, CDs oder andere Artikel er sich zuletzt angesehen hat, sondern es werden auch Bücher mit verwandten oder ergänzenden Themen empfohlen (eine Technik, die als kollaboratives Filtern bezeichnet wird). Es ist manchmal geradezu beängstigend, wie genau Amazon mit seinen Empfehlungen den Geschmack des Kunden trifft. Stammkunden werden auf Wunsch von Amazon per E-Mail benachrichtigt, wenn neue Bücher oder andere Artikel erscheinen, die sie interessieren könnten.

Das Jahr 1999 stand für Bezos unter dem Motto »Schneller, Größer, Besser«. Amazon verzeichnete schnelles Wachstum in Europa und errichtete neue Distributionszentren, um die Lieferzeiten auf ein Minimum zu verkürzen. Im Zuge dieses Wachstumsschubs erweiterte Amazon sein Angebot für seine 10 Millionen Kunden um Spielzeug, Videos und DVDs, Videospiele, elektronische Geräte und Artikel für Küche, Haushalt und Garten. Jedes Jahr gewinnt das Unternehmen rund 10 Millionen neue Kunden dazu, deren personalisierte Shops sich in dem Maße füllen, in dem eventuelle Bedenken über Sicherheit und Zuverlässigkeit des Online-Shoppings ausgeräumt werden.

Das Ziel von Amazon »war es von jeher, das kundenorientierteste Unternehmen der Welt zu sein, bei dem Kunden alles finden, was sie online kaufen wollen.« Ein virtueller Markplatz zu sein, auf dem die Kunden nach Herzenslust stöbern können und alles finden, was das Online-Käuferherz begehrt. Laut Bezos besteht die Herausforderung daraus, sich kontinuierlich in Kunden und Aktionäre hineinversetzen zu können, sich innovativ weiterzuentwickeln und gleichzeitig eine unübertreffliche Online-Erfahrung zu vermitteln.

Bezos zweifelte nie am Erfolg von Amazon. Während des »Dotcom«-Booms der späten 1990er liefen die Online-Geschäfte so gut, dass der Einzelhandel befürchtete, kein Kunde würde sich jemals wieder die Mühe machen wollen, persönlich ein Geschäft zu betreten. Als die »Dotcom«-Blase platze, wurde dem Online-Geschäft mit Büchern und CDs jedoch ebenso schnell ein jähes Ende prophezeit.

Doch weit gefehlt. Seit 2004 schreibt Amazon schwarze Zahlen und baut seine Spitzenposition ganz unauffällig weiter aus, indem es sein Angebot kontinuierlich erweitert und die meisten Besucher von Amazon.com, die einfach aus Neugier die Website durchstöbern, durch überzeugende Leistungen als treue Stammkunden gewinnt.

Anwendung 10.2 Medienintegration

Wie integrieren Sie die vielen Kommunikationsinstrumente, die Ihnen zur Verfügung stehen? Wie widerstehen Sie der Versuchung, sich wie immer ausschließlich auf Werbung zu konzentrieren? Mit welchen anderen Medien erreichen Sie Ihr Ziel möglicherweise viel besser? Wie entwickeln Sie durch das Zusammenspiel verschiedener Medien einen packenden Dialog, den der Kunde immer wieder sucht?

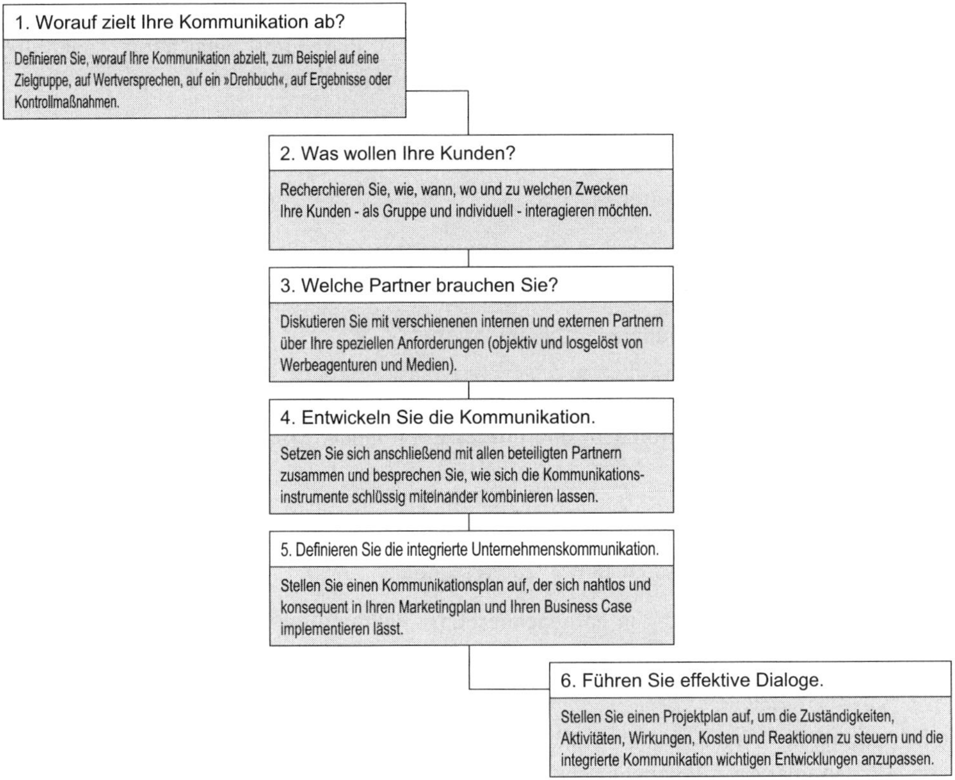

Konzept 10.2 Umkehrung der Vertriebskanäle

Über Vertriebskanäle wie Ladengeschäfte und Telefonleitungen, Webseiten und Kataloge tritt der Kunde mit einem Unternehmen in Kontakt und tätigt Geschäfte. Man unterscheidet zwischen direkten Vertriebskanälen, die – wie der Name schon sagt – den Direkteinkauf bei einem

Hersteller ermöglichen, und indirekten Vertriebskanälen über einen Zwischenhändler. Die Zwischenhändler prägen in der Form von Supermärkten, Reisebüros, Versicherungsagenturen, Autohändlern und vielem mehr das Bild der meisten Einkaufsmeilen.

Vertriebskanäle bilden traditionell ein flächendeckendes Netzwerk eines Unternehmens, das über die regionalen Filialen und Handelsvertreter eine größere Masse an Verbrauchern und somit höhere Verkaufszahlen erreicht.

Innerhalb der Vertriebskanäle wird durch Beratungsgespräche, Personalisierung und Komplementärprodukte zunehmend mehr Wert geschaffen. Weitere Beispiele sind:

- informative und überschaubare Portale im Internet,
- interaktives Fernsehen und Mobilfunkdienste,
- Austausch zwischen Arbeitgebern und Interessenverbänden wie Gewerkschaften und Industrieverbänden,
- kurze Wege zu den nächsten Einkaufsmöglichkeiten,
- Concierge- und Empfangsdienste wie Quintessential.

Vertriebskanäle verlaufen heute in entgegengesetzter Richtung und beginnen auf der Seite der Verbrauchers, indem sie es einem Kaufinteressenten ermöglichen, sich ein gewünschtes Produkt zum gewünschten Preis auszusuchen.

Die Umkehrung der Vertriebskanäle stärkt die Beziehung zu den Kunden. Sie vermittelt ein fundiertes Wissen über die Kundenwünsche und hat das Ziel, die für den Kunden beste Lösung zu bieten. Die neuen Vertriebskanäle sind genau dort, wo sie gebraucht werden, bequemer zu nutzen und gelten als vertrauenswürdiger.

Stellen Sie sich vor, im kleinen Gemischtwarenladen, in dem Sie normalerweise nur Milch, etwas Süßes und die Zeitung einkaufen, könnten Sie plötzlich auch Bus- und Bahnfahrkarten kaufen, Lotteriescheine ausfüllen, Wäsche reinigen lassen, Blumen kaufen, kopieren und Geld am Automaten abheben – alles unter einem Dach. Stellen Sie sich vor, Sie könnten über Ihren Berufsverband Ihren Karibikurlaub buchen, ein Auto mieten, einen Handyvertrag abschließen, sich eine Kreditkarte ausstellen lassen, Schmuck und sonstige Accessoires kaufen.

Alle Vertriebskanäle müssen so miteinander verknüpft sein, dass der Kunde aufeinander abgestimmte und in sich schlüssige Erfahrungen gewinnt, wie es zum Beispiel dem Modeversand Next gelingt, der seinen Kunden einfach zu nutzende Vertriebskanäle für alle geschäftlichen Interaktionen bietet: Im Katalog kann sich der Kunde die neuen Kollektionen ansehen und anschließend online überprüfen, ob seine ausgewählten Artikel auf Lager sind. Die Bestellung erfolgt telefonisch, die Lieferung per Paketdienst. Wenn die Bekleidungsstücke nicht passen oder doch nicht gefallen, gibt er sie einfach im nächsten Laden zurück.

Das integrierte Management der Vertriebskanäle eines Unternehmens wird auch als Multi-Channel Management bezeichnet. Wer dabei noch einen Schritt weitergehen möchte, gestaltet seine Kanäle auf innovative Weise neu.

Ein möglicher Ansatz besteht daraus, jeden Vertriebskanal im Hinblick auf seine einzelnen Aufgaben zu zerlegen – zum Beispiel kundenspezifische Lösungen entwickeln, Übersicht über lieferbare Artikel geben, beraten, auf Komplementärprodukte hinweisen, Liefermethoden anbieten, Lieferzeiten verkürzen, Zahlungsoptionen zur Auswahl stellen und so weiter – und diese dann in optimierter Form neu zusammenzustellen, um den Zielgruppen komfortablere Vertriebskanäle zu bieten:

- ein Supermarkt, in dem Sie rund um die Uhr einkaufen können;
- schnelle und professionelle Online-Finanzberatung 24 Stunden täglich;
- eine Bierzapfanlage am Restauranttisch, an der Sie sich selbst bedienen können;
- ein Supermarkt, der Ihren Einkauf nach Hause liefert.

All dies sind Beispiele für optimierte neue Vertriebskanäle, die den Kunden mehr Bequemlichkeit und bessere Erfahrungen bieten und den Unternehmen Kosteneinsparungen und höhere Umsätze einbringen.

Besonders deutlich zeigt sich die Innovation der Vertriebskanäle in der Touristikbranche.

Vor zehn Jahren war es für Fluggesellschaften und Touristikunternehmen absolut unüblich, wenn nicht gar tabu, Reiseagenturen zu übergehen und sich mit ihrem Angebot direkt an die Kunden zu wenden, da sich speziell die großen Touristikketten mit Sicherheit vehement zur Wehr gesetzt hätten. Die Gewinnspannen der Anbieter waren daher relativ klein, denn rund 15 Prozent der Buchungspreise kassierten die Reiseagenturen als Provision.

Damit ist es endgültig vorbei. Das Auftauchen von Online-Anbietern wie Expedia und Priceline und Billigfluggesellschaften wie Jet Blue und Ryanair hat die sowieso schon schwierige Situation der Reisebranche weiter verschärft und die Fluggesellschaften zum Handeln gezwungen. Direktbuchungen haben sich als Standard durchgesetzt. Immer radikalere Schnäppchenangebote drücken die Preise für Flugreisen und Hotelzimmer, weshalb die Reiseagenturen ohne die einstmals üblichen Provisionen und Prozente ums Überleben kämpfen. Amex hat sich auf sein Kreditkartengeschäft umorientiert, und Thomas Cook macht heute vor allem mit Charterflügen Profit. Mit ihren Online-Vertriebskanälen und »E-Tickets« haben sich Fluggesellschaften nicht nur in technologischer Hinsicht modernisiert.

Inspiration 10.3 MTV

Der private Fernsehsender MTV zählt inzwischen zur Altersgruppe der Mittzwanziger, schlägt in der Medienwelt aber noch immer rebellische Töne an. Aktuell erreicht MTV über 547 Millionen Haushalte in 170 Ländern und gilt als das am weitesten verbreitete Fernsehnetz.

MTV, das heute eine Unternehmensgruppe der Viacom Inc. ist, hat seit seiner Gründung 1981 Bemerkenswertes erreicht, da es aufgrund der klugen Nutzung von Satelliten-, Kabel- und Online-Kanälen den richtigen Ton bei den Zuschauern trifft und diese interaktiv mit einbezieht. MTV gab der Popkultur der 1980er und 1990er Jahre ein neues Gesicht und revolutionierte die Musikvideobranche im gleichen Maß wie die CD die Schallplattenindustrie. MTV ist einer der wenigen Medienkonzerne, der sich als Kultmarke der Jugend- und Popkultur etablieren konnte.

Erstaunlich, wenn man bedenkt, dass MTV ursprünglich nur als Lückenfüller im US-amerikanischen Kabelprogramm geplant war.

MTV ist in 94 regional angepassten Formaten zu empfangen. Zum britischen Markenportfolio gehören neben MTV auch VH1, TMF, Game One und natürlich MTV Networks International. Die Einführung des digitalen Satellitenfernsehens ermöglichte eine weitere Differenzierung der Kanäle. Eigene R&B-, Dance-, Alternative Rock- und Popkanäle gehen noch gezielter auf die Geschmäcker der Zuschauer ein und gewinnen ständig neue MTV-Fans dazu.

MTV Europe hat seinen Hauptsitz in London und erreicht 80 Prozent aller nicht-amerikanischen Zuschauer (wobei diese 80 Prozent angeblich nur einen 20-prozentigen Anteil an den Gesamteinnahmen von MTV Networks liefern).

Online ist MTV ebenso stark präsent wie im Fernsehen. MTV.de bietet originelle Inhalte, zu denen musikalische Neuvorstellungen ebenso gehören wie Klatsch und Tratsch über die Ikonen der Popkultur, Gewinnspiele, Comicstrips und vieles mehr. Die MTV-Website ist für Teenagern schon lange die Nummer Eins, was aktuelle Informationen über die Musikszene angeht.

Doch nicht nur die Jugend liebt MTV. Mit Nickelodeon für die Kleinen und dem für ältere Musikfans ausgelegten Sender VH1, der in Deutschland nur über Pay TV empfangen werden kann, erreicht MTV Zuschauer jeden Alters, geht auf regionale und kulturelle Trends ein, vereint globale mit lokaler Präsenz und bleibt durch kontinuierliche Innovation tonangebend.

Obwohl MTV umfassende Marktforschung betreibt, ist es für den progressiven Sender gar nicht so einfach, immer wieder radikal innovative Inhalte zu entwickeln und aufs richtige Pferd zu setzen. *Jackass*, zum Beispiel, schnitt in der ersten Testphase ziemlich schlecht ab, was mich nicht weiter überrascht hat. Andererseits gelingt es MTV auch wieder, völlig neue Trends, wie das generell sich verändernde Verhältnis zwischen Kindern und Eltern aufzugreifen und eine Familienserie wie *The Osbournes* zu produzieren.

Anwendung 10.3 Integration der Vertriebskanäle

Wie optimieren Sie Ihre Vertriebskanäle? In welchem Zusammenhang stehen sie zueinander? Wie entwickeln Sie innovative Kanäle, die Kunden und Produkte besser zusammenführen? Wie setzten Sie das Multi-Channel Management um?

1. Definieren Sie die Ziele Ihres Vertriebs.

Wen wollen Sie erreichen, wie wird die Markenerfahrung vermittelt, welcher Wert wird über den jeweiligen Vertriebskanal geschaffen?

2. Wie kaufen Ihre Kunden ein?

Was erwarten sich Ihre Kunden von Ihren Vertriebskanälen, welche zusätzlichen Dienstleistungen brauchen sie? Wann, wo und wie nutzen Ihre Kunden Ihre Kanäle?

3. Entwickeln Sie eine neue Struktur für Ihre Vertriebskanäle.

Kombinieren Sie dabei direkte und indirekte Vertriebskanäle, die die Zielgruppe erreichen und die Anforderungen an einen bequemen Einkauf erfüllen.

4. Suchen Sie nach innovativen Mischformen.

Entwickeln Sie neuartige Vertriebskanäle, die speziellen Anforderungen individuell gerecht werden können, indem Sie die besten Komponenten aller Kanäle miteinander kombinieren.

5. Integrieren Sie diese Kanäle in Ihre Vertriebsstruktur.

Definieren Sie für jeden Vertriebskanal, welche Rolle er spielt und inwiefern er die anderen Kanäle hinsichtlich der Zielgruppe, Funktion, Effizienz und des Wertes ergänzt und unterstützt.

6. Richten Sie ein effektives Vertriebsmanagement ein.

Mithilfe des integrierten Managements der Vertriebskanäle verhelfen Sie Ihren Kunden zu einer besseren Markenerfahrung und einem persönlichem Kundendienst.

Konzept 10.3 Vernetzte Märkte

Dem britischen Informatiker Tim Berners-Lee haben wir das »World Wide Web« und mit ihm das Modell einer vernetzten Welt zu verdanken, in der alles mit allem verbunden ist, in der Macht aus Wissen entsteht und Machtgewinn aus neuen Verbindungen, die wiederum neues Wissen vermitteln. In einer Hinsicht ist diese Welt ein Musterbeispiel an Demokratie und Freiheit: Es gibt in ihr weder Regeln noch Hierarchien, und wer sie betritt, kann jederzeit tun, was immer er will.

Welche Konsequenzen das Internet für das Marketing mit sich bringt, ist bekannt und ausführlich beschrieben worden, obwohl wir sein volles Potenzial vermutlich erst ansatzweise begreifen:

- Globale Reichweite – Ein Ein-Mann-Betrieb in Brasilien kann mit einem Großkonzern in China Geschäfte abwickeln, und eine kleine Metzgerei, die sich auf eine besondere Wurstspezialität versteht, kann diese mit großem Erfolg weltweit über das Internet verkaufen.
- Personalisierung – Mit fundiertem Wissen über die Verbraucher lassen sich ganz individuelle Lösungen anbieten. Per Internet können sich Kunden bei Nike ihre persönliche Sportausstattung zusammenstellen, manche Automobilhersteller bieten den Kunden an, ihr neues Auto nach Belieben auszustatten – was wiederum die Erkenntnisse über die Wünsche der Verbraucher vertieft.
- E-Mail-Kommunikation – Es ist möglich, mit beliebig vielen Kunden beliebig oft quasi zum Nulltarif zu kommunizieren. Bei Arbeitsbeginn 40 bis 50 neue E-Mails im Posteingang zu haben, ist eigentlich schon normal.
- Online-Communities – Auf den vielen verschiedenen Plattformen tauschen Verbraucher Erfahrungen mit Marken, Produkten und Anwendungen aus, und im Zusammenhang mit den so genannten »Weblogs« – kurz »Blogs« – wird zumindest in den USA schon von einer revolutionären Entwicklung gesprochen, die auf der Schwelle zur Business-Anwendung steht.

- Virale Kommunikation – Ideen und Botschaften können sich wie ein Lauffeuer verbreiten. Obwohl Hotmail keinen einzigen Cent für Werbung ausgegeben hat, gibt es 100 Millionen Hotmail-Accounts.
- Neue Geschäftsmodelle – Das Internet hat neue Möglichkeiten geschaffen, Geld zu verdienen, die das Online-Auktionshaus eBay ebenso erfolgreich nutzt wie Kelkoo und viele andere, die weltweit nach den günstigsten Angeboten suchen.

Parallel zu den virtuellen Netzwerken des Cyberspace existieren natürlich auch physische Netzwerke in der realen Welt, wobei deren Konnektivität jedoch noch weitgehend unerschlossen ist. Wie kann eine Supermarktkette die Vorteile ihres vorhandenen Netzwerks so ausbauen, dass ein Einzelhändler keine Chance mehr hat? Wie lässt sich das weit verzweigte Vertriebsnetz eines Konsumgüterherstellers besser ausnutzen?

Der entscheidende Kundenvorteil von Geldinstituten besteht hauptsächlich aus einem möglichst flächendeckenden Netz an Geldautomaten, damit Kunden jederzeit auf ihre Konten zugreifen können. Dieser Vorteil ist jedoch dahin, sobald die Automaten der Geldinstitute die Kreditkarten der Konkurrenz ebenfalls akzeptieren.

Mobilfunkanbieter nutzen die Vorteile ihre Netzwerke aus, um günstigere Tarife oder auch kostenlose Verbindungen innerhalb eines Mobilfunknetzes anzubieten. Andere Geschäfte vergeben bei Einkäufen Treuepunkte, die der Kunde einlösen kann, wenn er eine bestimmte Anzahl gesammelt hat. All dies sind jedoch relativ simple Beispiele, wie sich Netzwerke nutzen lassen.

Franchising ist schon eine etwas radikalere Methode, die Leistungsfähigkeit vorhandener Netzwerke ohne größere Eigenkapitalinvestition auszunutzen. Wenn man sich nur einmal die Menge der Franchise-Zeitschriften an den Zeitungsständen ansieht, gewinnt man einen Eindruck, wie viele Leute sich gerne selbstständig machen würden, den Schritt jedoch aufgrund mangelnder Kenntnisse, Marken oder Selbstvertrauen nicht wagen.

Subway Sandwichs, 7 Eleven-Läden, Krispy Kreme Doughnut-Ketten, Marriot Hotels, Hertz Autovermieter, Ford Autohäuser und KFC Fast Food-Restaurant sind allesamt Franchising-Modelle, die sich innerhalb weniger Jahre über den ganzen Erdball verbreitet haben.

Inspiration 10.4 Krispy Kreme

Franchising bedeutet, dass ein Franchise-Geber einem Franchise-Nehmer den regionalen Verkauf seiner Marke gegen eine Lizenzgebühr gestattet. Das hört sich verlockend an, ist aber auch ein riskantes Unterfangen, weil besonders im Einzelhandel schon ein schäbiger Laden oder ein miserabler Kundenservice den Ruf der ganzen Marke zunichte machen kann. Der Marke Krispy Kreme hat dieses Geschäftskonzept allerdings zu phänomenalem Erfolg verholfen.

Krispy Kreme ist weltweit die führende Marke für Doughnuts. Die US-amerikanische Krapfenversion wird in einem weit verzweigten Franchising-Netzwerk verkauft, und oft warten an den verschiedenen Standorten morgens rund 3000 hungrige Kunden ungeduldig darauf, dass Krispy Kreme seine Türen aufschließt. In allen Läden werden die leckeren Doughnuts vor den Augen der Kunden ganz frisch gebacken, und der verlockende Duft des köstlichen Gebäcks lässt die Mägen knurren. Sobald ein neues Blech aus dem Ofen genommen wird, leuchtet von der Straße sichtbar ein Neonschriftzug auf, um die Passanten wissen zu lassen, dass ofenfrische Doughnuts nur darauf warten, verzehrt zu werden. Krispy Kreme vermittelt eine Erfahrung, die verzaubert und weit über den Genuss eines Gebäckstücks hinausgeht.

Krispy Kreme-Gründer Vernon Rudolph gewann das Geheimrezept zur Herstellung von Hefe-Doughnuts bei einem Pokerspiel von einem Bäcker aus New Orleans und verkaufte die Doughnuts 1937 an lokale Geschäfte. Aufgrund der großen Nachfrage begann er schon wenig später, die Ware direkt von seiner Bäckerei aus anzubieten. Der erste Krispy Kreme-Laden wurde in Winston-Salem im US-Bundesstaat North Carolina eröffnet. 1976 ging die Krispy Kreme Doughnut Corporation in den Besitz der Beatrice Foods Company über, wurde aber 1982 von einer Franchising-Gruppe zurückgekauft und erfuhr in den 1990ern durch das Franchising-Modell einen weiteren beträchtlichen Wachstumsschub.

Mit dem globalen Netzwerk aus Schnellrestaurants und einem kleinen Team in der Verwaltungszentrale ist Krispy Kreme im Prinzip ein virtuelles Unternehmen. Die Franchise-Nehmer von Krispy Kreme können sich auf eine starke Marke mit ausgezeichnetem Ruf verlassen, und die Geschäfte mit der fremden Marke erscheinen vielen Erfolg versprechender zu sein als der schwierige Aufbau eines Geschäfts mit einer unbekannten neuen Marke oder als ein Niemand der Geschäftswelt.

Im Franchising-Vertrag ist genau geregelt, welchen Anforderungen der Franchise-Nehmer in Bezug auf Ladengestaltung, Markenerfahrung und Leistung nachzukommen hat. Für den Kunden muss Krispy Kreme im Ladendesign, in der sichtbaren Markenidentität, dem Warenangebot, der Servicekultur, der Preisgestaltung, dem Beschwerdemanagement und in allem anderen erkennbar sein. Die Franchise-Nehmer werden entsprechend geschult, erhalten schriftliche Anleitungen, müssen regelmäßig Bericht erstatten und damit rechnen, dass der Franchise-Geber hin und wieder einen unangemeldeten Besuch abstattet. Abgesehen davon ist der Franchise-Nehmer sein eigener Herr und seines eigenen Glückes Schmied.

Krispy Kreme hat es gut: Es kann sich bequem zurücklehnen und zuhören, wie die Kassen klingeln. Sobald das Franchising-Modell einmal steht und geeignete Kontrollmaßnahmen eingerichtet sind, läuft das Geschäft so gut wie von selbst und hängt nur noch davon ab, wie viele Krispy Kreme-Doughnuts die Menschheit essen kann.

Anwendung 10.4 Netzwerk-Marketing

Wie nutzen Sie die Leistungsfähigkeit von Netzwerken am besten, um eine große Masse an Kunden schnell und effizient zu erreichen und Ihre memetische Botschaft nach dem Metcalfschen Gesetz zu verbreiten?

1. Definieren Sie Ihre Zielgruppe.

Welche Zielgruppe möchten Sie mit welchem Wertangebot und welcher memetischen Botschaft erreichen?

2. Welche Netzwerke stehen potenziell zur Verfügung?

Untersuchen Sie physische Netzwerke (Unternehmen, Vereine), virtuelle Netzwerke (Gleichgesinnte, Interessengruppen) und deren Moderatoren oder Infrastrukturen (Internet, Menschen, Orte).

3. Welchen Wert schafft das Netzwerk?

Welcher Wert ergibt sich aus der Vernetzung vieler Menschen? Was wird dadurch möglich, was Einzelne nicht erreichen können?

4. Wie wird das Netzwerk funktionsfähig?

Wie können Sie Wert in das Netzwerk einbringen und für sich funktionsfähig gestalten (wem gehört es, was leistet es auf welche Art und so weiter).

5. Wodurch wird seine Viralität gefördert?

Welches Verhalten wirkt ansteckend? Was gibt den Ausschlag, um etwas weiterzuerzählen oder um zusammenzuarbeiten? Welche Netzwerkknoten und welche Motivationskräfte gibt es?

6. Vergrößern und verstärken Sie Ihr Netzwerk.

Unterstützen Sie Ihr Netzwerk darin, Ziele besser zu verwirklichen und Ihre Marke bekannter, beliebter und begehrter zu machen.

Wen möchten Sie persönlich kennen lernen?

»Seltsam erscheint unsere Lage auf dieser Erde. Jeder von uns erscheint da unfreiwillig und ungebeten zu kurzem Aufenthalt, ohne zu wissen warum und wozu. Im täglichen Leben fühlen wir nur, dass der Mensch um anderer willen da ist.«

Albert Einstein

»Kreativität ist die Fähigkeit, Beziehungen zu erkennen, die es nicht gibt.«

Thomas Disch

Wollen Kunden tatsächlich Beziehungen mit Unternehmen? Und wenn ja, mit wem gehen sie diese dann ein? Mit dem Unternehmen oder der Marke, mit einem Produkt oder einer Person? Und während sich jedes Unternehmen darum bemüht, Beziehungen aufzubauen, darf dabei natürlich nicht vergessen werden, dass es sich nicht um die Art von Beziehung handeln kann, die ein Kunde mit einem Freund oder Lebenspartner eingehen möchte. Und wie sieht es eigentlich auf der Seite der Unternehmen aus? Wollen sie echte Beziehungen mit ihren Kunden eingehen oder – Hand aufs Herz – geht es nicht einfach nur darum, Produkte zu verkaufen und sich als Anlaufstelle für Folgekäufe zu etablieren?

Geht es um eine Beziehung oder um eine »schnelle Nummer«?

Intelligentere Beziehungen	Fantasievollere Beziehungen
... schaffen Freundschaften. Wer seine Kunden als Individuen kennen lernt, kann die Kommunikation, Produkte und Dienstleistungen persönlicher gestalten.	**... knüpfen zarte Bande**. Wer seine Kunden wirklich kennen lernt, engagiert sich für sie, gibt sein Bestes und nimmt in ihrem Leben einen besonderen Platz ein.
... erfordern Einfühlungsvermögen. Ein einfühlsameres Marketing spricht die Sehnsüchte und Interessen der Kunden wesentlich treffsicherer an.	**... gewinnen Anhänger**. Sie motivieren Kunden dazu, sich für Sie einzusetzen und Sie wärmstens weiterzuempfehlen.
... bauen Partnerschaften auf. Ein gutes Management der Beziehung zu Kunden (zum Beispiel Großkunden) und Geschäftspartnern (zum Beispiel Agenturen) ermöglicht ein partnerschaftliches Verhältnis zu ihnen.	**... verbinden zu einer Gemeinschaft**. Beziehungen zu ganzen Kunden-Communities schaffen ein Gefühl der Zusammengehörigkeit und stärken zudem die Beziehungen der Kunden untereinander.

»Ruf doch mal an«, fordert ein bekannter Werbeslogan auf, die Beziehungen zu Freunden, Bekannten und Kollegen zu pflegen, auch wenn damit nicht das Eins-zu-Eins-Marketing gemeint ist, das Marketingmissionare wie Don Peppers und Martha Rogers predigen.

Schon seit langer Zeit arbeiten Unternehmen daran, Beziehungen zu ihren Kunden aufzubauen.

Seit in den frühen 1990ern dank neuer Technologien immer umfangreichere Kundendatenbanken und innovative Kommunikationswege zur Verfügung stehen, gewinnt auch das Beziehungsmarketing – verbreitet ist auch die englische Bezeichnung Relationship Marketing – an Bedeutung. B2B-Untermehmer pflegen natürlich schon immer persönliche Beziehungen zu ihren Kunden, was relativ einfach ist, da selbst die Großen dieser Branche nicht unbedingt mehr als eine Hand voll Kunden haben.

Das Eins-zu-Eins-Marketing versucht, jeden Kunden als Individuum zu behandeln, um dessen Bedürfnisse genau zu verstehen. Es steht im persönlichen Dialog mit dem Einzelnen, um ihm maßgeschneiderte Lösungen anzubieten, für die hohe Preise verlangt werden können, die aber auch ein hohes Maß an Kundenloyalität sichern. Das Erfolgskriterium ist dabei nicht die kurzfristige Umsatzsteigerung, sondern der langfristige Wertzuwachs. Es versteht sich von selbst, dass das Eins-zu-Eins-Markting nicht mit der breiten Masse der Verbraucher, sondern mit einigen wenigen Stammkunden beginnt und sich Schritt für Schritt an eine größere Anzahl von Kunden wendet, sofern dies wirtschaftlich sinnvoll erscheint.

Die Frage ist nur: Wollen Kunden denn wirklich Beziehungen mit Unternehmen eingehen?

Gleich vorneweg ist hierzu zu sagen, dass Kunden vor allem in der Konsumgüterbranche nur in seltenen Ausnahmefällen persönliche Beziehungen zu den Mitarbeitern eines Unternehmens suchen, da für sie die Marke eine viel attraktivere Partnerin darstellt. Daher ist es auch so wichtig, dass bei der Marke der Kunde und nicht das Unternehmen im Mittelpunkt steht. In persönlichen Beziehungen stehen aber sowieso nicht unbedingt Transaktionen im Vordergrund, sondern Geduld und Toleranz, Unterstützung und Anteilnahme, das Erreichen gemeinsamer Ziele und eine für beide Partner profitable Erfahrung.

Wie wir später noch detaillierter besprechen werden, knüpfen Kunden im Allgemeinen lieber Beziehungen zu anderen Kunden, da diese im Gegensatz zu Unternehmen als Gleichgesinnte betrachtet werden. Wenn es einer Marke gelingt, in einer Gruppe von Menschen, die ähnliche Interessen und Ziele verfolgen – nennen wir sie »Community« – zur Vermittlerin zu werden, gewinnt die Marke für diese Menschen an Bedeutung und Wert. Die Community erkennt, dass der wahre Wert der Marke zum einem darin besteht, Beziehungen zu den anderen Mitgliedern dieser Gemeinschaft zu ermöglichen – Menschen, die einem bestimmten Hobby nachgehen oder mit einem speziellen Problem zu kämpfen haben, zusammenzuführen –, zum anderen aus den Produkten und Dienstleistungen, die diese Marke zu bieten hat.

Die Kundenbeziehungspflege – das so genannte Customer Relationship Management (CRM) – wird leider viel zu häufig dafür missbraucht, Kunden gezielt anzusprechen, um den Absatz zu steigern, anstatt mit interessierten und aufgeschlossenen Kunden eine partnerschaftliche Beziehung zu pflegen.

Dabei war das ursprüngliche CRM-Konzept sehr gut und wurde durch die legendären Erfolge bei Southwest Airlines (dank Herb Kelleher und seiner humorvollen Servicekultur) ebenso bestärkt wie durch Feargal Quinn (der irische Lebensmittelhändler, der in jedem unzufriedenen Kunden den langfristig verlorenen Wert für seine Superquinn-Kette bedauert. »Und wieder laufen uns 3000 Euro davon«, würde er sagen.

Doch CRM fiel der Automatisierung zum Opfer. Ausgeklügelte Softwaresysteme sollten der Beziehungspflege, von der wir glaubten, sie zeichne sich durch menschliches Miteinander, Emotionen und Einfühlungsvermögen aus, eigentlich eine ganz neue Qualität verleihen. Doch die Schwierigkeiten, CRM effizient in die Geschäftsabläufe zu integrieren und die immensen Kosten für CRM-Systeme, die in keinem vernünftigen Verhältnis zu ihrem Nutzen standen, ließen das Beziehungsmanagement in Verruf geraten. Die Wahrheit ist, dass sich CRM-Systeme hervorragend für die effiziente Verwaltung von Kundendaten, für treffsichere Direktwerbung und Marketingstrategien eignen, dies alles aber noch lange keine echte Beziehung entstehen lässt.

Als wesentlich geeigneterer Ansatz gilt die »Customer Managed Relationship« CMR, bei der es den Kunden überlassen wird, wie und mit wem sie Beziehungen aufbauen möchten und welchen Wert sie sich davon versprechen.

Beziehungen können sowohl körperlich wie auch emotional sein. Eine Marke kann man mögen, ohne jemals mit einem der Menschen, die hinter ihr stehen, in Verbindung zu treten. Tatsächlich kommt so manche der heißgeliebten Konsumgütermarken niemals in direkten Kontakt mit ihren Kunden. Eine solche Beziehung lebt davon, wie sich der Kunde mit der Marke identifiziert, ihre Werte verinnerlicht und durch sie seine Persönlichkeit zum Ausdruck bringt.

Um diese Art von Beziehung geht es beim so genannten Affinitätsmarketing (Affinity Marketing), das die Begeisterung des Kunden für eine Marke für eine andere ausnutzt und durch konkrete Markenvorteile die Kundenloyalität erhöht. Im Idealfall entsteht daraus die gleichberechtigte Partnerschaft zwischen Unternehmen und Kunden, die große Einzelhandelsketten mit Zulieferern oder ein Marketingteam mit einer Werbeagentur eingehen.

Was aber sind die Bausteine einer starken Beziehung?

Theoretiker der Transaktionsanalyse, persönliche Beziehungsberater, betriebliche Kooperationsexperten und viele mehr bemühen sich um eine Erklärung. Auch wenn es den meisten davon an praktischem Bezug mangelt, lassen sich doch einige allgemein gültige Regeln erkennen, was für den Aufbau einer guten Beziehung notwendig ist:

- ein gewisses Maß an Bescheidenheit und die Anerkennung des Partners als gleichberechtigt,
- gegenseitige Anziehungskraft,
- Engagement für den Partner,
- Toleranz,
- das von beiden Seiten wahrgenommene gewisse Etwas,
- Erfolge.

Es ist relativ unwahrscheinlich, dass Unternehmen ihren Kunden jemals die Art von Beziehung bieten können, die Menschen miteinander eingehen. Eine frischgebackene Mutter wird mit Pampers nie engere Beziehungen pflegen als mit anderen frischgebackenen Müttern.

Das Marketing sollte sich daher darauf konzentrieren, die zwischenmenschlichen Beziehungen innerhalb einer Community zu unterstützen, anstatt eine Beziehung zwischen Unternehmen und Kunden zu forcieren. So wird die Marke zum Verbindungsglied zwischen Menschen, die zwar einer gemeinsamen Leidenschaft frönen oder dasselbe Ziel verfolgen, ohne die Marke aber nicht zueinander finden. Die Marke wird zum Vermittler innerhalb der Community und geht mit ihr, und nicht mit Einzelpersonen, eine echte Beziehung ein. Die britische Website garden.com bietet zum Beispiel allen Pflanzenliebhabern geeignete Online-Communities, über die Gleichgesinnte miteinander in Kontakt treten können, ohne aufdringlicher Direktwerbung ausgesetzt zu werden. Die Seite wird daher gerne besucht und der Marke, die diese Kontakte ermöglicht, wird mit konstant hohen Verkaufszahlen gedankt.

Inspiration 11.1 Panera Bread

Die Bäckerei Panera Bread aus Saint Louis im US-Bundesstaat Missouri hat die amerikanischen Kunden auf den Geschmack von Brotspezialitäten gebracht. Panera Bread, das in 36 US-Bundesstaaten 800 Bäckerei-Cafés betreibt, gilt im Einzelhandel als die Marke mit der größten Kundenloyalität.

CEO Ron Shaich versucht, möglichst viel seiner Zeit in den Cafés zu verbringen, um mit Kunden zu plaudern und ihre Wünsche zu erfahren. Er verleiht seinem Unternehmen einen menschlichen Touch:

> »Wir legen viel Wert darauf zu hören, was unsere Kunden zu sagen haben. Wir möchten ihnen etwas Besonderes bieten, etwas, für das sich sogar ein kleiner Umweg lohnt, wir wollen unseren Kunden eine Erfahrung vermitteln, die ihnen die alte Tradition des Backhandwerks nahe bringt und frisch gebackenes Brot zu einem wahren Genuss werden lässt.«

Und in der Tat ist Panera mit seinen Köstlichkeiten in schöner Atmosphäre mehr als eine Bäckerei und mehr als ein Café, aber eben auch kein Restaurant. Es gibt eine enorme Auswahl an Brotspezialitäten, Bagels und Muffins, die mit einem Jones Soda oder wahlweise auch mit einer Tee- oder Kaffeespezialität genossen werden können.

Die geräumigen und modernen Panera Bäckerei-Cafés sind in warmen Farbtönen gehalten, und in den kälteren Monaten brennt oft ein anheimelndes Feuer im Kamin. Gleich neben dem Eingang befindet sich die Theke für den Straßenverkauf, an der auch Kostproben vom Brot des Tages genascht werden können, und das *The Panera Bread Cookbook*, das während der Feriensaison erhältlich ist. Der Kundenservice ist perfekt, und die Kunden danken es Panera Bread mit extrem hoher Loyalität.

Da Brotspezialitäten in den USA etwas ganz Neues waren, konnte sich Panera sehr schnell positionieren, da die Verbraucher vollwertige Nahrungsmitteln ohne künstliche Zusatzstoffe wollen. Bei Panera Breads gibt es Vollkornbrote, Sandwichs und Salate aus biologisch angebauten Zutaten und Eiern von Hühnern, die ihr Dasein nicht in Legebatterien fristen müssen.

Panera stärkt die Loyalität seiner treuen Kunden, indem es zentrale Standorte in den Communities wählt. Shaich, dessen 1981 gegründete Bäckereikette ursprünglich den Namen Au Bon Pain trugt, hat die Starbucks-Idee des »drittwichtigsten Orts« aufgegriffen. Und nicht nur das Essen und der Kaffee sind außergewöhnlich gut, auch das kostenlose Wireless Fidelity-Angebot begeistert die Kunden.

Zwei Drittel der Panera-Läden laufen über Franchising-Verträge, die den Franchise-Nehmern jedoch viele Freiheiten gewähren. Kein Panera-Laden und kein Produktangebot gleicht dem anderen. Ausschlaggebend sind einzig die Communities und die Vorlieben der Stammkunden.

Nachdem Au Bon Pain 1999 in Panera umgetauft wurde, ist der Aktienkurs um das Dreizehnfache gestiegen, was einem Shareholder Value von mehr als einer Milliarde US-Dollar entspricht. 2003 wurde Panera vom *Wall Street Journal* als das Unternehmen mit der höchsten Kundenloyalität ausgezeichnet, und die Zeitschrift *Business Week* führte es in der Liste der »Hot Growth Companies«. Und für den Marketingrebell Peter van Stolk ist Panera eine der coolsten Marken überhaupt.

Das Markenversprechen von Panera ist als Gedicht formuliert:

> We are bakers of bread.
> We are fresh from the oven.
> We are a symbol of warmth and welcome.
> We are a simple pleasure, honest and genuine.
> We are a life story told over dinner.
> We are a long lunch with an old friend.
> We are your weekday morning ritual.
> We are the soft doughy insides and the crunchy crust.
> We are the kindest gesture of neighbors.
> We are home. We are family. We are friends.
> We are Panera.

Quelle: www.panerabread.com

Übersetzt lautet es so:

Wir sind Brotbäcker.
Wir sind ofenfrisch.
Wir sind herzlich und gastfreundlich.
Wir sind ein einfaches Vergnügen, ehrlich und aufrichtig.
Wir sind eine Geschichte, die man sich beim Abendessen erzählt.
Wir sind eine ausgedehnte Mittagspause mit einem lieben Freund.
Wir sind Ihr morgendliches Ritual.
Wir sind lockerer Teig in herzhafter Kruste.
Wir sind die freundliche Aufmerksamkeit eines Nachbarn.
Wir sind ein Zuhause. Wir sind eine Familie. Wir sind Freunde.
Wir sind Panera.

Anwendung 11.1 Bauplan für Beziehungen

Wie bauen Sie gute Beziehungen auf? Welche Bausteine sind nötig, um eine für beide Seiten wertvolle und dauerhafte Beziehung zwischen Ihnen und Ihren Kunden aufzubauen? Welche Voraussetzungen sind dafür auf beiden Seiten nötig, und inwieweit profitieren beide davon? Sind Sie dazu bereit?

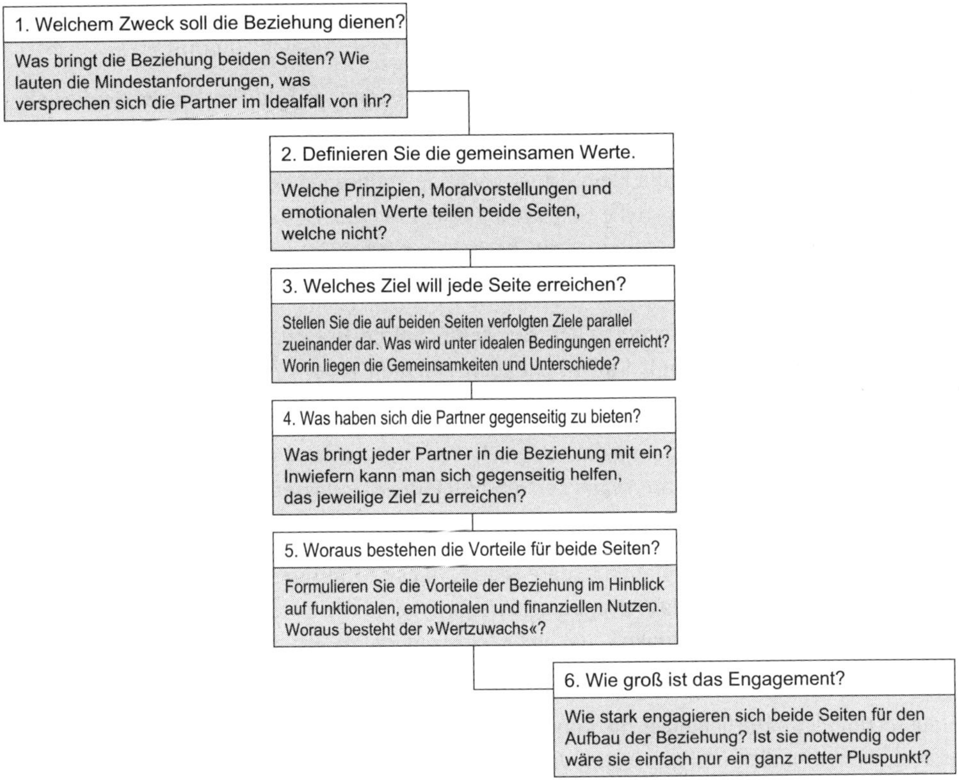

Konzept 11.1 Kundenaffinität

Beim Affinitätsmarketing wird eine bereits bestehende emotionale Beziehung einer Zielgruppe zu einer Marke genutzt und auf eine neue Weise zusätzlicher Wert für die Kunden geschaffen. Dies kann die Form einer Initiative annehmen, die darauf abzielt, ohne jegliche verkaufsfördernde Hintergedanken die Bindung zwischen dem Unternehmen und seinen »Fans« zu vertiefen. Eine weitere Möglichkeit ist, dass ein anderes Unternehmen die Marke nutzt, um neuen Wert für die Kunden zu schaffen und natürlich auch, um selbst davon zu profitieren.

Beispiele für Marken, die die emotionale Affinität der Kunden ins Feld führen, um die Beziehungen zu vertiefen und Kundenwünsche besser zu erfüllen, sind:

- Hewlett Packard, das für die kleine, aber wichtige Zielgruppe der Grafikdesigner ein Kunstprojekt unter dem Namen »HyPe Gallery« ins Leben rief, um Berufsanfängern und erfahrenen Grafikern eine Plattform zu bieten, auf der sie ihre Arbeiten vorstellen und über Ideen diskutieren können.
- Illy, der italienische Kaffeehersteller, der seine Kaffee-Botschafter kreuz und quer durch Europa reisen lässt, um mit Kaffeeliebhabern Themen rund um den Kaffee zu diskutieren und den Kunden dabei zu verdeutlichen, was Illy für sie leistet.
- Land Rover, das seine Stammkunden nach Paris einlud, um dort gemeinsam ein neues Modell zu feiern und sie am Markenerfolg teilnehmen zu lassen, damit sie zu Botschaftern der Marke werden.

Es ist nicht unüblich, dass sich auch andere Marken diese Affinitäten zunutze machen. Tatsächlich ist die Kooperation mit Marken anderer Kategorien eine der einfachsten und kostensparendsten Markenmanagementtechniken, um neue Zielgruppen zu erreichen und Marken in einem neuen Licht erscheinen zu lassen.

Voraussetzung ist natürlich, dass die Kooperation transparent strukturiert ist und die Partner die passenden emotionalen und greifbaren Verbindungen ihrer Marken sorgfältig ausarbeiten, damit beide Seiten davon profitieren, und zugleich den Kunden neue Produkte und Dienstleistungen von echtem Wert bieten.

Beispiele für Partnerschaften für das Affinitätsmarketing sind:

- Philips, das in Kooperation mit Nike eine Reihe von Produkten anbietet, die speziell auf die Bedürfnisse eingehen, die aktive Sportler zum Beispiel an MP3-Player stellen. Philips erobert sich somit im Laufschritt eine neue Zielgruppe, während sich die Marke Nike auf Unterhaltungselektronik ausdehnt.

- Intel, das zusammen mit seinen Geschäftskunden Rechner mit »Intel Inside« anpreist, gleichzeitig aber auch für einzelne Computermarken wirbt. Es ist ja auch tatsächlich so, dass Kunden sich oft zuerst für die Mikroprozessoren von Intel entscheiden, bevor sie die Kaufentscheidung für einen bestimmten Computer treffen.
- Shell, das das Formel 1-Team von Ferrari sponsert und die Entwicklung immer schnellerer Rennwagen finanziell unterstützt. Für Shell springt dabei heraus, sich im Glanz des erfolgreichen Rennfahrerteams sonnen zu können und den Prestigegewinn für Marketingkampagnen seiner eigenen Produkte zu nutzen – auf Tankstellen und Rennbahnen.

In jedem dieser Fälle profitieren die Kunden ebenso wie die Kooperationspartner von einem Wertzuwachs, der nur in der Partnerschaft zu erzielen ist.

Anwendung 11.2 Affinity Branding

Wie nutzen Sie die Affinität von Kunden für eine fremde Marke aus, um Ihre eigene Marke für diese Zielgruppe attraktiv zu machen? Welche Vorteile bietet das Affinitätsmarketing Ihnen und Ihrem Kooperationspartner?

1. Skizzieren Sie die Zielgruppe Ihrer Marke.
Definieren Sie Ihre Zielgruppe und stellen Sie fest, welche Kunden Sie aktuell erreichen und begeistern können.

2. Wie werden Sie von Ihrer Zielgruppe wahrgenommen?
Wie nehmen Ihre Kunden Sie wahr?
Was empfinden Ihre Kunden als besonders attraktiv und überzeugend?

3. Welche Kunden lassen sich nur schwer überzeugen?
Für welche Kunden sind Sie nicht so attraktiv wie Sie es gerne wären? Welche neue Zielgruppe würden Sie gerne erreichen?

4. Womit könnten Sie diese Kunden für sich gewinnen?
Welche funktionalen Eigenschaften oder emotionalen Inhalte wären erforderlich, um diese Skeptiker zu überzeugen?

5. Welcher Marke ist dies bereits gelungen?
Zu welchen Marken fühlt sich diese Zielgruppen hingezogen? Welche Werte zeichnen diese Marken aus, die Ihrer Marke fehlen?

6. Entwickeln Sie eine Markenpartnerschaft.
Überlegen Sie, welche dieser Marken sich für ein gemeinsames Affinitätsmarketing eignen, um neue Zielgruppen zu erreichen.

Inspiration 11.2 Centrica

Centrica, zu dem auch British Gas gehört, will sich in Großbritannien als führender Energieversorger privater Haushalte etablieren. Deshalb will sich das Unternehmen und sein Marketing stärker auf seine Kunden konzentrieren. Anfang 2001 bestand das Produktportfolio von Centrica aus lose aneinander gereihten Produkten und Dienstleistungen: Erdgas und Strom, Finanzdienstleistungen und Reparaturdienste. Die Zufriedenheit und Loyalität der rund 15 Millionen Kunden nahmen stetig ab.

Der erste Schritt, um Kunden in sich schlüssige und eindeutigere Erfahrungen zu vermitteln, war, die drei unabhängigen Geschäftsbereiche zu einer einzigen Marke zu vereinen.

Centric setzte auf seine Online-Plattform als Kommunikationskanal für die Veränderungen in der Kunden- und Unternehmenskultur sowie für Vertrauen bildende Maßnahmen. Zu diesem Zweck wurde ein spezielles Team zusammengestellt, das sich ausschließlich um die Effizienz der Online-Plattform kümmerte.

Mithilfe geeigneter Kooperationspartner konnte Centric den Webauftritt deutlich verbessern und überzeugende Inhalte vermitteln. Zudem investierte das Unternehmen in neue Software, um Inhalte zu personalisieren und einen Newsletter herauszugeben. Zur Unterstützung der Online-Plattform wurde außerdem ein rund um die Uhr erreichbarer Kundendienst eingerichtet.

Die Website ging unter dem Namen »house.co.uk« online.

Für den Webauftritt erhielt das Marketing ein Jahresetat von 80 Millionen britischen Pfund, was sich als äußerst lohnend erwies: Die Anzahl der registrierten Benutzer stieg um 500 Prozent, und einige der automatisierten Transaktionen werden zu 375 Prozent häufiger genutzt. Seit house.co.uk online verfügbar ist, haben sich mehr als 700 000 Kunden registrieren lassen, und jeden Tag kommen an die 2 000 neue Benutzer hinzu.

Im Jahr 2004 wurde der Erfolg von Centric von der Marketing Society gewürdigt, da der neue Kurs des Unternehmens dazu führte, dass die Abwanderung der Kunden in der profitablen Risikogeschäftsparte um fünf Prozent rückläufig war und die Zufriedenheit der Online-Kunden um vier bis acht Prozent höher lag als die der Offline-Kunden.

Mit der Website house.co.uk hat sich der Absatz von Centric um 50 Prozent erhöht. Manche Produkte werden zu neun Prozent ausschließlich über die Online-Kanäle verkauft. Statt der prognostizierten zwei Prozent haben sich drei Prozent der Kunden online überzeugen lassen, den Energieversorger zu wechseln, und bei 55 Prozent der Kunden erfolgen alle Kontakte mit British Gas über automatisierte Abläufe.

Beeindruckend ist auch, dass mittlerweile 64 Prozent des Internetverkehrs zum Thema Energieversorgung über die Adresse house.co.uk läuft, obwohl der Anteil am Energiemarkt von British Gas lediglich 43 Prozent beträgt.

Konzept 11.2 Kundenloyalität

Kundenloyalität hat Seltenheitswert und ist schwierig zu gewinnen. Das große Angebot, die bequemen Einkaufsmöglichkeiten und billigen Preise verlocken Kunden dazu, es mit der Treue nicht allzu genau zu nehmen. All die Maßnahmen, die eigentlich dazu gedacht waren, die Treue der Kunden zu gewinnen – Kundenkarten, Treuepunkte, Prämien – führten dazu, dass die kleinen Kunstgriffe und Spielereien des Marketings viel zu stark im Vordergrund stehen.

Kundenloyalität wird heutzutage mit Clubkarten, Punkten und Prämien assoziiert. Treue Kunden zu gewinnen, die zu ihrem Lieblingssupermarkt auch einen kleinen Umweg in Kauf nehmen, die sich ihre Lieblingsmarke etwas mehr kosten lassen, die sich von Kopf bis Fuß in eine Designermarke kleiden und die es einem Unternehmen nicht nachtragen, falls einmal etwas schief läuft, ist eine langfristige Herausforderung, die hohes Engagement erfordert.

Auch die finanzielle Seite spielt eine wichtige Rolle. In seinem Buch *Der Loyalitätsfaktor* führt Fred Reicheld die finanziellen Pluspunkte einer starken Kundenloyalität auf. Er argumentiert, dass treue Kunden:

- länger bleiben – immer wieder Einkäufe tätigen,
- mehr kaufen – zusätzliche Produkte und Dienstleistungen kaufen,
- mehr zahlen – bereit sind, überdurchschnittlich hohe Preise zu zahlen und keine Rabatte erwarten,
- weniger kosten – schneller und günstiger zu befriedigen sind, weniger umworben und unterstützt werden müssen,
- Mundpropaganda betreiben – sich zu Fürsprechern des Unternehmens oder seiner Marke machen und es weiterempfehlen.

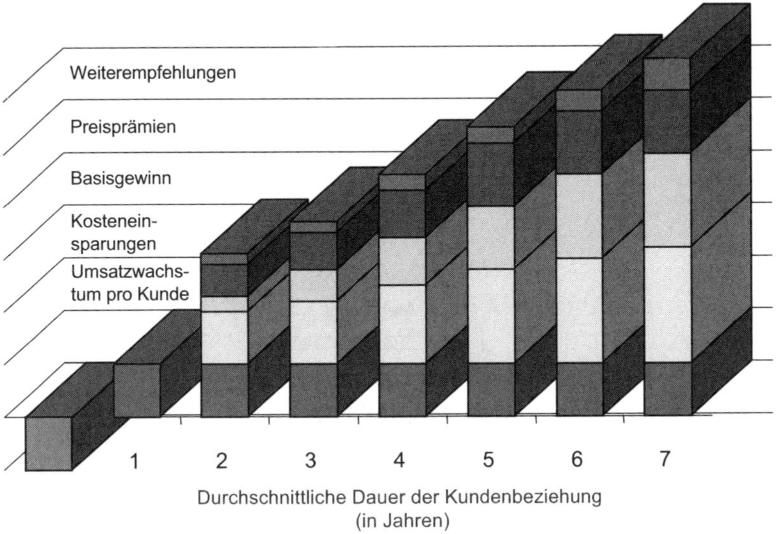

Quelle: Aus *Der Loyalitätsfaktor* von Frederick Reicheld

Für einen 2003 erschienenen Artikel untersuchte Reicheld ganz genau, wie sich positive Mundpropaganda auf ein Unternehmen auswirkt. Seine Forschungen zeigten, dass sich aus der Befragung so genannter »Net Promoter« – Kunden, die das Unternehmen im höchsten Grad loben und weiterempfehlen – eine Kennziffer errechnen lässt – der Net Promoter Score –, aus der abgeleitet werden kann, wie es um das Wachstum eines Unternehmens bestellt ist, da diese »Net Promoter« weitere treue Anhänger für das Unternehmen gewinnen.

Die »Loyalitätsleiter« veranschaulicht auf einfache Weise die Stufen der Kundenloyalität, die ebenso wie das Engagement und die Kaufbereitschaft auf jeder Sprosse zunimmt.

Die Kundenloyalität und die mit ihr verbundenen Instrumente sind – zumindest was die Bezeichnungen angeht – ziemlich überstrapaziert worden. »Kundenkarten» und »Treuepunkte« begegneten den Verbrauchern erstmals in der Form der Vielfliegerpunkte, die American Airlines den Inhabern der AAdvantage-Card und British Airways den Besitzern der Executive Club-Card gutschrieben. Andere Fluggesellschaften zogen natürlich schnell nach. Heute bekommen Kunden überall Karten und Treuepunkte, egal ob sie Luxusartikel oder Brötchen einkaufen.

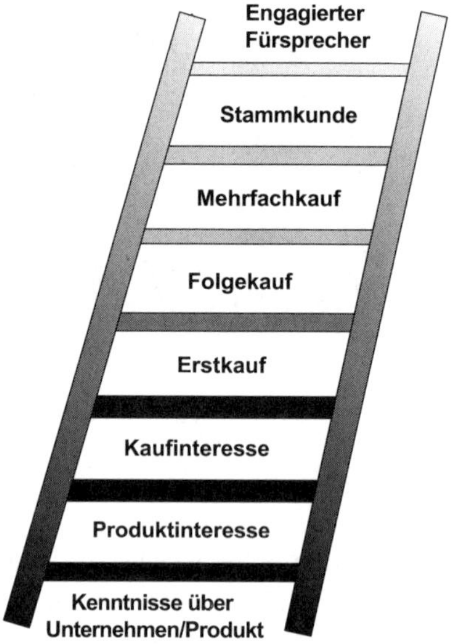

Obwohl es einige hervorragende Treueprogramme mit wirklich fantastischen Vorteilen gibt, ist das Grundprinzip, bei jedem Einkauf Punkte zu sammeln, nicht sonderlich originell und hat mittlerweile wohl ausgedient. Vielleicht lassen sich mit ausreichend vielen Treuepunkten hier und da ein bis zwei Prozent sparen, und auch wenn der Kunde glaubt, er bekäme etwas umsonst, gibt es doch deutlich bessere und schnellere Möglichkeiten, Geld zu sparen.

Martin Lindstrom, Autor des Buches *BrandSense*, befasste sich mit der Frage, wie man die Markenloyalität messen könne. Der berühmte Neurowissenschaftler Cristof Koch, der sich das Apple-Logo tätowieren ließ, brachte ihn auf die Idee, die Verbraucher zu befragen, welche Markenlogos sie sich am ehesten eintätowieren lassen würden. Als Tätowierung in Frage kommen demnach folgende Markenlogos:

1.	Harley Davidson	18,9 Prozent
2.	Disney	14,8 Prozent
3.	Coca-Cola	7,7 Prozent
4.	Google	6,6 Prozent
5.	Pepsi	6,1 Prozent
6.	Rolex	5,6 Prozent
7.	Nike	4,6 Prozent
8.	Adidas	3,1 Prozent

Inspiration 11.3 Mercedes

Als die Daimler Motoren Gesellschaft (DMG) 1900 den ersten Mercedes baute, begann die Erfolgsgeschichte einer Qualitätsmarke, die viele Jahrzehnte lang als Sinnbild technischer Perfektion, Qualität und Innovation gelten sollte. Klassiker wie der Flügeltürer Mercedes Benz 300 SL begeisterten alle, die Wert auf eine kostspielige Luxusmarke oder modernste Technik legten.

1998 haben sich die Daimler-Benz AG und die Chrysler Corporation – zwei traditionsreiche Unternehmen, die die Geschichte des Automobils in jeder Epoche mitgestaltet und geprägt haben – zum DaimlerChrysler-Konzern zusammengeschlossen. Ziel des Zusammenschlusses war und ist, die Wirtschaftlichkeit durch die gemeinsame Nutzung von Entwicklungs- und Produktionsplattformen zu verbessern, sich gleichzeitig aber die eigene Tradition und Kultur zu bewahren, die mit einigen der beliebtesten und bekanntesten Automarken wie Mercedes Benz, Chrysler, Smart, Dodge, Plymouth, Jeep und viele anderen verbunden ist.

Weitere Unternehmensbereiche wie der Bau von Dieselmotoren und Komponenten für Flugzeuge und Hubschrauber, Systeme für Raumfahrt und Militär, Finanzdienstleistungen und Versicherungen gehören nicht zum Kerngeschäft, erwirtschaften aber rund zehn Prozent des Jahresgewinns.

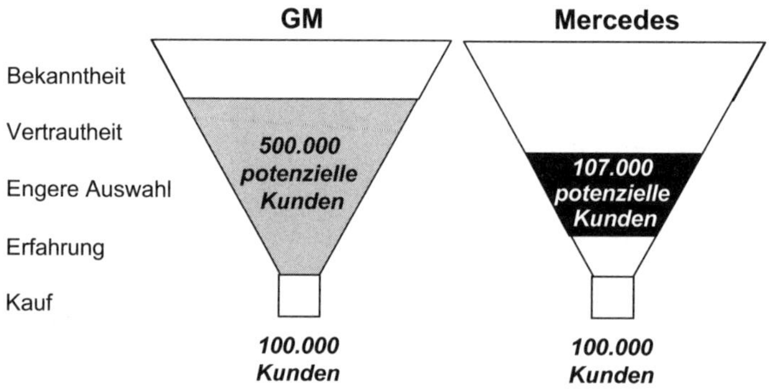

Die weltweit bekannte Marke Mercedes hat sich einen hervorragenden Ruf geschaffen. Das Unternehmen nutzt die außerordentlich starken Beziehungen zwischen Marke und Kunden wesentlich besser als seine Mitbewerber, um die Rentabilität der Marketingausgaben zu optimieren.

Dank der langjährigen Kundenbeziehungen können Marketingressourcen ganz gezielt im unteren Bereich des Kauftrichters fokussiert werden, weshalb Mercedes in der Automobilbranche die meisten potenziellen Kunden als Käufer gewinnt.

Das in der Abbildung gezeigte Szenario bedeutet, dass Mercedes lediglich 107.000 Interessenten erreichen muss, um 100.000 Autos zu verkaufen, während GM für dieselbe Verkaufszahl 500.000 potenzielle Kunden ansprechen muss.

Anwendung 11.3 Loyalitätsleitern

Wie stellen Sie fest, auf welcher Sprosse der Loyalitätsleiter jeder Ihrer Kunden steht, um dessen Affinitätsgrad zu Ihrer Marke zu verstehen? Wie können Sie mithilfe der Loyalitätsleiter erkennen, welches Potenzial die Beziehung zu einzelnen Kunden hat, und wie festigen Sie die Beziehungen zu individuellen Kunden?

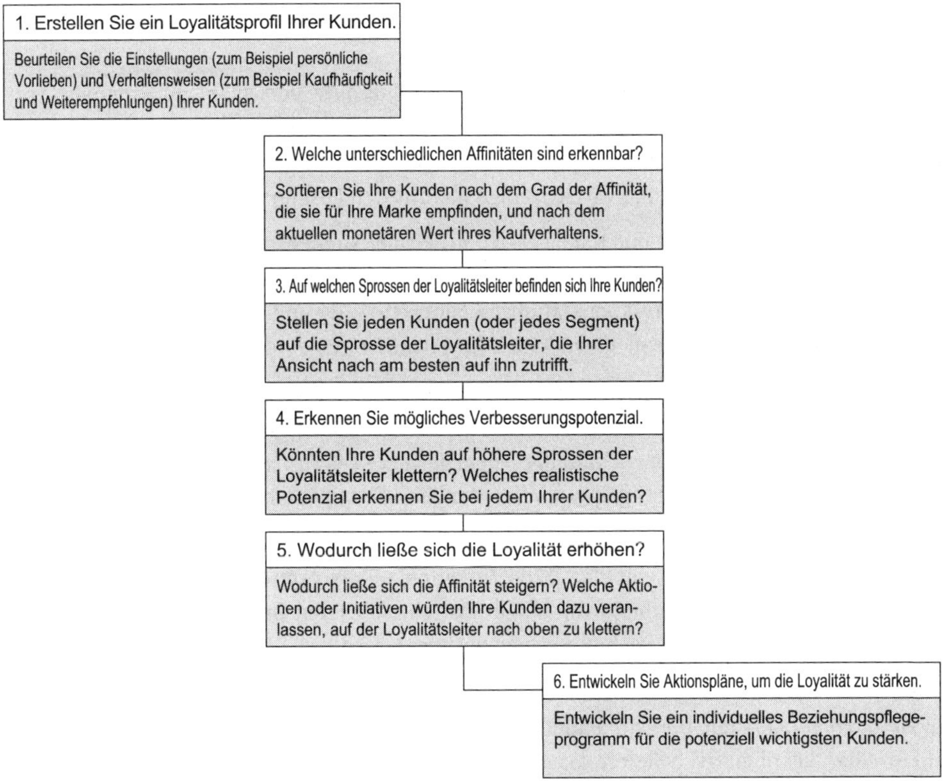

Konzept 11.3 Der Kunde als Partner

Vor noch nicht allzu langer Zeit lud der Flugzeugkonzern Boeing jedermann dazu ein, Designvorschläge für die neue Generation der Boeing 787-Modelle einzureichen, da davon auszugehen war, dass außerhalb des Unternehmens unzählige gute Ideen herumschwirren und sicherlich viele Menschen mit Begeisterung und aus persönlichem Interesse dazu beitragen möchten, das Flugzeugdesign zu optimieren.

Der Hintergedanke war dabei aber nicht, möglichst billig gute Vorschläge zu sammeln. Stattdessen drückte der Konzern mit dieser Initiative seine Bereitschaft aus, sich für die Bedürfnisse der Kunden zu öffnen und natürlich auch jeden angemessen zu belohnen, der die Zukunft von Boeing mit der innovativsten und wirtschaftlich lukrativsten Lösung mitgestaltete.

Die kreative Zusammenarbeit mit Kunden – zum Beispiel kundenspezifische Lösungen wie der personalisierte Pflege-Shop reflect.com von P&G oder die Nike ID-Kampagne für ganz individuelle Sportschuhe – und andere Kooperationsmöglichkeiten, die mit Firmenkunden schon lange gepflegt werden, setzen sich zunehmend auch für Privatkunden durch.

Bei diesen Partnerschaften ziehen der Kunde und das Unternehmen an einem Strang, um beiden Seiten zu Erfolg zu verhelfen, was nicht ausschließlich in finanzieller Hinsicht gemeint ist. In einer solchen Partnerschaft geht es vielmehr darum, ein gemeinsames Ziel zu verfolgen und Ressourcen, Wissen, Investitionen und Zeit einzubringen, um eine für beide Seiten optimale Lösung zu entwickeln.

Im Vergleich zu dem immensen Aufwand und der Zielstrebigkeit, mit denen das B2C-Marketing Kunden gewinnen will, erscheint das B2B-Marketing relativ armselig. Dennoch zeugen viele Aspekte der Firmenkundenwerbung von einem fortschrittlicheren Denken als die Privatkundenwerbung, vor allem, was die Beziehungspflege betrifft.

Je weniger Kunden ein Unternehmen hat, umso einfacher ist es natürlich auch, starke Beziehungen zu ihnen aufzubauen. Die Primärkunden von Intel, die Elektronikhersteller, und die wichtigsten Einzelhändler, die P&G beliefert, lassen sich jeweils auf einer einzigen Seite auflisten. Manche mögen sogar behaupten, die Betreuung der Firmenkunden fiele ja sowieso in den Aufgabenbereich des Vertriebs, richtig ist aber, dass das Marketing wichtige Lektionen lernen kann.

Einige allgemein gültige Grundregeln lauten:

- Konzentrieren Sie sich auf einige wenige Hauptkunden.
- Der kontinuierliche Aufbau langfristiger Beziehungen ist wichtiger als einmalige Geschäftsabschlüsse.

- Stellen Sie für jeden Hauptkunden ein für ihn zuständiges Team auf.
- Informieren Sie sich gründlich über den Geschäftsbereich, die Strategie und die Prioritäten des Kunden.
- Erstellen Sie ein Übersicht über die Hauptaktivitäten, die Hauptakteure und die besten Geschäftschancen.
- Weisen Sie ausgewählte Mitarbeiter an, mit ihren Kollegen im Kundenunternehmen Kontakte zu knüpfen und zu pflegen.
- Sichern Sie sich die Unterstützung dieser Strategie durch das Topmanagement beider Seiten.
- Entwickeln Sie einen Plan für den Aufbau dieser Beziehung, die damit verbundenen Schlüsselprojekte und die entsprechenden Vorgehensweisen.
- Ernennen Sie einen Mitarbeiter, der für die Koordination und das Management der Beziehung zwischen beiden Partnern verantwortlich ist.

Werden diese Grundregeln beherzigt, kann eigentlich nicht mehr von einer Geschäftsbeziehung die Rede sein, da daraus eine echte Partnerschaft entsteht. Durch Offenheit, Geduld und Engagement der Partner können beide Seiten nur gewinnen. Auf ein hohes Maß an Engagement weisen folgende Beispiele hin:

- Der Zulieferbetrieb hat ein reguläres Büro im Gebäude seines Firmenkunden.
- Die Partnerschaft wird als strategischer Vermögenswert im Jahresbericht aufgeführt.
- Die CEOs beider Unternehmen treffen sich regelmäßig, um gemeinsame Wachstumschancen zu diskutieren.
- Die Mitarbeiter erhalten Gelegenheit, eine Zeit lang im Partnerunternehmen zu arbeiten, um sich persönlich und beruflich weiterzuentwickeln.

- Prämien richten sich nach den gemeinsamen Erfolgen, zum Beispiel auf der Basis prozentualer Gewinnbeteiligungen oder Aktienoptionen.
- Die Partnerschaft macht den Zulieferbetrieb als Arbeitgeber attraktiv.

Man sehe sich nur einmal die Beziehungen an, die viele Werbeagenturen mit großen Firmenkunden pflegen. Die Londoner Agentur St Luke's hat zum Beispiel besondere Kundenbüros eingerichtet, in denen jeweils speziell geschulte Teams, zu denen auch Mitarbeiter des Kunden gehören, jedem Kunden eine besondere Erfahrung vermitteln. Zusätzlich sind für die Agenturmitarbeiter auch bei den Firmenkunden Arbeitsplätze eingerichtet, sodass Kunde und Agentur zu einem Team verschmelzen.

Anwendung 11.4 Partnerschaften aufbauen

Wie lassen sich zwischen Firmenkunden Partnerschaften aufbauen? Welche Bausteine sind hierzu erforderlich, und was lässt sich daraus lernen, um Partnerschaften zu Privatkunden zu entwickeln?

1. Wer sind die potenziellen Partner?

Stellen Sie fest, welche Interaktionen zwischen Zulieferern und Kunden stattfinden (zum Beispiel Beratung, Einkauf, Lieferung, Reklamationen und so weiter).

2. Vergleichen Sie die strategischen Ziele.

Welche Plattformen, Vertriebskanäle und Medien unterstützen diese Interaktionen?

3. Planen Sie mögliche Partnerschaften.

Ermitteln Sie alle zwischengeschalteten Partner und Prozesse, Systeme und Mechanismen, die an diesen Interaktionen beteiligt sind.

4. Stellen Sie die passenden Partnerteams auf.

Werten Sie die Funktion(en) und Ziele jeder Interaktion aus (zum Beispiel Kommunikation, Vertrieb, Verkauf, Support).

5. Arbeiten Sie transparent und partnerschaftlich.

Werten Sie jede Interaktion nach ihrem Kosten-Nutzenverhältnis aus und beurteilen Sie die Effizienz.

6. Machen Sie die Partnerschaft zu einem durchschlagenden Erfolg.

Stellen Sie die wichtigsten Interaktionen heraus und fokussieren Sie Ressourcen und Verbesserungsmaßnahmen auf die jeweils wichtigsten Medien und Kanäle.

Führen: Der Einfluss des Marketinggenies

Teil 4

Führungskraft: Das Marketinggenie als geborener Anführer

- Wie lässt sich der Erfolg des Marketings messen? Wie gestalten Sie Ihre Marketingaktivitäten aussagekräftiger und lukrativer? Wie kommunizieren Sie Topmanagern und Anlegern den wahren Wert des Marketings?
- Wie lässt sich die Leistung des Marketings messen? Wie vereinen Sie kurzfristige und langfristige Marketingerfolge? Wie machen Sie das Beste aus Ihrem Werbeetat? Wie kommunizieren Sie Ihrem Unternehmen und seinen Interessengruppen den Wert des Marketings?
- Welche Rolle muss ein Marketingprofi heute übernehmen? Wie können Marketingmitarbeiter strategischer, innovativer und wirtschaftlicher arbeiten? Wie sichert man einer Marketingkampagne maximale Durchschlagkraft und lässt ihre Versprechen wahr werden?
- Wie führen Sie Marketingkampagnen und die Marketingabteilung am besten? Was bedeutet es, verantwortlicher Marketingleiter – der Chief Marketing Officer (CMO) – zu sein? Welche Funktionen übernimmt der CMO in der Marketingabteilung, aber auch abteilungsübergreifend? Wie stehen Ihre Chancen, einmal im Chefsessel zu sitzen?
- Inwieweit ändert sich die Welt der Werbung? Wie verändern sich Märkte, Kunden und Unternehmen, und wie können Sie rechtzeitig auf diese Veränderungen eingehen? Was sind die Voraussetzungen für wirklich fantastische Ergebnisse?

»Ich glaube nicht an Zufall. Die Menschen, die in der Welt vorwärtskommen, sind die Menschen, die aufstehen und nach denen von ihnen benötigten Zufällen Ausschau halten.«

George Bernard Shaw

12. Titel Leistungsmessung

Den wahren Wert des Marketings freisetzen

»Was alle Erfolgreichen miteinander verbindet, ist die Fähigkeit, den Graben zwischen Entschluss und Ausführung äußerst schmal zu halten.«

Peter Drucker

»Von den fünf Todsünden der Unternehmen wird der Tanz um das Goldene Kalb der Gewinnmaximierung am häufigsten begangen.«

Peter Drucker

Marketing ist der leistungsfähigste Antriebsmotor der ökonomischen Wertschöpfung. Dem Marketing wird oft das größte Budget eines Unternehmens gewährt, doch wie lässt sich sicherstellen, dass sich diese Investitionen lohnen? Schon zu lange herrscht die Ansicht, das Marketing wäre zu wenig steuerbar, zu unfokussiert und undiszipliniert, um seine kreativen Ergebnisse mit messbaren betrieblichen Ergebnissen zu vereinen.

Leistungen intelligenter ...	Leistungen fantasievoller ...
messen. Kriterien und Kennziffern entwickeln, die messen können, was für die Unternehmensperformance am wichtigsten ist.	**steuern.** Mitarbeiter und Teams, Aktivitäten und Ressourcen mit Leistungskennziffern verknüpfen.
optimieren. Marketingbudgets und Kapitalinvestitionen im Hinblick auf die besten kurz- und langfristigen Ergebnisse zuweisen.	**steigern.** Erkennen, wo und wie die Leistung, die schnellen Siege und strategischen Prioritäten verbessert werden können.
formulieren. Den Wert der Marken, Beziehungen und Innovationen als »Kundenkapital« quantifizieren.	**vermitteln**. Den wahren Wert des Marketings der Unternehmensleitung, den Investoren und in Jahresberichten vermitteln.

Das Ergebnis von Marketinginitiativen mag zwar offensichtlich erscheinen – ein Umsatzplus –, doch schon so mancher Marketingleiter hat mit wunderschönen Bildern und emotionsgeladener Werbung Karriere gemacht, ohne dass irgendein Nachweis erbracht wurde, dass dadurch tatsächlich die Umsätze gesteigert oder andere Geschäftsergebnisse verbessert wurden.

Selbst wenn man davon ausgehen kann, dass sich Werbung auch finanziell bemerkbar macht, gibt es keine Garantie dafür, dass sich das Kaufverhalten der Verbraucher letztendlich in höhere Aktienpreise übersetzt. Zahlreiche Umfragen über die Erzrivalen Coca-Cola und Pepsi haben ergeben, dass Pepsi der Mehrzahl der Verbraucher besser schmeckt, sie aber trotzdem Coca-Cola kaufen. Die Zukunft der Coca-Cola Company erscheint Analysten und Investoren daher rosiger, obwohl die globalen Geschäfte von Pepsico aktuell höhere Erträge erwirtschaften. Dieses Beispiel zeigt, welchen Einfluss Marken auf Investoren und Verbraucher ausüben.

Die Messung der Marketingperformance mithilfe der wichtigsten »Kennziffern« ermöglicht es Ihnen:

- die Anlagenrendite der unternehmensintern größten Investition darzustellen;
- kurz- und langfristige Marketingerfolge zu unterscheiden;

Bevorzugt, wenn Marke nicht bekannt	44 Prozent	51 Prozent
Bevorzugt, wenn Marke bekannt	65 Prozent	23 Prozent
Geschätzter Unternehmensgewinn (2004)	22 Milliarden US-Dollar	29 Milliarden US-Dollar
Durchschnittlicher Aktienpreis (2004)	54 US-Dollar	47 US-Dollar
Durchschnittlicher Marktwert (2004)	111 Milliarden US-Dollar	87 Milliarden US-Dollar

Quelle: Die Daten stammen von Bloomberg und Leslie de Chateney

- Marketingaktivitäten anzupassen, sobald erste Ergebnisse vorliegen;
- Leistungen kreativer, aber undisziplinierter Marketingprofis zu bündeln;
- einen aussagekräftigen Indikator der zukünftigen Unternehmensperformance zu erarbeiten;
- dem Marketing und seinen Mitarbeitern zu mehr Ansehen und Einfluss im Unternehmen zu verhelfen, und
- das Topmanagement für das Marketing und seine Leistungsfähigkeit zu begeistern.

Obwohl diese Vorteile den meisten Marketingfachleuten bekannt sind, denken die wenigsten daran, welche finanziellen Konsequenzen ihre Arbeit im Positiven wie im Negativen nach sich ziehen kann. Für Marketingprofis steht die Kreativität an erster, die Leistungsmessung an letzter Stelle, obwohl diese auch vor oder während des Marketingprozesses wichtige Entscheidungshilfen für die Zielsetzung, Ausarbeitung und Reihenfolge von Marketingaktionen liefern könnte.

Philip Kotler beschreibt die Lage in etwa so:

»Vielen CEOs reißt verständlicherweise allmählich der Geduldsfaden, was das Marketing angeht. Im Gegensatz zur Finanzabteilung, der Produktion, dem IT-Bereich und sogar dem Einkauf ist das Marketing der einzige Unternehmensbereich, der keinen Nachweis über die Rentabilität der Investitionen liefert.«

Marketing and the CEO: Why CEOs are fed up with Marketing, Philip Kotler

Dass die Prioritäten von Marketingabteilungen häufig nicht mit den Vorstellungen der Unternehmensleitung übereinstimmen, war auch das Ergebnis der ANA/Booz Allen Hamilton-Studie »Marketing Department Priorities Often Differ from CEOs' Agenda«. Laut dieser Studie wird das Marketing zwar durchaus als wichtige Unternehmensfunktion erkannt, doch das Fehlen geeigneter Kennziffern macht es für die Mehrzahl der CEOs zu einer reinen Nebensache. 75 Prozent der hochrangigen Führungskräfte gaben in der Umfrage an, dass das Marketing heute eine deutlich kritischere Rolle als noch vor fünf Jahren einnimmt, sich aber in zunehmendem Maß von der Unternehmensagenda abspaltet.

Die Studie bekräftigte die Forderung nach geeigneten Kennziffern und dem Nachweis der Rentabilität. CEOs erwarten von ihren Marketingleitern messbare Ergebnisse wie die Kapitalrendite ROI und halten die aktuell vorhandenen Kennziffern für ungeeignet. 66 Prozent der Befragten forderten die Einführung zuverlässiger ROI-Analyseverfahren für das Marketing, die die ungenauen Erfolgskriterien wie Bekanntheitsgrad und Kaufvorlieben ersetzen sollen. Untersuchungen des US-amerikanischen CMO Council – ein Zusammenschluss von Marketingentscheidern aus IT- und Telekommunikationsunternehmen – schlagen in dieselbe Kerbe: Für 90 Prozent der Befragten hat die Leistungsmessung des Marketings vor allem in großen Konzernen oberste Priorität, wobei 80 Prozent das Fehlen formalisierter Messinstrumente bedauerten, obwohl in einigen Fällen 25 Prozent der Betriebseinnahmen in das Marketing investiert werden.

Diverse Marketingexperten haben sich bereits ausführlich mit dieser Problematik befasst und erkannt, dass die Forderung nach geeigneten Kennziffern kein bürokratischer Hemmschuh ist, der den kreativen Prozess behindert, sondern vielmehr eine Chance, sowohl das finanzielle Endergebnis als auch die Glaubwürdigkeit der Marketingabteilung im Unternehmen deutlich zu verbessern.

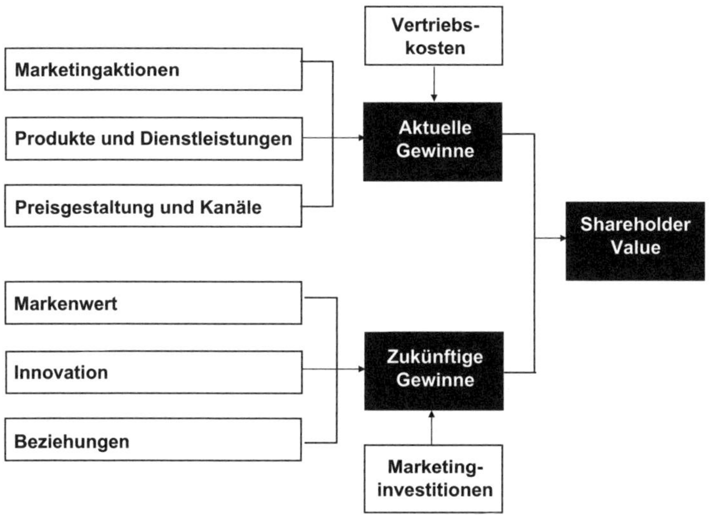

»Wir konnten nachweisen, dass unser Marketing in den letzten zwei bis drei Jahren einen Wert für das Unternehmen geschaffen hat, der der Einführung einer neuen globalen Marke in der Größenordung von Tide entspricht.«

So äußerte sich Jim Stengel, Global Marketing Officer bei P&G, auf der ANA Marketing Accountability-Konferenz am 9. September 2004.

Doch selbst wenn das Marketing ernsthaft gewillt ist, Leistungsmessungen durchzuführen, stellt sich die Frage, wie das Gesamtergebnis quantifiziert werden kann, da so unterschiedliche Faktoren wie aktueller und zukünftiger Gewinn und die Bereitschaft der Verbraucher, mehr zu zahlen, mehr zu kaufen und Mundpropaganda zu betreiben, in diese Aufrechnung einfließen müssen.

Die Buchhaltung ist hierbei keine große Hilfe, da die Bilanzierung besonders in großen Firmen mit hohen Wachstumsraten, bei denen es auf Markenaufbau und Innovation ankommt, im besten Fall ungenau ist. Strategische Investitionen gehen hier als Abschreibungsposten in die

Steuererklärung ein, anstatt als Investitionen in zukünftiges Wachstum betrachtet zu werden, die eine hohe Rendite versprechen.

Diese Buchhaltermentalität hält Manager oft davon ab, in Marken und Innovationen zu investieren, obwohl gerade das die zukünftigen Erfolge sichern könnte, an denen die Aktionäre am meisten interessiert sind. Aus diesem Grund ist der wertbasierte Ansatz, der aktuelles und zukünftiges Profitpotenzial gleichermaßen berücksichtigt, ein so wertvolles Instrument für das Marketing.

»Marketing-ROI« lautet die neue Devise, die sich jeder Marketingexperte zu Herzen nehmen will und die jede Unternehmensberatung umzusetzen verspricht. Allerdings sind die meisten Anhänger des Marketing-ROI mit Kurzsichtigkeit geschlagen, da ihr Blick nicht über das analytische Softwareprogramm hinausgeht, das die eingegebenen Daten der Marketingausgaben auf wundersame Weise als Umsatzergebnisse ausspuckt. Ein ähnliches Schicksal hat schon das CRM ereilt.

Natürlich ist ein Messkriterium schon einmal besser als keines. Wird dabei allerdings nur die kurzfristige Kapitalrendite berücksichtigt, spiegelt sich im Marketing-ROI nur höchstens die Hälfte der Gesamtperformance wider, was zur Folge hat, dass sich das Marketing zu stark auf taktische Schnellschüsse mit dem Ziel der kurzfristigen Umsatzsteigerung konzentriert. Würde sich das Marketing als strategischer Antriebsmotor der Geschäftstätigkeit positionieren, wäre das nicht nur äußerst kontraproduktiv, sondern würde auch die Unternehmensperformance als Ganzes schmälern.

Eine so oberflächliche Betrachtungsweise wird der Leistungsfähigkeit des Marketings und dem Marketing-ROI nicht gerecht. Es muss gründlich abgewägt werden, welche Kennziffern am besten zur Leistungsmessung geeignet sind, wie die Ergebnisse am besten optimiert werden können, und wie Aufsichtsräten und Investoren die Ergebnisse in internen und externen Geschäftsberichten am besten zu vermitteln sind.

Inspiration 12.1 Cadbury Schweppes

Die Strategie von Cadbury Schweppes – gemeinsam Marken erschaffen, die die Verbraucher lieben – ist ebenso eindeutig formuliert wie das Unternehmensziel: Den Aktionären konstant die besten Kapitalerträge sichern.

Dieses Ziel mag sich etwas einseitig anhören, doch dem Unternehmen ist natürlich klar, dass es nicht isoliert von anderen Zielen erreicht werden kann, sondern dass auch den Verbrauchern und Kunden, den Mitarbeitern und der Gesellschaft, den Communities und der Umwelt gegenüber Verpflichtungen bestehen, die eingehalten werden müssen. Cadbury Schweppes will mit dieser Zielsetzung vielmehr zum Ausdruck bringen, dass es sich seiner Tradition ebenso verpflichtet fühlt wie der erfolgreichen Zukunft des Unternehmens.

Der Grundstein für den heutigen Softdrink- und Süßwarenriesen Cadbury Schweppes wurde zu ganz verschiedenen Zeitpunkten von zwei Männern gelegt, die damals noch nichts voneinander wussten. 1783 entwickelte der Schweizer Erfinder Jacob Schweppe ein Verfahren, mit dem er Quellwasser aus dem nahe gelegenen Genf mit Kohlensäure versetzte. 1824 eröffnete John Cadbury im englischen Birmingham einen Laden, in dem er Kakao und Schokolade verkaufte. 1969 entstand aus den Unternehmen von Jacob Schweppe und John Cadbury der Cadbury Schweppes-Konzern, der seitdem ein kontinuierliches Wachstum verzeichnet, was hauptsächlich den gelungenen Akquisitionen zu verdanken ist, die mehr als 50 so berühmte Marken wie Trebor, Bassett, Halls, Trident, 7 Up, Snapple, Orangina, Dr Pepper und Canada Dry ins Haus holten. Nach der Übernahme von Adams und dessen Portfolio an US-amerikanischen Marken ist Cadbury Schweppes nun weltweit die Nummer Eins auf dem Süßwarenmarkt und die Nummer Drei auf dem Softdrink-Markt.

1997 führte CEO John Sutherland das Prinzip des wertbasierten Managements und mit ihm das »Management for Value« (MfV) ein, um das gesamte Unternehmen auf das Schöpfen und Messen von Wert auszurichten und hervorragende Renditen für die Anleger zu erwirtschaften. Neben einer deutlich rigoroseren Portfolioanalyse und einer strikten Fokussierung auf die Märkte und Marken, die den besten zukünftigen Unternehmenswert versprechen, wurden auch umfangreiche Mitarbeiterschulungen durchgeführt, um sicherzustellen, dass jeder Einzelne versteht, was den Unternehmenserfolg vorantreibt. So wurde zum Beispiel auch den Arbeitern am Fließband erklärt, was wirtschaftliche Rentabilität bedeutet und weshalb die Betriebseinnahmen die Kapitalkosten übersteigen müssen.

Mit der Einführung neuer Ziele und Leistungskennzahlen zollte Cadbury Schweppes 2003 der Erkenntnis Tribut, dass Akquisitionen alleine noch keinen Erfolg garantieren und die wahre Herausforderung darin besteht, das konsolidierte Markenportfolio nachhaltig gewinnbringend auszubauen. Cadbury Schweppes zeigte dadurch auch, dass die Weiterentwicklung der strategischen und kreativen Fertigkeiten der Mitarbeiter ebenso wichtig ist wie deren aktuelles Wissen und Können.

Das »Smart Variety«-Programm von Cadbury Schweppes geht darauf ein, dass das Geschäftsmodell auf einer Vielzahl lokaler und globaler Marken beruht. Es nutzt neue Techniken des Marken- und Absatzmanagements, um die für den jeweiligen geografischen Markt optimalen Vertriebskanäle einzusetzen und ein Gleichgewicht zwischen globaler und lokaler Markenpolitik herzustellen.

Anwendung 12.1 Wertbasiertes Marketing

Wie werben Sie nach den Prinzipien des wertbasierten Marketings? Inwiefern ändern sich dadurch Entscheidungskriterien und Leistungskennzahlen? Wo fangen Sie damit an?

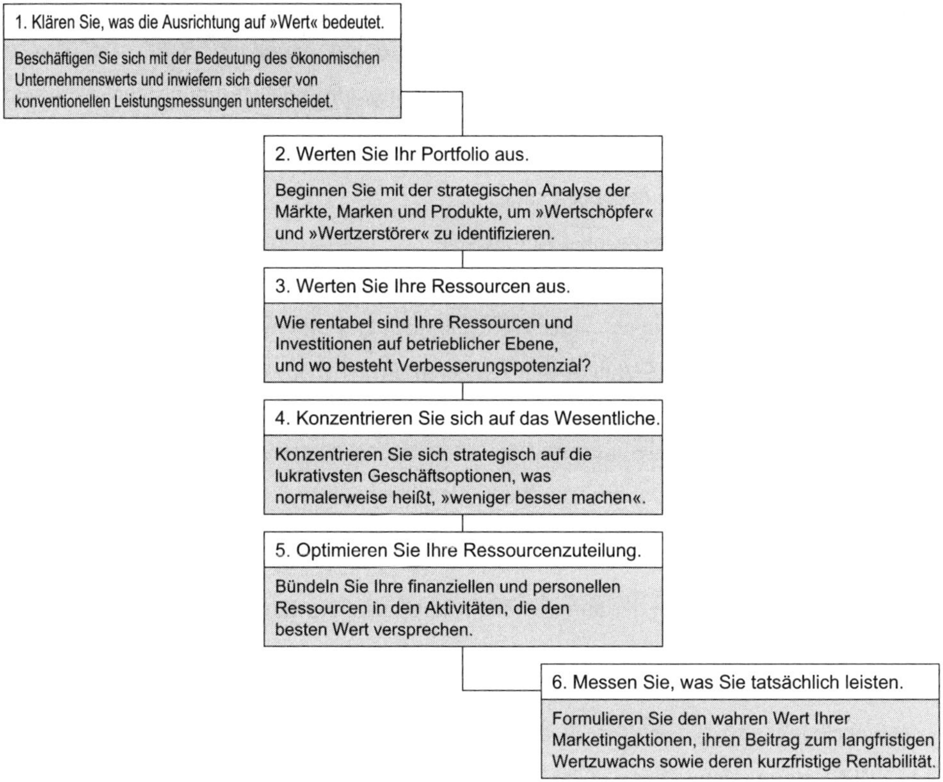
1. Klären Sie, was die Ausrichtung auf »Wert« bedeutet.
Beschäftigen Sie sich mit der Bedeutung des ökonomischen Unternehmenswerts und inwiefern sich dieser von konventionellen Leistungsmessungen unterscheidet.
2. Werten Sie Ihr Portfolio aus.
Beginnen Sie mit der strategischen Analyse der Märkte, Marken und Produkte, um »Wertschöpfer« und »Wertzerstörer« zu identifizieren.
3. Werten Sie Ihre Ressourcen aus.
Wie rentabel sind Ihre Ressourcen und Investitionen auf betrieblicher Ebene, und wo besteht Verbesserungspotenzial?
4. Konzentrieren Sie sich auf das Wesentliche.
Konzentrieren Sie sich strategisch auf die lukrativsten Geschäftsoptionen, was normalerweise heißt, »weniger besser machen«.
5. Optimieren Sie Ihre Ressourcenzuteilung.
Bündeln Sie Ihre finanziellen und personellen Ressourcen in den Aktivitäten, die den besten Wert versprechen.
6. Messen Sie, was Sie tatsächlich leisten.
Formulieren Sie den wahren Wert Ihrer Marketingaktionen, ihren Beitrag zum langfristigen Wertzuwachs sowie deren kurzfristige Rentabilität.

Konzept 12.1 Leistungsbeurteilung im Marketing

Bisher steht bei der Leistungsbeurteilung des Marketings die Rechtfertigung von Werbeetats oder die Rechnungsbegründung, die Werbeagenturen ihren Kunden mitteilen, im Vordergrund. Das Bewertungssystem orientiert sich daher vorwiegend an taktischen Ergebnissen, die nicht an finanzielle Betriebsergebnisse gekoppelt sind.

Zu den üblichen Erfolgskriterien zählen zum Beispiel:

- Bekanntheitsgrad der Marke – Wie viele Verbraucher geben in einer Umfrage an, dass sie die betreffende Marke oder eine ihrer Werbekampagnen kennen?
- Rücklaufquote – Wie viele Verbraucher reagieren auf eine Direktwerbeaktion per Post oder Telefon?
- Konversionsrate – Wie viele Interessenten entscheiden sich tatsächlich zum Kauf?

Da jede Branche eigene Kennzahlen entwickelt, die branchenintern als wesentliche Erfolgskriterien gelten, müssen sich Marketingexperten je nach Branche diesen unterschiedlichen Maßstäben beugen. Dazu gehören:

- in der Telekommunikation der durchschnittliche Umsatz pro Kunde, ARPU (average revenue per user),
- in der Pay TV-Branche die Anzahl der Abonnenten,
- im Einzelhandel der Umsatz pro Quadratmeter Ladenfläche,
- in FMCG*-Unternehmen der Gewinnzuwachs durch Neuprodukte,
- im Finanzdienstleistungssektor die pro Kunde verkauften Produkte,
- in der Pharmaindustrie die in Entwicklung befindlichen Produkte.

In seiner Studie *What shall we tell the shareholders?* untersuchte Professor Tim Ambler die aktuell im Marketing eingesetzten Leistungskennzahlen und fragte Marketingexperten, für wie geeignet sie diese empfinden.

* Fast Moving Consumer Goods

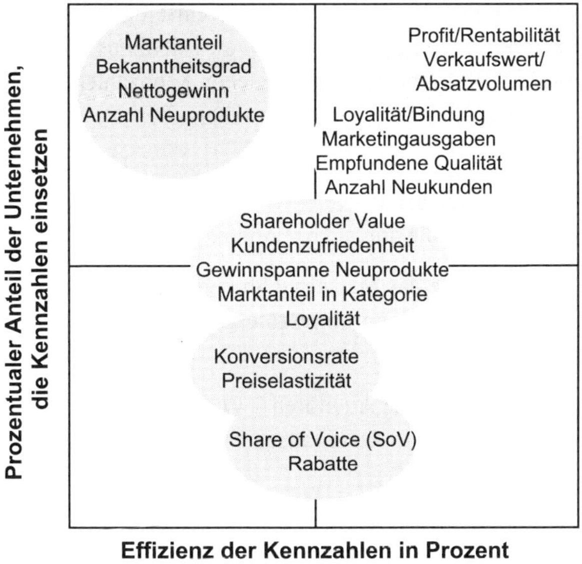

Quelle: *Marketing and the Bottom Line*, Prof. Tim Amber, London Business School

Die ganzheitlich orientierte, ziel- und kennzahlenbasierte Balanced Scorecard (BSC, Zielkennzahlen) ist noch immer das beliebteste Instrument der Leistungsmessung, obwohl die große Mehrzahl der Unternehmen sie nicht wirklich effizient einsetzen. Das von Kaplan und Norton entwickelte Modell sieht vor, dass die Effizienz eines Unternehmens anhand spezieller Ziele und Kennzahlen gemessen wird, die für die folgenden vier Bereiche aufgestellt werden:

- Finanzen – Wie stellt sich das Unternehmen für die Anleger dar?
- Kunden – Wie stellt sich das Unternehmen für die Kunden dar?
- Interne Geschäftsprozesse – Welche intern gesteckten Ziele wollen wir erreichen?
- Lernen und innovative Entwicklung – In welchem Maß wollen wir uns verbessern?

Der Vorteil der Balanced Scorecard ist, dass sie der einseitigen Ausrichtung auf finanzielle Aspekte entgegenwirkt und für Ausgewogenheit sorgt. Allerdings geht dieser Vorteil verloren, solange Manager die vier Dimensionen mit willkürlichen Kennzahlen bevölkern und nicht wirklich wissen, in welchem Verhältnis sie zueinander stehen oder wie sie überhaupt sinnvoll aneinander gekoppelt werden.

Der Sinn und Zweck ist ja eigentlich klar: Die Entwicklung einer BSC, in der die wichtigsten Ziele des Unternehmens definiert sind, die anhand geeigneter Kennzahlen realisiert werden können.

Wir haben bereits besprochen, wie das Marketing Shareholder Value schaffen kann. Und an dieser Stelle ist es Zeit, die geeigneten Kennzahlen zu erarbeiten. Zuerst müssen folgende Verknüpfungen erstellt werden:

- Marketingausgaben und Marketingaktivitäten – Wie viel wird für Werbung, Öffentlichkeitsarbeit, Produktentwicklung und so weiter ausgegeben?
- Marketingaktivitäten und Kaufanreiz – Wie gut berücksichtigen die Marketingaktivitäten die Prioritäten der Verbraucher (Qualität, Preis, Image und so weiter)?
- Marketingaktivitäten und Einstellung der Verbraucher – Wie effizient fördern die Marketingaktivitäten die Markenvorlieben, das Wertempfinden und so weiter?
- Einstellung der Verbraucher und Kaufverhalten – Ist das Wertempfinden so hoch, dass überdurchschnittlich hohe Preise gezahlt und wiederholt Käufe getätigt werden?
- Umsatzergebnisse und finanzielle Ergebnisse – Wie übersetzen sich Umsätze und Gewinnspannen in Betriebseinnahmen und Wachstumsraten?
- Finanzielle Ergebnisse und Shareholder Value – Wie übersetzen sich Betriebseinnahmen und Wachstumsraten in zukünftige Kapitalströme, Vertrauen der Investoren und Aktienpreise?

Die Vorlieben der Kunden wirken sich entweder auf ihr unmittelbares oder auf ihr künftiges Verhalten aus (es wird beispielsweise heute entschieden, eine Automesse zu besuchen, doch das Auto, in das man sich dort verguckt hat, kann man sich erst Jahre später leisten.)

Eine Balanced Scorecard für das Marketing könnte diese Zusammenhänge und Abläufe übernehmen und beispielsweise in die folgenden vier Bereiche unterteilt sein:

- Kundenverhalten
- Markterfolg
- finanzielle Ergebnisse
- Verbesserungen im Marketing

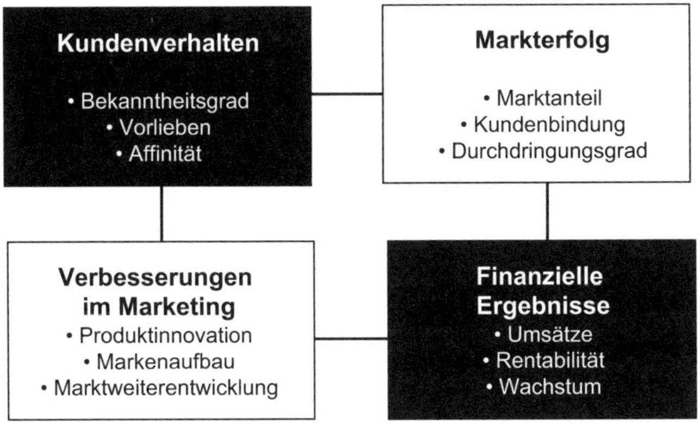

Das Marketing muss beziffern können, mit welchen gegenwärtig noch nicht realisierten Gewinnen in Zukunft gerechnet werden kann. Üblicherweise werden diese mit dem Markenwert – der Brand Equity – angegeben, dem zukünftigen Kapitalertrag aller heutigen Investitionen. Ähnlich kostenintensive Posten des Marketingbudgets sind die Entwicklung neuer Märkte, die Produktinnovation und die Beziehungspflege, die sich aber nicht unbedingt unmittelbar in höheren Verkaufszahlen bemerkbar machen. Andere »stille Reserven«, die der Verbraucher noch nicht kennt und die deshalb nicht in den Markenwert einfließen können, müssen ebenfalls berücksichtig werden, da sie den Wert des Marketings beziffern helfen und für die Anleger von Interesse sind.

Inspiration 12.2 Diageo

Diageo lässt keine Zweifel darüber aufkommen, was es ist, was es will und wie es genau das auch erreicht. Im Gegensatz zu vielen Absichtserklärungen und Unternehmensstrategien, die sich in Allgemeinplätzen erschöpfen, die ebenso unverständlich wie bedeutungslos sind, hat sich Diageo in der Selbstdarstellung große Mühe gegeben.

Quelle: In englischer Sprache nachzulesen auf www.diageo.com

Das Erfolgsrezept von Diageo besteht aus sieben »Hauptzutaten«:

- Diageo ist sich seiner Stellung bewusst und bezeichnet sich stolz als das *»weltweit führende Unternehmen für Premium-Getränke"*, dessen Marken die bekanntesten und beliebtesten der Welt sind.
- Kundenorientierung wird bei Diageo tatsächlich gelebt. Der Name *Diageo* setzt sich aus dem lateinischen Wort für Tag (dia) und dem griechischen Wort für Welt (geo) zusammen, was zum Ausdruck bringen soll, dass mit den Diageo-Marken jeder »das Leben genießen kann, jeden Tag und überall und verantwortungsvoll«.
- Diageo verfolgt ein ganz eindeutiges Ziel, das mit der Absichtserklärung anderer Unternehmen vergleichbar ist: »Jeder Erwachsene schwärmt für mindestens eine unserer Marken«.
- Die als »strategisches Dreieck« dargestellte, eindeutig formulierte Strategie definiert nicht nur die strategischen Notwendigkeiten, um das gesetzte Ziel zu erreichen, sondern berücksichtigt dabei auch die Interessen der Mitarbeiter, Kunden, Investoren und der Gesellschaft.
- Da der Konzern sehr vielschichtig ist, kann jeder Unternehmensbereich die zwei unteren Ebenen des strategischen Dreiecks – Initiativen und Entscheidungen – nach eigenem Ermessen definieren.
- Die vier grundlegenden Unternehmenswerte sind die Ausgangsbasis für den gemeinsamen Erfolg und lauten: »Wir interessieren uns leidenschaftlich für die Konsumenten«, »Wir nehmen uns die Freiheit, erfolgreich zu sein«, »Wir sind stolz auf das, was wir tun und was wir leisten« und »Wir wollen die Besten sein«.
- Diageo hat klare Vorstellungen, wofür es seinen guten Ruf verdient:

Mitarbeiter: Wir sind ein Team, egal, ob wir gemeinsam oder getrennt agieren.

Marken: Wir pflegen unsere Marken und setzen unsere Innovationskraft dafür ein, ihr volles Potenzial auszuschöpfen.

Performance: Unsere Ziele sind immer hoch, und wir setzen alles daran, sie zu übertreffen.

Im Jahr 2000 startete Diageo eine strategische Neuausrichtung der Premium-Getränkemarken, die unter anderem zur Trennung von General Mills und anderen Partnern außerhalb der Getränkeindustrie führte. Diageo setzt ganz auf das organische Wachstum seiner stärksten Marken als Schlüssel zum Erfolg, wobei das Unternehmen großen Wert auf verantwortungsvolles Marketing legt und eine Führungsrolle bei der Informations- und Aufklärungsarbeit über den bewussten Umgang mit Alkohol und beim Jugendschutz übernimmt.

»Unsere Verbraucher sollen stets die Qualität unserer Marken im Rahmen eines ausgewogenen und gesunden Lebensstils genießen können. Wir sind davon überzeugt, dass allen Interessen – denen der Gesellschaft, der Konsumenten, des Marktes und von Diageo – am besten gedient ist, wenn man sich der Bedeutung eines verantwortungsvollen Umgangs mit Alkohol bewusst ist.«

Neben der Marke Guinness pflegt Diageo weitere 17 der 100 weltweit beliebtesten Premium-Getränkemarken – angefangen mit Smirnoff Vodka, der Nummer Eins unter den Wodka-Marken, Johnnie Walker, die Nummer Eins unter den schottischen Whiskys, über Baileys, dem weltweit beliebtesten Cream-Likör bis hin zu Jose Cervo, der führenden Tequila-Marke.

Bei der Produktinnovation konzentriert sich Diageo vor allem auf die besonderen Chancen, die Märkte und Marken mit hohem Gewinnpotenzial bieten. Die Innovationen bestehen üblicherweise aus Kombinationen in neuem Format, die dem Trend hin zu leichteren und weicheren alkoholischen Getränken Rechnung tragen wie zum Beispiel Baileys Glide, Guiness Extra Smooth und Smirnoff Cranberry Twist.

Doch nicht nur auf den Inhalt, auch auf die Verpackung kommt es an. Geeigneteres Material, kleinere oder schön geformte Flaschen sind nicht nur hübsch anzusehen, sondern vergrößern sogar die Gewinnspannen. Beispiele hierfür sind Baileys und Johnnie Walker Red Label in der Miniaturflasche oder die 24er-Kiste von Smirnoff Ice im Eisblock-Look.

Diese klugen Schachzüge sind in der Tat höchst einträglich. Gemessen an dem Geld, das der trendbewusste Alkoholkonsument in angesagten Bars für so genannte Alkopops – alkoholische Mischgetränke – hinblättern muss, ist der Alkoholgehalt ziemlich gering. Für den Preis bekäme er im Supermarkt wahrscheinlich die zehnfache Menge an Schnaps und Limonade. Der Genuss hochprozentiger Spirituosen wird häufig mit der älteren Generation assoziiert, doch mit einem Eiswürfel im Glas und im jugendlichen Kontext präsentiert, kann das Marketing hier höchst erfolgreich ein neues Image erschaffen.

Für Diageo ist Marktführerschaft jedoch nicht der Maßstab des Unternehmenserfolgs. Das Unternehmen stellt sich ganz offen dem Vergleich mit anderen großen Unternehmen und veröffentlicht seine finanzielle Ergebnisse, Aktienpreise und Kapitalrenditen des aktuellen Jahres sowie der vergangenen Jahre auf seiner englischen Webseite und natürlich in den Jahresberichten. Die tabellarischen Auflistungen sagen deutlich mehr über die Unternehmensperformance aus als viele der kurzlebigen und sehr spezifischen Kennzahlen.

Was die Aktienrendite (TSR) in Prozent betrifft, platzierte sich Diageo für den Zeitraum zwischen dem 1. Juli 2000 und dem 30. Juli 2004 wie folgt:

1.	Schnellrestaurants von Yum!	95 Prozent
2.	Procter & Gamble	58 Prozent
3.	Kellogg	56 Prozent
4.	Altria	46 Prozent
5.	Allied Domeq	40 Prozent
6.	Diageo	39 Prozent
7.	Unilever	38 Prozent
8.	Anheuser Busch	27 Prozent
9.	Nestlé	22 Prozent
10.	Gillette	22 Prozent

Das Marketingteam von Diageo hat auf die für jedes Unternehmen verstärkt geltende Forderung nach messbaren Leistungen des Marketings hervorragend reagiert und sich sowie seine Marken als treibende Kräfte für nachhaltiges Wachstum etablieren können. Das Ergebnis sind effiziente Kostenkontrolle und maximaler Shareholder Value. Erreicht wurde dies unter der Führung von Rob Malcolm, der bei Diageo für Marketing, Vertrieb und Innovation verantwortlich zeichnet und datengestützte Analyseverfahren einführte, die Rentabilität der Marken bezifferte und Gutes wie Schlechtes ganz offen und transparent zum Ausdruck bringt.

Vom 50 Prozent-Marketing zum 100 Prozent-Marketing

Wie machen wir unseren Interessengruppen begreiflich, wie wichtig die Markenpflege ist? Wie sichern wir dem Marketing als Beruf und Handwerkskunst Unterstützung?

> Der Unterschied zwischen dem Buchwert unseres Kapitals (Marken) und dem Aktienwert muss verstanden und erklärt werden können.

> Es muss nachgewiesen werden, dass eine moralisch vertretbare und konsequente Markenpflege den Shareholder Value erhöht.

> Es müssen Fallbeispiele über starke Marken, die großartige Erfolge erzielen, recherchiert oder konzipiert werden.

> Markenkontinuität durch Veränderungen – Evolution statt Revolution.

> Wachstum muss bezüglich der Kostenersparnis und Effizienz als Wert schaffend verstanden werden.

Quelle: In englischer Sprache nachzulesen auf www.diageo.com

Lord Leverhulme soll einmal gesagt haben, »Die Hälfte des Geldes, welches ich für Werbung ausgebe, ist verloren, aber leider weiß ich nicht, welche Hälfte«. Nach Malcolms Meinung hat sich das Marketing seitdem weder subjektiv noch objektiv großartig verändert. In Anbetracht dessen, dass viele Unternehmen ihre Marketing-Leistungen nicht einmal messen können, kann es sein, dass heute sogar mehr als die Hälfte der Ausgaben verloren geht. Malcolm erkannte, dass sich einiges grundlegend ändern musste, bevor das Marketing und seine Marken als wirtschaftliche Antriebsmotoren anerkannt werden können. Erfolg zu 50 Prozent reichte dafür nicht aus, weshalb er sich dem »100 Prozent-Marketing« widmete.

Wenn das Marketing mindestens ebenso anerkannt und einflussreich wie die Finanzabteilung werden will, müssen seiner Ansicht nach drei Herausforderungen gemeistert werden:

- Die Bezifferung des Werts, den das Marketing für das Unternehmen erwirtschaftet
- Professionalität in allen Bereichen des Marketings
- Eindeutige Zuständigkeiten und Messinstrumente für die Leistung des Marketings

Dieses Vorhaben hätte auch damit enden können, dass sich Malcolms Mitarbeiter in komplexen ökonomischen Lehren verstricken, unglaublich komplizierte Tabellenkalkulationen entwickeln oder endlose Debatten über die Kostenübernahme mit der Finanzabteilung führen. Doch dem schob er rechtzeitig einen Riegel vor: »Halten Sie die Kennzahlen und Messsysteme so einfach wie möglich, sonst wird sich niemand danach richten«, empfahl er.

Das Diageo-Marketing wertet die Marketinginvestitionen heute anhand einiger sehr einfacher Instrumente aus, die dennoch über die notwendige Aussagekraft verfügen.

Eines ist das »Dogs and Stars»-Diagramm, ein einfaches Koordinatenkreuz, in dem die finanzielle Performance nach der erzielten Wirkung bei den Verbrauchern gemessen wird. Im Idealfall werden alle Ergebnisse im oberen Quadranten der rechten Seite angezeigt. Alles, was im unteren Quadranten der rechten Seite steht, deutet auf mangelhafte Effizienz hin, alles, was im oberen Quadranten auf der linken Seite steht, muss für den Verbraucher attraktiver gestaltet werden, und was links im unteren Quadranten steht, wird gestrichen. »Dies ist ein sehr simples Werkzeug, das jeder im Marketing versteht, und unser Finanzleiter ist begeistert.«

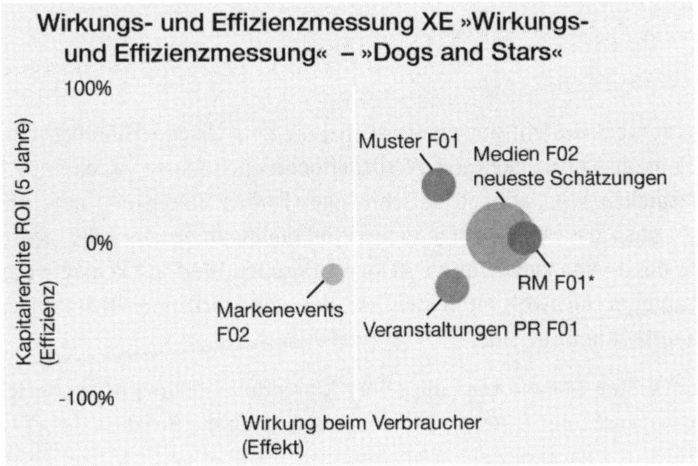

Quelle: www.diageo.com

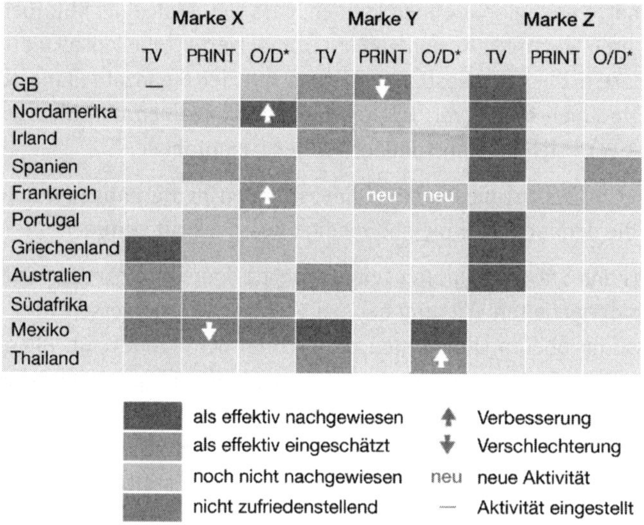

Quelle: www.diageo.com

Ein weiteres Instrument besteht aus einer Tabelle, die dem Diageo-Führungsstab vierteljährlich vorgelegt wird, um die Wirksamkeit der Werbeaktionen nach Marke, Medium und Markt darzulegen. Die Wirksamkeit wird anhand verschiedener Farben dargestellt, auf- und absteigende Pfeile bedeuten, dass die Wirksamkeit einer Werbemaßnahme zu- oder abnimmt. Malcolm stellte fest, dass das Topmanagement gar keinen so großen Wert auf konkrete Zahlen legt, sondern viel mehr an dem Nachweis interessiert ist, dass die Marketingaktivitäten sinnvoll gesteuert werden und unter Kontrolle sind.

Als Malcolm zum ersten Mal die Leistung seiner Marketingabteilung präsentierte, war er schon etwas nervös, da es nicht nur Gutes zu berichten gab, doch die Reaktion des CEOs war rundum positiv: »So ehrlich und nachvollziehbar bin ich noch nie über unser Marketing informiert worden.« Indem Malcolm nachwies, dass die Marketingabteilung vollkommen mit den wichtigsten

Unternehmenszielen vertraut ist und diese durchweg unterstützt, baute er Vertrauen und Zuversicht auf und verhalf seinen Mitarbeitern und deren Professionalität sofort zu einer deutlich verbesserten Glaubwürdigkeit.

Anwendung 12.2 Balanced Scorecards im Marketing

Was will Ihre Marketingabteilung erreichen? Wie messen Sie die Marketingperformance? Welche Kennzahlen eignen sich dafür, und welche ist die wichtigste? Welches Leistungsziel gilt für welche Ebene, und wie belohnen Sie erreichte Leistungsziele?

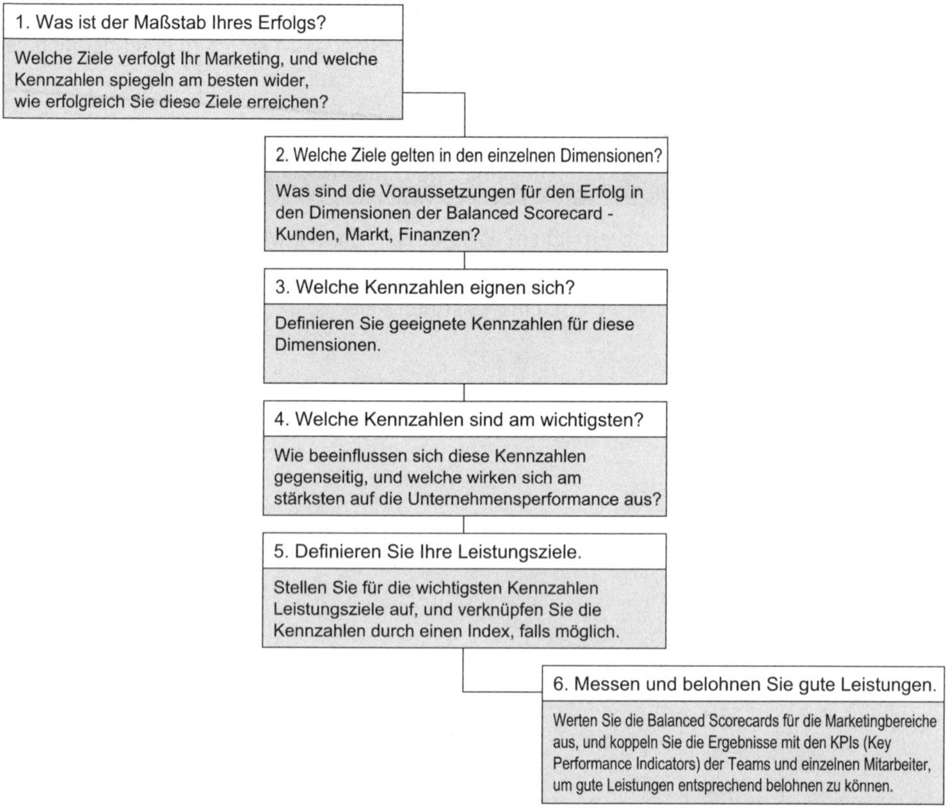

Konzept 12.2 Marketingleistungen optimieren

Sollen Marketingleistungen optimiert werden, müssen die strategische und betriebliche Ebene immer gemeinsam betrachtet werden, da es wenig Sinn macht, Aktivitäten in einem Bereich zu optimieren, in dem relativ wenig oder gar kein Profit erwirtschaftet wird.

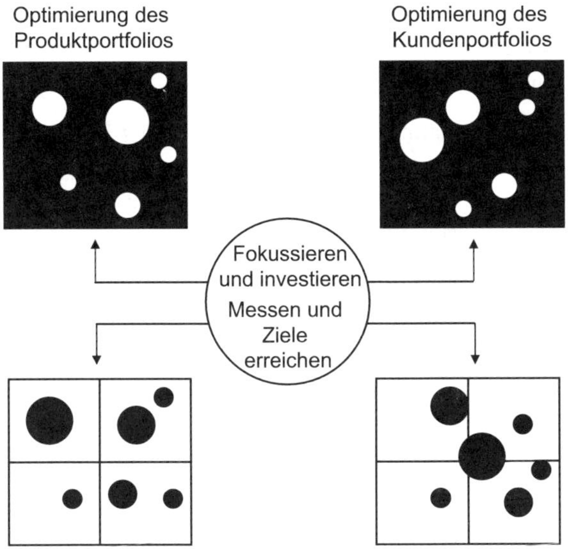

Fakt ist, dass Marketingausgaben für Marken oder Produkte, die »Wert zerstören«, den Wertverlust weiter beschleunigen. Vielleicht pflegen Sie eine Marke, die sich gut verkauft und einen großen Marktanteil hat, doch falls die durch sie erzielten Einnahmen ihre Kapitalkosten nicht übersteigen, vernichtet sie dennoch Wert.

Die Optimierung der Marketingleistung muss daher auf drei Ebenen erfolgen:

- auf strategischer Ebene – ausschließliche Konzentration auf die geeigneten Märkte und Kunden, Marken und Produkte (Portfoliooptimierung),
- auf betrieblicher Ebene – sinnvoller Einsatz von Mitarbeitern und Partnern (Ressourcenoptimierung),

- auf taktischer Ebene – Auswertung, wie effektiv das Marketing ist, den richtigen Zeitpunkt für Marketingaktivitäten erkennen und das Verbraucherverhalten beeinflussen (Vertriebs- oder Verkaufsoptimierung).

Als Grundlage für die Leistungsoptimierung in allen drei Ebenen bietet sich der Marketing ROI-Ansatz an, da er die kurz- und langfristigen finanziellen Ergebnisse gleichermaßen berücksichtigt. Allerdings ist es manchmal besser, beides getrennt voneinander darzustellen, da viele Unternehmen das Kosten- und Nutzenverhältnis auf konventionelle Art verbuchen.

Wird im laufenden Geschäftsjahr ein neues Produkt entwickelt und auf den Markt gebracht, müssen die gesamten Entwicklungskosten vorgestreckt werden, die damit erzielten Gewinne aber werden im ersten Jahr deutlich unter denen liegen, die über die nächsten drei Jahre zu erwarten sind. Die zukünftigen Einnahmen können jedoch bereits im ersten Jahr kalkuliert werden, da die Kapitalrendite ROI die Erträge des ersten Jahres, die gegenwärtig prognostizierten Erträge sowie den Nettowert der jetzigen und zukünftigen Erträge angeben kann.

Dem Marketing mangelt es nicht an theoretischen und praktischen Verfahren, mit denen der langfristige Beitrag zur Unternehmensperformance gemessen werden kann, das heißt, den wahrscheinlichen und spezifischen Wert, der für das Unternehmen geschaffen wird. Um eine eindeutige Finanzanalyse kommt das Marketing natürlich nicht umhin, doch dabei fließen viele Faktoren ein, die den wirtschaftlichen Erfolg vorantreiben.

Inspiration 12.3 Stella Artois

Im Gegensatz zu all den Marken, die sich im heftigen Wettbewerb immer billiger zu verkaufen suchen, verfolgt die Marke Stella Artois mit ihrem Werbeslogan, *»reassuringly expensive«* zu sein, eine völlig andere Strategie.

Nur wenige Marken können ihre Entstehungsgeschichte so weit zurückverfolgen wie Stella Artois. Die Brauerei Den Horen (das Horn) wurde im Jahr 1366 im belgischen Leuven gegründet. Einige Jahrhunderte später, im Jahr 1717, kaufte der Braumeister Sebastian Artois die Brauerei auf und taufte sie in »Artois« um. Der Name »Stella Artois« entstand 1926, als ein Festbier für Weihnachten gebraut wurde und das lateinische Wort für »Stern« – Stella – in den Namen einging. Der Stern ist zusammen mit dem Wahrzeichen der ursprünglichen Brauerei, dem Horn, noch heute Bestandteil der Markenidentität.

Stella Artois ist eine der beliebtesten Biersorten der Welt und wird in mehr als 80 Ländern verkauft. Biertrinker schätzen die hervorragende Qualität und den feinen Geschmack des Bieres, das auf traditionelle Weise mit gemälzter Gerste und bestem Hopfen gebraut wird. Die Werbung hat für die Marke schon immer eine besondere Rolle gespielt und verlässt mit ihrem eleganten Stil und den einprägsamen Bildern die ausgetretenen Pfade der üblichen Werbekampagnen in dieser Branche.

Der Slogan, auf beruhigende Weise teuer zu sein, hat sich als höchst erfolgreich erwiesen. Anfang der 1990er Jahre begannen die Marktanteile der Marke aufgrund wachsender Konkurrenz in der Premium-Getränkesparte jedoch zu schrumpfen. Da die Auswahl an qualitativ gleichwertigen Marken stieg, schien der hohe Preis als einziges Alleinstellungsmerkmal von Stella Artois ein ziemliches Risiko darzustellen.

Doch Stella Artois weigerte sich, von seiner exponierten Preispositionierung abzuweichen. Stattdessen beschloss das Unternehmen, den hohen Bierpreis durch verstärkte Investitionen in die Produktqualität zu stützen. Der Slogan »reassuringly expensive« wurde beibehalten und durch Qualität untermauert. Mit Erfolg. Stella Artois hat seine Marktanteile zurückerobert und ausgeweitet, und hat sich in Großbritannien wieder als führende Premium-Biermarke etabliert.

Ein ganz wesentliches Kommunikationsinstrument der Stella Artois-Werbung ist das Design. Wie sonst vorwiegend bei Champagnerflaschen und -kisten üblich, führte Stella Artois reliefartige Prägungen auf den Bierdosen und Bierkästen ein, was die Qualität und das Prestige der Marke kommuniziert. Auch das 2001 auf den Markt gebrachte Stella Artois-Bierglas wurde ein Renner. Schon ein Jahr nach der Einführung besaßen 66 Prozent aller britischen Haushalte mindestens eines.

Dank des steigenden Bierkonsums verzeichnet Stella Artois kontinuierlich wachsende Umsätze und ist das in Gaststätten, Bars und Clubs am häufigsten bestellte Bier. Für den Einzelhandel konzentriert sich das Marketing vor allem auf TV-Werbung, Sponsoring und Aktionspreise, während es im On-Trade-Kanal die starke Präsenz nutzt und neue Liefermethoden einführt.

Während die Produktkategorie zwischen 1996 und 2003 um ungefähr 60 Prozent zulegte, verzeichnete Stella Artois in Großbritannien eine Umsatzsteigerung von über 200 Prozent, was die Marke zur drittstärksten unter den Lagerbieren und zur führenden unter den Premium-Lagerbieren machte. Im Jahr 2003 wurden 3495 Millionen Fässer Stella Artois-Bier verkauft. Seit 1996 hat das Unternehmen seinen Anteil am weltweiten Biermarkt von 2,2 Prozent auf 8,9 Prozent mehr als verdreifacht.

Anwendung 12.3 Marketing-ROI

Wie messen Sie die Kapitalrendite des Marketings, vor allem, wenn der Hauptanteil der Kapitalerträge nicht im selben Jahr verzeichnet werden kann, in dem die Investitionen erfolgen?

1. Beziffern Sie Ihre Marketingausgaben.

Wofür geben Sie Ihr Marketingbudget momentan aus? Wie viel fließt in Werbekampagnen, wie viel in strategische Projekte?

2. Welche Wirkung erzielen Sie durch diese Ausgaben?

Recherchieren Sie die Auswirkungen auf das Verbraucherverhalten, und inwiefern dieses die kurz- und langfristigen Erträge beeinflusst.

3. Bringen Sie den Markenwert in die Kalkulation ein.

Beziffern Sie die langfristigen Erträge, die aufgrund Ihrer aktuellen Marketingaktivitäten zu erwarten sind, um den Markenwert zu definieren.

4. Berechnen Sie die Kapitalrendite ROI.

Berechnen Sie das Verhältnis zwischen Gesamtausgabe und aktueller sowie zukünftiger Erträge und Profitströme.

5. Beziffern Sie Ihren Beitrag zum wirtschaftlichen Unternehmenswert.

Kalkulieren Sie den Nettowert zukünftiger Profitströme, um darzustellen, welchen Wertzuwachs Ihr Marketing für das Unternehmen schafft.

6. Bringen Sie immaterielle Werte in die Kalkulation ein.

Ordnen Sie die Profitströme den immateriellen Werten zu (Marken, Beziehungen und so weiter), über die Ihr Unternehmen aktuell und zukünftig verfügt.

Konzept 12.3 Berichtswesen im Marketing

Eine unter Firmenchefs weit verbreitete Unart ist, nur zehn Prozent ihrer kostbaren Zeit dem zu widmen, was zu 90 Prozent für den Unternehmenserfolg verantwortlich ist. Wodurch der Umsatz eigentlich erzielt wird, und womit er erhöht werden könnte, ist meist ein schnell abgehaktes Thema, bevor man sich ausführlich den operativen Leistungen und der Kostenkontrolle widmet.

Die Leistung des Marketings darf jedoch nicht unterschlagen werden und sollte im Idealfall sogar der wichtigste Punkt auf den Tagesordnungen folgender Veranstaltungen sein:

- Sitzungen von Vorstands- und Aufsichtsratsmitgliedern
- Quartalssitzungen von Management und Belegschaft
- Informationsveranstaltungen für Analysten und Medien
- Jahresberichte für alle Interessengruppen

Wie fänden Sie es, wenn die Marken und das Marketing, die aktuelle Performance und die heute getätigten Investitionen in eine erfolgreiche Zukunft bei Vorstandssitzungen oder im Jahresbericht im Rampenlicht stünden?

Eine schöne Vorstellung und zugleich ein höchst sinnvoller Ausgangspunkt, um den Unternehmenserfolg zu präsentieren, und doch beginnen die meisten Vorstandssitzungen und Jahresberichte mit Kosten, Betriebsprozessen und Lieferketten.

Es stellt sich die Frage, warum CEOs ihrem Marketing, ihren Kunden und den durch Marketing und Kunden erzielten Gewinnen so wenig Aufmerksamkeit zollen. Die Antwort lautet, dass die Effizienz von Lieferketten sehr einfach gemessen werden kann und die damit einhergehenden Kosten real und steuerbar sind, das Fehlen geeigneter Messmethoden es aber sehr schwierig macht, die Effizienz von Marken und ihrer Dynamik, von Innovation, Kommunikation und Vertrieb zu verstehen.

Der Modedesigner, der seinen Investoren erklärt, welche Umsatzsteigerungen und verbesserte Gewinnspannen sich aus seiner Fähigkeit ergeben, neue Modekollektionen zwei Wochen vor der Konkurrenz auf den Markt zu bringen, wird überrascht feststellen, wie sehr er die Anleger damit beeindruckt.

Man bedenke auch den Wert von Werbung in den Verkaufsstellen selbst, oder den Wert eines geschickten Managements von drei verschiedenen Markenläden, um die jeweilige Zielgruppe anzusprechen und nicht zu versuchen, es mit einem einzigen Laden jedem Shopper recht zu machen.

Das Berichtswesen des Marketings ergänzt die übliche betriebliche Rechenschaftslegung, die traditionell von internen Prozessen und Kostenstellen dominiert wird, um die

- *strategische Perspektive* – Das Marketing ist der Antriebsmotor für Innovationen und zukünftige Markterfolge. Es pflegt Marken sowie Beziehungen, um den Erfolg zu sichern.
- *nach außen gerichtete Perspektive* – Das Marketing orientiert sich am Umfeld, erkennt die besten Geschäftschancen und reagiert auf die gesellschaftlichen, wirtschaftlichen und politischen Veränderungen.
- *nach vorne gerichtete Perspektive* – Der Großteil der Marketinginvestitionen zielt auf zukünftige Erfolge ab.
- *Perspektive ohne finanzielle Scheuklappen* – Das Marketing nutzt Kennzahlen, um die aktuelle Performance und das zukünftige Potenzial qualitativ zu bewerten.

Mit diesen Informationen kann Investoren, Analysten und im Prinzip allen Interessengruppen ein umfassendes und realistisches Bild über die gegenwärtige und zukünftige Unternehmensperformance vermittelt werden. Daher will ich in diesem Buch Marketing im Detail erklären und Argumente liefern, warum und wie das Marketing als wesentlicher Bestandteil in das Berichtswesen aufgenommen werden muss und kann.

Der kurz- und langfristigen Marketingperformance gebührt eine Schlüsselfunktion in allen Unternehmensberichten. Und auch wenn ihr die konventionellen Instrumente der Bilanzierung nicht gerecht werden, stehen dem Topmanagement doch genügend Möglichkeiten zur Verfügung, den Investoren (und überhaupt allen Interessengruppen) die entsprechenden Informationen so zu vermitteln, dass die Zukunftsaussichten des Unternehmens wesentlich besser beurteilt werden können.

Der Sarbanes-Oxley Act ist ein US-amerikanisches Gesetz zur Verbesserung der Unternehmensberichterstattung. Es wurde nach den Skandalen um Enron und einigen anderen Unternehmen, die durch die Veröffentlichung von unrichtigen Finanzdaten ihre Aktienpreise künstlich in die Höhe getrieben hatten, verabschiedet. Diese Bilanzskandale stellten ein extremes – und illegales – Geschäftsgebaren dar, das das Interesse an einem hohen Shareholder Value als Profitgier seitens der Anleger und Topmanager erscheinen ließ, anstatt ihn als langfristig gewachsenen wirtschaftlichen Wert darzustellen, der nur unter Einbeziehung der Verbraucher zu erzielen ist.

In Europa wird die Rechnungslegung der Unternehmen durch die EU-Modernisierungsrichtlinie vorgegeben. In Großbritannien ist zum Beispiel jeder CEO eines börsennotierten Unternehmens für die Richtigkeit der Daten und Prognosen in der »Operating and Finance Review (OFR)« – im Lage- und Finanzbericht – des Jahresberichts verantwortlich. Des Weiteren wird explizit dazu aufgefordert, Informationen über das Marketing, die Personalpolitik und die unternehmerische Verantwortung gegenüber der Gesellschaft zu veröffentlichen. Dies ist sowohl für Marketingexperten eine hervorragende Gelegenheit, um sich und ihrem langfristigen Beitrag zum Unternehmenswert mehr Profil zu verschaffen, als auch für Unternehmen, um den Nachweis zu erbringen, die Weichen für zukünftige Erfolge gestellt zu haben.

Für das Marketing ist vor allem wichtig, intern und extern ersichtlich zu machen, welche Leistungen und welche Werte in Bezug auf Folgendes eingebracht werden:

- kurz- und langfristige Kapitalrendite der Marketinginvestitionen
- Schaffung wichtiger Alleinstellungsmerkmale und Wettbewerbsvorteile, zum Beispiel Markteinführungszeiten und Ladeneinrichtungen
- strategische Initiativen, zum Beispiel Eroberung neuer Märkte und Innovationen
- immaterielle Werte, zum Beispiel Marken und Kundenbeziehungen

Im Zusammenhang mit der OFR-Regelung gelten auch neue Regeln für die Bilanzierung immaterieller Werte.

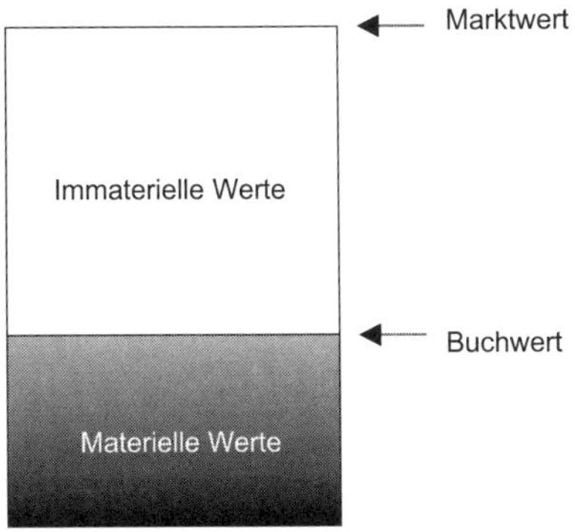

Dank der neuen internationalen Standards können Unternehmen nun erworbene immaterielle Werte in ihren Bilanzen als Posten spezieller Kategorien verbuchen, anstatt sie wie früher unter der relativ nichtssagenden Überschrift »Ideelle Firmenwerte« zusammenzufassen und über die nächsten Jahre abzuschreiben.

Bei der Berichterstattung kann nun unterschieden werden zwischen:

- immateriellen Werten, die sich auf den Markt beziehen (zum Beispiel Markennamen, eingetragenes Warenzeichen, Domänennamen und Impressum);
- immateriellen Werten, die sich auf Kunden beziehen (zum Beispiel Kundenlisten, Verträge und Beziehungen mit Kunden);
- immateriellen Werten, die sich auf künstlerische Kreativität beziehen (zum Beispiel Weißbücher, Grafiken und Videofilme, Werbejingles);
- immateriellen Werten, die sich auf vertragliche Vereinbarungen beziehen (zum Beispiel Lizenzverträge, Verträge mit Werbeagenturen, Nutzungs- und Ausstrahlungsrechte);
- immateriellen Werten, die sich auf Technologien beziehen (zum Beispiel Patente, Software, Geschäftsgeheimnisse wie Rezepturen).

So lange ein Unternehmen nachweisen kann, dass eine erworbene Marke keinem Wertverlust unterzogen ist, kann sie über Jahre in den Bilanzen verbucht werden. Marken werden als eingetragene Warenzeichen kategorisiert, umfassen aber eine ganze Reihe von Anlagewerten, die in sie eingehen.

Es ist unsinnigerweise allerdings nicht zulässig, organisch gewachsene Marken, die für das Unternehmen eigentlich viel wichtiger sind, in die Bilanzen aufzunehmen, was Verwirrung stiftet und häufig zu Transaktionen verleitet, die weder für die Marke noch für das Unternehmen von Vorteil sind.

Einige Beispiele, wie das Marketing über die Geschäftslage und die Finanzen in Großbritannien Bericht erstattet:

> »Das ungewöhnlich warme Wetter und die übermäßig gestiegenen Lebenshaltungskosten haben die privaten Energieversorger in Großbritannien dieses Jahr vor große Herausforderungen gestellt. Dennoch verzeichnet British Gas aufgrund neuer Energiemarktanteile, Energiepreiserhöhungen und kontinuierlichen Wachstums unseres Dienstleistungsangebotes für die Haushalte eine Umsatzsteigerung von 2,4 Prozent auf 6,2 Milliarden britische Pfund (2002: 6 Milliarden britische Pfund).«
>
> Centrica plc (erster Absatz des Lage- und Finanzberichts 2003, in deutscher Übersetzung)
>
> »Im Jahr 2003 betrugen die Gesamtausgaben für das Marketing 702 Millionen britische Pfund, was gegenüber 2002 einer Steigerung von 28 Prozent, bei konstantem Wechselkurs einer Steigerung von 30 Prozent entspricht. Im Vergleich zum Vorjahr verbesserte sich die Umschlagkennziffer von 10,3 auf 10,9 Prozent. Hauptsächlich dafür verantwortlich war die Akquisition von [Marke].«
>
> Cadbury Schweppes plc (letzter Absatz des Lage- und Finanzberichts 2003, in deutscher Übersetzung)
>
> »Die Marketinginvestitionen für Premium-Getränke stiegen um fünf Prozent auf 1,185 Millionen britische Pfund, wobei die Investitionen in globale Marken höchster Priorität

um vier Prozent auf 769 Millionen britische Pfund erhöht wurden. Die gestiegenen Investitionen sind vor allem auf die höheren Ausgaben für [Markennamen] und die Einführung von [Marke] zurückzuführen.«

Diageo plc (letzter Absatz des Lage- und Finanzberichts, in deutscher Übersetzung)

Alle Marketingfachleute sollten die Gelegenheiten wahrnehmen, die ihnen die OFR-Regelung und die International Financial Reporting Standards (IFRS) bieten, um sowohl den Wert, den sie schaffen als auch ihren eigenen Wert besser verdeutlichen zu können.

Bei der Berichterstattung über Lage und Finanzen des Marketings sollten sowohl quantitative als auch qualitative Aussagen getroffen werden:

- *Die aktuelle Performance* muss beziffert, verifiziert und im Vergleich zu den Vorjahresleistungen dargestellt werden. Zum Beispiel: Für Produkt X wurde eine Umsatzsteigerung um sieben Prozent auf 2,5 Millionen britische Pfund erzielt. Der Bruttogewinn erhöhte sich um 26 Prozent, da die Marktdurchdringung im Großhandel auf 92 Prozent gesteigert werden konnte und das Produktpreisniveau im Wettbewerbsvergleich um 42 Prozent höher liegt. Produkt X erwirtschaftete im vergangenen Jahr einen Gewinn von 625 Millionen britischen Pfund.«
- *Potenzielle Absatzmärkte* müssen vor allem qualitativ beschrieben und mit nur wenigen Zahlen untermauert werden. Zum Beispiel: Der Markenbekanntheitsgrad hat auf dem Markt X die 90 Prozentmarke überschritten, die Kundentreue erreicht Werte knapp unter 50 Prozent. Wir gehen davon aus, in den nächsten drei Jahren einen Marktanteil von ungefähr 60 Prozent zu erobern. Gleichzeitig werden wir 570 Millionen britische Pfund in die Produktentwicklung investieren, um uns 30 Prozent des Marktes Y zu sichern.«

Es gibt eine Vielzahl von Messsystemen für das Marketing, die je nach Branche und Fortschrittlichkeit des Unternehmens variieren. Die Messkriterien unterscheiden sich zwar in ihrer Definition und Qualität, im Allgemeinen aber verbessert sich die Lage deutlich. Folgendes bietet sich an:

- *Kurzfristige oder langfristige Messkriterien:* Verkaufserlöse und Kundenzufriedenheit zählen zu den kurzfristigen, Markentreue und Kundenloyalität zu den langfristigen Messkriterien.
- *Aufwand oder Ergebnis:* Marketingausgaben und Marktdurchdringung gelten als Aufwand, die Bevorzugung einer Marke und der Marktanteil sind Ergebnisse.
- *Strategische oder operative Kriterien:* Der Markenwert und die Anzahl von Patenten sind strategische, Bekanntheitsgrad einer Marke und Rabatte sind operative Kriterien.

Im Idealfall wird eine Balanced Scorecard eingesetzt, um Marketingentscheidungen und Performancemessungen zu unterstützen. Die beste betriebliche Praxis ist, die Aktivitäten des Marketings über eine Kopplung von optimal aufeinander abgestimmten Finanzkennzahlen zu steuern.

Die Aktivitäten und Messkriterien, die am besten steuerbar sind und die jeweilige Unternehmensperformance am stärksten beeinflussen, stehen somit im Vordergrund und können in den Berichten des Marketings exakt beschrieben werden. Viele Unternehmen legen zum Beispiel großen Wert auf zufriedene Kunden, doch der Nachweis, dass eine hohe Kundenzufriedenheit Wert schafft, wird selten erbracht. Ähnliches gilt für den durchschnittlichen Pro-Kopf-Umsatz. Dieses Kriterium spielt in manchen Branchen eine wichtige Rolle, in anderen wiederum ist es relativ unbedeutend.

Inspiration 12.4 Das Kundenkapital

In der heutigen Geschäftswelt sind Kunden die gefragteste Ressource, und doch vertreiben sich die meisten Manager, CEOs und Analysten ihre Zeit lieber damit, Geld zu zählen, anstatt sich dafür zu interessieren, wie effektiv dieses Geld eigentlich erwirtschaftet wird.

Auch die Quelle zukünftiger Kapitalströme – das Marketing – hat immense Artikulationsschwierigkeiten, sobald es sich einem Publikum gegenüber sieht, das nicht aus gleichgesinnten Marketingfachleuten besteht. Das hat nichts damit zu tun, dass Marketingprofis ihre finanziellen Beiträge nicht beziffern könnten oder als »Werbefreaks« nicht ernst genommen werden, sondern damit, dass die im Marketing verwendete Sprache oft missverständlich ist und bei den Kollegen aus der Finanzabteilung oder dem operativen Bereich Widerstand hervorruft.

Auch unter den Kollegen im Marketing herrscht zu wenig Einigkeit darüber, was mit Werbeerfolg oder Markenwert genau ausgedrückt werden soll, und sobald die Diskussion einen Finanzexperten mit einschließt, ist die Verwirrung perfekt.

Marketingfachleute müssen lernen, ihre Leistungen verständlicher und einfacher zu artikulieren. Daher kehren wir an den Ausgangspunkt zurück, an dem die Missverständnisse beginnen: Auf die Vorstandsetage zu all den Topmanagern, die nur zehn Prozent ihrer kostbaren Zeit den Kunden und den durch sie erzielten Gewinnen widmen, obwohl der gesamte Unternehmenserfolg zu 90 Prozent davon abhängt.

Der von der IPA und der Marketing Society geprägte Begriff des »Kundenkapitals« beschreibt ohne weitere Verkomplizierung ganz einfach den Wert, den die Kunden für ein Unternehmen schaffen – den »Wert der Konzentration auf den Kunden«.

Das Kundenkapital kann wie folgt ausgedrückt werden:

- als ein »Pool« kundenbezogener Kennziffern, die über bestimmte Zeiträume beobachtet werden,
- als ein gewichteter Index der wichtigsten kundenbezogenen Kennziffern,
- als die Summe wahrscheinlicher zukünftiger Kapitalströme, die durch kundenbezogene Aktivitäten geschaffen werden.

Die verwendeten Kundenkennziffern hängen natürlich davon ab, welche Faktoren im Geschäftsmodell eines Unternehmens als Triebkräfte des Erfolgs betrachtet werden. Doch stellen wir uns rein hypothetisch vor, folgende Maßstäbe hätten oberste Priorität:

- Kundenpräferenz (Prozentsatz der Verbraucher, die unsere Marke attraktiv finden)
- Kundenvolumen (Prozentsatz der Verbraucher, die unsere Produkte kaufen)

Erreichen der Kunden Aktuell erreichen wir 90 Prozent der britischen Verbraucher. Im Vergleich dazu erreicht unser stärkster Mitbewerber lediglich 79 Prozent. Kundenpräferenz 45 Prozent unserer Kunden geben an, dass sie uns der Konkurrenz vorziehen. 60 Prozent unserer Kunden geben an, dass sie ihren nächsten Einkauf bei uns tätigen werden. Kundenzufriedenheit 27 Prozent unserer Kunden geben an, mit uns sehr zufrieden zu sein. 45 Prozent unserer Kunden geben an, mit uns einigermaßen zufrieden zu sein.	Kundenverträge 40 Prozent unserer Kunden haben langfristige Verträge (über zwei Jahre) mit uns abgeschlossen. Kundenbindung 67 Prozent unserer Kunden sind uns seit über einem Jahr treu. Wir beabsichtigen, diesen Prozentsatz über die nächsten drei Jahre auf 80 Prozent zu erhöhen. Kundenloyalität 60 Prozent unserer Kunden geben an, dass sie ihren nächsten Einkauf bei uns tätigen werden. 12 Prozent unserer Kunden geben an, dass sie uns weiterempfehlen würden.
Kundenvolumen Die Zahl unserer Kunden beträgt aktuell 12,2 Millionen. In einem Jahr ist unser Kundenvolumen um 12 Prozent gewachsen. Kundenanteil Unser Marktanteil in Großbritannien beträgt momentan 33 Prozent. Kundenertrag Der Pro-Kopf-Ertrag beträgt aktuell 365 britische Pfund. Dies liegt 45 Prozent über dem Branchendurchschnitt.	Kundenwachstum Wir erwarten innerhalb der nächsten drei Jahre einen Kundenzuwachs von 15 Prozent. Der britische Markt wird im selben Zeitraum um sieben Prozent wachsen. Innovative Kundenprodukte 26 Prozent der Umsätze werden mit Dienstleistungen erzielt, die im letzten Jahr erstmals angeboten wurden. Im nächsten Jahr werden 12 Prozent der Umsätze über neue Produkte erzielt werden.
Taktische Marketingausgaben Für Werbeaktionen und Sonderangebote wurden 120 Millionen britische Pfund ausgegeben. Umsätze Wir erzielten Umsätze in Höhe von 12,1 Milliarden britischen Pfund. Im Vergleich zum vergangenen Jahr entspricht das einer Steigerung von 12 Prozent. Betriebsgewinn Wir erwirtschafteten einen Betriebsgewinn von 254 Millionen britischen Pfund. Im Vergleich zum vergangenen Jahr entspricht das einer Steigerung von 45 Prozent.	Strategische Marketinginvestitionen 180 Millionen britische Pfund wurden in Marken und Beziehungspflege investiert. Immaterielle Werte Der Wert der Marken-, Verbraucher- und Vertriebspartnerbeziehungen beträgt schätzungsweise 4,2 Milliarden britische Pfund. Unternehmenswert In den nächsten fünf Jahren prognostizieren wir eine jährliche Gewinnsteigerung um 12 bis 15 Prozent (was einem Wert von X Milliarden britischen Pfund entspricht).

- Kundenbindung (Prozentsatz der Verbraucher, die uns treu bleiben)
- Kundenempfehlung (Prozentsatz der Verbraucher, die uns weiterempfehlen)

Jeder einzelne Mitarbeiter kann sich viel motivierter dafür einsetzen, die Voraussetzungen und Zusammenhänge zu verstehen und durch sein Verhalten Kundenkapital zu schaffen, als es bei der Schaffung von Geldkapital der Fall ist. Kein Vorstandsvorsitzender kann behaupten, diese Faktoren wären es nicht wert, regelmäßig unter die Lupe genommen zu werden, und jeder Analyst könnte die Ergebnisse für aussagekräftigere Zukunftsprognosen für das Unternehmen heranziehen.

Im Tomorrow's Company-Bericht »*Restoring Trust: Investment in the Twenty-First Century*« heißt es, dass das Vertrauen und die Zuversicht der Anleger in den letzten Jahren stark gelitten haben und die Unternehmen ihren Kunden keine guten Dienste leisten. Die Bedürfnisse und zeitlichen Anforderungen der Kunden würden nicht berücksichtigt, und mangelnde Transparenz und unklare Zuständigkeiten würden das Vertrauen untergraben.

All diese Maßstäbe und Kriterien sind nicht nur nachvollziehbar und verständlich, sondern richten den Blick auf das Wesentliche. Zudem ermöglichen sie es dem Marketing, seinen Beitrag zum Unternehmenserfolg als positive und gemeinsam erarbeitete Leistung darzustellen.

Anwendung 12.4 Beziehungspflege mit Investoren

Was können Sie Ihren Aktionären über das Marketing mitteilen? Wie vermitteln Sie die Bedeutung des Marketings einem strategisch denkenden Publikum? Wie machen Sie das Marketing zu einem Topthema bei Vorstands- und Aufsichtsratssitzungen, Anlegerinformationsveranstaltungen und im Jahresbericht?

1. Formulieren Sie den wahren Wert des Marketings.

Verdeutlichen Sie, welchen wirtschaftlichen Wert das Marketing im Hinblick auf Kunden, Innovationen und Wachstum beisteuert.

2. Machen Sie das Marketing zur Chefsache.

Sorgen Sie dafür, dass diese Themen auf der Tagesordnung von Vorstands- und Aufsichtsratssitzungen erscheinen. Bitten Sie dem Marketing gegenüber aufgeschlossene Topmanager um Hilfe.

3. Machen Sie das Marketing für Analysten interessant.

Sorgen Sie dafür, dass diese Themen ganz oben auf der Tagesordnung von Investor Relations-Treffen stehen. Machen Sie den Analysten die Bedeutung dieser Themen klar.

4. Erobern Sie sich einen ersten Platz im Jahresbericht.

Stellen Sie sicher, dass die oben genannten Themen mit an erster Stelle im Jahresbericht präsentiert werden. Gehen Sie auf die Entwicklungen der vergangenen Jahre ebenso ein wie auf Ihre Zukunftspläne. Nutzen Sie die Chancen der EU-Modernisierungsrichtlinie und internationaler Standards.

5. Starten Sie den Dialog mit Investoren.

Starten und pflegen Sie den Dialog, informieren Sie Anleger über Ihre Marketing-Leistungen und ermöglichen Sie den Aktionären, anhand dieser Informationen Entscheidungen zu treffen.

6. Üben Sie positiven Einfluss auf den Aktienpreis aus.

Weisen Sie nach, dass das Marketing den Marktwert des Unternehmens spürbar und unmittelbar erhöhen kann.

Bühne frei für das Marketing

»Möchten Sie nicht auch lieber die Welt verbessern, anstatt für den Rest Ihres Lebens Sprudel verkaufen?«

John Sculley

»Eine Marke ist für ein Unternehmen, was die Reputation für eine Person ist. Reputation erntest du, wenn du schwierige Dinge gut meisterst.«

Jeff Bezos

Allen Marketingprofis gebührt in der Geschäftswelt ein Platz in der ersten Reihe, und das Marketing sollte als wichtigster, einflussreichster und inspirierendster Erfolgsfaktor anerkannt werden. Bisher aber wurde das Marketing hauptsächlich als rein unterstützende Funktion betrachtet, die nur einen unerheblichen Beitrag zum Kerngeschäft eines Unternehmens leistet. Mit dieser Einstellung kann kein Unternehmen mehr überleben.

Ohne kreative Marketingexperten kann sich heute keine Firma auf den komplexen Märkten und im heftigen Wettbewerb behaupten. Mehr denn je ist das Marketing der Antriebsmotor für wirtschaftliches Wachstum, für die Orientierung am Verbraucher, für Innovation und Rentabilität.

Dem Marketing stehen alle Türen offen, um seine Position zu stärken und sich als strategischer Richtungsweiser zu etablieren, der das gesamte Unternehmen auf ein gemeinsames Ziel ausrichtet und zu einer ganzheitlichen Denkweise auffordert. Dies ist allerdings nur möglich, wenn sich auch die Einstellungen und Verhaltensweisen der im Marketing tätigen Menschen ändern.

Zweifellos gibt es hervorragende Kollegen, die sich bereits auf die geänderte Situation eingestellt haben, aber noch viele andere müssen es ihnen nachtun und sich eine strategische, innovative und kommerzielle Denk- und Handlungsweise aneignen. Noch nie zuvor war es so spannend wie heute, im Marketing tätig zu sein.

Intelligentere Marketingprofis	Fantasievollere Marketingprofis
... orientieren sich an den Kunden. Sie betrachten Kunden als die tragenden Säulen des Marketings, seiner Erkenntnisse, Wertangebote und vermittelten Erfahrungen.	**... sind Fürsprecher der Kunden**. Sie setzen sich im gesamten Unternehmen dafür ein, dass den Kunden optimal und effektiv gedient wird.
... pflegen ihr Unternehmen. Sie sehen das Unternehmen in seiner Gesamtheit und erkennen, wie es sich ausrichten, fokussieren und entwickeln muss, um die besten Geschäftschancen ergreifen zu können.	**... propagieren Innovationen**. Sie ermutigen zu innovativem Denken und werben dafür, Innovationsfähigkeit als wichtigste Disziplin zu begreifen.
... ermöglichen Wachstum. Sie fördern wirtschaftliches Wachstum, indem sie Märkte und Marken, Innovationen und Beziehungen strategisch ausbauen.	**... sind treibende Kräfte**. Sie treiben die Unternehmensstrategie und Entscheidungsprozesse voran, bestimmen die Höhe und den Zeitpunkt von Investitionen und legen Prioritäten fest.

Marketingprofis müssen sich bei der Erschließung von Märkten mehr auf kommerzielle Kriterien konzentrieren, wettbewerbsfähiger und kreativer arbeiten und die Zukunft ihres Unternehmens entwerfen. Die erfolgreichsten Marketingprofis unserer Zeit werden schon gar nicht mehr als solche bezeichnet, was angesichts der erweiterten Aufgabenbereiche auch nicht weiter verwundert. Titel wie Kaufmännischer Leiter, Leiter eines Unternehmensbereichs oder Marktsegments, Manager der Kundenbetreuung und so weiter sind durchaus üblich.

Eine für die Marketing Society durchgeführte McKinsey-Studie ergab, dass Marketingexperten tatsächlich viel mehr für ihre CEOs tun können und sollten, da die in der Studie ermittelten wichtigsten Unternehmensziele allesamt eng mit dem Marketing verbunden sind:

- Nachhaltiges organisches Umsatzwachstum – durch Investitionen in Marken auf der Basis fundierter Kundenerkenntnisse, durch mehr Innovationen und einer besseren Umsetzung strategischer Vorgaben.
- Einhaltung neuer Gesetze und Richtlinien – Aufbau guter Beziehungen zu Regulierungsbehörden, positive Einflussnahme auf Marktentwicklungen, sich als »Corporate Citizen« der gesellschaftlichen Verantwortung stellen, anstatt jede neue Regelung als Bedrohung zu empfinden.
- Kostenmanagement – effizientere Arbeitsabläufe entwickeln, kontinuierliche Verbesserungen einführen, anstatt alles beim Alten zu lassen und willkürlich den Rotstift anzusetzen.
- Reaktionsgeschwindigkeit und -fähigkeit des Unternehmens verbessern – flexibel auf den permanenten Wandel reagieren können, sich nicht an bestimmte Produkte und Leistungen binden und die Unternehmenskultur den aktuellen und zukünftigen Entwicklungen anpassen, anstatt an der Vergangenheit festzuhalten.

Es gibt also genügend Herausforderungen und Chancen, denen sich Marketingexperten widmen können. Insbesondere wünschen sich CEOs, dass alle Mitarbeiter ihres Unternehmens etwas von der Mentalität der Marketingprofis übernehmen.

> »Es steht außer Frage, dass in der Marketingabteilung großartige Profis ausgezeichnete Arbeit leisten. Nun wünsche ich mir, dass ihr Können auf alle meine Mitarbeiter abfärbt.«
>
> CEO eines FMCG-Unternehmens

Jeder der befragten CEOs sicherte seiner Marketingabteilung volle Unterstützung dabei zu, sich als treibende Kraft im Unternehmen zu etablieren, um eine bessere Kundenorientierung zu ermöglichen und den Unternehmenserfolg zu sichern. Alle CEOs erkannten, dass die Rolle des Marketings neu oder zumindest breiter definiert werden und jeder einzelne Mitarbeiter lernen muss, wie ein Marketingprofi zu denken.

> »Marketingorientiert denken heißt, zukunftsorientiert denken.«
>
> CEO eines FMCG-Unternehmens

»Das Marketing weist den Weg, die betriebliche Ebene schlägt praktische Lösungen vor, und die Finanzabteilung bewertet sie.«

CEO eines Finanzdienstleisters

»Effektives Marketing ist der Antriebsmotor zukünftiger Profite und des Shareholder Values.«

CEO eines FMCG-Unternehmens

Obwohl die Studie belegt, dass Marketingprofis für ihren einzigartigen Beitrag zum Unternehmenserfolg sehr geschätzt werden, empfanden die befragten CEOs folgende Mängel als frustrierend:

- Wirtschaftlichkeit, Messsysteme und eindeutige Zuständigkeiten lassen bei der Verfolgung von Marketingtaktiken oft zu wünschen übrig.
- Vielen Marketingexperten fehlt es noch an fundierten Kenntnissen über die Geschäftstätigkeit, breit gefächerten Managementfähigkeiten und der geeigneten Fachterminologie, um eine Führungsrolle bei der Entwicklung von Unternehmensstrategien übernehmen zu können.
- Die Zusammenarbeit der Marketingexperten mit allen anderen Abteilungen muss enger werden, damit die Kunden unternehmensweit in den Mittelpunkt gerückt werden.
- Um an der Unternehmensführung mitwirken zu können, muss sich das Marketing diesen Status durch ausgezeichnete Ergebnisse verdienen, die in der Standardterminologie der Finanzen präsentiert werden müssen.
- Sowohl die Marketingmitarbeiter wie auch die Kollegen anderer Abteilungen müssen sich ausführlich mit diesen Forderungen auseinandersetzen und verstehen, inwiefern sich Rollen und Funktionen entsprechend ändern müssen.

Allerdings trauen die wenigsten CEOs ihren Marketingprofis zu, diesen Herausforderungen gewachsen zu sein. Sie schätzen zwar ihre kreative Energie, halten sie jedoch häufig für undiszipliniert, mitunter für inkompetent, was bestimmte Fähigkeiten anbelangt, für inflexibel und arrogant.

Wie nehmen CEOs ihre Marketingmitarbeiter wahr?

Im besten Fall als	**Im schlimmsten Fall als**
kreativ	undiszipliniert
engagiert	nicht-wertorientiert
hart arbeitend	inkonsequent
inspirierend	überheblich
unverzichtbar	nicht wirtschaftlich orientiert
begeistert	engstirnig
talentiert	unzuverlässig

Quelle: Marketing Society

Das Marketing wird zwar als unverzichtbar anerkannt, doch kein CEO möchte mit Marketingprofis zusammenarbeiten, die ihre Prioritäten nicht kennen, sich nicht mit den Kunden verbunden fühlen, sich gegen jede Veränderung sperren, von schnellen Erfolgen besessen sind und als unzuverlässig gelten.

Interessant ist auch, dass die Definition des Marketings stark variiert, was bedeutet, dass sprachliche Missverständnisse sowohl intern als auch extern vorprogrammiert sind. Je nachdem, welche Funktion das Marketing hauptsächlich übernimmt, sind folgende Definitionen gängig:

- »Kommerzielles« Marketing erfüllt die Funktion, das Unternehmensimage und den guten Namen zu repräsentieren und ist für die Kommunikation, Forschung und Entwicklung, Preisgestaltung, Vertrieb, Verkauf, CSR und Integration zuständig.
- »Funktionelles« Marketing ist für die Kommunikation, Forschung und Entwicklung, Preisgestaltung, integriertes Marketing und CSR zuständig.
- »Kreatives« Marketing ist für Kommunikation, Forschung und Entwicklung zuständig.

- »Corporate« Marketing repräsentiert das Unternehmensimage und den guten Namen und ist für die Investorenbeziehungen, die interne Kommunikation und CSR zuständig.

Wie man es von so kreativen Köpfen erwartet, trumpfen Marketingprofis immer wieder mit revolutionären neuen Ideen, Modellen und Lösungen auf. Was CEOs im Allgemeinen jedoch dabei vermissen, sind eine strategischere Vorgehensweiseweise, Innovationsfreude und die Berücksichtigung der kommerziellen Umsetzungsfähigkeit.

Ein wahres Marketinggenie wird sehr wahrscheinlich keine absolut bahnbrechenden und weltbewegenden Vorschläge unterbreiten. Vielmehr geht es ihm um die Art der Umsetzung und die effektive Integration in die Geschäftsabläufe, die geschickte Kombination von radikaler Kreativität mit strikter Disziplin, um Kunden zu begeistern und fantastische Ergebnisse zu erzielen.

Gemeinsam mit ihren Mitgliedern und anderen Berufsverbänden verfasste die Marketing Society ein Marketingmanifest – das »Manifesto for Marketing« – in dem die neue Rolle des Marketings und die Voraussetzungen, die Marketingprofis erfüllen müssen, um dieser Rolle gewachsen zu sein, formuliert sind.

Ein Marketingmanifest

Das Marketing muss sich neu an den Unternehmensprioritäten ausrichten und für Kunden und Investoren besonderen Wert schaffen. Alle im Marketing tätigen Mitarbeiter müssen in ihrem Unternehmen neue Rollen annehmen, neue Verhaltensweisen an den Tag legen und sich neue Kompetenzen aneignen.

Die neuen Rollen der Marketingprofis:

- **Champion im Dienst der Kunden** – Die Erkenntnisse über die wahren Bedürfnisse und Sorgen der Kunden – sowohl der Verbraucher als auch der Zwischenhändler – nutzen und sicherstellen, dass sich Markenversprechen tatsächlich bewahrheiten.

- **Innovationsquelle** – Die besten Chancen für Innovationen im gesamten Unternehmen ergreifen, Visionen eindeutig formulieren und die besten kreativen Ideen umsetzen, um herausragende Produkte und Dienstleistungen zu entwickeln.
- **Wachstumsmotor** – Das wirtschaftliche Wachstum des Unternehmens vorantreiben, sicherstellen, dass die besten Chancen für schnelles, lukratives und nachhaltiges Wachstum ergriffen werden, um den Investoren hervorragende Kapitalrenditen zu sichern.

Sollte das Marketing nicht bereit sein, sich diesen neuen Rollen entsprechend zu verändern, stellt es sich damit selbst ins Abseits, da früher oder später andere Unternehmensfunktionen die Herausforderung annehmen werden, die Verantwortung für den Unternehmenserfolg zu tragen.

Argumente für den Wandel

Das Marketing hat jetzt die einzigartige Chance, sich als treibende Kraft im Unternehmen zu etablieren, sich federführend an der Strategie zu beteiligen, Verbraucher wirklich zu verstehen und für sich zu gewinnen, der gesamten Belegschaft die Richtung zu weisen und sich als Quelle der Wertschöpfung zu positionieren.

Um diese neuen Rollen übernehmen zu können, müssen Marketingexperten neue Verhaltensweisen und neue Kompetenzen erlernen. Am wichtigsten ist es:

- **Verantwortung zu übernehmen** – Marketingexperten müssen die Verantwortung für das lukrative Unternehmenswachstum übernehmen, Entscheidungen treffen und Prioritäten setzen, kurz- und langfristige Ziele in einem ausgewogenen Verhältnis verfolgen und den geschaffenen Wert messen und kommunizieren können.
- **Teamgeist zu entwickeln** – Marketingexperten sind optimal positioniert, um die abteilungsübergreifende Teamarbeit zu fördern, Strategien und Umsetzungsmöglichkeiten aneinander auszurichten und dank ihres Wissens über die Verbraucher überzeugende Erfahrungen zu vermitteln.

- **Neue Kompetenzen zu erlernen** – Marketingexperten müssen strategischer, innovativer und wirtschaftlicher denken und agieren, neuen Marketingprozessen und -modellen gegenüber aufgeschlossen sein und die Sprache der Verbraucher in die Sprache der Finanzexperten übersetzen lernen.

Jeder im Marketing Tätige ist für sein Verhalten und seine Kompetenzen persönlich verantwortlich, muss sich aber auch dafür einsetzen, dass die Marketing-Community als Ganzes aufgewertet und als wichtiger Einflussfaktor anerkannt wird.

Quelle: Marketing Society

Inspiration 13.1 Nestlé

»Lebensqualität, die schmeckt«.

Ob Sie ein Stück Schokolade naschen, ein Glas Wasser trinken, das Abendessen zubereiten, Ihren Hund füttern oder an einem Eis schlecken, die Chancen sind in jedem Fall hoch, dass es sich um ein Produkt von Nestlé handelt. Die Unternehmensmarke Nestlé hat sich zwar lange hinter ihren vielen Produktmarken wie Nescafé, KitKat, Maggi, Buitoni und Häagen Dazs versteckt, tritt jedoch mittlerweile mehr und mehr in den Vordergrund, um das große Markenportfolio mit dem zusätzlichen Qualitätssiegel des Namens »Nestlé« zu stärken.

Der heute weltweit größte Lebensmittelkonzern Nestlé mit Hauptsitz im Schweizer Vevey wurde 1867 von Henri Nestlé gegründet. Die Unternehmensstrategie setzt auf Wachstum durch innovative neue Produkte. Langfristiges Erfolgspotenzial steht weit über der kurzfristigen Unternehmensperformance, und die qualitativ besten Produkte in den Lebensmittelpunkt der Verbraucher – ganz gleich, wo diese leben, was sie wollen und in welchem Lebensabschnitt sie sind – zu rücken, hat oberste Priorität.

Als Nestlés Marketingleiter aus gesundheitlichen Gründen für längere Zeit ausfiel, wurde die geeignete Vertretung nicht in den unteren Rängen, sondern in der Führungsriege des Konzerns gesucht. Die Wahl fiel auf Peter Brabeck-Letmathe, CEO mit Marketinghintergrund, der die volle

Verantwortung für die 8 000 Nestlé-Produkte und ihre 20 000 Produktversionen übernahm und mit einem Marketingbudget von 2,5 Milliarden US-Dollar Gewinne von über 65 Milliarden US-Dollar erzielt.

»Wir sind ein Markenproduktunternehmen«, betont Brabeck-Lethmate. Das Marketing wird als Wachstumsmotor anerkannt und die Marken als der wichtigste Treibstoff. Ausschlaggebend für den Unternehmenserfolg sind die partnerschaftlichen Beziehungen zum Einzelhandel. Anstatt sich auf kostspielige Machtkämpfe einzulassen, betrachtet es Nestlé als seine größte Herausforderung, durch bessere Zusammenarbeit mit seinen Hauptabnehmern noch größere Erfolge für beide Seiten zu erzielen. Einige seiner Mitbewerber haben in diesem Machtkampf bereits kapituliert und entwickeln mittlerweile mehr Marken für Supermarktketten als eigene. Für Brabeck-Lethmate stellt dies das ultimative Eingeständnis dar, bei der Wertschöpfung versagt zu haben.

Um diese Herausforderung meistern zu können, hat Brabeck-Lethmate sein Marketingteam darauf eingeschworen, die Erkenntnisse über Verbraucher, Kommunikationsinstrumente, Werbeaktionen und die Techniken des Verkaufs- und Absatzmanagements dafür zu nutzen, die Nachfrage nach Nestlé-Produkten aktiv zu erzeugen. Parallel dazu werden die Kernmarken durch Forschung, Innovation und Markenpflege kontinuierlich geschützt und weiterentwickelt.

Nestlé hat die Produkte seines riesigen Portfolios unter sechs Dachmarken zusammengefasst: Die Marke Nestlé, die 40 Prozent der Produkte beinhaltet, die Tiernahrungsmarke Purina, Maggi, Nescafé, Nestea und Buitoni. Die Marke Nestlé zum Beispiel hat als unterstützende Marke für ganz unterschiedlicher Kategorien wie Milchprodukte, Brotaufstriche, Schokolade und Eiskrem enormen Auftrieb erfahren.

Brabeck-Lethmate machte das Marketing zu einer zentralen Funktion des Konzerns, nachdem ihn die alte Rolle des Marketings früher oft frustriert hatte. Vor seiner Zeit als Marketingchef galt es als eine Nebenfunktion ohne wirklich nachweisbare Resultate, die innerhalb der »Matrixorganisation« nur bei einigen wenigen Aspekten der Innovation mitreden durfte und, was noch frustrierender war, sich am Erfolg der Werbung, anstatt am Erfolg für das Unternehmen maß.

Der Chef des Marketings ist heute für alle sieben strategischen Unternehmensbereiche verantwortlich. Jeder Bereich ist für eine Produktkategorie und deren globale Geschäftsstrategie zuständig, was eine gezielte Forschung und Entwicklung ermöglicht, und die Produktivität sowie die regionale und lokale Performance verbessert. Daraus ergeben sich nicht nur speziell für die jeweiligen Absatzmärkte entwickelte Marken und Produkte, sondern auch engere Beziehungen zu den Abnehmern im Einzelhandel und den Kunden. Das Marketing hat die Kontrolle über und die volle Verantwortung für die Unternehmensperformance übernommen.

Anwendung 13.1 Marktmanagement

Wie wirken Sie effektiv auf Märkte ein und formen sie nach Ihren Vorstellungen? Wie treiben Sie den Wandel der Märkte voran und nehmen Einfluss auf neue Strukturen und Regeln? Wie stellen Sie sicher, dass sich die Denkweise des Marketings im gesamten Unternehmen durchsetzt?

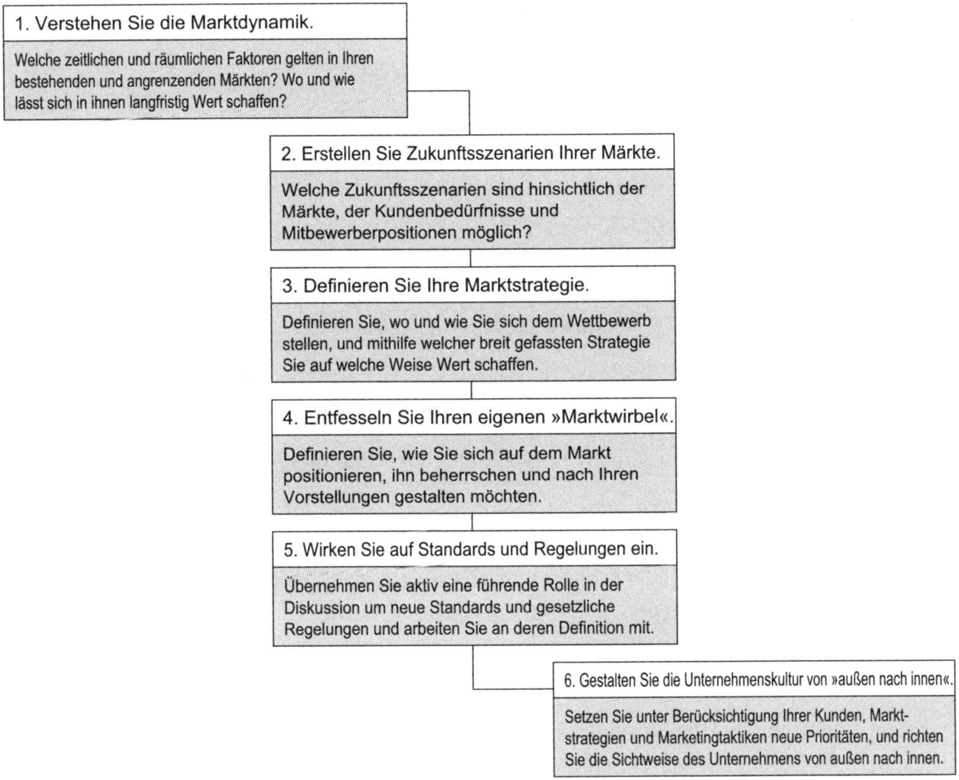

Konzept 13.1 Champions im Dienst der Kunden

Marketingprofis müssen zu »Champions im Dienst der Kunden« werden, um die Erkenntnisse über die Verbraucher unternehmensweit zu verbreiten, Entscheidungen voranzutreiben und Geschäftsaktivitäten zielsicher zu bündeln. Übernehmen sie diese Rolle, werden klügere und effektivere Entscheidungen getroffen und den Kunden befriedigendere Erfahrungen vermittelt, die konsequent miteinander harmonieren.

Marketingmitarbeiter müssen daher:

- umsetzungsfähige Erkenntnisse über Kunden gewichten und kommunizieren;
- die Verantwortung für Angelegenheiten übernehmen, die Kunden wichtig sind (zum Beispiel Gesundheit und Umweltschutz);
- sicherstellen, dass das Unternehmen ihre Belange versteht und entsprechend handelt;
- gewährleisten, dass die den Kunden gegebenen Versprechen ausnahmslos eingehalten werden;
- Marken entwickeln und pflegen, die exakt auf die Bedürfnisse der Kunden eingehen;
- dafür sorgen, dass das Unternehmen enge Kundenbeziehungen aufbaut.

Hin und wieder erliegt das Marketing der Versuchung, wichtige Informationen über Kunden für sich zu behalten und zu versuchen, isoliert vom Rest des Unternehmens Kundenbeziehungen aufzubauen. Dies ist weder möglich noch wünschenswert. Das Marketing muss allen Unternehmensbereichen als Vorbild dienen und verdeutlichen, dass die Konzentration auf die Kunden notwendig und wichtig ist. Vor allem aber muss es dafür sorgen, dass Markenversprechen eingehalten werden.

Die aktive und sinnvolle Verwaltung sämtlicher Kundeninformationen ist daher der zentrale Punkt innerhalb der neuen Marketingrolle. Dazu ist es erforderlich, Marktforschungsergebnisse wesentlich genauer zu analysieren und eine nützliche Wissensbasis aufzubauen, wobei sowohl die Studien selbst als auch die Ergebnisse allgemein zugänglich und vor allem verständlich zu machen sind. Um zu gewährleisten, dass die Erkenntnisse von praktischem Nutzen sind, müssen Marketingmitarbeiter verstehen, wie sie in anderen Unternehmensbereichen verwendet werden. Nur dann lassen sich die Informationen über die Kunden sinnvoll nutzen, und nur so wird das Marketing in allen Abteilungen und auf allen Managementebenen in die Entscheidungsfindung einbezogen.

Es obliegt der Verantwortung des Marketings, dass Kunden und ihren Bedürfnissen ein höherer Stellenwert eingeräumt wird. Es muss bei der Formulierung und Einhaltung der Markenversprechen eine führende Rolle einnehmen und unmissverständlich erklären, wie Markenangebote und -versprechen in der betrieblichen Praxis wahrheitsgetreu umgesetzt werden können.

Es versteht sich von selbst, dass die Orientierung am Kunden nichts ist, was durch eine Vorschrift erzwungen werden kann. Positive Einflussnahme, Überzeugungsarbeit und Kollegialität seitens des Marketings sind gefragt, um alle Mitarbeiter dafür zu gewinnen, sich an den Kunden auszurichten, einen persönlicheren Umgang zu pflegen und sich der Marke entsprechend zu verhalten. Dies ist nur möglich, wenn Offenheit und Teamgeist die alten Revierkämpfe und Hierarchien überwinden und sich alle gemeinsam über die Abteilungsgrenzen hinweg auf die Kunden und ihre Wünsche konzentrieren.

In einigen Unternehmen wird diese kollektive Kundenorientierung dadurch unterstützt, dass einzelne Marketingmitarbeiter zu Champions bestimmter Kunden eines Marktsektors oder einer Marke ernannt werden, um die vermittelten Erfahrungen zu verbessern und darüber zu berichten. Diese Champions sind manchmal Markenmanager, andere Male werden sie als »Customer Experience Manager» oder »Segmentmanager« tituliert.

Inspiration 13.2 British Airways

British Airways entstand 1973 aus dem Zusammenschluss der staatlichen British Overseas Airways Corporation und der British European Airways. 1981 übernahm Lord King das Ruder und die verantwortungsvolle Aufgabe, die Privatisierung der Fluglinie vorzubereiten. Zur Unterstützung holte er sich 1983 Colin Marshall als CEO an Bord, die staatliche Fluglinie wurde sodann privatisiert und ging 1987 an die Börse.

King und Marshall gelang das Meisterstück, den bürokratischen Ballast einer langjährigen ineffizienten Unternehmensführung abzuwerfen und British Airways in ein Musterbeispiel an Kundenservice zu verwandeln. Die frühen Maßnahmen umfassten die kulturelle Umorientierung hin zum ausgezeichneten Kundenservice, der als Grundlage für die Rentabilität erkannt wurde.

Wegweiser auf diesem Kurs war ein Programm, dessen Motto die Menschen in den Mittelpunkt der Aufmerksamkeit rückte: »Putting People First«.

Das Marketing und der Kundenservice wurden zum Herzstück der Fluglinie. British Airways war tatsächlich eines der ersten Dienstleistungsunternehmen, das sich der Markenpflege verschrieb, seine verschiedenen Wertangebote zielgruppenspezifisch verpackte und benannte und sich darum bemühte, die unterschiedlichen Produkte und Serviceelemente als nahtlos ineinander übergehende Erfahrungen zu vermitteln.

Um das ehemals weniger schmeichelhafte Image der Fluglinie aufzupolieren, legte BA schon immer großen Wert auf gute Werbung. Emotional geladene Bilder von Menschen aus allen Erdteilen, die dank »The World's Favourite Airline« zueinander finden, machten British Airways für die Kunden attraktiv. Die Executive Club Card von BA war eines der ersten Programme, mit denen Kunden für ihre Loyalität belohnt werden. Ein Kundenmagnet war natürlich auch die Concorde, die als »Königin der Lüfte« das Wunder vollbrachte, dass Flugreisende aus London bei ihrem Flug nach New York durch die Zeitumstellung früher ankamen als sie abgeflogen waren.

Einige Jahre boomte der internationale Flugverkehr und mit ihm British Airways, ganz ohne die staatlichen Subventionen, die so manchem Mitbewerber Auftrieb verschafften. Der Ausbruch des ersten Golfkriegs, die steigenden Ölpreise, der immer größere Konkurrenzdruck und Effizienzverluste aufgrund der Unfähigkeit, betriebliche Arbeitsprozesse zu modernisieren, ließen den Kundenchampion in heftige Turbulenzen geraten.

Der erste Sturm zog in Form von Richard Bransons Fluglinie Virgin Atlantic herauf, die British Airways einige der lukrativsten Flugrouten streitig machte. Im Streit über die Grenze zum unlauteren Wettbewerb machte die »Dirty Tricks«-Kampagne der BA gegen Branson negative Schlagzeilen. Gleichzeitig gerieten das Management und die Gewerkschaften aneinander, und der daraus resultierende Streik kostete British Airways mehrere hundert Millionen britische Pfund.

Die nächste Schlechtwetterlage durchflog die Fluglinie 1997 aufgrund der gewagten Entscheidung, den traditionellen Union Jack als Markenlogo durch Ethno-Logos zu ersetzen, die den globalen Charakter von BA zum Ausdruck bringen sollten.

Die Idee war, der Welt zu zeigen, dass British Airways sich nicht isoliert, sondern global denkt und weltoffen ist. An sich ist es auch keine schlechte Idee, eine Marke auf global differenzierte Weise darzustellen, allerdings war die Empörung einiger einflussreicher Briten so groß, dass man die neuen Logos lieber wieder verblassen ließ.

Im Zuge der rapiden Veränderungen im Luftverkehr erkannte British Airways, dass es klüger ist, das eigene Schicksal selbst in die Hand zu nehmen, anstatt dies der Konkurrenz zu überlassen. Allianzen wurden zu einer überlebenswichtigen Strategie, um Flugcodes gemeinsam zu nutzen, Abflugs- und Ankunftszeiten zu synchronisieren, Vielfliegerprogramme zu kombinieren und Franchising-Verträge mit kleineren Fluglinien abzuschließen, da Kurzstreckenflüge sich für British Airways nicht lohnten.

Als entscheidend für eine erfolgreiche Zukunft galten jedoch Fusionen und Akquisitionen. Nachdem die Übernahme von USAir scheiterte, versuchte BA mit enormem zeitlichen Aufwand eine Fusion mit American Airlines herbeizuführen, die jedoch letztendlich an den Bedingungen scheiterte, die die Regulierungsbehörden an die Vergabe von Landeerlaubnissen auf dem britischen Flughafen Heathrow koppelte.

Zur selben Zeit gelang es dem Marketingteam unter der Leitung von Martin George weiterhin Branchenstandards zu etablieren, den Zusammenschluss von mehreren Fluggesellschaften zu »One World« voranzutreiben, und seine Marken, die Kundenerfahrung, den Vertrieb, das Marketing und den Service kontinuierlich durch die Investition gigantischer Summen in ba.com weiterzuentwickeln. Innerhalb kurzer Zeit war der Imageschaden behoben und das Unternehmen erneut Marktführer.

Unverändert geblieben ist trotz dieser Unruhen die vorrangige Stellung des Markenmanagements bei British Airways. Das Management einer Dienstleistungsmarke ist auch tatsächlich deutlich diffiziler als das Management einer greifbaren Produktmarke. Dienstleistungsmarken haben mit ihren Kunden unendlich viele Kontaktstellen und hängen von vielen Betriebsprozessen ab, für die größtenteils externe Geschäftspartner zuständig sind. Am kritischsten ist aber, dass Dienstleistungen von Menschen erbracht werden.

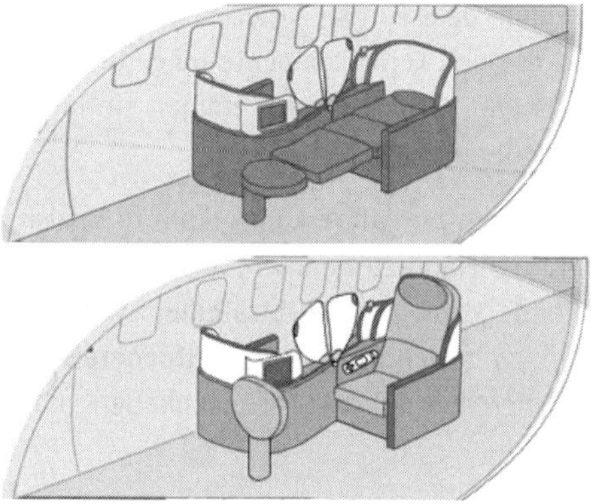

Quelle: www.thetravelinsider.com

Gebackene Bohnen der Marke Heinz stehen immer im selben Dosendesign im Regal und schmecken auch immer gleich gut, selbst wenn der Kassierer schlechte Laune hat und der Supermarkt eigentlich einmal gründlich sauber gemacht werden müsste. Bei einer Dienstleistungsmarke muss jedoch alles stimmen, denn ein unfreundliches Wort und ein schmuddeliger Fleck kann die Marke als Ganze schädigen und die Erfahrung des Kunden beeinträchtigen. Bei British Airways gebührt dem Markenmanagement daher ein Platz in der ersten Klasse. Es agiert nicht aus einem Elfenbeinturm heraus, sondern durchdringt das gesamte Unternehmen.

British Airways ist die Hauptmarke, die über allen anderen steht und mit ihrem Namen für Sicherheit, optimale Flugpläne und Pünktlichkeit bürgt. Die Submarken wie Club World und Club Europe, World Traveller und Euro Traveller richten sich mit spezifischeren Wertangeboten an die verschiedenen Zielgruppen und definieren die Produkte und Dienstleistungen, die in ihrer Gesamtheit die Erfahrung vermitteln.

Ein Markenmanager bei British Airways denkt immer an die Kunden und ganzheitlich, nicht an die Produkte und in isolierten Bahnen. Ein Club Word-Markenmanager wird immer die gesamte Erfahrung des Geschäftsreisenden berücksichtigen. Dazu gehört, dass der Kunde zum Flughafen fährt, parkt, eincheckt, fliegt, ankommt und an seinem Ziel erledigt, was immer er tun muss. Dies und noch rund 20 weitere Aspekte machen die Club World-Erfahrung aus.

Die Aufgabe des Markenmanagers besteht im Prinzip darin, viele höchst komplexe Interaktionsstränge – mit der Flugbuchung, dem Check-in, mit Boden- und Sicherheitspersonal, mit Lounges, der Kabinenausstattung, mit Catering-Anbietern, der Kabinencrew, mit Autovermietern und Hotels – zu einer harmonischen und nahtlos ineinandergreifenden Gesamterfahrung für den Kunden zu verknüpfen. Dem Markenmanager steht selbst nur ein relativ kleines Budget zur Verfügung, da er die jeweiligen Ausgaben mit den dafür zuständigen Teams absprechen muss. Dies erfordert sowohl im Marketing als auch abteilungsübergreifend Teamarbeit, um gemeinsam jedem einzelnen Kunden eine starke, zusammenhängende, in sich schlüssige und ganz besondere Markenerfahrung zu vermitteln.

Das ist durchgängiges Markenmanagement, wie es in jedem Unternehmen praktiziert werden sollte.

Anwendung 13.2 Markenmanagement

Wie bereichern Sie das traditionelle FMCG-Markenmanagement um neue Aspekte der Markenpflege? Welche neuen Marketingrollen sind bei der Pflege der Unternehmensmarke zu übernehmen? Wie stellen Sie bei der Einhaltung des Markenversprechens sicher, dass sich jeder einzelne Mitarbeiter und Geschäftspartner dafür einsetzt? Wie können Sie gewährleisten, dass sich Ihre Marke am Unternehmen und am Markt ausrichtet und lebendig bleibt?

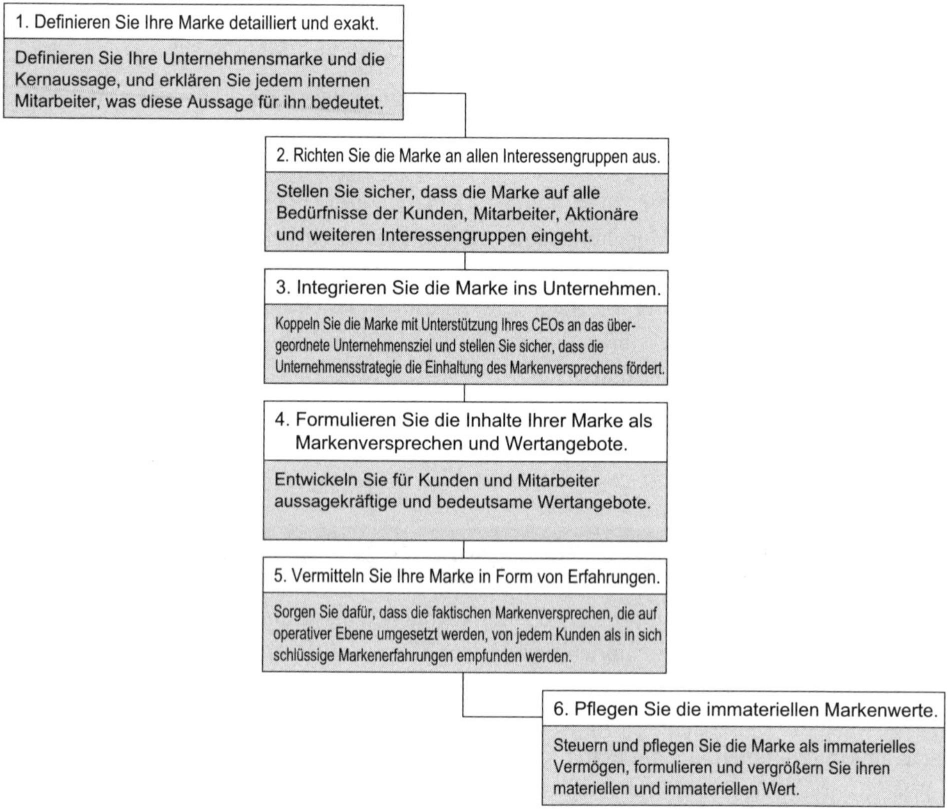

Konzept 13.2 Quelle der Innovation

Marketingprofis müssen zu »Quellen der Innovation« werden, auf die sich rapide ändernden Marktbedingungen reagieren, die besten Geschäftschancen erkennen und Innovationen vorantreiben, um diese Chancen kreativ und wirtschaftlich nutzen zu können.

Obwohl jedes Unternehmen lautstark verkündet, Innovation sei die Grundvoraussetzung für erfolgreiches Wirtschaftswachstum, fehlt es doch in den meisten Fällen an einer für Innovation zuständigen Abteilung. Das hat zwar den Vorteil, dass sich jeder um Innovation bemühen kann, allerdings auch den Nachteil, dass sich niemand dafür verantwortlich fühlt. Eine eigens für Innovation zuständige Unternehmensfunktion könnte schneller und besser auf neue Markttendenzen und gesetzliche Regelungen, auf Wettbewerbssituationen und technologische Neuerungen eingehen und dafür sorgen, dass neue Geschäftschancen strategisch berücksichtigt werden, wichtige Alleinstellungsmerkmale schaffen und das Wachstum fördern.

Marketingmitarbeiter könnten diese Rolle sehr effizient übernehmen, indem sie:

- das veränderliche Wesen und die Zukunftsszenarien der Märkte formulieren,
- aktiver an neuen gesetzlichen Regelungen mitarbeiten,
- die Anwendungsgebiete neuer technologischer Entwicklungen kreativer untersuchen,
- die Entwicklung neuer Produkte und branchenspezifische Innovationen vorantreiben,
- sich ausschließlich auf die besten Märkte, Kunden und Produkte konzentrieren,
- sicherstellen, dass Innovationen schneller und erfolgreicher umgesetzt werden.

Auch für diese neue Rolle gilt, dass sie keinem Marketingprofi von selbst in den Schoß fallen wird. Jeder, der sie übernehmen will, muss mit Weitblick und Tatkraft aktiv werden, sich der mit ihr verbundenen Schwierigkeiten und Chancen bewusst sein und sich diesen Titel durch herausragende Leistungen verdienen.

Innovatoren zeichnen sich durch strategisches Denken und praktisches Umsetzungsgeschick aus, können zukünftige Marktentwicklungen gut beurteilen und verstehen makroökonomische und gesellschaftliche Trends. Aufgrund dieser Fähigkeiten können sie anstelle der rein funktionellen Marketingpläne ganzheitliche Marktstrategien entwickeln, die für die gesamte Unternehmensstrategie tonangebend sind.

Es ist notwendig, dass Marketingexperten sich ausführlicher mit neuen Gesetzesvorlagen, technologischen Errungenschaften und deren möglichen Anwendungsbereichen auseinandersetzen, um ihrem Unternehmen aufzuzeigen, wie es darauf am besten reagiert. Überhaupt sollten sie generell erkennen können, welchen Einfluss neue Netzwerke und Veränderungen in den gesellschaftlichen Verhaltensmustern auf Märkte und Verbraucherbedürfnisse ausüben.

Innovation beschränkt sich nicht auf die Entwicklung neuer Produkte, sondern beschreibt einen kreativen und wirtschaftlichen Ansatz, mit dem alle Bestandteile und Aktivitäten eines Unternehmens – ob Lieferkette oder Gehaltabrechung, ob Beschwerde- oder Wissensmanagement – innovativ verbessert werden können. In der Tat muss das Marketing lernen, ganze Abteilungen ebenso neu zu gestalten wie Markenerfahrungen und Geschäftsmodelle.

Das Marketing muss generell viel kreativer werden. Weder im Vertrieb noch in der Preisgestaltung und Kommunikation hat sich in den letzten 40 Jahren viel bewegt. Trotz all der revolutionären Technologien und der neuen Medien halten wir an althergebrachten Arbeitweisen fest.

Inspiration 13.2 Philips

Royal Philips Electronic, oder Koninklijke Philips Electronics N.V., wie es in seiner niederländischen Heimat heißt, ist mit einem Jahresumsatz von rund 30 Milliarden Euro eines der weltweit größten Elektronikunternehmen. Den Umsatz erwirtschaftet der Konzern mit seinen Sparten Konsumentenprodukte, Halbleiter, Licht, Medizin Systeme, Haushaltsgeräte und Gesundheitspflege.

Philips wurde 1891 von den Brüdern Gerard und Anton Philips im niederländischen Eindhoven gegründet. Erst nach fast 50 Jahren begann die Lampenfabrik Philips ihr Produktportfolio zu erweitern. Den Anfang machten die elektrischen Rasierapparate namens Philishave, später folgten die Stereoanlagen, die reißenden Absatz fanden.

In Europa ist Philips die Nummer eins in der Elektronikbranche, und Philips-Produkte sind allgegenwärtig, wenn auch nicht offensichtlich. So werden bei Philips zum Beispiel jährlich mehr als

2,4 Milliarden Glühlampen und 30 Millionen Bildröhren produziert. 60 Prozent aller Fernsehgeräte rund um den Erdball enthalten Komponenten von Philips, 30 Prozent aller Büros werden von Philips-Produkten erhellt, und 2,5 Millionen Herzuntersuchungen werden jährlich mit medizintechnischen Systemen von Philips durchgeführt.

Obwohl Philips sich für ausgezeichnete Technologien und revolutionäre Erfindungen einen hervorragenden Ruf geschaffen hat, ist Innovation eine Hürde, über die das Unternehmen leicht ins Stolpern geraten kann. Der Konzern tut sich schwer, emotional ansprechende Produkte zu erschaffen, für die sich die Kunden begeistern. Dem Design fehlt es an der Einfühlsamkeit und Attraktivität, die ein gutes Produkt zu einem herausragenden werden lassen. Aufgrund dieses Unvermögens gelingt es Philips häufig nicht, neue Ansätze, Standards und Erfindungen zu konsolidieren. Philips hat daher die Chance auf Marktführerschaft verpasst, als sie sich anbot.

Lange Zeit orientierte sich das Marketing bei Philips nicht an den Kunden oder Produkten, sondern am technologischen Fortschritt. Technologiehörigkeit bestimmte den Unternehmenskurs, da sich jeder Manager hauptsächlich auf den Zeitpunkt konzentrierte, an dem eine neue Technologie so weit ausgereift war, dass die entsprechenden Produktneuheiten auf den Markt gebracht werden konnten.

Über den Markt und die Kunden machte man sich nur am Rande Gedanken. Es herrschte Produkttyrannei übelster Sorte. Glücklicherweise lehnten sich einige jüngere Marketingprofis, die Erfahrungen in kundenorientierten Unternehmen außerhalb der Technologiebranche gesammelt hatten, dagegen auf, da sie Technologiehörigkeit und Produkttyrannei als den falschen Weg erkannten. Zum Ausgleich erstellten sie einen »Kundenwegweiser«, der wichtige Erkenntnisse über Markt- und Verbrauchertendenzen sowie den Entwicklungsstand der Mitbewerber enthielt.

Obwohl Produkt und Kunde ein sehr gegensätzliches »Herrscherpaar« darstellen, führte das neue Doppelregime zu äußerst nützlichen Informationen darüber, welche Produkte entwickelt und wann diese eingeführt werden müssen, wie sie am besten positioniert werden sollten und welche Marketingmaßnahmen dafür erforderlich sind.

Anwendung 13.3 Innovationsmanagement

Wie steuern Sie Innovationen mit den zugehörigen Strategien und Prozessen sowie die wichtigsten unternehmensweiten Innovationsprogramme gemeinsam mit der Produktneuentwicklung? Wie stellen Sie fest, ob Ihr Markt für Innovationen bereit ist, und wenn ja, wie erzielen Sie lukrative Ergebnisse?

1. Fördern Sie die Innovationsfreude.

Schaffen Sie die theoretischen und praktischen Voraussetzungen dafür, dass sich innovatives Denken und Handeln in jedem Unternehmensbereich und bei allen Aktivitäten durchsetzt.

2. Entwickeln Sie eine Innovationsstrategie.

Entwickeln Sie eine spezielle Innovationsstrategie, die innovationsfähige Produkte und Prozesse nach Prioritäten geordnet auflistet.

3. Stellen Sie ein Innovationsportfolio zusammen.

Entwickeln Sie ein Portfolio der »besten Chancen« und der sich daraus ergebenden Innovationen, um Risiken und Profitpotenzial besser erkennen zu können.

4. Überarbeiten Sie Ihre Marktstrategie.

Stellen Sie sicher, dass der Markt für Ihre Innovationen bereit ist, indem Sie die Verbraucherbedürfnisse und Marktstrukturen Ihren geplanten Innovationen anpassen.

5. Entwickeln Sie den Innovationsprozess.

Gestalten Sie einen formellen Innovationsprozess, der Kreativität ebenso sicherstellt wie kommerzielle Umsetzbarkeit und sich auf alle Geschäftsbereiche und Aktivitäten anwenden lässt.

6. Führen Sie wirtschaftlich rentable Innovationen ein.

Stellen Sie sicher, dass bei Innovationen Marktchancen und Machbarkeit in gleichem Maß berücksichtigt werden, sodass sie sich als wirtschaftlich rentabel erweisen.

Stellen Sie sicher, dass bei Innovationen Marktschancen und Machbarkeit in gleichem Maß berücksichtigt werden, sodass sie sich als wirtschaftlich rentabel erweisen.

Konzept 13.3 Wachstumsmotoren

In großen Unternehmen beschäftigen sich Tausende von Mitarbeitern Tag für Tag mit dem Kostenmanagement. Auf jeder Ebene wird über finanzielle Leistungsziele diskutiert und Rechenschaft über die Ausgaben abgelegt. Effizienzsteigerung lautet das oberste Gebot, und so wird ein Großteil der Arbeitszeit darüber nachgedacht, wo sich denn überall der Rotstift ansetzen ließe.

Für Wachstum machen sich hingegen nur die wenigsten stark. Sicher, jeder Vertriebsmanager möchte seinen Kundenstamm wachsen sehen, und jeder Markenmanager seine Marke. Außer den Unternehmenschefs selbst beschäftigt sich jedoch kaum jemand mit der Frage, wie sich der Gesamtumsatz eines Unternehmens am besten steigern lässt.

Wie auch die Kundenorientierung und Innovationsfähigkeit ist das Wachstum eine zwingende Notwendigkeit, der sich jedes Unternehmen verschreiben muss, der sich jeder bewusst ist und für die dennoch niemand die Verantwortung übernimmt. Das Marketing kann diese Chance ergreifen und sich auch hier als unverzichtbarer Wachstumsmotor profilieren.

Für diese Rolle müssen die Marketingprofis Folgendes leisten:

- die besten Wachstumschancen auf dem Markt erkennen,
- ihre Erkenntnisse und analytischen Fähigkeiten aktiv in die strategische Planung einbringen,
- die Nachfrage steigern, indem sie Prioritäten setzen und das Marketing effektiver gestalten,
- starke Marken und die Beziehungen mit den Kunden nutzen, um langfristiges und nachhaltiges Wachstum zu erzielen,
- die Leistung des Marketings über ein geeignetes Kennzahlensystem nachweisen,
- intern und für die Investoren den Wert ihrer Initiativen formulieren.

Die Forderung nach einem kommerzieller ausgerichteten Marketing, das die generellen Geschäftsbelange besser versteht und seinen Wert ausdrücken kann, wird sicher auf breite Zustimmung treffen. Um aber als Wachstumsmotor fungieren zu können, ist nicht nur kommerzielles, sondern auch strategisches und innovatives Denken und Handeln erforderlich. Marketing als Wachstumsmotor baut auf den Erkenntnissen über die Verbraucher und auf zielsicherer Innovationsfähigkeit auf, um unabhängig von der Funktion des Marketings unternehmensweit die Führung zu übernehmen.

Voraussetzung dafür ist, dass Marketingprofis ihr Wissen über Geschäftsprozesse und geschäftliche Belange vertiefen und die Märkte wesentlich genauer und strategischer analysieren, damit die wirklich lukrativen Chancen erkannt werden können. Es liegt auf der Hand, dass dies nur in enger Zusammenarbeit mit Strategen und Finanzexperten möglich ist, wobei das Marketing sich Möglichkeiten erschließen muss, um in vollem Ausmaß in die Formulierung der Unternehmensstrategie einbezogen zu werden.

Marketingprofis müssen ihr Unternehmen über die Rolle der Kunden und des wachstumsorientierten Marketings aufklären. Sie müssen die Verantwortung für die Aufstellung und Durchführung von Wachstumsinitiativen übernehmen, die gesamte Belegschaft daran beteiligen und die Dynamik ihre Marken geschickter als Werkzeuge des Wachstums einsetzen.

Um als Motor für das Unternehmenswachstum akzeptiert zu werden, muss das Marketing den kurz- und langfristigen Wert seiner Aktiva ausdrücken können und geeignete Kennzahlen aufstellen, mit denen sowohl die Leistungen für die Kunden als auch die Leistungen für das Unternehmen gemessen werden können. Zudem ist es natürlich erforderlich, dass den Vorständen und Investoren der ökonomische Wert aller Initiativen vermittelt werden kann.

Inspiration 13.4 Disney

Seit ihrer Gründung im Jahr 1923 ist die Walt Disney Company ihrem Vorsatz treu geblieben, mit kreativen Inhalten und bezaubernden Geschichten beste Unterhaltung zu bieten.

Heute ist der Unterhaltungskonzern in vier Hauptgeschäftsbereiche aufgeteilt. In jedem Bereich tummeln sich berühmte Marken, die ganz besondere Angebote unterbreiten, und doch sind alle Unternehmensbereiche eng miteinander verbunden, um den Bekanntheitsgrad, die Beliebtheit und den durchschlagenden Effekt der Walt Disney Company als Ganzes zu maximieren.

Die Marke Disney wurde schon immer so konsequent und höchst erfolgreich vermarktet, dass bestimmte gefühlsgeladene Begriffe der englischen Sprache untrennbar mit ihr verbunden sind und sie wahrscheinlich besser definieren als jeder Slogan. Martin Lindstrom schreibt in seinem Buch *BrandSense*, dass über 80 Prozent der von ihm befragten Personen die folgenden Begriffe mit Disney assoziieren:

- Fantasy
- Dreams
- Magic
- Creativity
- Smile

Die vier Unternehmensbereiche der Walt Disney Company, die Fantasien, Träume und magische Welten zum Leben erwecken und mit viel Kreativität die Menschen zum Lachen bringen, sind:

Disney Studio Entertainment

Die Filmstudios sind das Fundament des Konzerns. Von Micky Maus über *Schneewittchen und die sieben Zwerge*, dem ersten abendfüllenden Zeichentrickfilm der Welt, bieten sie der ganzen Familie vergnügliche Unterhaltung. Die produzierten Spielfilme und Musikfilme werden über die ebenfalls zu Disney gehörenden Produktionsfirmen wie Touchstone Pictures, Miramax und Buena Vista vertrieben.

Disney Parks and Resorts

Die Disneyland-Themenparks sind Reiche der Fantasie und das Zuhause der heiß geliebten Disney-Figuren. Dem ersten Disneyland, das 1955 in Anaheim im US-Bundesstaat Kalifornien eröffnet wurde, folgten elf weitere Freizeitparks auf verschiedenen Kontinenten, 35 Disney-Hotels und zwei Disney-Luxuskreuzschiffe. Vom »Magic Kindom«, dem Zauberreich der Fantasie, bis hin zum »Epcot Center«, das sich mit dem technologischen Fortschritt der Menschheit und den verschiedenen Kulturen der Welt beschäftigt, erschafft Disney fantastische Themenlandschaften, die auf den Spielfilmen aufbauen und in denen natürlich unzählige Disneyprodukte käuflich zu erwerben sind.

Disney Consumer Products

Die Marke ist in jeder erdenklichen Form zu haben: als Spielzeug und Kleidungsstück, als Gesellschaftsspiel und interaktives Videospiel, als Einrichtungsaccessoire und Telefon, als Essen und Getränk. Disney ist der größte Lizenzgeber der Welt. Der Disney-Verlag ist der weltweit führende Kinderbuchverlag, Baby Einstein eine Größe in der Spielzeugkategorie für die ganz Kleinen, und nach Walt Disney-Produkten muss man weder online noch offline lange suchen.

Disney Media Networks

Unter der Marke Disney vereint sich eine Vielzahl an Marken aus Funk, Fernsehen und dem Internet. Zur Walt Disney Company gehört einer der größten US-amerikanischen Fernsehsender – die American Broadcasting Company (ABC), der Disney ein breites Spektrum an Fernsehkanälen eröffnet. Darüber hinaus hält die Walt Disney Company Beteiligungen an zahlreichen Fernsehstationen, zum Beispiel dem amerikanischen Sportkanal ESPN sowie am deutschen Sender Super RTL. Zu den Spartenkanälen gehören Disney Channel und Fox Kids. Nicht zu vergessen sind die Buena Vista Television, die weltweit Pay-TV-Programme vermarktet, und die Disney Internet Group, die sämtliche Internetaktivitäten des Geschäftsbereichs überwacht und pflegt.

Anhand der Wachstumschronologie des Disney-Portfolios wird deutlich, dass eine Vielfalt von Inhalten graduell integriert wurde. Des Weiteren ist ersichtlich, wie sich die Untermarken gemeinsam mit der großen Marke Disney entwickelten.

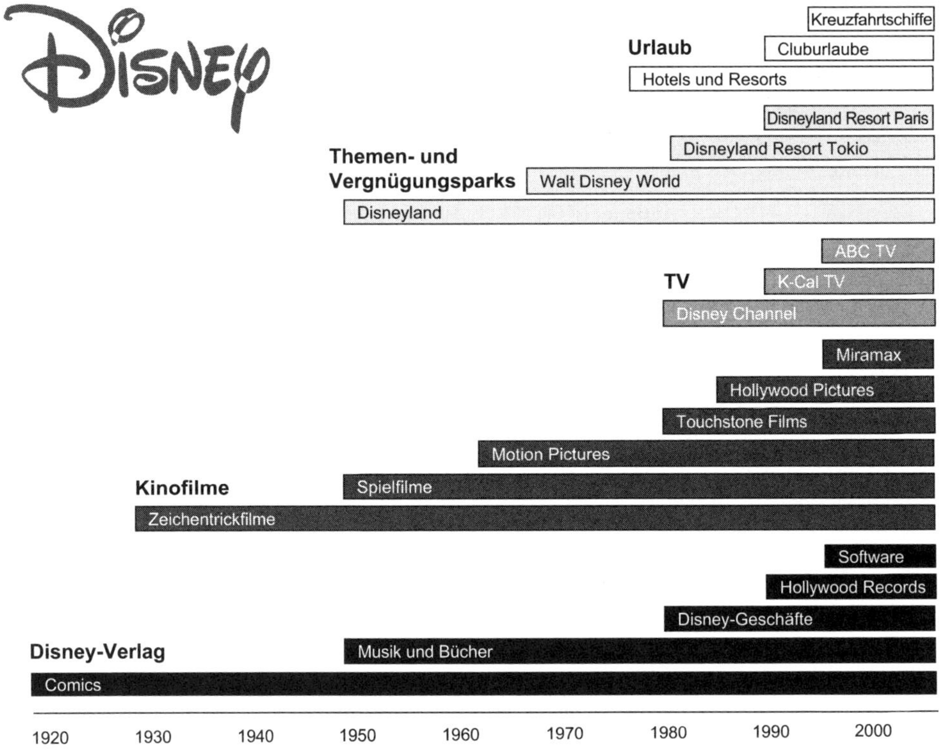

Quelle: In Auszügen der Website www.disney.com entnommen.

Anwendung 13.4 Wachstumsmanagement

Wie können Sie sich dem Wachstum Ihres Unternehmens widmen? Wie erkennen Sie die besten Chancen und Ansätze, die ein Wachstum ermöglichen? Wie stellen Sie sicher, dass das Wachstum wirtschaftlich rentabel ist und maximalen Wert für das Unternehmen schafft?

1. Erkennen Sie Märkte mit hohem Wachstumspotenzial.

Machen Sie profitables Wachstum zur obersten Priorität und zur wichtigsten Quelle der langfristigen Wertschöpfung, indem Sie sich auf Märkte mit hohem Wachstumspotenzial konzentrieren.

2. Bewerten Sie Ihre Wachstumschancen.

Bewerten Sie die besten Chancen (hinsichtlich Kunden, Produkten und so weiter) und die besten Möglichkeiten (durch organisches Wachstum, Partnerschaften, Akquisitionen), um zu wachsen.

3. Stellen Sie die Weichen für profitables Wachstum.

Stellen Sie sicher, dass nicht um jeden Preis eine kurzfristige Umsatzsteigerung, sondern langfristiger wirtschaftlicher Wert geschaffen wird.

4. Machen Sie das Wachstum zum Herzstück der Unternehmensstrategie.

Die »Wachstumsstrategie« sollte innerhalb der Unternehmensstrategie oberste Priorität einnehmen und auf den Märkten und Innovationen aufbauen.

5. Halten Sie hartnäckig an den besten Chancen fest.

Die besten Wachstumschancen sind nicht unbedingt die, die am schnellsten Gewinne erzielen. Lassen Sie sich davon nicht beirren.

6. Schaffen Sie schon in der Gegenwart die besten Voraussetzungen für die Zukunft.

Sichern Sie sich das Vertrauen der Investoren, indem Sie beweisen, dass Sie kontinuierlich daran arbeiten, die versprochene Rentabilität zeitnah zu erzielen.

Warum Marketingprofis die besseren CEOs sind

»Erfolgreich will natürlich jeder sein, aber ich möchte als innovativer und vertrauenswürdiger Mensch in Erinnerung bleiben, der seinen moralischen Werten stets treu blieb und etwas wirklich Weltbewegendes erschaffen hat.«

Sergey Brin

»Managementtheorien haben keine allzu große Bedeutung. Ob Anstrengungen zum Erfolg führen oder nicht kommt auf die beteiligten Menschen an. Viel zu oft werden Menschen lediglich als Schachfiguren auf dem Spielbrett der Mächtigen betrachtet, was vielleicht erklärt, weshalb so viele Topmanager ihre Zeit mit dem Abschluss von großen Geschäften, Umstrukturierungsmaßnahmen und den neuesten Managementspielereien verschwenden, anstatt sich dafür einzusetzen, ein betriebliches Umfeld zu erschaffen, das die besten, klügsten und kreativsten Talente anzieht und bindet und, was am wichtigsten ist, ihr Potenzial freisetzt.«

Gen. Colin Powell

Marketingprofis sind in der optimalen Position, sich in der komplexen, marktorientierten Geschäftswelt von heute als die CEOs von morgen zu etablieren. Sie erkennen am besten, wo das größte Entwicklungspotenzial liegt, sie beschützen die wertvollsten immateriellen Güter des Unternehmens und verfügen über die von jedem Unternehmenschef erwarteten Fähigkeiten: Kreativität und unternehmerisches Denken, Teamgeist und Orientierungssinn.

Tatsächlich erwies eine von der PA Consulting Group durchgeführte Studie, dass 21 der 100 im FTSE*-Index genannten Unternehmen von CEOs geleitet werden, die über einen Marketinghin-

* Financial Times Stock Exchange

tergrund verfügen, und dass diese Unternehmen einen um fünf Prozent höheren Kapitalertrag für ihre Anleger erwirtschaften.

So weit zu kommen – aus der Isolation auszubrechen und in die Führungsriege aufzusteigen – ist natürlich alles andere als ein Kinderspiel. Marketingführungskräfte müssen eine Vielzahl von praktischen und organisatorischen Herausforderungen meistern, die sich aus den permanenten Veränderungen der Markt- und Unternehmensstrukturen ergeben, um ihre Teams und das marketingorientierte Denken und Handeln im gesamten Unternehmen zu verwurzeln, sich als Champions der Kunden, als Innovationsquelle und Wachstumsmotor zu etablieren. Marketingführungskräfte müssen außerdem lernen, zwischen ihren Rollen als »Manager« der Marketingabteilung und »Führungskraft« des Unternehmens zu unterscheiden, sie müssen wissen, wann sie welche Rolle ausüben, und sie müssen in beiden Rollen brillieren.

Intelligenterer Führungsstil	Fantasievollerer Führungsstil
... im Management. Als Manager kommt es darauf an, die richtigen Entscheidungen zu treffen, Ressourcen zuzuweisen und bewusst Verantwortung zu übernehmen.	**... bei der Mitarbeiterführung**. Ein guter Anführer hat eine klare und überzeugende Vision, der sich seine Mitarbeiter gerne anschließen.
... in der Abteilung. Als Leiter der Marketingabteilung kommt es darauf an, das Team bei der Durchführung bestimmter Projekte zu unterstützen und die gesamten Aktivitäten zu steuern.	**... bei der Unternehmensführung**. Ein guter Anführer leitet sein marktorientiertes Unternehmen strategisch, innovativ und wirtschaftlich erfolgreich.
... beim Mentoring. Führungskräfte leiten und schulen ihre Mitarbeiter, unterstützen sie und ermöglichen es ihnen, Bestleistungen zu erzielen.	**... schweißt zusammen**. Ein guter Anführer bringt Mitarbeiter und Geschäftsideen zusammen und ermöglicht durch positive Einflussnahme und Teamgeist den kollektiven Erfolg.

Management und Unternehmensführung sind ganz unterschiedliche Funktionen, die sich jedoch perfekt ergänzen und in einer Rolle und Person vereinbar sind.

- Manager treffen Entscheidungen. Dafür ist logisches Denken erforderlich. Ein guter Manager trifft immer die richtige Entscheidung.
- Führungskräfte inspirieren zum Handeln. Dafür ist emotionales Engagement sowohl seitens der Führungskraft als auch seitens der Mitarbeiter erforderlich. Gute Anführer ermöglichen fantastische Erfolge.

Führungskräfte, die zu falschen Handlungen inspirieren, ruinieren ihr Geschäft, und Manager, die keine umsetzungsfähigen Entscheidungen treffen, verschwenden ihre Zeit. Führungskräfte, die zwar beliebt sind, es aber jedem recht machen möchten und zu allem Ja und Amen sagen, um sich vor schwierigen Entscheidungen zu drücken, werden sehr wahrscheinlich wenig erfolgreich sein. Manager, die mit harter Hand regieren, ihre Mitarbeiter nicht motivieren und ihre Aufgabe darin sehen, den Status quo beizubehalten, werden ebenfalls wenig erfolgreich sein.

Marketingführungskräfte, die sowohl ihr Marketingteam als auch das Unternehmen führen möchten, müssen vernünftige Entscheidungen treffen, die von den Mitarbeitern getragen werden und Resultate erbringen. Dies macht es meist erforderlich, das richtige Maß bei Folgendem zu finden:

- Führung versus Management – Wann muss eine Entscheidung getroffen werden, und wann müssen den Worten Taten folgen? Beginnen Sie jede Besprechung mit der Frage, welche Entscheidungen anstehen und wer sie treffen muss.
- Zuständigkeit versus Verantwortung – Welche Angelegenheiten können an wen delegiert werden, ohne dass sich daraufhin niemand mehr dafür verantwortlich fühlt? Es gibt nur wenige Tätigkeiten, für die eine Führungskraft persönlich die Verantwortung übernehmen muss.
- Abteilungs- versus Unternehmensaufgaben – Welche Geschäftsaktivitäten sind erforderlich, und welche Abteilungsziele müssen unterstützt werden, damit die Geschäftsziele erreicht werden können?
- Allgemeiner Überblick versus spezielles Fachwissen – Eine Führungskraft muss weder alles können noch alles ganz genau wissen. Selbst wenn eine Führungskraft über ein besonderes

Fachwissen verfügt, ist es oft besser, sich nicht in eine Angelegenheit einzumischen, sofern es nicht unbedingt notwendig ist.

- Dringende versus wichtige Angelegenheiten – Jeder, und somit auch jede Führungskraft, muss wissen, was unabhängig von den Plänen anderer für ihn gerade am wichtigsten ist. Nur wer nach seinen eigenen Prioritäten handelt, kann hervorragende Ergebnisse erzielen.

Da neben der Funktion des Marketings in zunehmendem Maß auch die innere Einstellung und Denkweise der Marketingprofis an Bedeutung gewinnen, übernehmen Marketingführungskräfte nicht nur auf ihren und untergeordneten Managementebenen wichtige Rollen, sondern gewinnen auch auf den oberen Managementebenen an Einfluss. Die Fähigkeiten, sich auf ein Ziel auszurichten, Einfluss zu nehmen und im Team zu arbeiten, sind daher wichtiger als je zuvor. Zudem müssen sich Marketingprofis der Quellen ihrer »Macht« bewusster werden – Marktwissen, enge Kundenbeziehungen, Innovationsfähigkeit, Kreativität sowie die Fähigkeit, all dies strategisch klug und kommerziell sinnvoll im gesamten Unternehmen einzusetzen.

Für Marketingführungskräfte setzt sich verstärkt die Bezeichnung Chief Marketing Officer (CMO) durch. Da sich ihr Aufgabenbereich jedoch ständig erweitert, fehlt es vielen neuen Rollen noch an einem eindeutigen Namen. Es ist aber vermutlich nur eine Frage der Zeit, bis die folgenden oder ähnliche Bezeichnungen offiziell gelten:

- Chief Marketing Officer (CMO) der Marketingfunktion – ihm sind alle Teams und Projekte der Marketingabteilung unterstellt.
- Chief Experience Officer (CXO) mit abteilungsübergreifenden Zuständigkeiten – in einem von außen nach innen strukturierten Unternehmen ist er für die Erfahrungsvermittlung aller Teams und Geschäftsprozesse verantwortlich.
- Marketing Chief Executive Officer (Marketing-CEO) – er ist für die Zielsetzung, Integrationsfähigkeit und Performance des gesamten Unternehmens zuständig.

Laut einer Studie von Spencer Stuart beträgt die durchschnittliche Amtszeit der CMOs der globalen Top 100-Marken nur 22,9 Monate, während CEOs ihr Amt im Durchschnitt 53,8 Monate ausüben. Dies gibt Anlass zu berechtigter Sorge, da die vergleichsweise kurze Amtszeit der CMOs nicht nur auf berufliche Flexibilität, sondern auch auf berufliche Langeweile schließen lässt. CMOs entwickeln sich beruflich schnell weiter, was für ihre Unternehmen jedoch einen Stabilitätsverlust darstellt und dazu führen kann, dass die Markenidentität nicht konsequent beibehalten werden kann.

Sektor	Amtszeit CMO (in Monaten)	Amtszeit CEO (in Monaten)
Bekleidung	10,0	229,0
Nahrungsmittel	12,0	47,5
Telekommunikation	15,0	37,1
Getränke	25,8	48,1
Einzelhandel	26,2	60,8
Medien	29,3	17,0
Technologie	29,9	74,7
Finanzdienste	34,8	45,4

Quelle: Spencer Stuart

Angesichts der Tatsache, dass der Großteil aller Marketinginvestitionen und -projekte darauf ausgelegt ist, durch die Erschließung neuer Märkte, durch Marken- und Beziehungspflege und Innovationen erst in einigen Jahren Gewinne zu erzielen, räumen also die meisten CMOs ihren Platz, bevor sie ernten können, was sie gesät haben. Negativ ausgedrückt heißt das, sie können nicht mehr zur Verantwortung gezogen werden, positiv ausgedrückt heißt das, sie sind nicht mehr an den Erfolgen beteiligt, für die sie die Weichen gestellt haben.

Viel wahrscheinlicher ist jedoch, dass CMOs explizit dazu angehalten werden, ihren Unternehmen durch kurzfristige Taktiken und Aktionen den Status quo zu sichern, anstatt es voranzutreiben. Vielleicht hat der eine oder andere CMO, der sich für langfristige Erfolge stark macht, auch das Vertrauen seiner Vorgesetzten verspielt, weil es ihm nicht gelungen ist, die Erwartungen an den schnellen Profit zu erfüllen, auf den so viele Unternehmenschefs konditioniert sind. Wer aber glaubt, im Marketing ginge es nur um die Steigerung der Quartalsumsätze, wird kaum starke Marken und innovative Ideen hervorbringen können.

Was nun? Zum einen sollten sich Marketingexperten stärker mit ihrer Rolle identifizieren und ihre Aufgabe als Langzeitprojekt sehen, anstatt sich ausschließlich auf schnelle Erfolge zu konzentrieren und ihre Position nur als Sprungbrett zur nächsten zu betrachten. Natürlich müssen neben den zukünftigen auch aktuelle Erfolge erzielt werden, und jeder Marketingprofi muss Möglichkeiten erschließen, beides zu leisten. Unsere Berufsgruppe wertet permanente Jobwechsel als Erfolg, in Wahrheit gibt es dafür jedoch keinen Beweis.

Unternehmen hingegen sollten die strategischen Beiträge des Marketings höher schätzen, und es liegt in der Hand der Marketingprofis, den langfristigen Wert ihrer Entscheidungen und Aktivitäten verständlich zu machen. Zudem sollten es Unternehmen ihren Marketingmitarbeitern ermöglichen, verantwortungsvolle und befriedigende Funktionen zu erfüllen, um tatsächlich etwas zu bewegen, sich weiterzuentwickeln und auf langfristige Chancen eingehen zu können. Auf der Vorstandsebene setzt es sich bereits durch, die an kurzfristige Gewinne gekoppelten Leistungsprämien durch langfristige Erfolgsprämien zu ersetzen, um Topmanager zum Bleiben zu animieren. Nur wenn sie ihrem Unternehmen die Treue halten, werden sie auch für ihre Leistungen belohnt.

Inspiration 14.1 Richard Branson

Richard Branson ist der Inbegriff eines Unternehmers. Bekannt wurde er durch seine Marke Virgin, für die er auch heute noch verantwortlich zeichnet. Branson, Jahrgang 1950, hat nichts von seiner Abenteuerlust und Innovationsfreude eingebüßt. Mit ungebremster Neugier erforscht er, was möglich ist, und setzt sich mit ansteckender Begeisterung dafür ein, neue Ideen umzusetzen.

Im Gegensatz zu vielen anderen Unternehmenschefs, die sich hauptsächlich um organisatorische und finanzielle Angelegenheiten kümmern, zeigt Branson als wandelnde Inkarnation der Marke Virgin vor allem bei seinen Kunden und den Mitarbeitern aller Unternehmenssparten Präsenz, um den Unternehmergeist und die Markenwerte zu vermitteln, die ihm so gute Dienste erwiesen haben.

Sein Herz schlägt für die Kunden, nicht für die Unternehmensfinanzen. »Die Finanzabteilung wird gar nicht erst gefragt, wenn ich einen neuen Geschäftsbereich eröffnen will, vor allem, wenn ich den Eindruck habe, dass der Kunde nur ausgenutzt würde. Ich verlasse mich dabei lieber auf mein Gefühl«, meint Branson.

Berühmt-berüchtigt wurde Branson durch sein Plattenlabel Virgin Records. Am Anfang einer langen Reihe von Musikern, die mit Virgin Records zu Weltruhm gelangten, stand Mike Oldfield mit der ungewöhnlichen Musik auf *Tubular Bells*. Ihm folgten Bands wie die Sex Pistols und Culture Club. Bei den Werbeslogans für seine Marke bedient sich Branson gerne flotter Sprüche, denen man sich kaum entziehen kann. Für den neuen Airbus A340-600 der Fluglinie Virgin Atlantic wird zum Beispiel mit dem frechen Slogan »Meiner ist größer als Deiner« geworben.

Branson ist jedoch nicht nur für seine umwerfenden Erfolge, sondern auch für so spektakuläre Fehlschläge wie die mehrfach missglückte Weltumrundung in einem Heißluftballon berühmt. Der »Virgin Atlantic Flyer« war nicht nur der erste Heißluftballon, der jemals den Atlantik überquerte, sondern auch der größte, der sich jemals in die Lüfte erhob. Bei seinen abenteuerlichen Eskapaden setzte Branson mehrmals sein Leben aufs Spiel, der PR-Wert dieser Aktionen ist allerdings kaum mehr zu überbieten.

Für seine Leistungen als Unternehmer und für sein soziales Engagement wurde er 1999 von Queen Elisabeth II zum Ritter geschlagen und darf sich seitdem Sir Richard Branson nennen. Mittlerweile hatte Branson auch kleinere Gastauftritte in TV-Serien wie *Friends*, *Baywatch* und *Only Fools and Horses*. Des Weiteren startete er die TV-Realityshow *The Rebel Billionaire*, bei der 16 Bewerber ihren Unternehmergeist und ihre Abenteuerlust unter Beweis stellen müssen, um einen Job im »Virgin Empire« zu ergattern.

Im Jahr 2004 verkündete Branson die Gründung von Virgin Galactic, das die SpaceShipOne-Technologie speziell für den Weltraumtourismus weiterentwickelt. Der Ausflug ins All soll Ende des Jahres 2007 für jedermann möglich sein, der für diese etwas andere Urlaubsreise den stolzen Preis von rund 200.000 US-Dollar berappen möchte.

Anwendung 14.1 Erstklassiger Führungsstil im Marketing

Was ist Ihre Rolle als Marketingführungskraft, als Chief Marketing Officer, Chief Customer Officer oder wie auch immer Ihre Position bezeichnet wird? Worin besteht überhaupt der Unterschied zwischen der Rolle einer Führungspersönlichkeit und der eines Managers?

1. Definieren Sie das Wesentliche Ihrer Rolle.

Klären Sie, welchen zusätzlichen Wert der Chief Marketing Officer schafft, wofür er zuständig ist und welchen Beitrag er persönlich zur gemeinsamen Performance leistet.

2. Stellen Sie eindeutige Ziele und geeignete Messkriterien auf.

Widmen Sie der Aufstellung transparenter Ziele und Kennzahlen ausreichend Zeit, damit Sie, Ihr Team und auch Ihr Vorgesetzter gut damit arbeiten können.

3. Haben Sie eine Vision, die andere zum Mitmachen inspiriert?

Führungspersönlichkeiten inspirieren, Manager kontrollieren... Inspirieren Sie Ihr Team und Ihr gesamtes Unternehmen mit Ihrer persönlichen Marketingvision.

4. Verknüpfen Sie die besten Ideen miteinander.

Verbinden Sie die besten Ideen aus dem Marketing und allen anderen Abteilungen, um die wertvollsten Anregungen aufzugreifen.

5. Unterstützen Sie Ihr Team.

Unterstützen Sie Ihre Mitarbeiter und helfen Sie ihnen, persönliche Bestleistungen zu erbringen. Übernehmen Sie eher beratende statt vorschreibende Funktionen. Helfen Sie Ihren Mitarbeitern, ihre Fähigkeiten zu erweitern und Selbstvertrauen zu entwickeln.

6. Setzen Sie sich für herausragendes Marketing ein.

Werden Sie in Ihrem Team, Ihrem Unternehmen und Ihrem Markt zum Fürsprecher eines großartigen Marketings. Verdienen Sie sich Anerkennung und einen ausgezeichneten Ruf.

Konzept 14.1 Der Chief Marketing Officer

Die Marketingabteilung zu leiten, ist eine komplexe und zudem kritische Aufgabe. Der so genannte »4 P-Mix« aus Produkt und Dienstleistung (Product), Preis (Price), Verkaufsprozess und Vertriebskanal (Place) und Kommunikation (Promotion) erinnert zwar daran, worum es im Marketing gehen sollte, verhindert aber nicht, dass die Kommunikation oft überbewertet wird.

Natürlich werden jetzt viele behaupten, das Marketing müsse sich um noch viel mehr kümmern: Um Mitarbeiter und Kunden, um die Leistungsmessung, um Systeme und Informationen, um Kundendienst und den Verkauf. Allerdings gelingt es den meisten Marketingprofis gerade einmal, zwei der »Ps« effizient zu bewältigen, behauptet Phillip Kotler.

Am auffälligsten in der Welt des Marketings ist noch immer die Werbung, da sie in Form von mitreißenden Werbekampagnen, Regalreihen voller Hochglanzbroschüren, interaktiven Webseiten und beeindruckenden Marketingevents sowohl greifbar als auch sichtbar ist. Genau das wird von Marketingmitarbeitern erwartet, und genau das machen die meisten am liebsten. Wer den Sinn seines Berufslebens aber nur darin sieht, einen Slogan zu ersinnen, der Marketinggeschichte schreibt oder einen Werbejingle zu komponieren, den jeder mitsummt, hat den Sinn des Marketings nicht wirklich begriffen. Auch wenn Sie es nicht glauben können, es gibt genügend Kollegen, für die ein mit Nikes »Just do it« vergleichbarer Slogan oder eine mit Intels Jingle vergleichbare Melodie die Krönung ihrer Markenstrategie und ihres Berufslebens darstellt.

Selbst die aufsehenerregendste Werbekampagne ist kein Garant für eine gute Marketingperformance. Im Gegenteil, falls sie sich an falsche Zielgruppen oder Märkte wendet, falls sie keine Rückendeckung von profitablen Produkten erhält, keine effizienten Vertriebskanäle vorhanden sind, sie keine Höchstpreise erzielt oder keinen Wert schöpft, ist sie die reine Geldverschwendung.

Marketingführungskräfte tragen die Verantwortung für Fokus und Ausgewogenheit der Marketingaktivitäten. Sie müssen die Kommunikation beherrschen, dürfen sich aber nicht von ihr beherrschen lassen. Sie müssen die wertvollen Beiträge externer Werbeagenturen schätzen, dürfen aber nicht nach deren Pfeife tanzen.

Dies setzt ein gewisses Umdenken voraus. Kein CEO kann mehr davon ausgehen, dass starke Marken ausschließlich über aufwändige TV-Spots geschaffen werden können. Und auch Marketingleiter müssen darauf vertrauen, dass ihre Mitarbeiter mehr können als einer Werbeagentur stichpunktartige Vorgaben zu machen. Tatsächlich sollten sie ihren Marketingteams kreativen Spielraum verschaffen, um selbst Ideen zu ersinnen, zu planen und das Marketing im Unternehmen zu integrieren.

Ein guter CMO unterstützt mit seinen Führungs- und Managementqualitäten:

- Mitarbeiter und Teams. Die Marketing-Community eines kreativen Marketingprofis zeichnet sich selten durch unterwürfige Folgsamkeit aus. Ihre übersprudelnde Energie und Kreativität müssen ebenso in die richtigen Bahnen gelenkt werden wie die Begabungen und das Ego der einzelnen Teammitglieder, damit sich alle Anstrengungen auf ein gemeinsames Ziel ausrichten.

- Interne und externe Partner. Normalerweise arbeitet die Marketingabteilung mit vielen externen Agenturen und internen Geschäftsbereichen zusammen, wofür großes Koordinationstalent und gute Kommunikationsfähigkeiten erforderlich sind.

- Planung und Budgetzuweisung. Angesichts des meist beträchtlichen Werbeetats muss das Marketing Ressourcen sehr klug zuteilen, um über die Ausgaben Rechenschaft ablegen zu können und sicherzustellen, dass sich jeder Cent auch wirklich als profitable Investition erweist.

- Prioritäten und Integrationsfähigkeit. Im Marketing nimmt man sich gerne viel vor, weshalb ein unübersichtliches Projektgewirr typisch für viele Marketingabteilungen ist. Wesentlich effizienter ist es, sich auf einige wenige Großprojekte zu konzentrieren, die wirklich wichtig sind und die größte Wirkung versprechen.

- Prozesse und Synergien. Besonders in globalen Konzernen mit vielen Marken besteht die Gefahr, dass es an klar definierten Prozessen, gemeinsamen Zielen und Messkriterien mangelt, weshalb doppelte oder überflüssige Arbeitsschritte sowie Unstimmigkeiten entstehen können.

- Talente und Ressourcen. Obwohl sich viele Nachwuchstalente für begnadete Marketingfachleute halten, ist es gar nicht so einfach, neue Mitarbeiter zu finden, die den Ansprüchen gerecht werden. Das Marketing muss als die spannendste, wichtigste und erfüllendste Tätigkeit empfunden werden, um die besten Talente anzuziehen.

- Performance und Rechnungslegung. Das Marketing wird nur dann als stärkster Antriebsmotor des Unternehmens anerkannt werden, wenn es seinen wahren Wert für die Unternehmensperformance kommunizieren und erklären kann, inwiefern es das profitable Wachstum vorantreibt und den Aktienkurs nach oben treibt.

Ein Chief Marketing Officer muss ein Team aufbauen, das genau versteht, weshalb und auf welche Weise es die Kunden im gesamten Unternehmen vertritt, strategische Innovationen vorantreibt und daraus neue Produkte entwickelt und anstelle von Umsatzsteigerungen und Marktanteilen das profitable Unternehmenswachstum in den Vordergrund stellt.

Inspiration 14.2 Jim Stengel

Als Marketingchef bei Procter & Gamble leitet Jim Stengel ein Team aus rund 3 500 Marketingmitarbeitern in 150 Ländern und pflegt einige der weltweit führenden Marken.

Seit seinem Einstieg bei P&G im Jahr 1983 kletterte er die Karriereleiter zielstrebig nach oben und landete 2001 in seiner heutigen Position. Dass die Fachzeitschrift *Advertising Age* ihn in den vergangenen Jahren einmal zum besten Marketingchef gekürt hat, führt er zum Teil auf sein immenses Marketingbudget zurück, zum Teil aber auch auf die höchst innovativen Produkte und Prozesse sowie die Kommunikation bei P&G.

Das Management globaler Marken ist eine extrem anspruchsvolle Aufgabe, die Stengel jedoch außerordentlich erfolgreich bewältigt, da er sich nach eigener Aussage immer auf den Faktor Mensch konzentriert. »Die Globalisierung ist nun einmal eine Tatsache, der wir uns alle stellen müssen. Der Trick dabei ist, sich von ihr nicht blenden zu lassen. Nach wie vor kommt es darauf an, die lokalen Zielgruppen zu erreichen«, erklärte er. Um den richtigen Zielgruppen genau die richtigen Marken bieten zu können, wählt er die Strategien, Infrastrukturen, Agenturen, kulturellen Hintergründe und Mitarbeiter äußerst sorgfältig aus.

»Regionale Gewohnheiten unterscheiden sich beträchtlich, selbst bei einer so banalen Alltagsarbeit wie Wäsche waschen. Auf den Philippinen wird die Wäsche noch per Hand an Quellen gewaschen, während sich in Europa die kleinen und sparsamen Waschmaschinen durchgesetzt haben, in den USA dagegen die riesigen Toplader benutzt werden.«

Nach einigen schwierigen Jahren genießt das Marketing von P&G dank Stengels mutiger Vorgehensweise wieder einen hervorragenden Ruf. Eine seiner ersten Maßnahmen war, die Schulungen und Ausbildungsprogramme der P&G Marketing University neu zu beleben. Als nächstes machte er sich daran, die Marketingaktivitäten, die seiner Meinung nach zu stark von der Werbung dominiert wurden, ausgewogener zu gestalten und führte zudem eindeutige Zuständigkeiten in seiner Unternehmensfunktion ein, da er das Fehlen von Verantwortlichkeiten als untragbaren Zustand empfand.

Stengel stand der Werbung und den Agenturen, für die Werbung das einzig Wahre ist, schon immer kritisch gegenüber. 2004 prophezeite er sogar das bevorstehende Ende des 30-Sekunden-TV-Spots, da es seiner Meinung nach nicht gelungen war, die Fernsehwerbung in ansprechender Weise weiterzuentwickeln. Die Massenwerbung, auf die sich auch das P&G-Marketing lange Zeit konzentrierte, läge im Sterben, meinte er.

Seiner Überzeugung konsequent folgend, wies er 20 Prozent des gesamten Kommunikationsetats anderen Medien als der Werbung zu und experimentierte mit alternativen Kommunikationsmethoden. So wurde zum Beispiel schon vor Jahren das Projekt »Tremor« ins Leben gerufen, ein Netzwerk, das Mundpropaganda und den Schneeballeffekt nutzt, um rund 280.000 Teenagern – eine Zielgruppe, für die klassische Werbemethoden nicht mehr ziehen – wichtige Marken nahe zu bringen.

Damit nicht genug. Energisch machte sich Stengel daran, für Werbemaßnahmen im Speziellen und für das Marketing im Allgemeinen eindeutige Zuständigkeiten zu definieren. »Unserem Marketing steht weltweit ein Budget von 450 Milliarden US-Dollar zur Verfügung, und doch gehen wir bei unseren Entscheidungen wesentlich undisziplinierter vor als jeder andere Geschäftsbereich, der über eine Investition in der Höhe von gerade einmal 100.000 US-Dollar entscheiden muss«, stellte er fest. Den bequemen Geschäftsmodellen der Werbeagenturen machte Stengel einen Strich durch die Rechnung, schaffte Vorschusszahlungen und Provisionen ab und führte eine vom Erfolg der Werbeaktion abhängige Bezahlung ein.

Anwendung 14.2 Management des Marketings

Wie können Sie die Marketingabteilung mitsamt aller zugehörigen kreativen, analytischen, strategischen und betrieblichen Aktivitäten in der Praxis effizient leiten? Wie führen Sie Ihre Mitarbeiter, die ständig auf der Suche nach etwas Neuem sind? Wie stellen Sie sicher, dass die Marketingabteilung ihr volles Potenzial entfaltet?

1. Definieren Sie die Ziele des Marketings.

Definieren Sie die Rollen und Ziele Ihrer Mitarbeiter und Teams, und machen Sie deutlich, welchen Beitrag jeder Aspekt des Marketings leistet.

2. Stellen Sie ein hervorragendes Team zusammen.

Nehmen Sie begabte Nachwuchstalente und erfahrene Profis in Ihr Team auf, die strategisch, innovativ und wirtschaftlich denken und handeln.

3. Entwickeln Sie Pläne und Prozesse.

Entwickeln Sie klare, spezifische Marketingpläne, und dokumentieren Sie die Schlüsselprozesse, die zu deren Umsetzung und Steuerung erforderlich sind.

4. Setzen Sie Prioritäten für die Ressourcenzuweisung fest.

Optimieren Sie Ihre Marketingressourcen (Mitarbeiter, Partner, Aktiva und Budgets), um den langfristigen Gewinn zu maximieren.

5. Konzentrieren Sie sich auf das Wesentliche.

Legen Sie die Prioritäten für Ihr Portfolio, Ihre taktischen Maßnahmen, strategischen Initiativen und Verbesserungsprojekte fest.

6. Steuern Sie die Marketingperformance.

Steuern Sie die Performance auf strategischer und betrieblicher Ebene sowie die Ihrer Teams und einzelnen Mitarbeiter anhand geeigneter Kennzahlen und Belohnungssysteme.

Konzept 14.2 Der Chief Experience Officer

Im breiter gefassten betrieblichen Kontext ist es die Rolle des Marketingleiters, Führungsaufgaben zu übernehmen und wichtige Impulse zu geben. Die Weisungsbefugnis ist dabei auf das Marktwissen und die Professionalität des Marketingexperten zurückzuführen und ist demzufolge keine hierarchische oder delegierte Zuständigkeit.

Von außen nach innen strukturierte Unternehmen sind darauf angewiesen, dass ihnen der Markt die Richtung weist, die Prioritäten vorgibt und Inspirationen liefert. Auf strategischer Ebene wird in diesen Unternehmen die wechselhafte Natur der Märkte ebenso berücksichtigt wie die Auflösung klarer Grenzen, die Fragmentierung der Zielgruppen und die Herausforderungen des Wettbewerbs. Das fundierte Wissen über die Kunden, deren Bedürfnisse und Wünsche, Beweggründe und Sehnsüchte ist ausschlaggebend für alle Geschäftsaktivitäten.

Ermöglicht wird dies durch die Verbraucher, die dem Marketing die moralische Verantwortung für die Geschäftsführung, die Prioritäten, den Einsatz der Ressourcen und Planung der Aktivitäten übertragen.

Obwohl Marketingmitarbeiter auch in diesen Unternehmen zu Recht nach dem Erfolg ihrer Leistungen beurteilt werden, ist der Kunde, der diesen Erfolg überhaupt erst möglich macht, für sie der König. Aus diesem Grund sorgt das Marketing unternehmensweit dafür, dass der richtige Markt und die richtige Zielgruppe im Vordergrund stehen, dass Marken verinnerlicht werden und mit jeder Interaktion mit dem Kunden lebendig werden, dass Markenversprechen eingehalten werden und jeder einzelne Mitarbeiter in sich schlüssige und aneinander ausgerichtete Markenerfahrungen vermittelt.

Ein guter CXO setzt sich sowohl in der Marketingabteilung als auch im gesamten Unternehmen für Folgendes ein:

- Orientierung am Markt und an den Kunden. Der CXO stellt sicher, dass sich jeder Geschäftsbereich am externen Umfeld – an den Kunden und am Wettbewerb – orientiert. Dabei geht es nicht um die Feststellung, dass Kunden nun leider einmal wichtig sind, sondern darum, die externen Bedingungen als Ausgangspunkt für alle geschäftlichen Aktivitäten zu begreifen.

- Ausrichtung des Unternehmens am Kunden. Meist spiegeln betriebliche Strukturen eine historische Entwicklung, die Produkte oder die Leistungsfähigkeit wider und wurden nicht bewusst gestaltet. Wesentlich sinnvoller ist es jedoch, das Unternehmen auf die Kunden auszurichten, damit nicht nur teilweise, sondern insgesamt auf alle Bedürfnisse eingegangen werden kann.

- Markenintegrität und Umsetzung der Marke. Der CXO arbeitet vom Kundendienst über das Materiallager bis hin zur IT-Abteilung und der Lohnbuchhaltung mit jeder Abteilung zusammen, um die Marke, ihren Zweck, ihre Werte und unterschiedlichen Leistungen für Kunden und Mitarbeiter verständlich zu machen.

- Markenerfahrungen und Kundenbeziehungen. Der technologische Fortschritt eröffnet viele neue Wege in ein Unternehmen. Es ist daher wichtiger denn je, sich mit einem einheitlichen Erscheinungsbild zu präsentieren und effiziente Möglichkeiten einzurichten, Informationen über Kunden gemeinsam zu nutzen. Wer von den Kunden erwartet, dass sie sich auf eine Markenbeziehung einlassen, muss dafür sorgen, dass an jeder Kontaktstelle personalisierte Beziehungen gepflegt werden können.

- Produkt- und Prozessinnovation. In die Entwicklung innovativer neuer Produkte fließen gute Ideen und erforderliche Kompetenzen aus allen Unternehmensbereichen ein, daher sollte sie nicht hinter verschlossenen Türen erfolgen. Zudem zieht die Einführung neuer Produkte meist auch Modifikationen der Produktions- und Auslieferungsprozesse nach sich, und oft müssen sogar ganze Geschäftsbereiche der Innovation entsprechend umstrukturiert werden.

- Profitables Wachstum. Die Rentabilität hängt von Effizienzsteigerungen sowie erhöhten Einnahmen ab. Kosteneffizienz ist natürlich für jeden Geschäftsbereich eine große Herausforderung, dasselbe gilt aber auch für maximale Gewinnspannen, die davon abhängen, ob überdurchschnittlich hohe Preise tatsächlich aufgrund überdurchschnittlich guter Leistungen gerechtfertigt sind. Wachstum ist ebenfalls eine kollektive Aufgabe, bei der vor allem wichtig ist, dass das Marketing und der Vertrieb an einem Strang ziehen und sich sowohl die Erfolgsanreize wie auch die Erfolgsprämien teilen.

Im Zuge des Wandels, der aus ehemals horizontal strukturierten, isolierten Einheiten vertikal angeordnete, gleichberechtigte Unternehmensfunktionen macht, sollten Marketingexperten an vorderster Front die Neuausrichtung anführen und sich für abteilungsübergreifende Teams, integrierte Prozesse und gemeinsame Ziele und Prämien stark machen. Allerdings wird sie niemand dazu auffordern. Hier muss jeder selbst aktiv werden und sanften, aber beharrlichen Druck ausüben, um dieses Vorhaben zu verwirklichen.

Inspiration 14.3 Terry Leahy

Leahy kam 1979 als Nachwuchstalent in die Marketingabteilung von Tesco. Innerhalb von fünf Jahren wurde er zum Marketingleiter einer der Produktkategorien ernannt, und als Tesco 1992 beschloss, dem Marketing gebühre ein Platz an der Unternehmensspitze, wurde Leahy zum Marketingchef befördert und nahm gleichzeitig einen Platz im Vorstand ein. 1997, kurz vor seinem 40. Geburtstag, wurde Leahy CEO von Tesco.

Dass Leahy bei der Verfolgung seiner Visionen immer mit beiden Beinen fest auf dem Boden bleibt, ist sicherlich auf seinen familiären Hintergrund und sein bodenständiges Elternhaus zurückzuführen. Er wuchs in einem der etwas raueren Stadteile Liverpools auf, wo er mit seinen Eltern in einem Fertighaus wohnte. Trotz der eher bescheidenen Verhältnisse ermutigte ihn sein Vater, der Schreiner war und Greyhounds liebte, dazu, sich für sein Leben hohe Ziele zu stecken. Leahy studierte am Manchester Institute of Science and Technology und darf sich seit 2002 als Dank für seine Verdienste im Einzelhandel Sir Terry Leahy nennen.

In einem Interview mit *The Economist* sagte er, er sei froh, alle sozialen Schichten kennen gelernt zu haben, da er sich aus diesem Grund in Kunden sämtlicher Zielgruppen hineinversetzen könne.

Unter der Führung von Sir Terry hat sich die britische Nullachtfünfzehn-Supermarktkette zu einem der weltweit größten und angesehensten Einzelhandelskonzerne gemausert. Sein Führungsstil gilt als sehr unverblümt und sachlich, doch wie er selbst sagt, lässt er sich in erster Linie von den Erkenntnissen leiten, die er in Gesprächen mit seinen Mitarbeitern und Kunden gewinnt.

Als er die Leitung des Marketings übernahm, entwickelte er eine Strategie, die sich ausschließlich um den Dienst am Kunden drehte. 1992 führte er in den Tesco-Supermärkten ein, dass sofort eine neue Kasse zu eröffnen ist, sobald mehr als zwei Kunden an einer Kasse anstehen. Dadurch entstehen zwar zusätzliche Kosten, doch die so genannte »one in front«-Kampagne kommt bei den Kunden ziemlich gut an. Leahy führte für seine preisbewussten Kunden die Produktreihe »Value« ein und startete das interne Programm »Would I buy it«, um herauszufinden, ob seine Mitarbeiter die Tesco-Produkte denn auch kaufen würden.

Auf Leahys Konto geht auch das Clubcard-Treueprogramm, das 1995 als eines der ersten Treuepunktesysteme im Einzelhandel eingeführt wurde und sogar eine Auszeichnung einheimste. Neben den Treuepunkten, die Tesco-Kunden bei jedem Einkauf erhalten, können sie in den vierteljährlich durchgeführten Verbraucherumfragen Wünsche und Kritiken äußern, was die Kundenloyalität beträchtlich erhöht und es Tesco dank einer Datenbank mit Informationen über mehr als zehn Millionen Kunden ermöglicht, trotz des riesigen Kundenstamms sehr persönlich und clever zu werben.

1997 nutzte Leahy, inzwischen CEO, seine erfolgreiche Geschäftsstrategie als Sprungbrett in neue geografische Märkte, neue Non Food-Kategorien und neue Ladenformate. Im Jahr 2005 waren aus den einstmals 550 Supermärkten 2 500 geworden. Ebenfalls 2005 wurde auf der Tesco-Website der Direktvertrieb Tesco Direct eingerichtet, der sich aufgrund der extrem effizienten Lieferkette zum größten und lukrativsten Online Shopping-Paradies des Einzelhandels entwickelt hat.

Leahy ist ein Unternehmenschef, der sich seinen Kunden eng verbunden fühlt und auch heute noch versucht, einen Tag in der Woche in einem seiner Supermärkte zu verbringen. 2005 ernannte ihn die Zeitschrift *Fortune* für seinen Führungsstil, mit dem er Tesco trotz des heftigen Wettbewerbs und aller wirtschaftlichen Höhenflüge und Talfahrten mit sicherer Hand leitet, zum europäischen Geschäftsmann des Jahres.

Als CEO mit Marketinghintergrund gehört Leahy noch einer Minderheit an. Auf alle Fälle haben dem durchsetzungsfähigen Mann aus Liverpool, in dessen Adern auch irisches Blut fließt, die Nähe zu den Kunden und seine Marketinginstinkte hervorragende Dienste geleistet.

Anwendung 14.3 Einfluss ausüben

Wie üben Sie in Ihrem Unternehmen effizient Einfluss aus? Wie machen Sie sich im gesamten Unternehmen für die Kunden, für Innovationen und Wachstum stark? Was haben Marketingprofis an sich, das andere mitreißt? Was gibt dem Marketing das Recht, das Unternehmen anzuführen?

1. Definieren Sie, wodurch sich die Haltung und Denkweise eines Marketingprofis auszeichnen.

   Begeistern Sie die Mitarbeiter aller Unternehmensebenen für eine Denkweise, deren Ausgangspunkte die Kunden und Märkte darstellen.

2. Setzen Sie neue Prioritäten in der strategischen Agenda.

   Rücken Sie Märkte, Kunden und Innovationen in den Vordergrund jeder Geschäftsstrategie und jedes Entscheidungsprozesses.

3. Agieren Sie als Champion der Kunden.

   Verdeutlichen Sie im gesamten Unternehmen, welche Bedürfnisse die Kunden hegen und welche Wertangebote, Erfahrungen und Beziehungen entwickelt und vermittelt werden müssen.

4. Fördern Sie Innovationen.

   Fördern Sie unternehmensweit die Innovationsfreude, und bringen Sie die geeigneten Teams zusammen, um den strategischen Wandel voranzutreiben.

5. Setzen Sie sich für profitables Wachstum ein.

   Arbeiten Sie mit Strategen und Vertriebskollegen zusammen, um die besten Chancen für profitables Wachstum erkennen und ergreifen zu können.

6. Peilen Sie den Chefsessel an.

   Indem Sie die Verantwortung für strategische Entscheidungen, innovative Entwicklungen und kommerzielle Umsetzungsfähigkeit übernehmen, positionieren Sie sich als geeigneter Kandidat für eine Beförderung.

Konzept 14.3 Der Marketing Chief Executive Officer

Marketingprofis etablieren sich in zunehmendem Maß als richtungsweisende Führungskräfte ihrer Unternehmen. CEOs von heute müssen sich verstärkt in Vorstands- und Aufsichtsratsgremien engagieren sowie die Beziehungen zu Investoren pflegen, weshalb sie sich mehr als auf jede andere Unternehmensfunktion auf das Marketing stützen, um auf strategischer und operativer Ebene erfolgversprechende Entwicklungen voranzutreiben.

Führungskräfte mit Marketinghintergrund sind die Dreh- und Angelpunkte ihrer Unternehmen.

Immer wieder wird jedoch darauf herumgeritten, dass Marketingleiter nicht »im Vorstand« sitzen, was nichts anderes als ein Ablenkungsmanöver ist. Tatsache ist, dass die Geschäftsleitung von Aktiengesellschaften, natürlich unter Einbeziehung der CEOs und Leiter der Finanzabteilungen, verstärkt von Aufsichtsräten übernommen wird. Die Higgs Review über Corporate Governance in Großbritannien argumentiert, nicht am Management beteiligte Mitglieder der Geschäftsleitung verfügten über den notwendigen Abstand, um neue Perspektiven zu eröffnen, objektive Standpunkte einzubringen und Kontrollfunktionen auszuüben, weshalb es zu begrüßen wäre, wenn die Geschäftsleitung aus mehr nicht am Management beteiligten Führungskräften bestünde.

Am wichtigsten ist aber, dass die Geschäftsleitung dazu bereit ist, sich am Markt zu orientieren, dass sie über fundiertes Wissen über Kunden und Wettbewerbsfähigkeit verfügt und die dynamischen Kräfte des Markts und der Zielgruppen versteht. Erreicht werden kann dies nur, wenn das Marketing verständlich kommuniziert, was es plant und leistet, wenn es Diskussionen und strategische Planungen auf Vorstandsebene um wichtige Erkenntnisse über die Kunden und kreative Impulse bereichert und der Geschäftsleitung glaubhaft versichert, dass sich der Marketingleiter unternehmensweit für den Gesamterfolg des Unternehmens einsetzt.

Für ein Unternehmen wäre die Aufnahme des Marketingchefs in die Geschäftsleitung ein qualitativer Gewinn, da er neue Perspektiven und Fähigkeiten einbringt. Überhaupt ist es für jede Marketingführungskraft empfehlenswert, sich als nicht am Management beteiligtes Mitglied des Führungsgremiums eines anderen Unternehmens Einsichten in die Unternehmensführung zu verschaffen, um sich auf zukünftige Führungsaufgaben vorzubereiten.

Unternehmen täten generell gut daran, ihre zukünftigen CEOs aus dem Marketing zu rekrutieren.

Bisher wurden CEOs im Allgemeinen aus dem Finanzwesen oder dem operativen Geschäftsbereich rekrutiert, weshalb Sicherheit, wirtschaftliche Stabilität und betriebswirtschaftliches Management bei der Geschäftsleitung im Vordergrund stehen. Diese Fähigkeiten reichen heute nicht mehr aus. Marketingführungskräfte müssen die ihnen entgegengebrachten Vorurteile ausräumen und beweisen, dass sie strategisch und wirtschaftlich, kooperativ und ganzheitlich denken und handeln. Sie müssen zeigen, dass sie über sämtliche erforderlichen Kompetenzen verfügen, um ihr Unternehmen durch alle Schwierigkeiten zum Erfolg zu führen, dass sie zielstrebig die richtige Richtung verfolgen, das Potenzial von Marken und Innovationen freisetzen und Mitarbeiter dazu inspirieren können, selbst in turbulenten Zeiten beharrlich auf Erfolgskurs zu bleiben.

Wie bereits erwähnt, erwirtschaften Unternehmen, deren CEOs auf eine Marketingkarriere zurückblicken, deutlich höhere Renditen für ihre Anleger.

Allerdings darf die CEO-Funktion nicht einfach nur als eine höher bezahlte und einflussreichere CMO-Rolle betrachtet werden. Die neuen Zuständigkeitsbereiche sollten einen aus dem Marketing stammenden CEO nicht davon abhalten, seine einzigartigen Fähigkeiten zum Tragen zu bringen, auch wenn er statt der Marketingabteilung nun das Unternehmen führt, für die Unternehmensbilanzen verantwortlich ist, dem Vorstand und Aufsichtsrat Rechenschaft ablegt und für die Investor Relations und Vermögensverwaltung, für die Personalpolitik und Arbeitssicherheit – kurz für alles – zuständig ist.

Das Erfolgsrezept eines guten CEOs ist, delegieren zu können und zu akzeptieren, dass er nicht alles können muss. Entscheidend ist, die Verantwortung zu übernehmen, doch im Übrigen besteht die Kunst darin, großartige Teams aufzustellen, deren Mitglieder sehr wahrscheinlich über fundierteres Fachwissen und größere Berufserfahrung in ihrem jeweiligen Fachgebiet verfügen, als man sich selbst jemals aneignen könnte, und dafür zu sorgen, dass diese Teams sowohl für sich allein als auch gemeinsam die Unternehmensziele realisieren.

Neben den üblichen Kompetenzen verfügt ein CEO aus dem Marketing über weitere ganz wesentliche Fähigkeiten, die für eine erfolgreiche Unternehmensführung zwingend erforderlich sind:

- Er ist in der Lage, eine mitreißende und überzeugende Zukunftsvision zu formulieren.
- Er ist Verkörperung und zugleich Rollenmodell der Unternehmensmarke.
- Er definiert marktorientierte Unternehmensprioritäten.
- Er stellt sicher, dass die Unternehmensstrategie den Markt zum Vorteil des Unternehmens formt.
- Er verknüpft die besten Ideen und Initiativen des Unternehmens.
- Er inspiriert seine Mitarbeiter mit neuen Ideen und Visionen.

Mit der neuen Perspektive, die zeigt, wie die vielen Bereiche und Funktionen eines Unternehmens zusammenhängen und ineinander greifen, wird zusätzlicher Wert für das Unternehmen geschaffen. Marketingexperten können einem Unternehmen die Persönlichkeit verleihen, die es bei der ausschließlichen Konzentration auf Betriebsergebnisse und Corporate Governance oft vermissen lässt. Da sie die Unternehmensmarke am besten verstehen, können sie ihr ein Gesicht verleihen. Als Kommunikationsprofis fällt es ihnen leicht, Visionen und Strategien, Prioritäten und Leistungsvorgaben persönlicher, motivierender und inspirierender zu formulieren.

Es ist nicht weiter verwunderlich, dass einige der berühmtesten marketingorientierten CEOs höchst erfolgreiche Unternehmer sind. Zu ihnen gehören Steve Jobs von Apple, Charles Dunstone von Carphone Warehouse, Richard Branson von Virgin und Phil Knight von Nike. Sie alle zeichnet ein intuitives Verständnis des Markts und der Kunden aus sowie die Gabe, ihre Unternehmen auch mit nur einer Hand am Steuer zu lenken und ihre Marken nach ihren eigenen Vorstellungen zu formen.

Wahre Unternehmer sind geborene Marketingprofis, die vielleicht wenig Geduld für großartige Theorien über die Leitung eines Unternehmens aufbringen, sich dafür aber durch eine natürliche Begabung für finanzwirtschaftliches Management auszeichnen. Das macht sie zu den vielleicht besten Marketingprofis unserer Zeit. In der Tat sind die Firmengründer, denen es gelingt, ihre Start-up-Unternehmen zu multinationalen Konzernen auszubauen, oft Marketingprofis mit dem richtigen Blick für Herausforderungen und Chancen.

Natürlich eignet sich nicht jeder Marketingleiter dazu, der neue Unternehmensleiter zu werden oder reißt sich darum, eine so verantwortungsvolle Aufgabe auf sich zu nehmen. Trotzdem bleibt als Fazit zu sagen, dass Marketingprofis herausragende CEOs abgeben können, und es ist wichtig, dass das Marketing als Unternehmensfunktion sich den Ruf und die Glaubwürdigkeit verschafft, das Unternehmen führen zu können, ob nun als Abteilung, der größerer Einfluss gewährt wird, oder in der Person des Marketingchefs als nächster CEO.

Inspiration 14.4 Meg Whitman

Der Marketingexpertin Meg Whitman wird als CEO weltweit größte Bewunderung entgegengebracht.

Seit 1998 leitet Whitman als Vorstandsvorsitzende und CEO die Internetauktionsbörse eBay. Pierre Omiyhar rekrutierte die 1957 geborene Whitman, Ehefrau eines Neurochirurgen und zweifache Mutter, und betraute sie mit der Aufgabe, eBay zum weltweit führenden Online-Marktplatz zu machen. Sie gilt als eine der einflussreichsten und erfolgreichsten amerikanischen Geschäftsfrauen unserer Zeit.

Whitman wuchs in Cold Spring Harbor, Long Island, im US-Bundesstaat New York auf. Nach der Schule studierte Whitman an der renommierten Princeton University in New Jersey Wirtschaftswissenschaften und machte 1977 den Bachelor, dem 1979 der Master-Abschluss an der Harvard Business School folgte.

Von 1979 bis 1981 war sie bei Procter & Gamble im Markenmanagement tätig. Anschließend wechselte sie zur Unternehmensberatung Bain and Company und wurde dort zur Vize-Präsidentin ernannt.

Ab 1989 leitete Whitman als Vize-Präsidentin die Marketingabteilung der Walt Disney Products Division. 1992 erfolgte der Wechsel zum Schuhfabrikanten Stride Rite, für den sie nicht nur die erfolgreichen Munchkin-Babyschuhe auf den Markt brachte, sondern auch die Marke Stride Rite im Einzelhandel wieder stark positionierte.

Danach wurde sie Geschäftsführerin des weltweit größten Blumenversandes Florists Transworld Delivery. Unter ihrer Leitung verwandelte sich der im Besitz einer Floristenvereinigung befindliche Blumenversand in ein profitorientiertes Privatunternehmen. Im Anschluss wechselte sie zum Spielzeugproduzenten Hasbro, bei dem sie den Bereich Vorschulprodukte leitete und für das globale Markenmanagement zweier der bekanntesten Kinderproduktmarken – Playskool und Mr. Potatoe Head – verantwortlich zeichnete.

Die Zeitschrift *Fortune* führte Meg Whitman im Jahr 2004 unter den 25 einflussreichsten Geschäftsleuten auf, und seit dem Jahr 2000 platzierte sie sich jedes Jahr in der *Business Week*-Liste der 25 erfolgreichsten Manager. Whitman ist außerdem im Aufsichtsrat von Procter & Gamble und Gap.

Anwendung 14.4 Die Führung des Unternehmens übernehmen

Welche Aufgaben übernimmt ein CEO? Weshalb ist eine marketingorientierte Grundeinstellung für die CEO-Funktion unverzichtbar? Wie berücksichtigen Sie in der Unternehmensführung die von außen nach innen gerichtete Perspektive? Woraus besteht der Unterschied zwischen einem Unternehmensleiter mit Marketinghintergrund und einem Marketingleiter?

1. Definieren Sie die Rolle des CEO.

Befassen Sie sich mit Ihrer Rolle als CEO und ihrem Unterschied zu den Rollen anderer Führungskräfte, der Vorstände und Aufsichtsräte.

2. Geben Sie die Richtung an.

Definieren Sie die Unternehmensstrategie und die Richtung, die damit verfolgt wird. Klären Sie, woraus die besten Chancen bestehen und setzten Sie die Prioritäten.

3. Teilen Sie Ressourcen zu.

Weisen Sie unternehmensweit die Ressourcen, Mitarbeiter und Budgets zu, und stellen Sie sicher, dass jedem die für den Erfolg erforderlichen Mittel und Werkzeuge zur Verfügung stehen.

4. Inspirieren Sie Ihre Mitarbeiter.

Inspirieren Sie alle Mitarbeiter dazu, nach guten Chancen Ausschau zu halten, innovativ und wettbewerbstüchtig zu sein, sich von den Kunden beflügeln zu lassen und die Marke zu leben.

5. Bevollmächtigen Sie Entscheidungsträger.

Bevollmächtigen Sie Ihre Manager dazu, Entscheidungen zu treffen und hervorragende Ergebnisse zu liefern, und vertrauen Sie auf ihr Urteilsvermögen und Fachwissen.

6. Versichern Sie sich der Unterstützung aller Interessengruppen.

Stellen Sie sicher, dass Geschäftsergebnisse effizient und nach Plan erzielt werden können, indem Sie die Unterstützung der Vorstände, Aufsichtsräte und Investoren einholen.

Was passiert als übernächstes?

»Die Ära der datenbasierten Gesellschaft neigt sich ihrem Ende zu. Während immer intelligentere Computer immer mehr Informationen verarbeiten, gewinnt für die Gesellschaft die einzige menschliche Fähigkeit, die sich nicht automatisieren lässt, an Bedeutung: die Fähigkeit zu fühlen. Emotionen beeinflussen alles, von Kaufentscheidungen bis zur Art und Weise, wie wir mit anderen zusammenarbeiten. Unternehmen werden mit Geschichten und Mythen erfolgreich sein. Unternehmen müssen verstehen, dass ihre Produkte weniger wichtig sind als ihre Geschichten.«

Rolf Jensen

»Jeder ist, in gewisser Weise,

a. wie alle

b. wie manche

c. wie kein anderer.«

C. Kluckholm und H. Murry

Geniale Marketingprofis leisten zweierlei: sie gestalten das Morgen, während sie heute Ergebnisse liefern, Entscheidungen treffen, Nebensächliches und Wichtiges erledigen, Kurzfristiges und Langfristiges bewirken.

Sie gehen auf die konkurrierenden Ansprüche sich verändernder Märkte und immer besserer Dienstleistungen ein, sie verfolgen gleichzeitig die ganz unterschiedlichen Ziele, heute die Umsätze zu steigern und starke Marken für die Zukunft aufzubauen, indem sie intelligenteres und fantasievolleres Marketing betreiben.

Dies ist jedoch nur möglich, wenn Marketingprofis davon überzeugt sind, heute und in der Zukunft das Richtige zu tun.

Eine intelligentere Zukunft	Eine fantasievollere Zukunft
... setzt Erkenntnisse voraus. Solange wir »den Verbraucher« als typischen Durchschnittsmenschen betrachten, sind wir weit davon entfernt, ihn tatsächlich als Individuum zu verstehen.	**... verlangt nach Ideen**. Erkenntnisse alleine reichen nicht aus. Es ist die Kraft kreativer Ideen, durch die sich Unternehmen abheben und verändern können.
... braucht starke Marken. Es gibt nur wenige große Marken, die Menschen wirklich ansprechen, inspirieren, beflügeln und zu Großem befähigen.	**... braucht emotional engagierte Menschen**. Noch ist es der Geschäftswelt nicht gelungen, Mitarbeiter und Kunden emotional zu engagieren.
... macht ein Umdenken notwendig. Die meisten Unternehmen sind noch immer nicht ernsthaft kundenorientiert und können sich langfristig nicht von außen betrachten.	**... baut auf der Gemeinschaft auf**. Jeder will mit Gleichgesinnten zusammen sein, will lernen und arbeiten, will andere treffen und mehr aus dem eigenen Leben machen.

Jedem Jahrzehnt wird irgendeine besondere Entwicklung in der Musik oder Mode, Politik oder Wirtschaft, Wissenschaft oder Technik zugeschrieben. Die 1980er markierten das Ende des Kommunismus und die 1990er die umfassende Vernetzung unserer Welt. Seit der Jahrtausendwende haben sich die Ereignisse geradezu überschlagen, und für viele der unzähligen Veränderungen gibt es wahrscheinlich noch gar kein eindeutiges »Etikett«. Die Namensgebung für eine Ära ist an sich schon eine Herausforderung, da sie ein umfassendes Verständnis ihrer Entwicklungen voraussetzt.

Mark Twain sagte, dass sich die Geschichte nicht wiederhole, aber häufig reime. Historische Entwicklungszyklen – kurze und lange, die unsere Märkte beeinflussen – können darüber Aufschluss geben, wie sich unsere Welt entwickeln wird. Nur wer versteht, welche Zukunftsszenarien am wahrscheinlichsten sind, weiß, wie er heute handeln soll.

Schon jetzt sind viele Tendenzen erkennbar, die unsere traditionellen Märkte und Marketingmethoden immer stärker verändern. Für die Märkte zeichnen sich folgende Entwicklungen ab:

- **Grenzenlose Ökonomien** – die Wirtschaft wird globaler und vernetzter, während der Grad der Spezialisierung an den weltweiten Standorten zunimmt – die heute in China hergestellten Verbraucherprodukte werden oft in Amerika erfunden und in Europa markttauglich weiterentwickelt, bevor sie zur billigen Fertigung nach Asien geschickt werden. Sony sucht im Westen nach Inspiration, während Ford im Osten nach Möglichkeiten zur Produktivitätssteigerung sucht. Das Marketing muss seine Rolle umdefinieren, um zu verstehen, wie, wo und wann es innerhalb der globalen Wertschöpfungsketten den größten Wert schaffen kann.
- **Machtbasen** – Nationalstaaten verlieren im Vergleich zu Unternehmensimperien und anderen virtuellen Gemeinschaften wirtschaftlich, sozial oder politisch an Relevanz. Globalität und Virtualität verleihen globalen Marken und Modetrends, Sportteams und Mediengruppen, politischen Aktivisten oder terroristischen Zellen mehr Macht als ein realer Standort. Das Weltwirtschaftsforum wird wichtiger werden als die Vereinten Nationen, Microsoft mächtiger als die USA, Wettkämpfe interessanter als Wahlkämpfe. Das Marketing muss sich diesen neuen Machtbasen stellen.
- **Digitale Domänen** – Informationen werden standortspezifischer, lassen sich einfach in Objekte aller Art einbetten, werden zugänglicher, nachvollziehbarer und relevanter. Schon bald werden neue Technologien – von IPv6, dem neuen Internetprotokoll, zu Nanotechnologien, die Maschinen aus Molekülen bauen – unseren Arbeitsalltag prägen. Standortbasiertes Marketing ermöglicht die Nutzung neuer Vertriebskanäle und zeitbasierte Werbung, Personalisierung und Relevanz in bislang unerreichtem Ausmaß.

Auch das Verbraucherverhalten verändert sich:

- **Lifestyle-Fusion** – flexiblere Arbeitszeiten, die es gestatten, Berufs- und Privatleben ausgewogen zu gestalten, gewinnen an Bedeutung. Immer mehr Arbeitnehmer werden Wert darauf legen, dass sich ihre Arbeit soweit wie möglich mit ihren Interessen deckt. Die nicht mehr ganz so junge Generation der Baby-Boomer ist auf ihrem kreativen Höhepunkt. Sie will reisen und das Leben genießen, begeistert sich für Rockmusik ebenso wie für Klassik und kombiniert sportlichen Freizeitlook mit Designermode. Unternehmen werden flexible Arbeitszeitmodelle entwickeln, die den Ansprüchen der Arbeitnehmer gerecht werden, um für die besten Talente interessant zu sein. Das Marketing muss diese neuen Makromotivationen bei Unternehmen und Verbrauchern erkennen.
- **Globale Intimität** – Mobilität macht uns zu einer Art moderner Nomaden, die regelmäßig aus privaten oder beruflichen Gründen auf Achse sind. Technologie ermöglicht Intimität, indem sie Menschen mit gemeinsamen Interessen oder Zielen zusammenbringt, ob in der Form von Medizinernetzwerken, die rund um die Welt Ferndiagnosen erstellen, von lebenslangen Lerngemeinschaften in den unterschiedlichsten Fachgebieten oder von Online-Communities, über die wir Freundschaften mit Menschen schließen, die wir sonst nie getroffen hätten. Das Marketing kann diese Migration durch vertrauenswürdige Marken unterstützen, die als virtuelle Gemeinschaften fungieren.
- **Genetische Segmentierung** – mit personalisierten Screenings werden sich Menschen zukünftig nach ihren genetischen Anlagen im Hinblick auf bestimmte Krankheiten und Therapien, aber auch nach Intelligenz und sozialen Vorlieben kategorisieren lassen. Die allgemeine Problematik der Genmanipulation wird ebenso wie das Wissen darum, wer man ist und wer nicht, neue Selbsthilfegruppen, Lobbys oder soziale Schichten entstehen lassen. Das Marketing sollte sich diese neue Form der Segmentierung zunutze machen und Innovationen und Wertangebote entwickeln, die besser auf individuelle Beweggründe eingehen.

In den Unternehmen verändern sich Strukturen und Rollen:

- **Wissenszentren** – Indien steigt unaufhaltsam zur Technologiemacht auf, Singapur hat sich als Lernplattform etabliert und Hongkong ist das Tor zum Osten. Das Outsourcen immaterieller Werte aus steuerlichen Gründen führt dazu, dass sich das intellektuelle Kapital multinationaler Unternehmen – die Markenmanagement- oder Forschungsteams – in den Schweizer Bergen oder auf karibischen Inseln befindet. Als die Schöpfer immaterieller Werte werden Marketingexperten selbst immer wertvoller für ihre Unternehmen, müssen allerdings darauf achten, nicht in abgelegenen Steuerparadiesen isoliert zu werden.

- **Kreative Hotspots** – in dem Maß, in dem Geräte an Konnektivität und Kommunikationsfähigkeit gewinnen, wird der Arbeitsplatz mehr und mehr Ausdruck der Persönlichkeit. Neben neuen Zentren des technologischen Fortschritts werden sich ganze Städte als kreative Hotspots neu erfinden. Die klassische Art zu werben wird sich mit Elementen aus Innovation und Design, Medien und Kunst, Geschäft und Gesellschaft, Kommerz und Wohltätigkeit vermischen. Das Marketing muss im Zentrum dieser Hotspots nach neuen Talenten suchen, neue Formen der Zusammenarbeit für Innovation und Kommunikation erarbeiten und die besten Ideen aufgreifen, bevor es andere tun.
- **Kundenunternehmen** – Wenn Unternehmen realisieren, dass ihre Marken den Kunden gehören, liegt der Schluss nahe, dass die meisten ihrer betrieblichen Aktivitäten kaum Einfluss auf ihre Rolle ausüben und virtuelle Partnerschaften deutlich mehr Flexibilität, engere Kundenbeziehungen und bessere Wertschöpfungschancen bieten. Die Beteiligung des Kunden an der Entwicklung neuer Produkte, die Personalisierung bestehender Produkte und die Bildung von Markengemeinschaften zeichnen echte Kundenunternehmen aus. Als Antwort auf die immer höher gesteckten Erwartungen der Kunden bieten Unternehmen der Masse mehr Klasse, bessere Inhalte über verschiedenste Medien, eine neue Interpretation des »Werts« und erkennen an, dass der Kunde nicht nur König ist, sondern der wahre Chef.

Inspiration 15.1 Nike

Nike hat sich zum Ziel gemacht, alle Sportler weltweit mit innovativen Produkten zu inspirieren.

Nach Bill Bowermann, dem legendären Leichtathletiktrainer der University of Oregon, ist jeder ein Sportler, der einen Körper hat.

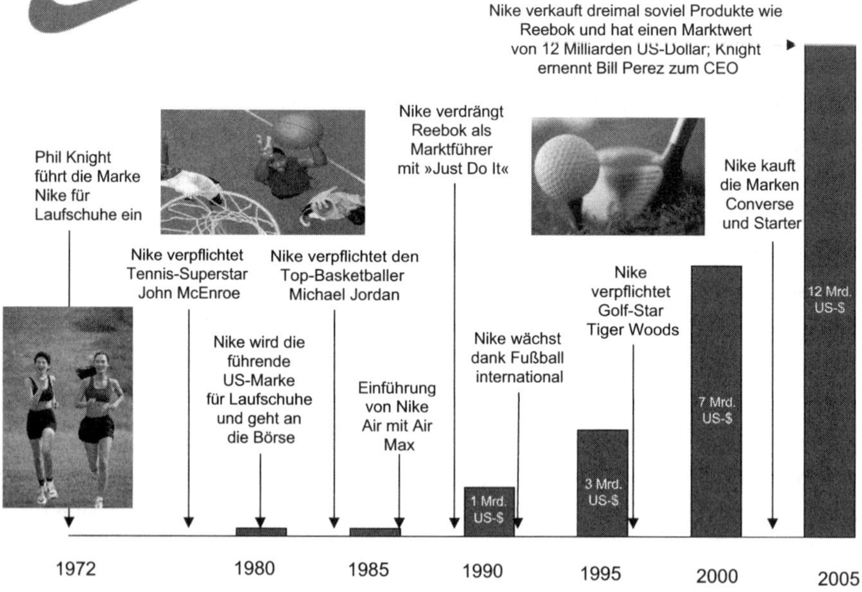

Quelle: Daten von www.nikebiz.com

In der verschlafenen Ortschaft Eugene im US-Bundesstaat Oregon machten sich Phil Knight und Bowerman auf, die Mission von Nike umzusetzen: Jedem Sportler in seinem Gebiet zu helfen, sein Potenzial voll auszuschöpfen.

Heute ist der weltweit führende Sport- und Fitnessartikelhersteller Nike in jeder Sportart vertreten und in jeder Ecke der Welt präsent. Rund 25 000 Angestellte und eine Million externe Mitarbeiter arbeiten gemeinsam daran, ihre sportlichen Kunden mit innovativen Produkten zu inspirieren.

Natürlich musste Nike auf seinem Erfolgskurs auch diverse Hürden überwinden. Die vielleicht schwierigste bestand aus den Negativschlagzeilen über die Arbeitsbedingungen in Nikes asiatischen Produktionsstätten, die Nike veranlassten, sich intensiv mit dieser Problematik zu befassen. Nike hat diese Hürde gemeistert und gilt heute als ein Musterbeispiel an Nachhaltigkeit und ethischer Unternehmensführung.

Die Marke Nike, verkörpert durch das Swoosh-Logo, steht in der Welt des Sports für Selbstbewusstsein und Spitzenleistungen und vereint unter sich weitere Untermarken, die spezifische Zielgruppen ansprechen – Nike Jordan, Nike Woman, Nike Golf, Nike Running, Nike Football und viele andere.

Phil Knights vielleicht größter Geniestreich war, den Basketball-Superstar Michael Jordan unter Vertrag zu nehmen. Prominentenwerbung war damals ein neues Konzept, insbesondere im Sport, und die Möglichkeit, in der Person eines Spitzensportlers das Streben nach Bestleistungen darzustellen, erwies sich als unschlagbar. Zudem sind diese Verträge alles andere als oberflächliche Vereinbarungen. Nike nimmt seine Mission, den Athleten persönliche Bestleistungen zu ermöglichen, stets ernst und unterstützt sie nach besten Kräften, während die Sportler als Gegenleistung bei der Produktinnovation, bei Megaevents und Marketinginitiativen eng mit Nike zusammenarbeiten.

Doch nicht nur die Nike-Produkte, sondern auch die Nike-Werbeslogans machen von sich reden, da es hervorragend gelingt, das Wesen der Marke, ihre Werte und Versprechen in wenige markante Worte zu fassen. Unterstützt von der ebenfalls weltweit erfolgreichen Werbeagentur Wieden + Kennedy und vielen anderen, lanciert Nike atmosphärische Print- und TV-Werbung, Produktmarken und Slogans, die Aufsehen erregen.

Nike erkannte auch, dass es die eigene Marke nicht jedem recht machen kann und erweiterte sein Markenportfolio in den letzten Jahren durch diverse Übernahmen. Da Jugendliche zum Beispiel selten dasselbe cool finden wie ihre Eltern, nutzt Nike die Surfwear-Marke Hurley, um den Teen-Lifestyle anzusprechen.

Als gediegenere Footwear-Marke der oberen Preisklasse, die sich nicht nur auf dem Sportplatz, sondern auch im Büro tragen lässt, nutzt Nike die Marke Cole Haan. Eine etwas neuere Errungenschaft ist die legendäre US-Marke Converse. Mit dem Design- und Vermarktungsunternehmen Exeter Brands Group soll der Verkauf von Billiglinien wie Starter und Shaq im Einzelhandel gefördert werden.

Nikes Heimatstadt Beaverton ist nur einen Katzensprung von dem Universitätscampus entfernt, auf dem Knight seine eigenen sportlichen Höchstleistungen zu erreichen versuchte. Die Straße zum Mia-Hamm-Gebäude in Nikes World Campus ist von den Statuen seiner Idole gesäumt – Michael Jordan, Tiger Woods, Alberto Salazar, Joan Benoit, Carl Lewis und Sebastian Coe.

In der Entwicklungsabteilung von Nike, dem Sports Research Lab – auch bekannt als »die Küche« –, schlägt das Herz der Marke, des Unternehmens und des Campus. Hier gibt es auf rund 12 000 Quadratmetern nicht nur Nike-Design in seiner schönsten Form zu sehen, sondern auch einen Basketballplatz, einen Fußballplatz und eine 70 Meter-Sprintstrecke.

In der Regel trifft man hier auch immer einige der Spitzensportler, die Nike in der Produktinnovation unterstützen. Vielleicht zeichnet gerade eine Highspeed-Videokamera mit 1 000 Bildern pro Sekunde auf, wie der französische Fußballstar Thierry Henry den Ball kickt. Oder Marathon-Weltrekordhalterin Paula Radcliffe joggt auf dem Laufband, während die Nike-Wissenschaftler die Kinematik – Bewegungsanalyse des Fußes – und Kinetik – die Reaktionskräfte und die Beanspruchung des Untergrunds – studieren.

Mit Muskelscannern und Pulsmessgeräten, grafischen Designsystemen, thermischen Bildgebungsgeräten und vielem mehr setzt sich Nike dafür ein, sportliche Höchstleistungen zu ermöglichen. Nike hat sich vorgenommen, nur die besten Produkte zu entwickeln, damit seine Kunden die besten Leistungen erzielen. Von der Struktur des Schuhs bis zur Haltbarkeit der Textilien, dem Tragekomfort und der Ästhetik ist alles wichtig. Nike steht nicht für Kompromisse, sondern für bahnbrechende Innovationen und bewegt sich immer hart an der Grenze zu dem, was heute noch nicht möglich erscheint, um es vielleicht morgen schon wahr werden zu lassen.

Unablässig sucht Nike nach der Technik der Zukunft, will voranschreiten und sich entwickeln. In den *Nike Maxims*, die jeder Nike-Mitarbeiter erhält, lautet das Motto, »Gutes verbessern und Schlechtes ändern«:

Von	Zu
Elitesport	aktivem Leben
groß	groß und stark
Ressourcen hortend	Ressourcen teilend
langsam	schnell
trägen Prozessen	flexiblen Prozessen
Innovation	Innovation hoch drei
Sportikonen	Helden des Sports
ausbeutend	unterstützend
nein und vielleicht	vielleicht und ja
werbend	kommunizierend
Isolation	Allianz
Markenbewusstsein	Markenrespekt
selbstgefällig	aggressiv
Konsens	Mut

Quelle: *Nike Maxims*

Auch in Nikes Jahresbericht zeigt sich das Wesen dieser genialen Marke. Anstelle von Zahlen und Diagrammen enthält der Bericht Bilder und Geschichten. Obwohl Nike natürlich Sportswear herstellt und den Aktionären hervorragende Renditen erwirtschaftet (Nike hat sein S&P-Wachstum im letzten Jahrzehnt mehr als verdoppelt), sind dies nicht die primären Ziele. Nike verfolgt ein höheres, inspirierenderes und bedingungsloseres Ziel:

> »Geschwindigkeit: unsere Vorstellung einer guten Investition... Der Unterschied zwischen dem ersten und dem vierten Platz in einem 100-Meter-Rennen beträgt heutzutage lediglich 0,005 Sekunden. ... Unseren Berechnungen nach können Sportler mit der Nike Swift-Bekleidung ihre Laufzeit um 1,13 Prozent verbessern.
>
> Die Entwicklung der Nike Swift-Technologie kostete uns 36 000 Stunden – es war also keine besonders schnelle Angelegenheit. Aber in jeder anderen Beziehung ist Nike Swift schnell. Diese Technologie ist nur eine der vielen Innovationen, mit denen wir Athleten

ermöglichen möchten, schneller zu sein. Für viele Spitzensportler kann eine Geschwindigkeitsverbesserung um 1,13 Prozent einen riesigen Unterschied ausmachen.

Für uns ist es einfach ein gutes Geschäft.«

Der Jahresbericht beschreibt die Leistung einer genialen Marke, die sich an der Realität orientiert, die die Interessen der Kunden und Aktionäre diszipliniert und zielstrebig verfolgt und auf kreative Weise anders und besser sein will. Phil Knight beendete den Jahresbericht mit folgender Anekdote:

»Im Herzen ist Nike immer ein Kind geblieben. Erst vor einigen Wochen feierten wir auf der Michael Johnson-Strecke unseres World Headquarters den 50. Jahrestag von Roger Bannisters fantastischer Leistung, eine Meile erstmals in weniger als vier Minuten zu laufen.

Und wir hatten an diesem Tag noch mehr zu feiern. Michael Stember gewann den Lauf mit 3 Minuten und 59,4 Sekunden – exakt dieselbe Zeit, die der gute Doktor Bannister vor 50 Jahren erreicht hatte ... Ein magischer Moment, der die über 2 000 anwesenden Nike-Mitarbeiter zu Begeisterungsstürmen hinriss.

So ist Nike und wird es immer bleiben.«

Quelle: Nike Jahresbericht 2004

Anwendung 15.1 Der Blick in die Zukunft

Wie können Sie sich die Zukunft vorstellen? Wie werden sich Ihre Märkte und Kunden, Ihr Unternehmen und Ihr Marketing entwickeln? Welche Weichen können Sie heute stellen, um sich auf eine erfolgreiche Zukunft vorzubereiten?

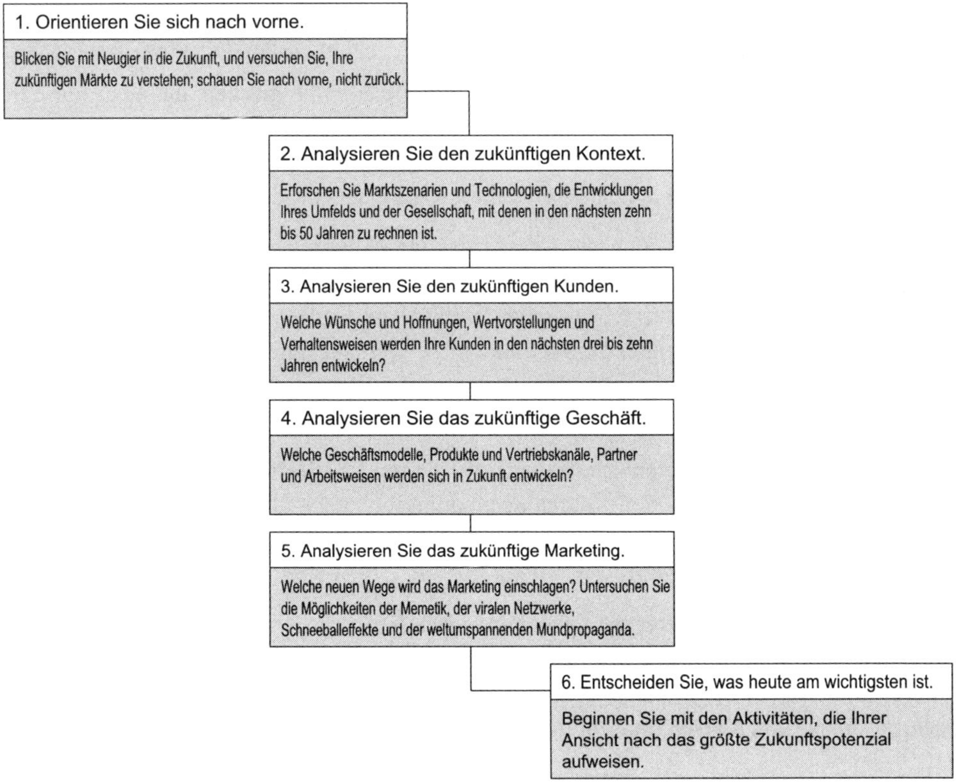
1. Orientieren Sie sich nach vorne.
Blicken Sie mit Neugier in die Zukunft, und versuchen Sie, Ihre zukünftigen Märkte zu verstehen; schauen Sie nach vorne, nicht zurück.
2. Analysieren Sie den zukünftigen Kontext.
Erforschen Sie Marktszenarien und Technologien, die Entwicklungen Ihres Umfelds und der Gesellschaft, mit denen in den nächsten zehn bis 50 Jahren zu rechnen ist.
3. Analysieren Sie den zukünftigen Kunden.
Welche Wünsche und Hoffnungen, Wertvorstellungen und Verhaltensweisen werden Ihre Kunden in den nächsten drei bis zehn Jahren entwickeln?
4. Analysieren Sie das zukünftige Geschäft.
Welche Geschäftsmodelle, Produkte und Vertriebskanäle, Partner und Arbeitsweisen werden sich in Zukunft entwickeln?
5. Analysieren Sie das zukünftige Marketing.
Welche neuen Wege wird das Marketing einschlagen? Untersuchen Sie die Möglichkeiten der Memetik, der viralen Netzwerke, Schneeballeffekte und der weltumspannenden Mundpropaganda.
6. Entscheiden Sie, was heute am wichtigsten ist.
Beginnen Sie mit den Aktivitäten, die Ihrer Ansicht nach das größte Zukunftspotenzial aufweisen.

Konzept 15.1 Intelligente Märkte

Das Marketing muss sich die Macht intelligenter Märkte zunutze machen, die nicht nur durch Online-Technologien permanent miteinander in Verbindung stehen, sondern auch in zunehmendem Maß über die Fähigkeit verfügen zu denken. Intelligente Märkte können sich in der Form von Interessengemeinschaften mobilisieren und sich aus eigener Kraft strukturieren und ordnen.

In der Vergangenheit setzten sich die Märkte aus vielen Einzelpersonen zusammen, die mit einem Unternehmen oder seiner Marke individuell interagierten oder eine Beziehung eingingen. Millionen von Menschen benutzten dasselbe Produkt und kauften im selben Supermarkt ein, ohne jemals ein Wort miteinander zu wechseln. In der Vergangenheit gestalteten vor allem die Unternehmen den Markt, weil es unter den Verbrauchern keinerlei Verbindung und Zusammenhalt gab.

Märkte werden zunehmend organisierter und zivilisierter. Der Wettbewerb und die Geschäftspraktiken wurden zwar schon immer durch Regulierungsbehörden überwacht, doch die Verbraucher hatten bislang kein eigenes Sprachrohr, um Missstände anzuprangern, Druck auszuüben oder Veränderungen zu bewirken.

Die intelligenten Märkte unserer heutigen Zeit verschaffen sich Gehör und gewinnen an Macht – nicht nur, weil Kunden in der Lage sind, überall alles zu kaufen, online die besten Preise zu ermitteln und sich zu informieren, wofür Marken stehen, sondern auch, weil sie die Macht haben, das Image von Marken und Unternehmen zu stärken oder zu vernichten:

- Die Verbraucher stehen den immer ausgefeilteren Marketingtechniken äußerst misstrauisch gegenüber und verbitten sich zum Beispiel über Verbraucherschutzseiten wie donotcall.com das aufdringliche Telemarketing.
- Weblogs – kurz auch Blogs – entwickeln sich zu Online-Kummerkästen, die – per Mausklick – jedem zur Verfügung stehen. Jeder unzufriedene Verbraucher kann seinen Unmut über eine Marke lautstark Millionen anderen Verbrauchern kundtun.

- Medienkommentatoren können die Einstellungen und Verhaltensweisen der Verbraucher grundlegend beeinflussen, indem sie fair oder auch unfair über Unternehmen oder ihre Produkte, ihre Ethik, Fairness und Zuverlässigkeit und ihren Marktwert berichten.

- Zunehmend professionell organisierte Lobbygruppen, die ihre jeweiligen Interessen immer lautstarker vertreten, werben mit genialen Marketingkampagnen für ihre Sache und erzielen damit oft durchschlagendere Wirkung als Marketingexperten der Unternehmensmarken.

- Aufgrund der umfassenden Technologisierung verbreiten sich Informationen in Windeseile, was nicht nur Segen, sondern auch Fluch ist. In ähnlich alarmierender Geschwindigkeit wie sich Computerviren innerhalb von Minuten über den Erdball verbreiten, können die auf dem Markt wirkenden Kräfte das Ansehen einer Marke innerhalb von 24 Stunden zunichte machen.

Das Marketing muss mit der wechselhaften Natur der Märkte arbeiten, nicht gegen sie. Die Öffentlichkeitsarbeit ist heute eine weitaus anspruchsvollere Herausforderung als früher, als es vor allem darum ging, den eigenen Pressemitteilungen möglichst viel Raum in den Druckmedien zu verschaffen. Jetzt geht es darum, sich die öffentliche Meinung, die Wahrnehmungen der Kunden und die Arbeitsmoral der Mitarbeiter als positive, respektierte und motivierende Kräfte zunutze zu machen. Daher darf auch die Marktforschung nicht nur Informationen über die Produktbedürfnisse der Verbraucher liefern, sondern muss umfassende Erkenntnisse über Werte und Wahrnehmungen der Kunden bieten. Ebenso wenig darf sich die Beziehungspflege mit den Kunden darauf beschränken, ihnen mehr Produkte aufzuschwatzen, sondern sie muss die Bereitschaft signalisieren zuzuhören und gemeinsam mit den Kunden daran arbeiten, das, worauf es ihnen ankommt, zu verbessern.

Die Technologie der Funkerkennung (RFID) eröffnet dem Marketing eine Reihe neuer Möglichkeiten, intelligenter auf das Verbraucherverhalten zu reagieren. Die Milliarden von Funkerkennungsgeräten, die bereits heute produziert werden, könnten das Einkaufserlebnis der Kunden revolutionieren: elektronische Brieftaschen ersetzen vielleicht schon bald das Bezahlen an der Kasse, personalisierte Kauftipps erscheinen während des Einkaufs auf dem Handy, per Funk werden die gekauften Waren auch im Haushalt des Verbrauchers erkannt, und sobald sie aufgebraucht sind, wird der Kunde benachrichtigt, dass er das betreffende Produkt nachkaufen sollte. Unzählige Möglichkeiten stehen den Herstellern zur Verfügung, um den Weg ihrer Produkte zu verfolgen und ihre Kunden mit gezielten Kaufanreizen anzusprechen, und auch um die gesamte Kundenerfahrung über personalisierte Speisekarten in Restaurants, effizientere Lieferketten, sekundengenaue Logistik und vielem mehr neu zu definieren.

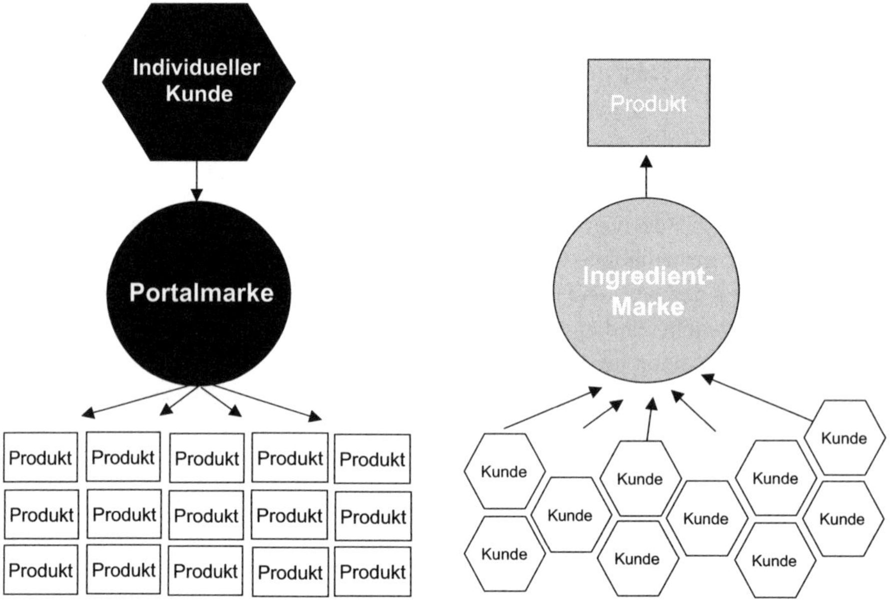

Die interessanteste Entwicklung ist jedoch, dass eine neue Spezies hoch intelligenter Verbraucher entsteht. Ihnen wird allmählich bewusst, welche Macht sie durch Preisvergleiche, kundenspezifische Lösungen und die Forderung nach der umfassenden Lösung ihrer Probleme – zu ihren Bedingungen – ausüben können. Diese Entwicklung wird sehr wahrscheinlich dazu führen, dass die »Ingredient-Marken» den »Portalmarken« weichen und sich immer mehr produktspezifische

Unternehmen in kundenspezifische Unternehmen verwandeln, die ausschließlich im Auftrag des Kunden handeln.

Portalmarken repräsentieren keine Produkte, sondern vertreten ausschließlich die Interessen ihrer Kunden, in deren Auftrag sie nach der jeweils optimalen Lösung suchen. Dabei beurteilen sie objektiv die Eignung einzelner Ingredient-Marken, aus denen sie für jeden Kunden die individuell beste Lösung zusammenstellen. Portalmarken stehen auf der Seite des Kunden, sie reflektieren seine Werte und richten sämtliche Prozesse an ihm aus. Portalmarken sind die Ansprechpartner des Kunden, die er aus eigener Initiative in Anspruch nehmen kann, ohne darauf warten zu müssen, über irrelevante Werbeaktionen dazu aufgefordert zu werden.

Diese Portale mögen wie Zwischenstationen aussehen, doch der Eindruck täuscht. Sie sind Dreh- und Angelpunkte, und ihre Marken sind die einzigen, die der Kunde sieht und denen er vertraut. Portalmarken sind überaus gut informiert. Ihre Kernkompetenzen sind Kundenservice, Problemlösung und Beziehungspflege. Portale werden die Machtbasen, Marktstrukturen und die Quellen des Werts neu definieren und sich als die Schaltstellen der Macht intelligenter Märkte etablieren.

Inspiration 15.2 Nokia

Bei der rasanten globalen Vernetzung unserer Gesellschaft spielt Nokia eine tonangebende Rolle. Nokias visionäre Mobilfunktechnologien und innovativen Anwendungen verändern immer wieder aufs Neue, wie wir denken und lernen, kommunizieren und interagieren.

Die Ursprünge von Finnlands größtem Unternehmen, das zugleich weltweit führender Hersteller von Kommunikationsgeräten ist, lassen sich aber auf den Holzreichtum der finnischen Wälder zurückführen. Nokias Geschichte ist eine fantastische Fabel über betriebliche Evolution und Anpassung.

Der Grundstein zu Nokia wurde 1865 gelegt, als Fredrik Idestam eine kleine Papierfabrik gründete. Die Firma expandierte, um Gummiprodukte in der finnischen Stadt Nokia zu fertigen, und übernahm bald den Namen der Stadt als Firmennamen. Nach dem Ende des Zweiten Weltkriegs übernahm Nokia den finnischen Telefonkabelhersteller Cable Works.

In den 1970ern konzentrierte sich Nokia verstärkt auf den Telekommunikationsbereich und entwickelte die digitale Telefonvermittlungsstelle Nokia DX 200. In den 1980ern brachte Nokia die Mikromikko-Computer auf den Markt, die später mit ICL fusionierten, und begann, Mobiltelefone für das skandinavische NMT-Netz zu entwickeln.

In den 1990ern geriet das Unternehmen in ernste finanzielle Schwierigkeiten. Die Herstellung von Fernsehgeräten und Computern wurde eingestellt, während die Produktionsprozesse und Infrastrukturen der Mobiltelefonsparte und Telekommunikationsbereiche rationalisiert wurden.

Heute sieht sich Nokia als führendes Unternehmen im Bereich der mobilen Kommunikation, da es rechtzeitig erkannte, dass in einem Mobilfunktelefon noch wesentlich mehr Potenzial schlummert als ein Telefon auf den ersten Blick vermuten lässt: Moderne Handys sind Minicomputer, mit denen sich Informationen abrufen, Geschäfte tätigen, und Spiele spielen lassen. Nokia macht kein Geheimnis daraus, an Rivalen wie Samsung und Motorola in den letzten Jahren Marktanteile verloren zu haben, und bündelt heute alle Anstrengungen darauf, die Marktführerschaft wieder zu übernehmen.

In der Tat verfolgt Nokia sehr aufmerksam die Innovationszyklen auf dem Markt. In Grautönen gehaltene Geräte im kantigen Design, bei denen Technik und praktischer Nutzen im Vordergrund stehen, weichen zunehmend farbenfrohen und modisch gestylten Geräten, die geschmeidig in der Hand liegen und irgendwie menschlicher und emotionaler sind. Es wird sicherlich nicht mehr lange dauern, bis uns Nokia mit einer neuen Generation ästhetischer und persönlicher Kommunikationsgeräte überrascht.

Es scheint als sei es Nokia gelungen, mit den paradoxen Begleiterscheinungen des Erfolgs zu leben, anstatt dagegen anzukämpfen:

- Je reifer der Markt, desto gelangweilter die Kunden. Neuartige Produkte werden nicht mehr begeistert aufgenommen, sondern erwartet und als gegeben akzeptiert.

- Je bekannter das Unternehmen, desto schwieriger ist es, als cool zu gelten. Wer überall mitmischt verliert an Individualität.
- Je größer das Unternehmen, desto unpersönlicher wird es. Gleichzeitig wünschen sich Kunden engere Beziehungen mit ihren Marken.

Die Marke Nokia drückt in ihrem Slogan »Connecting People« aus, dass es ihr schlicht und einfach darum geht, Menschen miteinander zu verbinden und durch bessere Verbindungen neue Möglichkeiten zu eröffnen.

Anwendung 15.2 Marken-Weblogs

Die Plattformen und Möglichkeiten des Internets ermöglichen es jedem Einzelnen, über vorhandene oder eigene Weblogs – kurz auch Blogs genannt – sofort und unmissverständlich seine Ansichten zu äußern. Marken müssen sich an dieser Konversation beteiligen, die »Weblogger« anleiten, sie motivieren und konstruktive Dialoge führen. Wie können Sie Blogs nutzen, um Ihren Marken täglich zu etwas mehr Bedeutung und Gewicht zu verhelfen?

1. Eröffnen Sie ein Marken-Weblog.

Eröffnen Sie eine spezielle Webseite für Ihre Marke, auf der sich jeder aus erster Hand über Wichtiges und Aktuelles informieren kann, und aktualisieren Sie die Informationen täglich.

2. Entwickeln Sie eine Markenpersönlichkeit

Verleihen Sie dem Marken-Weblog Persönlichkeit, drücken Sie sich klar und einfach aus, und sprechen Sie Probleme offen an.

3. Beziehen Sie Position.

Gehen Sie konkret auf Ihre Kunden ein, vertreten Sie einen klaren Standpunkt bei Problemen und Schwierigkeiten, informieren und provozieren Sie.

4. Gehen Sie auf Kritik ein.

Stellen Sie sich Weblog-Einträgen, die Kritik an Ihrer Marke üben. Diskutieren Sie mit den Kritikern, und betrachten Sie kritische Beiträge als Chance.

5. Erweisen Sie sich als wertvoll für Ihre Kunden.

Nehmen Sie aktiv am Leben Ihrer Kunden teil, um Verbindungen zu knüpfen, die über eine bloße Geschäftsbeziehung hinaus wertvoll und wichtig sind.

6. Kämpfen Sie für das, woran Sie glauben

Setzen Sie sich für die Ansichten Ihrer Kunden ein, und werden Sie zu einem Sprachrohr ihrer Bedürfnisse. Treten Sie mutig für Ihre Überzeugungen ein.

Konzept 15.2 Kluge Marken

Marken müssen mehr für die Verbraucher leisten. Momentan besteht ihre Hauptaufgabe noch immer daraus, Unterscheidungshilfen für Markenversprechen zu sein, die einander zum Verwechseln ähnlich sind. Marken müssen mehr tun als ein Produkt vom anderen unterscheiden zu helfen; sie müssen aktiv auf die Verbraucher zugehen, die Transaktion überdauern und mehr als nur funktionale Vorteile bieten.

- Marken müssen ihre Käufer definieren,
- Marken müssen ihren Käufern Halt geben,
- Marken müssen mehr Wert bieten,
- Marken müssen provozieren und inspirieren,
- Marken müssen originell sein,
- Marken müssen das gewisse Extra bieten,
- Marken müssen menschlich und bescheiden sein,
- Marken müssen ein Leben lang gelebt werden können.

Marken drehen sich um Menschen, nicht um Produkte; sie bringen Gemeinschaften, aber auch Unternehmen zusammen, sie spiegeln die Hoffnungen, aber auch die Beweggründe ihrer Zielgruppen wieder, sie erfüllen nicht nur Wünsche, sondern fördern die persönliche Entwicklung, sie verbinden Menschen mit gemeinsamen Interessen oder Zielen, sie übertreffen die an sie gestellten Erwartungen und lösen echte Gefühle aus.

Eine schöne Vorstellung, der die meisten Marken aber nicht gerecht werden, weshalb ihr Erfolg auch ausbleibt.

Die Schwierigkeit dabei ist, dass kluge Marken, die so stark sind, dass sie ihre Zielgruppen trotz des komplexen und lautstarken Wettbewerbs für sich begeistern, und selbst dann noch fantastische Absatzzahlen erreichen, wenn ihr Preisniveau deutlich über dem Marktdurchschnitt liegt, keine Kompromisse eingehen können.

Die allzu große Kompromissbereitschaft ist in der Tat die größte Schwachstelle heutiger Marken. Sie versuchen, es jedem recht zu machen, wollen alle Bedürfnisse erfüllen, Reich und Arm, die Masse und das Individuum erreichen. Marken, die zu viele Kompromisse eingehen, verspielen den Wissensvorsprung über die Wünsche ihrer Kunden und verlieren an Relevanz, an Einzigartigkeit und Macht.

Großartige Marken polarisieren. Entweder man liebt sie, oder man hasst sie.

Aber das ist völlig in Ordnung, solange die Marke von denjenigen geliebt wird, auf die es ihr ankommt. Um Akzeptanz und Vertrauen zu gewinnen, muss eine Marke natürlich immer all ihre Versprechen einhalten. Dies setzt intern und extern die Einhaltung einer klaren Linie, Zielstrebigkeit und engagierten Einsatz voraus, damit die Marke sowohl ihre Kunden als auch Mitarbeiter und Aktionäre motivieren und inspirieren kann. Und weil großartige Marken polarisieren, muss man sich damit abfinden, dass nicht jeder in ihrem Namen arbeiten und nicht jeder in sie investieren will.

Marken, die in Zukunft Erfolge feiern möchten, brauchen nicht nur ein klares Ziel und feste Überzeugungen, sondern müssen sowohl selbstbewusst als auch bescheiden auftreten. Dasselbe gilt auch für die Manager der Marke, die nicht nur in guten, sondern auch in schlechten Zeiten zu ihr stehen müssen. Überhaupt sind Unternehmen, Manager und Marken untrennbar miteinander verbunden. Marken müssen ein menschliches Gesicht erhalten und durch Menschen zum Leben erweckt werden, die aufgrund ihrer Einstellungen und Verhaltensweisen den Erfolg der Marke stärken oder ihr Scheitern verursachen – jeden Tag aufs Neue.

Tatsächlich bringen Marken, die nicht für ein Unternehmen, sondern für die Kunden da sind, Menschen mit ähnlichen Wertvorstellungen und Wünschen zusammen und schaffen neue Gemeinschaften, die früher, als die einzige Gemeinsamkeit darin bestand, unabhängig voneinander dasselbe Produkt zu kaufen, nie hätten entstehen können.

Marken, die Ihre Kunden widerspiegeln, lassen Communities aus Gleichgesinnten entstehen, in deren Mittelpunkt normalerweise die mit der Marke assoziierte Anwendung steht. So könnten sich zum Beispiel um Teflon begeisterte Hobbyköche, um Fisons Gartenliebhaber und um Castrol Autofans scharen.

Es ist äußerst unwahrscheinlich, dass Kunden jemals echte Beziehungen mit Unternehmen eingehen möchten, mit anderen Kunden aber vielleicht schon. Communities sind dynamische Strukturen, in denen sich mit der Zeit gemeinsame Werte und Überzeugungen, Regeln und Gewohnheiten herauskristallisieren und ein demokratischer und zivilisierter Umgang miteinander gepflegt wird.

Marken können für ihre Communities Entwicklungshilfe leisten und Ressourcen und Strukturen, aber auch Werte und Überzeugungen anbieten, indem sie eine funktionale und emotionale Basis darstellen. Ohne sich aufdrängen zu müssen, bleibt die Marke immer ein sichtbarer und wichtiger Bestandteil der Community, an den sich die Kunden bei Bedarf gerne wenden werden.

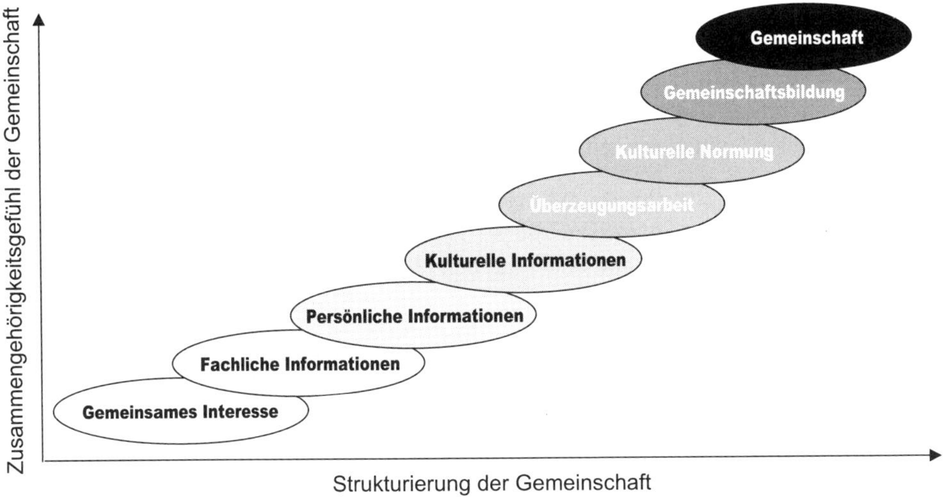

Hewlett-Packard schuf mit der Online-Galerie HyPe eine Community für Grafikdesigner, in der sie ihre Werke vorstellen und Probleme diskutieren können. Für den einen oder anderen Grafiker war die Galerie sogar das Sprungbrett in den kommerziellen Erfolg. Natürlich wussten Grafiker schon vorher, wofür dic Buchstahen H und P stehen und was Hewlett-Packard zu bieten hat, der Unterschied ist nur, dass sich jetzt viele aus eigener Initiative über HP-Produkte informieren. Es ist auch ziemlich wahrscheinlich, dass die Mitglieder der HyPe-Community der Marke HP den Vorzug geben und sie auch anderen Kollegen weiterempfehlen.

Markengemeinschaften bauen auf Marken auf, die sich um Menschen drehen. Vergessen Sie Kampagnen, Vertriebskanäle und Beziehungen – mit guten Ideen und etwas Tatkraft können Sie Ihre Kunden über Communities viel besser erreichen.

Inspiration 15.3 Dyson

Wie oft haben Sie sich schon gedacht, »das hätte ich besser machen können«? James Dyson denkt es nicht nur, er tut es. Es macht ihm Spaß, Dinge besser zu machen. Seit 1970 hat er mit seinem Forschungsteam innovative Produkte mit einem Verkauferlös von mehr als fünf Milliarden US-Dollar entwickelt. Nach dem frühen Erfolg mit dem »Ballbarrow«, einer Schubkarre, die dank ihres ballförmigen Rads ganz leicht zu schieben ist und nicht im Boden einsinken kann, richtete Dyson seine Aufmerksamkeit auf die Saugkraft von Staubsaugern.

Lange Zeit experimentierte Dyson mit der Zyklonentechnologie und Zentrifugalkräften, die 100 000 Mal stärker als die Erdanziehungskraft sind. 1983 – 5 127 Prototypen später – brachte Dyson den ersten beutellosen Staubsauger auf den Markt, der selbst die winzigsten Staubpartikel einsaugt.

Die ersten Dysons Marke G Force (englisch für Schwerkraft) wurden in Japan verkauft, wo das revolutionäre Staubsaugersaugermodell zu einem 2 000 US-Dollar teuren Statussymbol avancierte. Mit den Lizenzeinnahmen aus Japan eröffnete Dyson ein Jahrzehnt später ein Forschungs- und Produktionszentrum in Wiltshire im Westen Englands.

Die Wissenschaftler entwickelten die Zyklonentechnologie weiter, bis sie die Saugkraft um weitere 45 Prozent verbessert hatten. Da Dyson nicht nur einen leistungsfähigeren, sondern auch einen intelligenteren Staubsauger erschaffen wollte, installierte er drei Bordcomputer sowie 50 Sensoren, und nach 60 000 Entwicklungsstunden wurde der Dyson-Staubsauger in seiner heute erhältlichen Form auf dem Markt eingeführt.

Die langjährige Entwicklungsphase stellte Dysons Entschlossenheit hart auf die Probe. Kurz vor dem Bankrott musste er darum kämpfen, die Eigentumsrechte an seinen Patenten zu behalten. 1999 gewann Dyson schließlich den Prozess gegen den Konkurrenten Hoover, den er der Produktimitation und der Patentrechtverletzung beschuldigt hatte.

Heute werden Dyson-Produkte in 22 Ländern verkauft und sind außerdem in den meisten Designmuseen der Welt zu bestaunen. Den Durchbruch hat Dyson jedoch seinem Gastauftritt in der beliebten Fernsehserie *Friends* zu verdanken. Im Anschluss daran wurden die Dyson-Staubsauger zu einem absoluten Muss für jeden amerikanischen Haushalt.

Anwendung 15.3 Fangemeinschaften einer Marke

Wie kann Ihre Marke echte Beziehungen mit ihrer Markengemeinschaft aufbauen? Besser noch, wie erschaffen Sie Communities für gleichgesinnte Kunden, zwischen denen ansonsten keine Verbindung besteht? Wie interpretieren Sie Marken neu, um die wirklich wichtigen Werte Ihrer Kunden widerzuspiegeln? Inwiefern wirkt sich dies belebend auf das gesamte Unternehmen aus? Wie werden Marken zu Stützen der Gesellschaft?

1. Was zählt am meisten für Ihre Kunden?

Arbeiten Sie mit Ihren Kunden, beobachten Sie sie, sprechen Sie mit ihnen, verbringen Sie Zeit mit ihnen, um zu verstehen, was ihnen wirklich wichtig ist.

2. Welchen Beitrag leisten Sie?

Inwiefern gehen Ihre Marke, Ihr Markenversprechen oder Ihre Lösung darauf ein, was Ihren Kunden am Herzen liegt?

3. Gestalten Sie Ihre Marke attraktiver.

Definieren Sie Ihre Marke für die wichtigsten Kunden, sodass sie genau auf deren Interessen eingeht (es allen recht zu machen, ist unmöglich).

4. Motivieren Sie Ihre Mitarbeiter.

Motivieren Sie Ihre Mitarbeiter, indem Sie ihnen zeigen, dass sie etwas Sinnvolles leisten und bringen Sie Mitarbeiter und Kunden einander näher.

5. Motivieren Sie Ihre Kunden.

Definieren Sie neue Markenversprechen, Lösungen und Erfahrungen, um die Neuausrichtung Ihrer Marke erfahrbar zu gestalten.

6. Ermöglichen Sie Ihren Kunden, neuartige Gemeinschaften zu bilden.

Großartige Marken bringen Menschen zusammen, schaffen neue Interessengemeinschaften und etablieren sich als gesellschaftliche Strukturen.

Konzept 15.3 Inspiriertes Marketing

Geniales Marketing ist nur möglich, wenn die im Marketing tätigen Mitarbeiter ihren Fähigkeiten vertrauen und sich voller Ehrgeiz und Inspiration daran machen, es wahr werden zu lassen. Sie müssen sich weiterentwickeln, um sich die komplexen Märkte auf intelligente Weise zunutze zu machen, anstatt ihnen hinterherzuhinken, müssen kluge Marken erfinden, anstatt es nur immer wieder allen anderen gleichzutun, was uns allen ein Gräuel ist.

Inspirierte Marketingprofis:

- sehen, was alle sehen ... und denken, was bisher niemand gedacht hat,
- können, was alle können ... und tun, was niemand bisher getan hat,
- sehen sich mit denselben Herausforderungen wie alle anderen konfrontiert ... und meistern sie erfolgreicher als alle anderen.

Das kann jeder. Die russischen Wissenschaftler haben sich geirrt: Genialität wird nicht vererbt. Thomas Edison hatte Recht: Genialität besteht zu 99 Prozent aus harter Arbeit und einem Funken Inspiration. Und genau auf diesen Funken Inspiration kommt es an. Mancher lässt sich durch ein Vorbild inspirieren, das zeigt, dass das Außergewöhnliche möglich ist, ein anderer braucht nur einen kleiner Schubs in die richtige Richtung, um das letzte Puzzlestück zu erkennen, das ihm schon so lange fehlt, und wieder ein anderer hat den lange ersehnten Geistesblitz, der ihm völlig neue Möglichkeiten eröffnet.

Doch egal, wovon Sie sich inspirieren lassen, es erwartet Sie anschließend harte Arbeit. Wichtig ist zu akzeptieren, dass sich Vernunft und Gefühl nicht gegenseitig ausschließen, sondern ergänzen. Niemand ist ein reiner Vernunftmensch oder reiner Gefühlsmensch, ist entweder analytisch oder kreativ begabt. Derartige Behauptungen sind entweder Ausreden dafür, dass man das eine schlechter kann als das andere oder sind Ausdruck einer rein subjektiven Wertung.

Genial ist, wer die Gegensätze vereint und positiv verstärkt.

Es geht darum, die Denkweise der rechten und linken Gehirnhälfte zu kombinieren, um kreativer analysieren und intelligenter fantasieren zu können. So lassen sich Anreize, die von außen nach innen wirken, mithilfe der von innen nach außen wirkenden Fähigkeiten intelligent und kreativ verarbeiten. Es geht darum Lösungen zu finden, die jetzt und in Zukunft erfolgreichere Ergebnisse liefern.

Marketinggenies lassen sich neugierig und zuversichtlich auf die Aufgabe ein, Gegensätze miteinander zu vereinen. Sie zeichnen sich durch die Bereitschaft und die Begabung aus, sich in völlig unterschiedlichen Disziplinen zu betätigen:

- in der Cash-Flow-Analyse und der Memetik,
- in der Szenarioplanung und Medienintegration,
- in der Anthropologie und den Investor Relations,
- in der Regressionsanalyse und kreativen Disruption,
- im strategischen Denken und in kooperativer Teamarbeit.

Geniale Marketingprofis lassen sich von Widersprüchen und Problemen, vom Unbekannten und scheinbar noch Unmöglichem inspirieren.

Sie sind Pioniere in der Grauzone zwischen dem Möglichen und Unmöglichen, zwischen Märkten und Unternehmen, zwischen Kunden und Produkten, zwischen Gegenwart und Zukunft.

Es ist nicht sonderlich überraschend, dass Unternehmer oft ausgezeichnete Marketingprofis sind, da sich wahrer Unternehmergeist durch Intuition, Begeisterungsfähigkeit und Vorstellungskraft auszeichnet. Im Gegensatz zu den Marketingmitarbeitern eines Unternehmens, für die das Arbeitsverhältnis auch ein beträchtliches Maß an Sicherheit darstellt, gehen wahre Unternehmer das Risiko ein zu tun, was vor ihnen noch niemand getan hat. Zu ihnen gehören Richard Branson und Michael Dell, Steve Jobs und Phil Knight.

Konzerne müssen für das Marketing und das Management Mitarbeiter mit mehr Unternehmergeist gewinnen, ihnen mehr Freiheiten und Befugnisse gewähren, um Neues zu versuchen. Sie dürfen sie nicht an überholte Konventionen binden, sondern müssen Freiräume schaffen, in denen diese Mitarbeiter wirken können. Dies setzt Risikobereitschaft voraus, die sich jedoch als äußerst lohnend erweisen wird. Im Allgemeinen wird zwar behauptet, dass Unternehmensgründer auf lange Sicht nicht unbedingt die besten Unternehmenschefs sind, doch Branson, Dell, Jobs und Knight sind die besten Gegenbeispiele, obwohl alle vier natürlich klug genug sind, sich mit der richtigen Mischung aus konventionell und visionär denkenden Mitarbeitern zu umgeben.

Geniales Marketing steht und fällt nicht mit theoretischen Lehren. Es gibt genügend Marketingmodelle und -techniken, und die wissenschaftliche Forschungsarbeit verzettelt sich sowieso mehr in Details, anstatt sich tatsächlich weiterzuentwickeln. Geniales Marketing steht und fällt auch nicht mit operativen Prozessen. Die falschen Dinge gut zu machen, zieht vermutlich verheerendere Folgen nach sich, als einfach das Falsche zu tun. Geniales Marketing steht und fällt mit der Fähigkeit, in neuen Bahnen zu denken und entsprechend zu handeln, Gegensätze vereinen zu können, andere zu inspirieren, denselben Weg einzuschlagen und umwerfende Ergebnisse zu erzielen.

Genial ist, wer sich dazu inspirieren lässt, das Unmögliche zu denken und sich voller Zuversicht an die profitable Umsetzung macht. Wie sich an der Erfolgsgeschichte von Nike gezeigt hat, kann selbst der Gestank von schmorendem Plastik auf einem Waffeleisen der Funken Inspiration sein, der alles möglich macht.

Inspiration 15.4 Innocent

Auf dem Etikett einer Pure Fruit Smoothies-Flasche von Innocent steht zu lesen, dass es oft die einfachen Dinge im Leben sind, die uns glücklich machen: an einem sonnigen Tag aufzuwachen, das erste Mal eine Landkarte richtig zusammenzufalten, im Armdrücken die Mutter zu besiegen – oder einen Smoothie zu trinken. Smoothies enthalten nur erntefrische Früchte, kein Konzentrat, keine Konservierungsmittel oder sonstigen Zusätze. Sie werden täglich frisch hergestellt und ausgeliefert. Und da Innocent auf zwei einfache Dinge des Lebens – Schlafen und Essen – sehr großen Wert legt, legt es absolut keinen Wert darauf, irgendetwas komplizierter als unbedingt nötig zu machen.

Das noch relativ junge und schnell wachsende Softdrink-Unternehmen Innocent aus London wurde von den drei Freunden Rich, Jon und Adam gegründet, die ihre Jobs in der Welt der Werbung und der Unternehmensberatung aufgaben, um einem gesünderen Lebensstil nachzugehen.

Im Sommer des Jahres 1998 mussten die drei Freunde hart darum kämpfen, ihre Idee in die Tat umzusetzen. Die leckeren »Smoothie«-Rezepte gab es zwar schon, doch die Geschäftsidee, qualitativ erstklassige, aber natürlich auch leicht verderbliche Fruchtsäfte zu verkaufen, hatte noch keinen Investor überzeugen können.

Sie beschlossen daher, ihr Schicksal in die Hände der Kunden zu legen. Rich, Jon und Adam investierten rund 750 Euro in frisches Obst und verkauften ihre Smoothies auf einem Musikfestival. Vor ihren Stand stellten sie zwei Eimer und ein Schild mit der Frage auf: »Sollen wir unsere Jobs aufgeben, um diese Smoothies zu machen?« Da der mit »Ja« beschriftete Eimer deutlich mehr Zettel enthielt als der mit »Nein« beschriftete, kündigten sie am nächsten Tag ihre Jobs.

Naturbelassenes Obst ist der Kern ihres Geschäfts, und das Natürliche – oder Unschuldige (im Englischen *innocent*) – bestimmt von der Wahl des Briefpapiers über die Büros in den Fruit Towers bis zu den freundlichen Mitarbeitern an der Innocent Kundenhotline – dem so genannten Bananentelefon – auch jeden anderen Aspekt der Geschäftstätigkeit.

Obwohl die Mitarbeiterzahl von Innocent von drei auf 60 gestiegen ist und täglich 80 000 Smoothies-Säfte mit einem Marktanteil von knapp über 50 Prozent einen Umsatz von fast 20 Millionen britischen Pfund erwirtschaften, hat Innocent nichts von seiner Liebe zum Detail verloren. So wird das Mindesthaltbarkeitsdatum zum Beispiel nicht mit der unpersönlichen Auskunft »Haltbar bis ...«, sondern mit der netten Umschreibung »Bis zum ... genießen« angegeben. Zudem verspricht Innocent, baldmöglichst dafür zu sorgen, dass nicht nur wie momentan 25 Prozent, sondern alle der Plastikflaschen recycelbar sind. Thickies (Softdrinks aus Jogurt und Früchten) und verschiedene Saftschorlen ergänzen mittlerweile die ursprüngliche Smoothie-Produktpalette.

Die Ähnlichkeiten mit Ben & Jerry's, den Eiskrempionieren aus Vermont, die ihr Unternehmen schließlich für 326 Millionen US-Dollar an Unilever verkauften, sind nicht zu übersehen – mit Kühen und grünen Wiesen bemalte Lieferwagen, eine gemeinnützige Stiftung, das »Fruitstock« Live-Jazzfestival.

Inspiration ist, was Innocent ausmacht. Das Unternehmen lässt sich von seiner Idee beflügeln und stellt zugleich eine Inspiration für andere dar.

Innocent ist auch ein kommerzielles und wettbewerbsorientiertes Unternehmen, das sich hundertprozentig darauf konzentriert, »wirklich gute Säfte« herzustellen. Die acht »Gebote« der Unternehmensrichtlinien im Taschenbuchformat – das »Company Rule Book« – erfassen zusammen mit lustigen Comics das Wesen der Marke:

1 **Erst die Arbeit, dann das Vergnügen.** »Mit Innocent-Säften tust du etwas für deine Gesundheit. Es ist fast wie ins Fitness-Studio zu gehen, aber ohne nachher vor fremden Leuten duschen zu müssen.« Trotzdem sollten Sie mal das Online-Fitness-Studio von Innocent unter innocentgym.co.uk besuchen.

2 **Immer den fragen, der es am Besten weiß.** »Als wir dieses Unternehmen gründeten, hatten wir wenig Ahnung davon. Und weil wir immer noch nicht viel mehr Ahnung haben, fragen wir einfach die Kunden, was sie wollen.«

3 **Du sollst nicht ehebrechen.** »Wir nennen unsere Säfte Innocent (unschuldig), weil sie absolut rein sind ... 100 Prozent reiner Fruchtgehalt, kein Saftkonzentrat, keine Zusätze, kein sonst etwas.«

4 **Global wirtschaften.** »Wir wollen die besten Fruchtsäfte der Welt herstellen. Das heißt, dass wir die besten Zutaten der Welt benötigen... Alfonso-Mangos aus Indien, Queen-Ananas aus Vietnam, Vanilleschoten aus Indonesien.«

5 **Ein Apfel täglich** »... und der Doktor verdient kläglich. Also stelle man sich vor, was 350 Gramm Obst bewirken. Der Gesundheitsminister sagt: ›Innocent-Säfte sind gut für Ihre Gesundheit.‹ Das sind einmal deutliche Worte, Herr Minister.«

6 **Immer schön die Ruhe bewahren.** »Wir haben zwar schon viele Auszeichnungen für unsere Säfte erhalten, aber das soll uns nicht weiter interessieren. Wir wollen einfach tolle Softdrinks machen und uns auch einmal einen freien Tag am Meer gönnen.«

7 **Arbeits- und Gefühlsleben trennen.** »Das ist eine gute Regel, die wir jedoch nicht einhalten können. Wir finden es toll, unsere Säfte herzustellen, wir trinken sie selbst mit Begeisterung, und wir lieben jeden, der sie kauft.«

8 **Nutze den Tag** »... und verschwende ihn nicht mit dem Lesen langweiliger Lektüre wie dieser. Das Leben ist kurz genug. Aber wenn du dich einmal langweilen solltest, dann ruf uns an oder sende eine E-Mail an iamabitbored@innocentdrinks.co.uk.«

Anwendung 15.4 Die fünf Bälle

Welche beruflichen Anforderungen ein Marketinggenie erfüllen muss, und welche Eigenschaften als Voraussetzung für den professionellen Erfolg erforderlich sind, wurde ausführlich besprochen. Als menschliches Individuum lässt sich ein genialer Marketingprofi jedoch von allen Aspekten des Lebens beflügeln.

Paula Radcliffe, die Weltrekordhalterin im Marathon, versucht, den fantastischen Erfolg ihrer ersten drei Marathonläufe und die Aufstellung einer um fast vier Minuten besseren Weltrekordzeit mit dem Jonglieren mit fünf Bällen zu beschreiben. Obwohl Radcliffe sich in ihrem Training hart an der Grenze ihrer Leistungsfähigkeit bewegte, 150 Meilen in der Woche lief, Gewichte stemmte, die mehr wogen als sie selbst und nach jedem Lauf in eiskaltes Wasser sprang, um ihren Kreislauf zu stimulieren, schien alles umsonst gewesen zu sein, als sie bei den Olympischen Spielen in Athen wenige Kilometer vor dem Ziel entkräftet aufgeben musste.

Beim Versuch, sich diesen Leistungseinbruch vernünftig zu erklären, meinte Radcliffe, dass es im Leben darauf ankäme, mit fünf Bällen gleichzeitig jonglieren zu können. Die »Bälle« seien Gesundheit, Familie, Freunde, Integrität und Karriere. Allerdings unterscheiden sich diese Bälle insofern, dass der Karriere-Ball aus Gummi ist, während die anderen aus zerbrechlichem Material bestehen.

Mit dem Gummiball lassen sich riskantere Manöver versuchen, denn egal, aus welcher Höhe er zu Boden fällt, er springt wieder nach oben, ohne irgendwelche Schäden davonzutragen. Die anderen vier Bälle dagegen müssen vorsichtiger jongliert werden. Falls einer auf den Boden fällt, besteht die Gefahr, dass er irreparable Schäden davonträgt oder völlig zerbricht.

Im Sport gehen Athleten ständig Risiken ein, sie werfen den Karriereball höher und höher, durchbrechen immer wieder die eigenen Grenzen, um im Wettkampf ein Quäntchen besser zu sein, Spitzenleistungen zu erbringen und ihr Potenzial voll auszuschöpfen.

Dasselbe gilt im Prinzip für jeden, der ein Marketinggenie werden will. Brian Dyson, der CEO der Coca-Cola Company, inspiriert seine Marketingmitarbeiter ebenfalls mit der Analogie der fünf Bälle. Er fordert jeden seiner Mitarbeiter dazu auf, zu einem inneren Gleichgewicht zu finden, um im Privat- wie auch im Berufsleben Spitzenleistungen zu erzielen. Dazu gibt er ihnen Folgendes mit auf den Weg:

- Zweifeln Sie nicht an Ihrem Wert, indem Sie sich mit anderen vergleichen. Jeder ist anders, deswegen ist jeder etwas Besonderes. Lassen Sie sich nicht von anderen vorschreiben, welche Ziele Sie sich stecken sollten. Jeder weiß selbst am Besten, was gut für ihn ist.
- Halten Sie nichts, was Ihnen wirklich am Herzen liegt, für selbstverständlich. Kämpfen Sie darum, als ginge es um Ihr Leben, denn wenn Sie es verlieren, verliert auch Ihr Leben an Bedeutung.
- Vergeuden Sie Ihr Leben nicht, indem Sie der Vergangenheit nachtrauern oder auf eine bessere Zukunft hoffen. Leben Sie Ihr Leben Tag für Tag, dann erleben Sie alle Tage Ihres Lebens.
- Geben Sie nicht auf, wenn Sie noch nicht alle Möglichkeiten ausgeschöpft haben. Es gibt immer einen Ausweg, außer man hört auf, danach zu suchen.
- Haben Sie keine Angst zuzugeben, dass Sie nicht perfekt sind. Das verbindet uns miteinander.
- Gehen Sie Risiken ein. Nur wer etwas wagt, kann lernen, mutig zu sein.
- Verbannen Sie nicht die Liebe aus Ihrem Leben, weil Sie denken, sie sei nicht zu finden. Der schnellste Weg, die Liebe zu finden, besteht darin, sie zu geben; der schnellste Weg die Liebe zu verlieren, ist, sich an sie zu klammern; und der beste Weg die Liebe zu bewahren, ist, ihr Freiheit zu schenken.
- Hetzen Sie nicht so schnell durch Ihr Leben, dass Sie vergessen, woher Sie kommen und wohin Sie gehen wollen. Denken Sie immer daran, dass jeder Mensch das Bedürfnis hat, anerkannt und geschätzt zu werden.
- Haben Sie keine Angst zu lernen. Wissen hat kein Gewicht, es ist ein Schatz, den Sie immer bei sich tragen können.
- Nutzen Sie Zeit und Worte mit Bedacht. Vergangene Zeit und ausgesprochene Worte lassen sich nicht zurückholen.

- Das Leben ist ein Weg, und der Weg ist das Ziel.

Der Gedanke an die fünf Bälle ihres Lebens hilft zumindest Radcliffe in guten wie in schlechten Zeiten, um sich ihre innere Ausgeglichenheit zu bewahren und den Bezug zur Realität nicht zu verlieren, auch wenn die Welt um sie herum aufgrund ihrer Rekordleistungen verrückt spielt. Der Gedanke an die Bälle half ihr auch, ihr Scheitern als Chance zu betrachten und die innere Kraft zu sammeln, um nur wenige Monate später den New-York-Marathon zu gewinnen.

Das Genie: Werden Sie ein Marketinggenie

Teil 5

Das Genie: Werden Sie ein Marketinggenie

»Kommt an den Abgrund. Wir könnten fallen.
Kommt an den Abgrund. Es ist zu tief.
Kommt an den Abgrund.
Und sie kamen, und er schubste sie.
Und sie flogen.«

Christopher Logue

»Im Moment des endgültigen Entschlusses bewegt sich auch die Vorsehung.
Alle möglichen Dinge geschehen, um dir zu helfen, die sonst nie geschehen wären.
Aus der Entscheidung entspringt ein Strom von Ereignissen, die zu unvorhergesehenen Ereignissen und Zusammentreffen und dinglicher Unterstützung führen, die man sich so nie erträumt hätte.«

Goethe

Die Merkmale eines Marketinggenies

In diesem Kapitel stelle ich Ihnen eine einfache Diagnosetechnik vor, die Ihnen und Ihrem Team hilft, geniales Marketing zu vollbringen. Erfahren Sie, was Sie bereits können, wo Ihre Stärken und Schwächen liegen und wie Sie Ihre Entwicklungsstufen verfolgen können.

Der erste Schritt besteht darin, sich über die vier Dimensionen klar zu werden, in denen Sie durch intelligenteres und fantasievolleres Denken Ihr Geniepotenzial freisetzen können.

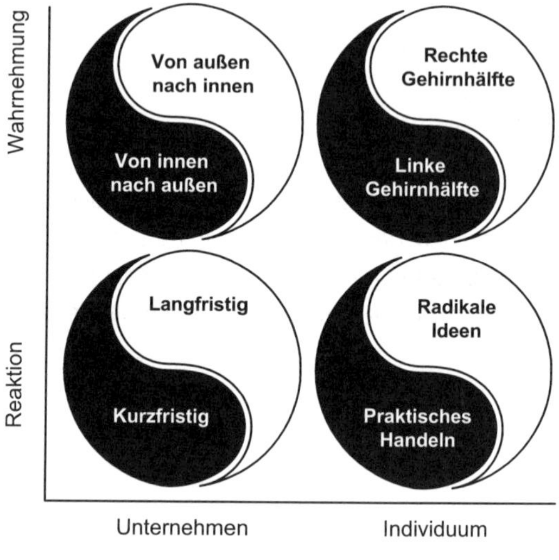

Zwei der Dimensionen beziehen sich auf das Unternehmen, die anderen beiden auf das Individuum. In beiden Fällen gibt es sowohl Aspekte, die die Wahrnehmung betreffen und bestimmen, wie Erkenntnisse und Anreize verarbeitet werden, als auch Aspekte, die sich auf die Reaktion beziehen und beschreiben, wie Problemlösungen und Handlungen geplant werden.

Räumliche Aspekte = Von außen nach innen und von innen nach außen

In welcher Wahrnehmungsrichtung werden neue Chancen im Unternehmen erkannt?

Nimmt man in Ihrem Unternehmen eher die von außen nach innen gerichtete oder die von innen nach außen gerichtete Perspektive ein? Wo liegt hier der Ausgangspunkt für Strategien, Entscheidungen und Management? Entwickelt sich Ihr Unternehmen aufgrund der Chancen und Herausforderungen des Marktes oder aufgrund seiner Leistungsfähigkeit und Kapazitäten weiter?

»Geniales Marketing« erfordert beide Wahrnehmungsrichtungen; die von außen nach innen gerichtete Perspektive ist jedoch der zeitgemäßere Ansatz, der auf den heutigen Märkten die wichtigere Rolle spielt.

Zeitliche Aspekte = Langfristig und kurzfristig

In welchem zeitlichen Rahmen erkennt und misst das Unternehmen seine Erfolge?

Genießen in Ihrem Unternehmen eher die langfristigen oder die kurzfristigen Ziele Priorität? Welcher Zeitrahmen ist für Entscheidungen, Investitionen, Kennzahlen und Berichte ausschlaggebend? Versuchen Sie den langfristigen Wert oder die kurzfristige Rentabilität zu maximieren?

»Geniales Marketing« bezieht sich auf beide Zeitrahmen; wichtiger ist jedoch der langfristige, denn er stellt den Kontext für alle kurzfristigen Vorhaben dar.

Aspekte des Denkens = Linke Gehirnhälfte und rechte Gehirnhälfte

Dies beschreibt die geistige Haltung und die Denkweise, wie ein Individuum Probleme empfindet und versteht.

Denken Sie rational oder eher kreativ, analysieren Sie konkrete Fakten oder spielen Sie lieber mit verschiedenen Möglichkeiten und begreifen die größeren Zusammenhänge? Denken Sie eher linear, Schritt für Schritt und ordnen Sie Probleme und Chancen nach Schwierigkeit oder denken Sie ganzheitlich und spontan, entdecken Sie ständig neue Möglichkeiten und Zusammenhänge?

»Geniales Marketing« erfordert beide Denkweisen, doch nur die rechte Gehirnhälfte ist in der Lage, einzigartige Quantensprünge zu vollziehen.

Aspekte des Handelns = Radikale Ideen und praktisches Handeln

Dies beschreibt, wie ein Individuum bevorzugt Probleme löst und Wert schöpft.

Sind Sie eher ein Denker oder ein Macher? Liegt Ihre Stärke in Ihrer Denkleistung oder in der praktischen Umsetzungsfähigkeit der Ideen anderer? Sind Ihre Ideen visionär, innovativ, strategisch und langfristig angelegt, oder beziehen sie sich mehr auf kurzfristige taktische Schachzüge, um auf aktuelle Umstände einzugehen?

»Geniales Marketing« erfordert beides; ausschlaggebend sind jedoch radikale neue Ideen, die anschließend erfolgreich umgesetzt werden.

Wer ein Marketinggenie sein will, muss in allen vier Dimensionen ein Gleichgewicht zwischen diesen gegensätzlichen Aspekten herstellen. Einer der Hauptgründe, warum Marketingexperten hierbei häufig scheitern, besteht darin, dass zuviel Energie darauf verwendet wird, in einem Extrem Spitzenleistungen zu erbringen, sodass die Kraft oder Fähigkeit fehlt, auch im anderen zu glänzen.

Wie im berühmten Prinzip von Yin und Yang geht es nicht darum, Gegensätze durch die Schaffung eines Gleichgewicht zu neutralisieren, sondern positiv zu verstärken. Die Formel lautet also 1 + 1 = 3 und nicht 1 – 1 = 0.

Wie so oft ist auch hier die Einsicht, dass diese Dimensionen und ihre gegensätzlichen Extreme überhaupt existieren, der erste Schritt zur Verbesserung. Der einfache und vermutlich übliche Weg ist, sich im Berufsleben an den durchgesetzten Konventionen zu orientieren, ohne sich jemals die Existenz dieser Gegensätze und ihrer Bedeutung bewusst zu werden.

Schon für Einstein bildeten Raum und Zeit die Grundlage für das Verständnis unserer Welt, da diese so gegensätzlichen Aspekte miteinander zusammenhängen und sich gegenseitig negativ oder positiv beeinflussen können.

Marketinggenies müssen einerseits sicherstellen, dass die räumlichen und zeitlichen Dimensionen der Geschäftstätigkeit ausgewogen gestaltet sind, andererseits aber auch persönlich Verantwortung dafür übernehmen, dass sie und jeder einzelne Kollege in den Dimensionen des Denken und Handelns ein Gleichgewicht herstellen, um außergewöhnliche Geschäftsergebnisse zu erzielen.

Geniales Marketing

Verknüpfen wir nun die beiden Dimensionen, die für das Unternehmen gelten, um genauer zu untersuchen, welche Auswirkungen sich daraus ergeben.

Geniales Marketing heißt, sich in allen vier Kreissegmenten zu betätigen, auch wenn das eine oder andere sowohl für den einzelnen Marketingprofi als auch für das Unternehmen gewöhnungsbedürftig sein mag.

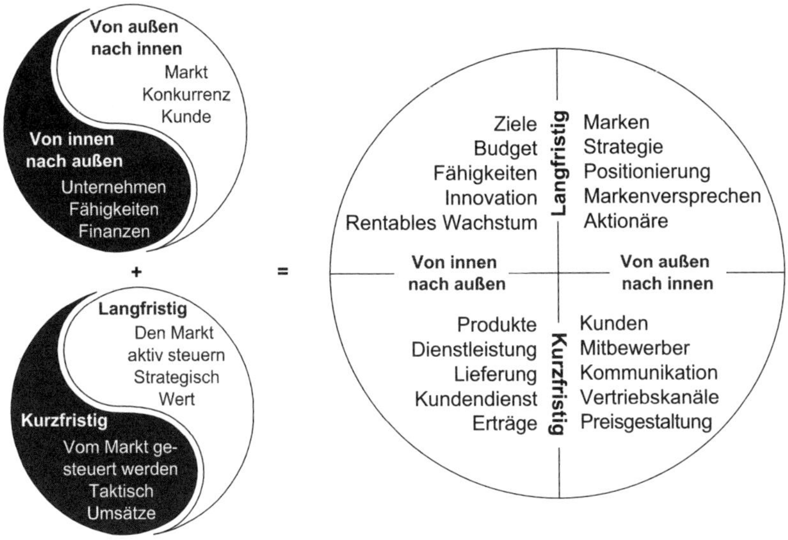

Besonders wichtig ist dabei, dass die kurzfristige und langfristige Denkweise des Unternehmens um die von außen nach innen gerichtete Perspektive bereichert wird. Die Orientierung am Kunden (von außen nach innen und kurzfristig) allein reicht nicht aus, da sich die Märkte mit atemberaubender Geschwindigkeit verändern und die Hotspots von heute die schwarzen Löcher von morgen sein können.

Für Unternehmen gewinnen daher Marktgestaltungsstrategien (von außen nach innen und langfristig) an Bedeutung. Das Unternehmen als Ganzes kann sich ebenso wie die Strategen und Finanzexperten (von innen nach außen und langfristig) durchaus an der Zukunft orientieren, worauf es jedoch im Marketing ankommt, ist, die Perspektive des Marktes einzunehmen, da es hier Wert schaffen und zur richtungsweisenden Antriebskraft des Unternehmens werden kann.

Strategisch gesehen besteht der Unterschied darin, dass nicht das theoretisch Machbare, sondern die tatsächlichen wirtschaftlichen Chancen und die Markenentwicklung bei der Auswahl zukünftiger Märkte wichtiger sind. Wer heute Marketingaktionen plant, die relevant und wirkungsvoll sein sollen, muss immer eine von außen nach innen gerichtete Perspektive einnehmen, egal ob es um Marken und Markenversprechen, Kommunikation oder Preisgestaltung geht.

Marken (von außen nach innen und langfristig) werden über die Zeit weiterentwickelt und spiegeln nicht das Unternehmen oder seine Produkte, sondern die Bedürfnisse und Wünsche ihrer jeweiligen Zielgruppen wider. Diese Zielgruppen sind langlebiger als die Produkte, die ihren Bedarf stillen. Die Kommunikation (von außen nach innen und kurzfristig) richtet sich innerhalb der aktuellen Wettbewerbssituation nach den konkreten Bedürfnissen der Kunden.

Leistung wird danach bemessen, welcher langfristige Wert für alle beteiligten Interessengruppen – allen voran die Aktionäre (von außen nach innen und langfristig) – geschaffen wird, wobei dies nur möglich ist, wenn zugleich auch für die Kunden Wert geschaffen wird, da nur so Profitsteigerungen und nachhaltiges Wachstum gesichert werden. Als Mittel zum Zweck sind natürlich auch Gewinne (von innen auch außen und kurzfristig) wichtig, die sowohl das aktuelle Erfolgsversprechen erfüllen als auch die Weichen für zukünftige Erfolge stellen.

All das lässt sich nur erreichen, wenn sich die dafür verantwortlichen Marketingprofis zu Marketinggenies entwickeln.

Das Marketinggenie

Verknüpfen wir nun die anderen beiden Dimensionen und konzentrieren uns auf die Möglichkeiten, die dem Individuum zur Verfügung stehen, um geschäftliche Herausforderungen und Chancen wahrzunehmen und darauf zu reagieren.

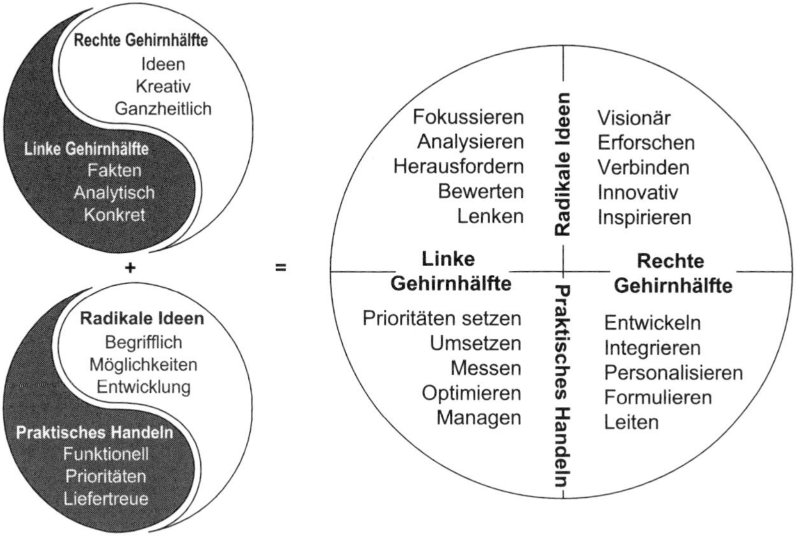

Marketinggenies betätigen sich in allen vier Kreissegmenten, auch wenn ihre persönlichen Fähigkeiten und Vorlieben in einigen Bereichen stärker ausgeprägt sind als in anderen.

Vielleicht noch wichtiger, als in allen Bereichen aktiv zu sein, ist es, sich von möglicherweise falschen Konditionierungen zu befreien. Es herrscht zum Beispiel das Vorurteil, dass sehr kreative Menschen große Schwierigkeiten haben, ihre Ideen praktisch umzusetzen, und dass rationale Menschen nicht innovativ denken können. Es gibt genügend Menschen, die sowohl rational als auch kreativ denken und handeln und dieses unsinnige Vorurteil Lügen strafen.

Es geht jedoch nicht unbedingt darum, all diese Fähigkeiten in einer einzigen Person zu vereinen. Es mag wesentlich sinnvoller sein, ein Team aufzustellen, dessen Mitglieder die verschiedenen Fähigkeiten und Erfahrungen mitbringen, um alle Aspekte abzudecken.

Ein wirklich genialer Marketingprofi zeichnet sich jedoch ebenso wie ein wahrhaft erfolgreicher Unternehmer dadurch aus, dass er in all diesen Bahnen denken und agieren kann – und zwar nicht, weil er die größte Berufserfahrung aufweisen kann, sondern weil er um die Bedeutung aller Dimensionen weiß und wichtige Verknüpfungen herstellen kann.

Eine strikt analytische Entwicklung von Marktstrategien (radikale Ideen und linke Gehirnhälfte) kann nicht über den bekannten Kontext hinausgehen. Da sich die Märkte jedoch nicht nur schnell ändern, sondern sich auch die Grenzen auflösen und ehemals benachbarte Märkte zu einem verschmelzen, sind Neugier und Forschergeist (radikale Ideen und rechte Gehirnhälfte) gefragt, um die großen Zusammenhänge zu erkennen. Komplexe Gebilde lassen sich zwar in ihre Komponenten zerlegen, doch wenn diese nicht miteinander in Zusammenhang gebracht werden (radikale Ideen und rechte Gehirnhälfte), ergeben sie keinen Sinn.

Der Erfolg kann sich nur einstellen, wenn radikale Ideen auch umgesetzt werden. In der heutigen Wettbewerbssituation kann die praktische Implementierung jedoch nicht über Standardprozesse (linke Gehirnhälfte und praktisches Handeln) erfolgen, da ständiges Umdenken und Kreativität erforderlich sind. Bisher hat das Marketing das Denken vielleicht zu sehr den Agenturen überlassen, doch nun muss es die Verantwortung selbst übernehmen (rechte Gehirnhälfte und praktisches Handeln). Da das Marketing immer vielschichtiger, persönlicher und komplexer wird, ist die Integration ins Unternehmen genauso wichtig wie die Ausführung.

Das Marketing übernimmt die Führung in allen Kreissegmenten, um auf unterschiedliche Weise Wert zu schaffen.

Das eigene Potenzial erkennen

Bei der Bestimmung, wie es um Ihr Potenzial zu genialem Marketing bestellt ist – als Individuum oder als Team –, sind viele Faktoren zu berücksichtigen. Tatsächlich bleibt selbst dem genialsten aller Marketingprofis der Erfolg verwehrt, wenn es ihm nicht gelingt, das Unternehmen als Ganzes auf das gemeinsame Ziel einzuschwören. Es gibt zwar diverse Diagnosetechniken, um das Geniepotenzial eines Unternehmens, seiner Teams und Mitarbeiter zu bestimmen, doch die detaillierten Vorgehensweisen würden den Rahmen dieses Buches sprengen.

Ich möchte Ihnen zwölf Attribute anbieten, anhand derer Sie die Marketingaktivitäten Ihres Teams beurteilen können, um darzustellen, auf welcher Stufe Sie sich befinden, welches Ziel Sie anstreben und wo der größte Verbesserungsbedarf besteht (s. Marketingprofil auf S. 475).

Beurteilen Sie auch Ihr persönliches Geniepotenzial anhand der folgenden zwölf Attribute, um zu verstehen, welche wertvollen Beiträge Sie heute bereits leisten können und in welchen Disziplinen Sie sich verbessern oder mit anderen zusammenarbeiten müssen (Marketingexpertenprofil).

Herausforderungen für das Marketinggenie

Geniales Marketing, besser gesagt die Komplexität der Märkte und der heftige Wettbewerb, stellen für jedes Unternehmen und jeden Marketingprofi beträchtliche Herausforderungen dar.

Wie wenden Sie Ihre Genialität auf Strategien und Marken, Marketing und Innovation, Kommunikation und Erfahrungsvermittlung an?

Die Strategie als Herausforderung

1 *Die Zukunft gestalten.* Das Marketing muss die Zukunft gestalten und zugleich heute Leistungen erbringen. Durch das Aufgreifen sich bietender Chancen schaffen Markt- und Produktinnovationen zukünftige Einnahmequellen, die durch Marken- und Beziehungspflege gesichert werden.

2 *Klare Sicht trotz unklarer Umstände.* Das Marketing muss seinen Kontext definieren und festlegen, wo und wie es auf den zunehmend grenzenlosen Märkten, inmitten immer neuer gesetzlicher Regelungen und unvorhersehbarer Veränderungen in den Wettbewerb eintritt. Der geeignete Ausgangspunkt hierfür ist die Marktstrategie.

3 *Weniger besser machen.* Da sich die Märkte und Zielgruppen immer weiter aufsplittern und eine Vielzahl neuer Ideen um sich greift, muss das Marketing entscheiden, auf welche der vielen Chancen es sich konzentrieren will.

4 *Sich deutlich abheben.* Das Marketing muss Markenversprechen als überzeugende Alleinstellungsmerkmale entwickeln, eine besondere Idee formulieren, die aus dem Wirrwarr an Imitationen, Ähnlichkeiten und Massenprodukten herausragt.

5 *Die richtige Entscheidung treffen.* Das Marketing muss bessere Entscheidungen treffen. Noch immer sind eindeutige Kriterien, anhand derer Marketingprofis strategische und taktische Entscheidungen treffen, Mangelware.

Die Marke als Herausforderung

6 *Starke Marken aufbauen.* Das Marketing muss die Marke in all ihren Erscheinungsformen nutzen, um ihren Bekanntheitsgrad und ihre Reichweite, ihre Vertrauenswürdigkeit und emotionale Attraktivität zu stärken. Trotz vieler Namen und Logos gibt es heute nur wenige wirklich große neue Marken.

7 *Begeisterung bei den Kunden wecken.* Das Marketing muss viel stärker auf der emotionalen Ebene wirken, sich für die Interessen der Zielgruppen einsetzen und ihnen helfen, sich über die Marke zu definieren. Das Marketing muss akzeptieren, dass es eine Marke nicht allen recht machen kann.

8 *Versprechen einhalten.* Das Marketing muss authentisch und transparent sein. Alle abgegebenen Versprechen müssen eingehalten werden. In unserer transparenten Welt werden Worte und Taten sorgfältig auf ihren Wahrheitsgehalt überprüft.

9 *Kohärente Strukturen aufbauen.* Das Marketing muss verschiedene Markenarchitekturen aneinander ausrichten. Unternehmensmarken, Dienstleistungsmarken, Produktmarken und Ingredient-Marken müssen besser ineinander greifen.

10 *Auf die »Wertschöpfer« konzentrieren.* Das Marketing muss die Markt-, Marken- und Produktportfolios nicht nur einmal im Jahr, sondern täglich überprüfen, die »Wertschöpfer« pflegen und weiterentwickeln und die »Wertzerstörer« abstoßen.

Der Kunde als Herausforderung

11 *Reverse Engineering*. Das Marketing muss auf die Bedingungen des Kunden eingehen. Unternehmen verlieren an Einfluss, Kunden gewinnen an Macht, und das Angebot an Produkten ist heute stärker als die Nachfrage nach ihnen. Die Kunden haben extrem hohe Erwartungen und geben sich nur mit dem Besten zufrieden.

12 *Jeder ist anders*. Das Marketing muss Zielgruppen wesentlich zielgerichteter ansprechen. Kunden sind unterschiedlicher und individueller denn je. Die komplexe Segmentierung und die sich ständig verändernden Bedürfnisse und Verhaltensweisen machen die Zielgruppendefinition zu einer anspruchsvollen Aufgabe.

13 *Partnersuche*. Das Marketing muss sich darüber klar werden, welche Art von Beziehungen es eingehen will. Kundenbedürfnisse wollen befriedigt werden, und Kunden sind selten treu. Nur wenige wollen echte Beziehungen mit Ihnen pflegen.

14 *Marken-Communities*. Das Marketing kann sich bestehende Netzwerke Gleichgesinnter zunutze machen. Kunden scheren sich nicht um Produkte, sondern um sich selbst, um ihre Kinder, ihre Hobbys und ihre Arbeit. Marken können als Verbindungsglieder für neue Communities fungieren, die auf gemeinsamen Interessen basieren.

15 *Privatsphäre als Chance*. Das Marketing kann die Forderung nach dem Schutz der Privatsphäre positiv nutzen. Die Kommunikationsflut und aufdringliche Werbeaktionen haben zwar dazu geführt, dass sich Kunden die Nutzung persönlicher Daten verbitten, doch sofern eine ausdrückliche Erlaubnis vorliegt, kann das Marketing einen persönlichen Dialog beginnen, den der Kunde auch wirklich will.

Kommunikation als Herausforderung

16 *Werbekampagnen haben ausgedient*. Das Marketing muss ein Hintergrundbewusstsein erzeugen, das zunächst nicht auf den Verkauf abzielt. Werbekampagnen, die weder auf die

tatsächlichen Bedürfnisse eingehen, noch den richtigen Zeitpunkt wählen, kommen bei den Kunden nicht mehr an.

17 *Mehr Medien einsetzen.* Das Marketing muss sehr unterschiedliche Zielgruppen ansprechen. Die Vielzahl an Fernsehsendern hat die Fragmentierung der Zielgruppen beschleunigt. Maßgeschneidert und interaktiv, komplex und teuer.

18 *Überzeugende Angebote.* Das Marketing muss die Vorzüge einer Marke klar und deutlich kommunizieren. Nur eindeutige und überzeugende Angebote machen aus einer Marke ein relevantes Versprechen, das auf sich aufmerksam macht und nicht allgemein für alle gültig, sondern gezielt und spezifisch ist.

19 *Kreative Neutralität.* Das Marketing muss objektiv und nach logischen Kriterien beurteilen, welche kreativen Medien sich wofür eignen. TV-Werbespots sind noch immer das Lieblingskind der meisten Marketingprofis, und es gehört einiges an Mut dazu, sich dagegen zu entscheiden. Seien Sie offen für andere Medien und Markteinführungstechniken.

20 *Fordern Sie mehr von Agenturen.* Das Marketing muss die Zusammenarbeit mit Werbeagenturen anders gestalten. Agenturen sollten gemeinsam Dienste für den Kunden leisten und für Ideen und deren Umsetzung bezahlt werden, wobei die Qualität der Ideen maßgeblich ist.

Der Vertriebskanal als Herausforderung

21 *Vertriebskanäle innovativ überdenken.* Das Marketing muss seine Vertriebswege neu gestalten. Die ehemaligen Vertriebskanäle wie Lager und Transport boten kaum attraktive Möglichkeiten. Durch den technologischen Fortschritt hat sich viel geändert, und die Zeit ist reif, die Vertriebskanäle innovativ zu überdenken.

22 *Die Erfahrungsvermittlung gestalten.* Das Marketing hat die einmalige Chance, sich durch die Vertriebswege Alleinstellungsmerkmale zu verschaffen. In den neuen Vertriebsmodellen

ist es erforderlich, dass Zwischenhändler und andere Akteure mehr Wert einbringen, wodurch die Erfahrungen für die Kunden deutlich verbessert werden.

23 *Fusion verschiedener Vertriebskanäle.* Das Marketing sollte seine Vertriebskanäle selbst gestalten, anstatt sich auf die anderer zu verlassen. Die Nutzung verschiedener Kanäle bietet den Kunden Auswahlmöglichkeiten und Komfort, noch besser ist es jedoch, das Beste, was alle Kanäle zu bieten haben, in einem neuen Vertriebsnetz zu kombinieren.

24 *Neue Geschäftsmodelle entwickeln.* Das Marketing sollte sich nach strategischen Gesichtspunkten umgestalten. Innovative Geschäftsmodelle können durchschlagende Wirkung bei der Marktpositionierung und der Gewinnsteigerung haben – wie das Direktvertriebsmodell von Dell zeigt, bei dem die Produkte ohne Vorschusskapital nur auf Bestellung gefertigt werden.

25 *Es gibt eine Welt jenseits der Webseite.* Das Marketing muss die technologischen Möglichkeiten viel besser und innovativer nutzen. Der Einsatz digitaler Formate hat gerade erst begonnen, und die Möglichkeiten, um die Effizienz und Kundenerfahrung zu verbessern, sind noch lange nicht ausgeschöpft.

Die Preisgestaltung als Herausforderung

26 *Keine Angst vor hohen Preisen.* Das Marketing sollte dem Kunden mehr Wert bieten und dafür auch mehr verlangen. Eine neue Peer-Group anzusprechen heißt, einen neuen Kontext für das Wertempfinden der Kunden zu schaffen. Allerdings sind nur sehr wenige Marketingexperten tatsächlich für die Preisgestaltung zuständig.

27 *Den Bezugsrahmen ändern.* Werbung muss von Kunden wahrgenommen und gedanklich verarbeitet werden. Wie der Wert der Produktvorteile im Vergleich zu Konkurrenzprodukten wahrgenommen wird, hängt von der geistigen Haltung der Kunden ab. Verbessern Sie die Vorteile und verändern Sie den Wettbewerbskontext.

28 *Preistransparenz.* Das Marketing kann sich nicht länger in bestimmten Sektoren oder Ländern verstecken. Preise lassen sich online sehr schnell und einfach vergleichen. Der Preis spielt bei der Kaufentscheidung eine primäre Rolle, aber Rabatte verringern die Gewinnspanne.

29 *Bessere Anreize als niedrige Preise finden.* Das Marketing kann mehr als Preise zu senken. Versuchen Sie Anreize für die Kunden zu schaffen, die Marke zu wechseln und das Kaufverhalten zu ändern. Coupons sind nur für Schnäppchenjäger attraktiv und schaffen eine Erwartungshaltung für zukünftige Schnäppchen.

30 *Treuepunkte sind kein Garant für Kundentreue.* Im Marketing gibt es offenbar leichte Missverständnisse darüber, was Kundenloyalität wirklich bedeutet. Treuepunkte zu erhalten, kann den Kunden zwar Spaß machen, doch sie bringen nicht wirklich etwas. Im Vergleich zu den typischen Supermarktangeboten »2 für 1« sind die Preisvorteile von einem bis zwei Prozent, die für Treuepunkte üblich sind, verschwindend gering.

Innovation als Herausforderung

31 *Innovationsmotor sein.* Das Marketing sollte nicht nur die Produktinnovation, sondern generell Innovationen im Unternehmen vorantreiben. Echte Innovationen sind bessere Problemlösungen als kreative Abhilfemaßnahmen und erzielen zudem profitable Ergebnisse. Der Trick dabei ist, kreativ zu analysieren, was wirklich zählt.

32 *Den Markt neu erfinden.* Das Marketing sollte auch nach der Markteinführung innovativ bleiben. Innovationen konzentrieren sich zu sehr auf das Produkt oder die Dienstleistung, weshalb der Markt, die Kunden sowie die einzelnen Phasen nach der Markteinführung oft vernachlässigt werden.

33 *Sich als Anthropologe betätigen.* Das Marketing klammert sich an die Marktforschung wie ein Betrunkener an den Laternenmast. Sinnvoll durchgeführte Marktforschung sollte jedoch neue Ideen liefern, anstatt alte Vorurteile zu untermauern. Die Anthropologie ist eine der

einfachsten und erkenntnisreichsten Wissenschaften, um menschliches Verhalten zu verstehen.

34 *Gutes Design fällt auf.* Das Marketing sollte die Wirkung des Produktdesigns – die Überzeugungskraft jedes guten Designs – viel stärker einsetzen. Gutes Design hat eine enorme emotionale Wirkung, wird aber leider häufig als Nebensache betrachtet, die mit Marketing kaum etwas zu tun hat.

35 *Erfahrungsstränge entwickeln.* Das Marketing muss sich für die gesamte Kundenerfahrung verantwortlich fühlen. Im Gegensatz zu Produkten lassen sich Erfahrungen nur schwer kopieren, sind aber auch deutlich aufwändiger zu gestalten.

Die finanzielle Performance als Herausforderung

36 *Wie ein Investor denken.* Das Marketing ist für Analysten eine wichtige Informationsquelle. Investoren denken langfristig und interessieren sich dafür, mit welchen Kapitalerträgen nach drei Jahren zu rechnen ist. Diese Antwort kann das Marketing geben, doch bisher wird dieser Zusammenhang kaum hergestellt.

37 *Mit Investoren kommunizieren.* Das Marketing ist für den zukünftigen Kapitalfluss verantwortlich. Unternehmen schaffen durch Kapitalzuwachs und Dividendenausschüttungen langfristigen Wert für Aktionäre. Der Kapitalzuwachs hängt jedoch davon ab, wie Investoren die Wachstumschancen des Unternehmens beurteilen, weshalb großer Kommunikationsbedarf besteht.

38 *Die finanzielle Messlatte höher hängen.* Das Marketing muss die wirtschaftlichen Zusammenhänge des Geldverdienens besser verstehen lernen. Gewinne sind gut, insbesondere dann, wenn sie die Erwartungen der Investoren übertreffen. Orientiert sich das Marketing jedoch nicht an den wirtschaftlichen Spielregeln, kann es ebensoviel Wert zerstören wie schaffen.

39 *Abstriche akzeptieren.* Das Marketing sollte sich nicht in überhasteten Aktionen verzetteln, um dem Kunden zu gefallen. Wir sind zwar darauf konditioniert, alle Kunden hundertprozentig zufrieden zu stellen, doch Kundenzufriedenheit ist noch lange keine Garantie für Loyalität oder Rentabilität, auch wenn sie natürlich wichtig ist.

40 *Die wichtigsten Kennzahlen kennen.* Das Marketing muss die Kennzahlen ermitteln, mit denen es seinen Erfolg messen kann. Es werden zwar viele Daten erhoben, doch nur selten wird das Richtige gemessen. Eingegangene Ressourcen müssen mit Ergebnissen verknüpft werden, und die wichtigsten Wertschöpfer sollten bekannt sein.

Der Faktor Mensch als Herausforderung

41 *Auf der Vorstandsetage mitreden.* Das Marketing muss – ob als Führungspersönlichkeit oder als Unternehmensfunktion – auch auf der Topmanagementebene Einfluss nehmen. Den meisten Vorständen und Aufsichtsräten fehlt es an Marketingwissen. Um die Strategie aufzustellen und Entscheidungen zu treffen, ist eine von außen nach innen gerichtete Marktperspektive erforderlich.

42 *Marketing unter das Volk bringen.* Das bisher rein funktionelle Marketing muss ein aktiver Prozess werden. Marketingprofis sind viel zu sehr an ihre »4 Ps« gebunden, obwohl sich die Disziplinen des Marketings als treibende und verbindende Kräfte im Unternehmen etablieren müssen. Alle im Marketing tätigen Mitarbeiter müssen sich aus ihrer »Sicherheitszone« herauswagen.

43 *Die treibende Kraft im Unternehmen werden.* Das Marketing muss strategischer und wirtschaftlicher denken und kann das gesamte Unternehmen anführen, wenn es nachweist, dass Wertschöpfung, Strategie, Innovation und Motivation oberste Priorität genießen.

44 *Neue Fähigkeiten erlernen.* Das Marketing benötigt eine neue Sorte Mitarbeiter. Das Marketing braucht Führungspersönlichkeiten, um die Strategie voranzutreiben, innovative Vordenker, um die Weichen für die Zukunft zu stellen, und Kaufleute, um zu beweisen, was es leistet.

45 *Führung ist mehr als nur Management.* Das Marketing braucht intelligente und kreative Führungskräfte. Management heißt, die richtigen Entscheidungen zu treffen, Führung heißt, Menschen zu inspirieren. Beides ist wichtig, aber beides zu leisten ist nicht einfach.

Umsetzungsfähigkeit als Herausforderung

46 *Bockspringen.* Marken können den Weg auf den Markt manchmal »huckepack« zurücklegen. Schließen Sie einen Pakt mit einer bereits beliebten und bekannten Marke, um Ihre Marke einzuführen, und verknüpfen Sie mit den Techniken des Affinitätsmarketings emotionale und praktische Werte beider Marken und Markenversprechen.

47 *Entwickeln Sie unaufdringliche Werbemethoden.* Das Marketing muss lernen, Kunden unaufdringlich und dezent zu erreichen. Machen Sie sich im Hintergrund bemerkbar, um Aufmerksamkeit zu erregen und Vorlieben zu wecken. Image-Management ist der Schlüssel zum Erfolg.

48 *Guter Rat ist umsonst.* Das Marketing muss den Kunden helfen, Werbung zu verstehen. Verbraucher haben wenig Zeit und möchten sich nicht erst Fachwissen aneignen müssen, um ihre Bedürfnisse zu erfüllen. Sie möchten beraten und unterstützt werden – umsonst und sofort.

49 *Marketing-Guerilla.* Das Marketing darf keine Angst davor haben, Konventionen umzustoßen. Wagen Sie auch einmal Überraschungsangriffe auf Werbekampagnen Ihrer Mitbewerber, zum Beispiel, indem Sie frühzeitig Werbefläche kaufen. So lässt sich zu minimalen Kosten maximale Wirkung erzielen.

50 *Den Netzwerkeffekt nutzen.* Ob Mundpropaganda oder eine E-Mail an Freunde, der Schneeballeffekt ist eine höchst effiziente Marketingtechnik. Netzwerke sind unschätzbar wertvoll und wachsen mit jedem neuen Benutzer um ein Vielfaches. Jeder glaubt seinen Freunden und Bekannten mehr als jeder Werbung!

Wer ist ein Marketinggenie?

Liste der Genies 1: 50 geniale Marken

Vom Online-Shop Amazon zur spanischen Designermodemarke Zara, von etablierten Riesenkonzernen wie Coca-Cola zu aufstrebenden Mitspielern wie Jones Soda aus Kanada – was sind die besten Marken, von denen wir alle lernen können?

1. Amazon: Personalisierter Service und Auswahl ohne Ende
2. American Express: Markenpositionierung und persönliche Beziehungen
3. Apple: Produkt- und Marktinnovation, Markenpersönlichkeit
4. Audi: Markentradition und Erfahrungsvermittlung für die Kunden
5. BlackBerry: Marktinnovation und memetische Verknüpfungen
6. Bloomberg: Kundenmanagement und Marktführerschaft
7. Boden Bekleidung: beste Produktqualität und Kundenloyalität
8. BMW: Markenerfahrung und konsequente Erfüllung des Markenversprechens
9. Coca-Cola: Markenführerschaft und Kundenloyalität
10. CNN: Disruptives Marketing und globales Image
11. Disney: begeisterte Kunden und viele zusätzliche Dienstleistungen

12 Dyson: Produktinnovation und Premium-Positionierung

13 eBay: radikale Innovation und ein ganz neues Geschäftsmodell

14 Enterprise Rent-a-Car: Differenzierung und Beziehungspflege

15 Freixenet: Markentradition und Premium-Positionierung

16 Google: Marktinnovation und kontinuierliche Innovation

17 Gucci: Kundenrelevanz und Markenimage

18 Guggenheim: radikale Innovation und Öffentlichkeitsarbeit

19 Harley Davidson: Markentradition und begeisterte Fangemeinde

20 Hurley: Kundenrelevanz und individuelle Persönlichkeit

21 Ikea: innovatives Geschäftsmodell und Marktausdehnung

22 Innocent: Markenleidenschaft und authentisches Geschäft

23 Intel: Ingredient Branding und Kundenbeziehungen

24 Jet Blue: Nischenpositionierung und innovatives Markenversprechen

25 Jones Soda: radikales Branding und kundenspezifische Produkte

26 Krispy Kreme: Markenimage und Kundenerfahrung

27 Lego: Segmentversprechen und Affinitäts-Marketing

28 Lexus: Premium-Branding und Servicequalität

29 Microsoft: Marktführerschaft und Produktinnovation

30 MTV: Entwicklung eigener Inhalte und integrierte Vertriebskanäle

31 Nike: Markenleidenschaft und Produktinnovation

32 Olympics: der Kunde als Partner

33 Panera Breads: Servicequalität und Kundenloyalität

34 Paul Smith: Produktdifferenzierung und Nischenpositionierung

35 Pret à Manger: Markenbelebung und Kundenservice

36 Porsche: Nischenmarketing mit Gewinn durch Design und Marke

37 Real Madrid: Globales Branding and Persönlichkeitsentwicklung

38 Samsung: Produktinnovation und neuer Marktzugang

39 Sky: Entwicklung eigener Inhalte und Management der Ausstrahlungsrechte

40 Starbucks: Markteinführung und Markenerfahrung

41 Starck: Produktinnovation und radikales Design

42 Sony: Innovative Ideen und Markenmanagement

43 Spanien: Markenneupositionierung und Image-Management

44 Stella Artois: Premium-Branding und Verpackungsdesign

45 Tesco: Kundenstrategie und effiziente Einhaltung der Versprechen

46 Tiger Woods: Prominentenwerbung und Management

47 TY Stofftiere: Produktinnovation und Kundenloyalität

48 Visa: globale Marktführerschaft und Vertriebskanäle

49 Westin Hotels: Ingredient Branding und Produktlizenzierung

50 Zara: lokale Positionierung und Innovationsgeschwindigkeit

Liste der Genies: 50 geniale Marketing-Profis

Von Apples Design-Guru Jonathan Ive zu CEO Phil Knight, der Nike aus dem Nichts erschuf, von Frappucinos Scott Bedbury zum frechen Trevor Beattie – wer sind die größten lebenden Marketinggenies?

1. Scott Bedbury: brachte Just Do It zu Nike und Frap zu Starbucks
2. Trevor Beattie: aufmüpfig, respektlos, innovativ und kreativ
3. Jeff Bezos: von der Wall Street zu Amazon, ein visionärer Spekulant
4. Johnny Boden: charismatischer Chef der Online-Bekleidungsfirma Boden
5. Richard Branson: unerschrockener Abenteurer mit Markenportfolio
6. John Browne: erkannte, dass die Marke das Wichtigste für BP ist
7. Clay Christensen: formulierte das Dilemma des Innovators – Disruption
8. Michael Dell: Herausforderer des Geschäftsmodells der Computerbranche, der den direkten Weg wählte
9. Jean-Marie Dru: Werbechef der Werbeagentur TBWA und Autor von *Disruption*
10. Charles Dunstone: vermittelte in Sachen mobile Telekommunikation
11. James Dyson: Designer, der den Staubsauger ohne Beutel erfand
12. Michael Eisner: verlieh Disneys Marken und Mitarbeitern wieder den Hauch von Magie
13. Niall Fitzgerald: fördert Wachstum und Fokus bei Unilever
14. Simon Fuller: steckt hinter den erfolgreichsten Entertainment-Marken
15. Bill Gates: seine Vision war der PC in jedem Haus, auf jedem Schreibtisch
16. Martin George: mit ihm schaffte es British Airways durch schwierige Zeiten

17 Seth Godin: von Yahoo zu Purple Cows verbreitet er seine Ideen über Blogs

18 Stelios Haji-Ioannou: glücklich, wenn alles *easy* und orange ist

19 Gary Hamel: Meister auf dem Pfad zum innovativem Wachstum

20 Jonathan Ive: der Designer hinter Apples genialen Formen

21 Kevin Kelly: sieht das Netzwerkpotenzial der vernetzten Welt

22 W. Chan Kim: schafft neue Märkte durch die Strategie des blauen Ozeans

23 Philip Kotler: der Vater des modernen und ganzheitlichen Marketingdenkens

24 Nirmulya Kumar: verbindet Marketing und Geschäftsstrategie

25 Steve Jobs: der Marketingvisionär von *Toy Story und iPod*

26 Jean Noel Kapferer: der Meister der Marken, der ihren Wert erkennt

27 Phil Knight: Sportler und Buchhalter, jetzt Unternehmer und Milliardär

28 AG Lafley: transformierte P&G, indem er den Kunden zu Chef machte

29 Terry Leahy: jedes bisschen hilft und macht Tesco noch erfolgreicher

30 Martin Lindstrom: spricht alle Sinne in der Welt der Marken an

31 Malcolm McDonald: Akademiker mit der Vision, einen Comic zu verfassen

32 Rob Malcolm: reduziert sein Getränke-Portfolio auf das Wesentliche

33 Julian Metcalfe: würzt das Sandwich-Geschäft mit seiner leidenschaftlichen Begeisterung

34 Keith Mills: sichert sich die Loyalität der Kunden durch Kundenkarten und Daten

35 Geoffrey Moore: weiß, wie der Sprung in den Mainstream-Markt glückt

36 David Needleman: Gründer einer amerikanischen Premium-Fluglinie mit Billigflügen

37 Michael O'Leary: Gründer *der* Billigfluglinie in Europa

38 Don Peppers: Missionar der 1:1-Zukunft und des Wertes der Kunden

39 Richard Reed: schmiss Werbejob, macht jetzt die leckeren Innocent-Getränke

40 Fred Reicheld: der König der Kundenloyalität – und wie man sie zu Geld macht

41 Kevin Roberts: der Saatchi & Saatchi-Mann mit den *Lovemarks*

42 Maurice Saatchi: der intellektuelle Marketingprofi, der eine Generation neu definierte

43 Howard Schultz: von Moby Dick an jede Ecke, immer eine Tasse voraus

44 Paul Smith: schrullig und verschmitzt – und in Japan vergöttert

45 Martin Sorrel: das Finanzgenie hinter den führenden Kreativagenturen

46 Phillippe Starck: der einfallsreiche Franzose, der Produkte auf den Kopf stellt

47 Jim Stengel: diszipliniertер und zuverlässiger Marktführer in der FMCG-Welt

48 Peter Van Stolk: frustrierter Skifahrer, schuld an trinkbarem Truthahn mit Soße

49 Meg Whitman: klassisch ausgebildete Marketingfrau, revolutionierte den Einzelhandel

50 Dan Wieden: die Hälfte der Agentur W&K und das Gehirn, das die Nike-Werbung ausheckt

Liste der Genies 3: 50 geniale Innovationen

Von der Druckmaschine zu SMS, von Waffelprofilsohlen zu selbst erhitzenden Getränken, von Windows zum digitalen Musikformat MP3 – welches sind die besten Innovationen aller Zeiten?

1 3G Mobile Networks: mit Tamtam angekündigt, teuer und erst verspätet funktionstüchtig

2 Air von Nike: die Plattform für eine ganz andere Produktreihe

3 Anrufbeantworter: frustrierend und lebenswichtig

4 Aspirin: Branding in einem stark umkämpften Markt

5 Beer Widget: eine ordentliche Schaumkrone auf dem Bier, wo auch immer Sie gerade sind

6 BlackBerry: innovativ, unersetzlich, unentbehrlich

7 Digitalkameras: definierten den Kameramarkt in nur einem Jahr komplett neu

8 DNA-Analyse: findet Ihre wahre Identität

9 DVD: mehr, kleiner, besser, teurer

10 E-Mail: was wäre Arbeiten ohne E-Mails – erinnern Sie sich an Papier-Memos?

11 Faseroptik: schickt Informationen um die Welt

12 Fertiggerichte: früher ungesundes Fastfood, jetzt auch Vollwertkost

13 Flachbildschirm: Platzsparend und ästhetisch

14 Flash-Speicher: revolutionierte die Übermittlung zwischen Geräten

15 Geldautomaten: Bankgeschäfte wann und wo *Sie* es wollen

16 Gel-Drink: Nahrhaftes für unterwegs, auch im Weltraum

17 Gelstift: schreibt sanfter, heller, taktiler

18 Gore-Tex: die Originalfaser, die atmet und den Regen abhält

19 Integrierte Chips: die konstante Herausforderung, aus einer Siliziumscheibe mehr herauszuholen

20 iPod: unentbehrliches Lifestyle-Accessoire, das eine ganze Branche änderte

21 JPEG: Bilder, die sich schnell zwischen Systemen übermitteln lassen

22 Klarsichtfolie: hygienische Aufbewahrung von Lebensmitteln

23 Lycra: bringt Dehnbarkeit, Form und Langlebigkeit in Ihre Kleidung

24 Mikrowellenherd: veränderte Kochen und Essen

25 Mobiltelefon: immer überall erreichbar

26 Modem: so kommen die Daten vom Netz zum Gerät

27 MP3: Musik herunterladen und genießen

28 Nanotechnologie: macht Maschinen aus Molekularteilchen

29 Oyster Card: mit dieser Smartcard zahlt London im öffentlichen Nahverkehr

30 Palm Pilot: Ihr Leben in Ihrer Hand, organisiert und jederzeit abrufbar

31 PC: vom klobigen Großrechner zum benutzerfreundlichen Computer, ohne den fast kein Mensch mehr leben kann

32 PDF: Informationen geschützt verbreiten

33 Plasma-Bildschirme: sorgen innen wie außen für Ästhetik und Bildqualität

34 Post-It-Haftnotizen: kleben in Gebetsbüchern ebenso gut wie auf Prozessablaufplänen

35 Radiowecker: Low-Tech-Lösung für das High-Tech-Zeitalter

36 RFID-Tags: Bestandskontrolle im Einzelhandel, Verfolgung des Kaufverhaltens

37 Satellitenfotografie: früher Science-Fiction, jetzt zur Objektbeobachtung und Distanzmessung im Einsatz

38 Selbsterhitzende Getränke: für eine Dose heißen Kaffees am Ring ziehen

39 Smart: die kleinen Designerautos von Mercedes und Swatch

40 SMS: Sofortnachrichten, persönlich und diskret

41 Solaranlagen: perfekte Nutzung natürlicher Ressourcen

42 Sony Walkman: veränderte eine Generation von Menschen und Produkten

43 Space Shuttle: vom technischen Wunderwerk zur Routine

44 Spracherkennung: Technik wird menschlich, schnell und bequem

45 Strichcode: superschnelles Bezahlen, supereffektives Wiederauffüllen

46 Swatch: veränderte eine Branche und definierte die Armbanduhr neu

47 Treuepunkte: deutlich besser als Papiercoupons auszuschneiden

48 Tupperware: unverwüstliche Behälter, werden nach Pyramidenprinzip auf Partys verkauft

49 Web: Schon nach zehn Jahren nicht mehr wegzudenken

50 WiFi: drahtlose Konnektivität für eine wahrhaft mobile Welt

Liste der Genies 4: 50 geniale Konzepte

Von Affinitäts-Marketing bei Capital One bis zu den Huggies-Communities, von Intels Ingredient Branding bis zu Hotmails viralem Marketing – was sind die besten Marketing-Ideen?

1 1:1-Marketing: persönlicher Beziehungsaufbau

2 Affinitäts-Marketing: sich »fremde« Markenwerte zunutze machen

3 Ambient-Marketing: das Erlebnisumfeld der Zielgruppe als Medium nutzen

4 Angemessene Kapitalrendite (AKR): Finanzkennzahl, die beschreibt, wie gut das Kapital der Investoren eingesetzt wird (üblich ist auch die englische Bezeichung »Return on Capital Employed (ROCE)«

5 Angrenzende Märkte: natürlicher Raum für Markenerweiterungen

6 Anthropologie: beobachten, was Menschen tatsächlich tun

7 Auktionen: ein demokratischerer Ansatz der Preisgestaltung

8 B2B und B2C: beide können viel voneinander lernen

9 C2C: Transaktionen von Kunde zu Kunde

10 Chaostheorie: alles ist komplex und nichts ist sicher

11 Community: bringt Menschen mit gemeinsamen Interessen und Zielen zusammen

12 CSR: Unternehmen und Marken, die sich ihrer gesellschaftlichen Verantwortung bewusst sind

13 Customer Value: verstehen, wie Kunden den Wert empfinden

14 DCF: mit Discounted Cash Flow-Verfahren strategisch kluge Entscheidungen treffen

15 Direktmarketing: der direkte Weg über Kanäle und Medien

16 Disruptive Technologien: Marktführer mit minderwertigen Lösungen herausfordern

17 Dynamische Preisgestaltung: flexiblere und zeitgemäße Preisgestaltung

18 Echte Knüller: Ideen, die die Phantasie anstacheln und Marktanteile kapern

19 Econometrics: die statistische Analyse des Marketings und seiner Wirkung auf die Verbraucher

20 E-Marketing: nutzt neue Technologien, vom Internet zu WiFi, von SMS zu Telematik

21 Ethisches Marketing: integres Marketing, moralisch vertretbare Lösungen entwickeln

22 Geschäftsmodelle: wie alle Partner interagieren und Wert schaffen

23 Guerilla-Marketing: opportunistisches Marketing (ohne Barrikadenkämpfe)

24 Immaterielle Werte: Marken, Beziehungen, Patente, die zu künftigen Gewinnen führen

25 Ingredient Branding: das besondere Etwas in der Marke eines anderen

26 Kapitalkosten: der Mindestgewinn, den Investoren erwarten

27 Kategoriemanagement: Kategorien statt Produkte managen

28 Kennzahlen: die wichtigsten Kennzahlen und Zielvorgaben für die Unternehmensperformance

29 Lifetime Value (Customer Lifetime Value CLV): eine Kennzahl, die die Summe der zukünftigen Umsätze durch loyale Kunden angibt

30 Marke: das wichtigste, wertvollste und belebendste Geschäftskapital

31 Markenmanagement: Gestaltung der gesamten Kundenerfahrung

32 Marketingstrategie: wie die Geschäftsstrategie zu implementieren ist

33 Marktfallgruben: Nicht in die Fallgrube zwischen den ersten Käufern und der Masse der Verbraucher fallen

34 Marktstrategie: wo und wie konkurrieren, Kern der Geschäftsstrategie

35 Medienneutrales Marketing: unvoreingenommene Wahl des Kommunikationsmediums

36 Multikanalmanagement: Vertriebskanäle integriert managen

37 Neurale Netzwerke: Marktforschung, die menschliche Emotionen quantifiziert

38 Parallele Zeitebenen: die Zukunft gestalten, in der Gegenwart überzeugende Leistungen erbringen

39 Portfolio-Management: die Unternehmensbereiche oder Produktpalette managen

40 Privatsphäre achtendes Marketing: Kommunizieren, wie es der Kunde will

41 Prominentenwerbung: verleiht der Marke ein menschliches Gesicht

42 ROMI: der kurz- oder langfristige Kapitalertrag der Marketinginvestitionen

43 Segmentierung: Cluster bilden und Kunden mit ähnlichen Bedürfnissen ansprechen

44 Szenarioplanung: strategische Planung, berücksichtigt zukünftige Möglichkeiten

45 Treuepunkte: Wiederholungskäufe belohnen und Kaufverhalten verfolgen

46 Umsatzkosten: Markeninvestitionen von Umsatzaufwendungen trennen

47 Vertrauensmänner oder -frauen (Trusted Agents): Vermittler, die im Auftrag des Kunden handeln

48 Virale Kommunikation: Netzwerke mit ansteckenden Botschaften ausnutzen

49 Wertorientiertes Marketing: Entscheidungen wertorientiert treffen

50 Wirtschaftlicher Unternehmensprofit: der wirkliche Gewinn – Betriebsgewinn minus Kapitalkosten

Liste der Genies 5: 50 geniale Inspirationen

Von Büchern wie *The Monk And The Riddle* und Gurus wie Geoffrey Moore über Webseiten wie Brandchannel und Blogs wie das von Seth Godin bis hin zu innovativen Unternehmen wie Xplane und der Ideenschmiede IDEO – hier können Sie sich inspirieren lassen!

1 *Authentic Business*: Neil Crofts beschreibt einen ganz neuen Ansatz

2 *Marken-Kids*: Martin Lindstrom erklärt, wie man Marketing für Kinder macht

3 *Celebrity Sells*: Hamish Pringle erforscht den Persönlichkeitskult

4 *Crossing the Chasm*: Geoffrey Moore erobert den Mainstream-Markt

5 *Der Weg zu den Besten*: Jim Collins beschreitet den Weg vom Guten zum Besten

6 *Das revolutionäre Unternehmen*: Gary Hamel schafft Wachstum durch Veränderung

7 *Enterprise One to One*: Don Peppers wendet B2B-Denken auf B2C an

8 *Purple Cow*: Seth Godin macht alles anders

9 *The Monk And The Riddle*: Randy Komisars Geschichte eines heranwachsenden Unternehmens

10 *Welcome to the Creative Age*: Mark Earls und sein Bananenmarketing

11 *Blink*: das Buch des Zeitgeists von *New Yorker*-Autor Marlcolm Gladwell

12 *Advertising Age*: die US-amerikanische Stimme der Marketingbranche

13 *CMO Magazine*: alles für US-Marktführer (cmomagazine.com)

14 *Fast Company*: coole Marken und Unternehmen im Rampenlicht

15 *Harvard Business Review*: die Elite des neuen Denkens (hbsp.harvard.edu)

16 *The Marketer*: radikale Ansichten zur Marketingagenda vom CIM

17 *Strategy and Business*: mehr Geschäftsideen (strategy-business.com)

18 Brand Finance: verbindet Marketing und Finanzen

19 Flytxt: definiert textbasiertes Marketing für Verbrauchermarken neu

20 IDEO: die radikale Ideenschmiede, die Sie zum Staunen bringt

21 Innosight: mit Clay Christensen den neuen Markt stören

22 Henley Centre: neue Ideen und Visionen, was Kunden angeht

23 Marketing NPV: ROI-Marketing verstehen (marketingnpv.com)

24 Neurosense: führendes Beratungsunternehmen für neurologisches Marketing

25 One Minute Customer: wie Kunden denken (theomcgroup.com)

26 St Lukes: kreative Agentur, die an einen ausgewogen Ansatz glaubt

27 Strategos: innovatives Wachstum von Gary Hamel (strategos.com)

28 The Foundation: schafft kundenorientierte Unternehmen (thefoundation.biz)

29 Wieden + Kennedy: Werbeagentur der führenden Marken

30 Xplane: erklärt das Unerklärliche durch die Kraft der Bilder

31 AMA: bringt US-Marketingprofis zusammen (marketingpower.com)

32 ANA: das führende Netzwerk amerikanischer Werbeleute (ana.net)

33 EMC: bringt Europas Marketingnetzwerke zusammen (emc.be)

34 IPA: die Stimme der britischen Werbeagenturen (ipa.co.uk)

35 Marketing Leadership Council: geschlossenes Netzwerk führender Unternehmen

36 Marketing Science Institute: sammelt Ideen aus der Wissenschaft (msi.org)

37 Marketing Society: Vereinigung der führenden britischen Marketingprofis (marketing-society.co.uk)

38 Allaboutbranding.com: die besten Artikel zum Thema Branding

39 Adslogans.com: die Suchmaschine für Marketingslogans

40 Beinghunted.com: was in der Welt der Mode gerade angesagt ist

41 Brandchannel.com: alles über Marken und Branding

42 Brandrepublic.com: neues Marketingportal der Haymarket Group

43 Customercapital.org: bewertet Unternehmen aus der Perspektive der Kunden

44 Marketingprofs.com: die neuesten Marketingideen und -artikel wöchentlich

45 Marketingsherpa.com: mehr Marketingideen und -artikel wöchentlich

46 Philippe-starck.com: Lernen Sie die revolutionäre Denkweise des innovativen Genies kennen

47 Sethgodin.com: die Webseite des Bloggers, der unbedingt anders sein will

48 Shapetheagenda.com: neue Ideen im Marketing vom CIM

49 Trendwatching.com: welche Trends sind »mega-in«?

50 Wikipedia.org: umfangreiche Enzyklopädie, in die Sie auch selbst Einträge schreiben können

Neu laden

In vielerlei Hinsicht spiegelt dieses Buch meine eigene berufliche Entwicklung wider. Ich habe darin unzählige Ideen und Erfahrungen verarbeitet, die ich bei der Zusammenarbeit mit ganz hervorragenden Teams und Kollegen sammeln konnte.

Zu diesen Menschen gehören Mike Batt, Martin George, Terry Daly, Jonathan Dutton und Roy Langmaid, denen ich zu Beginn meiner Karriere bei British Airways begegnete. Anschließend lernte ich das großartige Team mit David Cook, Mark Thomas, Jonathan Hogg, Tim Isaac, Peter Barett, Nicole DeMartino, Adam Forbes und vielen anderen bei der PA Consulting Group kennen.

Beim Chartered Institute of Marketing waren es Mike Johnston, Dianne Thompson, Tess Harris, Laurie Young, Johne Coke, Annabel Pritchard und viele andere. Es ist noch nicht so lange her, dass ich mit David Haigh und den Kollegen bei Brand Finance sowie mit Charlie Dawson, John Vincent und dem Team bei The Foundation zusammenarbeiten konnte.

Rita Clifton, Alan Mitchell, Phil Dourado, Hugh Burkitt, Hamish Pringle, Janet Hull, Simon Benham und Brendan Barns standen mir mit guten Ratschläge und Anregungen immer zur Seite.

Ich persönlich habe von diesen Menschen sehr viel gelernt und hoffe, dass auch Sie wertvolle neue Erkenntnisse gewinnen konnten.

Vor allem aber möchte ich meiner Frau Alison, meinen Töchtern Anna und Clara, meiner Mutter und meinem Vater für ihre liebevolle Unterstützung danken. Ihnen widme ich dieses Buch.

Wenn Sie auf dem Laufenden bleiben möchten, wie sich geniales Marketing und Marketinggenies weiterentwickeln, welche neuen Ideen und fantastischen Marken es gibt, welche Menschen dahinterstecken, welche Veranstaltungen stattfinden und welche neuen Dienste verfügbar sind, besuchen Sie doch einfach unsere Webseite für Marketinggenies unter:

www.MarketingGeniusLive.com

Stichwortverzeichnis